大学计算机基础教程

主　编　谢　兵　刘远军　牛　莉
副主编　周红波　曾江娜　袁　赟
参　编　夏太武　付卫平　邓　波
刘红军　周邵萍　董　峰
黄春花　梁　娟　吴耀群
周颂伯　李晓红　王鸿健

中南大学出版社
www.csupress.com.cn

内容简介

Introduction

本书根据教育部高等教育司组织制订的《普通高等院校计算机基础课程教学大纲》、教育部全国计算机等级考试中心制订的《计算机应用水平等级考试大纲》，教育部高等学校计算机科学与技术专业教学指导委员会和教育部高等学校计算机基础课程教学指导委员会的有关最新指导意见编写而成。

全书共10章，第1、第2章介绍计算机的基本概念和基础知识；第3章基于Windows 7介绍操作系统基本概念和功能；第4—6章详细介绍了Microsoft Office 2010常用套装三软件——Word、Excel和PowerPoint；第7章介绍常用工具软件WinRAR和Adobe Reader；第8章介绍网络基础与Internet应用；第9、第10章对程序设计、数据结构、软件工程和数据库做了一个入门的简介，为后续课程的开设做了一个很好的铺垫。

本书可作为非计算机专业学生学习“大学计算机基础”课程的教材，也可以作为计算机科学与技术专业学习“计算机导论”课程的参考教材，同时也可作为各类计算机爱好者的自学参考书。

前言

Foreword

本书作者都是多年从事教学第一线、有丰富教学经验的教师，根据教育部高等教育司组织制订的《普通高等院校计算机基础课程教学大纲》、教育部全国计算机等级考试中心制订的《计算机应用水平等级考试大纲》，教育部高等学校计算机科学与技术专业教学指导委员会和教育部高等学校计算机基础课程教学指导委员会的有关最新指导意见，在深入研究大学计算机基础教学的内容和体系结构的基础上，结合计算机技术的最新发展和教学改革成果，编写了本实践教程。

该教材主要特色：(1)按照教育部教学指导委员会“白皮书”的精神，精心组织教材内容，围绕全国计算机等级考试为中心，注意内容的新颖性和与时俱进。(2)与以前计算机基础教材相比，本教材充分考虑了本校的教学实际，避免空洞的陈述，很多内容以本校的实际案例引入，针对性强，学生易于理解。(3)本教材作为“大学计算机基础”课程的主教材，立足于学生知识面的扩展和能力的培养，不拘泥于以往教材“一步一步演示”的传统模式，在例题的选取上有鲜明的针对性和实用性，能有效激发学生的学习主动性。

全书共10章，第1、第2章介绍计算机的基本概念和基础知识；第3章基于Windows 7介绍操作系统基本概念和功能；第4—6章详细介绍了Microsoft Office 2010常用套装三软件——Word、Excel和PowerPoint；第7章介绍常用工具软件WinRAR和Adobe Reader；第8章介绍网络基础与Internet应用；第9、第10章对程序设计、数据结构、软件工程和数据库做了一个入门的简介，为后续课程的开设做了一个很好的铺垫。。

本书由谢兵、刘远军、牛莉主编，谢兵负责第1章、第2章、第3章、第4章的编写，刘远军和牛莉负责第5章、第6章、第7章的编写，袁赟负责第8章的编写，周红波负责第9章的编写，曾江娜负责第10章的编写。另外，夏太武、付卫平、邓波、刘红军、周邵萍、董峰、黄春花、梁娟、吴耀群、周颂伯、李晓红、王鸿健等老师参与讨论和资料整理，在此表示感谢。

在编写的过程中，我们参阅了大量资料，详见书后的参考文献部分，作者在此深表感谢！

该书可作为非计算机专业学生学习“大学计算机基础”课程的教材，也可以作为计算机科学与技术专业学习“计算机导论”课程的参考教材，同时也可作为各类计算机爱好者自学的参考用书。

由于编者水平有限，书中难免有错误和不妥之处，恳请读者批评指正。

编　者

2015 年 6 月

目录
CONTENTS

第1章

信息与计算机

诞生于20世纪40年代的计算机是人类历史上最伟大的发明之一，并且一直飞速发展着。进入21世纪的现代社会，计算机已经走进各行各业，走入千家万户，成为人们工作、生活中不可或缺的帮手。现今，我们处在一个以计算机为核心的信息化社会中，无时无刻不感受着信息化带给我们的便利和全新的冲击。

通过对本章的学习，我们将了解信息与信息化，掌握计算机的发展历史。

1.1　信息与信息化

当今社会已经步入信息化时代，人们无论做什么都离不开信息。在当今社会中，能源、材料和信息是社会发展的三大支柱，人类社会的生存和发展，时刻都离不开信息，信息就像空气一样时刻在人们的身边，了解信息的概念、特征及分类，对于在信息社会中更好地使用信息是十分重要的。

1.1.1　信息的概念

1. 信息

“信息”一词在英文、法文、德文、西班牙文中均是“information”，日文中为“情报”，我国台湾称之为“资讯”，我国古代用的是“消息”。20世纪40年代，信息的奠基人香农（C. E. Shannon）给出了信息的明确定义：“信息是用来消除随机不定性的东西。”控制论创始人维纳（Norbert Wiener）认为“信息是人们在适应外部世界，并使这种适应反作用于外部世界的过程中，同外部世界进行互相交换的内容和名称”，它也被作为经典性定义加以引用。简单地说，信息是客观世界中各种事物存在方式和运动变化规律以及这种方式和规律的表征与表述。

2. 信息的载体

在信息传播中携带信息的媒介，是信息赖以附载的物质基础，即用于记录、传输、积累和保存信息的实体。包括以能源和介质为特征，运用声波、光波、电波传递信息的无形载体和以实物形态记录为特征，运用纸张、胶卷、胶片、磁带、磁盘传递和贮存信息的有形载体。

3. 信息与信息载体的关系

信息本身不是实体，只是消息、情报、指令、数据和信号中所包含的内容，必须依附某种介质进行传递。信息载体的演变，推动着人类信息活动的发展。例如，古代，人类用烽火、狼烟来传递信息；近代，人类发明了电报，用莫尔斯电码来传递信息；现在，人们用电话、网络来传递信息。信息传递方式的进步，推动着人类社会的进步。

1.1.2 信息的特征

一般地讲，信息具有6个特点：

1. 客观真实性

信息是事物存在方式和运动变化的客观反映，客观、真实是信息最重要的本质特征，是信息生命所在。

2. 传递性

传递是信息的基本要素和明显特征。信息只有借助于一定的载体(媒介)，经过传递才能为人们所感知和接受。没有传递就没有信息，更谈不上信息的效用。通常，语言、文字、声音、图像等都是信息的载体，用于承载语言、文字、声音、图像的物质也是信息的载体。

3. 时效性

信息的最大特点在于它的不确定性，千变万化、稍纵即逝。信息的功能、作用、效益都是随着时间的延续而改变的，这种性能即信息的时效性。时效性是时间与效能的统一性，它既表明信息的时间价值，也表明信息的经济价值。一个信息如果超过了其价值的实用期就会贬值，甚至毫无用处。例如天气预报、地震预测等，必须要提前发布，才具有实际意义。

4. 有用性(或称目的性)

信息是为人类服务的，它是人类社会的重要资源，人类利用它认识和改造客观世界。

5. 可处理性

这一特征包括多方面内容，如信息的可拓展、可引申、可浓缩等。这一特征使信息得以增值或便于传递、利用。

6. 可共享性

信息与一般物质资源不同，它不属于特定的占有对象，可以为众多的人们共同享用。实物转赠之后，就不再属于原主，而信息通过双方交流，两者都有得无失。这一特性通常以信息的多方位传递来实现。

1.1.3 信息技术

1. 信息技术的定义

到目前为止，对于信息技术，并没有一个统一、权威的定义，一般来说，我们可以从广义、中义和狭义这三个方面来讨论信息技术。

广义而言，信息技术是指能充分利用与扩展人类信息器官功能的各种方法、工具与技能的总和。该定义强调的是从哲学上阐述信息技术与人的本质关系。

中义而言，信息技术是指对信息进行采集、传输、存储、加工、表达的各种技术之和。该定义强调的是人们对信息技术功能与过程的一般理解。

狭义而言，信息技术是指利用计算机、网络、广播电视等各种硬件设备及软件工具与科学方法，对文图声像各种信息进行获取、加工、存储、传输与使用的技术之和。该定义强调的是信息技术的现代化与高科技含量。

2. 信息技术的发展历程

第一次信息技术革命是语言的使用。发生在距今35000~50000年前。

语言的使用——从猿进化到人的重要标志。

类人猿是一种类似于人类的猿类，经过千百万年的劳动过程，演变、进化、发展成为现代人，与此同时语言也随着劳动产生。祖国各地存在着许多语言。如：海南话与闽南话有类似，在北宋时期，福建一部人移民到海南，经过几十代人后，福建话逐渐演变成不同语言体系，如闽南话、海南话、客家话等。

第二次信息技术革命是文字的创造。大约在公元前3500年出现了文字。

文字的创造——这是信息第一次打破时间、空间的限制。

陶器上的符号：原始社会母系氏族繁荣时期(河姆渡和半坡原始居民)。

甲骨文：记载商朝的社会生产状况和阶级关系，文字可考的历史从商朝开始。

金文(也叫铜器铭文)：商周一些青铜器，常铸刻在钟或鼎上，又叫"钟鼎文"。

第三次信息技术的革命是印刷的发明。大约在公元1040年，我国开始使用活字印刷技术(欧洲人1451年开始使用印刷技术)。

汉朝以前使用竹木简或帛作为书的材料，直到东汉(公元105年)蔡伦改进造纸术，这种纸叫"蔡侯纸"。从后唐到后周，封建政府雕版刊印了儒家经书，这是我国官府大规模印书的开始，印刷中心有成都、开封、临安、福建阳。北宋平民毕昇发明活字印刷，比欧洲早400年。

第四次信息革命是电报、电话、广播和电视的发明和普及应用。

19世纪中叶以后，随着电报、电话的发明，电磁波的发现，人类通信领域产生了根本性的变革，实现了用金属导线上的电脉冲来传递信息以及通过电磁波来进行无线通信。

1837年美国人莫尔斯研制了世界上第一台有线电报机。电报机利用电磁感应原理(有电流通过，电磁体有磁性，无电流通过，电磁体无磁性)，使电磁体上连着的笔发生转动，从而在纸带上画出点、线符号。这些符号的适当组合(称为莫尔斯电码)，可以表示全部字母，于是文字就可以经电线传送出去了。1844年5月24日，他在国会大厦联邦最高法院议会厅做了"用导线传递消息"的公开表演，接通电报机，用一连串点、划构成的"莫尔斯"码发出了人类历史上第一份电报："上帝创造了何等的奇迹!"实现了长途电报通信，该份电报从美国国会大厦传送到了40英里外的巴尔的摩城。

1864年英国著名物理学家麦克斯韦发表了一篇论文《电与磁》，预言了电磁波的存在，说明了电磁波与光具有相同的性质，都是以光速传播的。

1875年，苏格兰青年亚历山大·贝尔发明了世界上第一台电话机，1878年在相距300 km的波士顿和纽约之间成功进行了首次长途电话实验。

电磁波的发现产生了巨大影响，实现了信息的无线电传播，其他的无线电技术也如雨后春笋般地涌现：1920年美国无线电专家康拉德在匹兹堡建立了世界上第一家商业无线电广播电台，从此广播事业在世界各地蓬勃发展，收音机成为人们了解时事新闻的方便途径。1933年，法国人克拉维尔建立了英法之间的第一条商用微波无线电线路，推动了无线电技术的进一步发展。

静电复印机、磁性录音机、雷达、激光器都是信息技术史上的重要发明。

第五次信息技术革命是始于20世纪60年代，其标志是电子计算机的普及应用及计算机与现代通信技术的有机结合。

我们所说的信息技术一般特指第五次信息技术革命，即计算机发明以后，计算机技术与现代通信技术结合，以多媒体技术和网络技术为核心的新一轮的信息革命浪潮。

1.1.4 信息化社会

信息社会与后工业社会的概念没有什么原则性的区别。信息社会也称信息化社会，是脱离工业化社会以后，信息将起主要作用的社会。在农业社会和工业社会中，物质和能源是主要资源，所从事的是大规模的物质生产。而在信息社会中，信息成为比物质和能源更为重要的资源，以开发和利用信息资源为目的的信息经济活动迅速扩大，逐渐取代工业生产活动而成为国民经济活动的主要内容。信息经济在国民经济中占据主导地位，并构成社会信息化的物质基础。以计算机、微电子和通信技术为主的信息技术革命是社会信息化的动力源泉。由于信息技术在资料生产、科研教育、医疗保健、企业和政府管理以及家庭中的广泛应用，从而对经济和社会发展产生了巨大而深刻的影响，从根本上改变了人们的生活方式、行为方式和价值观念。

信息化社会具有以下一些特征：

①在信息社会中，信息、知识成为重要的生产力要素，和物质、能量一起构成社会赖以生存的三大资源。

②信息社会是以信息经济、知识经济为主导的经济，它有别于农业社会是以农业经济为主导，工业社会是以工业经济为主导的经济。

③在信息社会，劳动者的知识成为基本要求。

④科技与人文在信息、知识的作用下更加紧密地结合起来。

⑤人类生活不断趋向和谐，社会可持续发展。

1.1.5 信息素养

信息素养是一种基本能力。信息素养是一种对信息社会的适应能力。美国教育技术CEO论坛2001年第4季度报告提出21世纪的能力素质，包括基本学习技能（指读、写、算）、信息素养、创新思维能力、人际交往与合作精神、实践能力。信息素养是其中一个方面，它涉及信息的意识、信息的能力和信息的应用。

信息素养是一种综合能力。信息素养涉及各方面的知识，是一个特殊的、涵盖面很宽的能力，它包含人文的、技术的、经济的、法律的诸多因素，和许多学科有着紧密的联系。信息技术支持信息素养，通晓信息技术强调对技术的理解、认识和使用技能。而信息素养的重点是内容、传播、分析，包括信息检索以及评价，涉及更宽的方面。它是一种了解、搜集、评估和利用信息的知识结构，既需要通过熟练的信息技术，也需要通过完善的调查方法、通过鉴别和推理来完成。信息素养是一种信息能力，信息技术是它的一种工具。

信息素养包含了技术和人文两个层面的意义。从技术层面来讲，信息素养反映的是人们利用信息的意识和能力；从人文层面来讲，信息素养也反映了人们面对信息的心理状态，或者说面对信息的修养。具体而言，信息素养应包含以下五个方面的内容：

①热爱生活，有获取新信息的意愿，能够主动地从生活实践中不断查找、探究新信息。

②具有基本的科学和文化常识，能够较为自如地对获得的信息进行辨别和分析，正确地加以评估。

③可灵活地支配信息，较好地掌握选择信息、拒绝信息的技能。

④能够有效地利用信息，表达个人的思想和观念，并乐意与他人分享不同的见解或

资讯。

⑤无论面对何种情境，能够充满自信地运用各类信息解决问题，有较强的创新意识和进取精神。

1.2　走进计算机世界

1.2.1　你认识计算机吗

如图1－1中所展示的就是我们在日常生活中所见到的计算机。你知道其中的每一部分都叫什么名字吗？

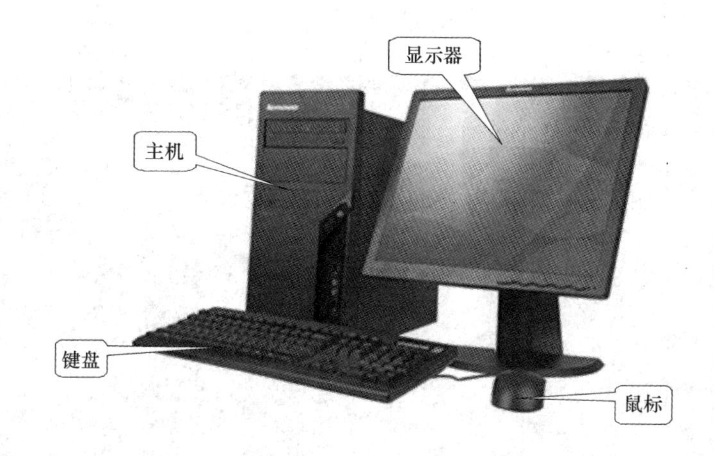

图1－1　认识计算机

1. 显示器

显示器是计算机中重要的外部设备之一。用于显示各种数据、文字和图形。通过它可以轻松实现人—机对话，即用户可通过显示器“看到”自己输入的信息。同时，计算机也可以把处理结果以及各种提示信息显示在屏幕上。

2. 主机

主机也称为“主机箱”，是计算机用于放置主板及其他主要部件的容器，通常包括CPU、内存、硬盘、光驱、电源以及其他输入输出控制器和接口。

通常位于主机箱内的计算机器件称为内设，而位于主机箱之外的计算机器件称为外设（如显示器、键盘、鼠标、外接硬盘、外接光驱等）。

3. 键盘和鼠标

键盘和鼠标虽小，却是我们操作计算机的“左膀右臂”，没有它们的帮助，我们只能望“机”兴叹。

键盘是指经过系统安排操作一台机器或设备的一组键（如打字机、电脑键盘），主要的功能是输入资料。

鼠标也称“鼠标器”，英文名“mouse”，因形似老鼠而得名，是显示系统纵横位置的指示器，用来代替键盘繁琐的指令，操作计算机更加简便。

1.2.2 计算机的启动和关闭

1. 先开显示器，还是先开主机？

先外设，后主机，即先打开显示器等外部设备的电源开关，再最后接通主机电源。这是因为在打开显示器等外部设备的电源时，会产生较强大的瞬间电流，对主机内部的元器件会产生一定的冲击，最后开主机正是为了减少这种冲击对主机内重要元器件的影响。

需要注意的是显示器或主机电源开关按钮一般都有 Power 字样或 ⏻ 标志。

打开主机电源以后，你会发现屏幕上翻滚一行行的英文，这是计算机正常的启动过程，耐心等待，直至看到如图 1－2 所示的画面，表示计算机启动成功。现在，你就可以走进五彩缤纷的计算机世界了！

图 1－2 计算机启动成功（Windows 7 桌面）

【注意】关于计算机操作系统的有关图示和内容，本教材将以 Windows 7 为蓝本进行演示。

2. 正确的关机方法

①移动鼠标并单击屏幕左下角的【开始】按钮 。在弹出的如图 1－3 所示的画面中单击【关机】选项。

②待主机关闭以后，接下来再关闭显示器等外部设备的电源开关，整个关机操作完成。

关机时，尽量不要直接切断主机电源，因为计算机正常工作时，一些正在处理的数据可能会因为主机的突然断电而丢失或被破坏！所以，应按照前面所介绍的正确方法关闭计算机。

3. 冷启动、热启动、复位启动

(1)冷启动

冷启动又称硬启动，这种方式是在计算机系统尚未加电的情况下，先打开显示器、音箱、打印机等外部设备的电源开关，最后接通主机电源。

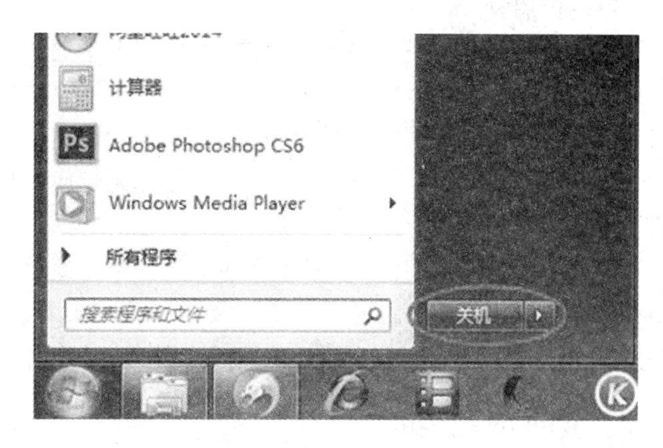

图1－3　单击“关机”

(2)热启动

热启动也称为软启动。是指计算机系统已加电且已运行，在通电的情况下，重新启动计算机。热启动一般用于改变系统设计，改变系统软、硬件配置，需要重新启动等情况。

热启动的方式如下：

单击屏幕左下角的【开始】按钮，然后点击【关机】旁边的三角形按钮，在弹出的子菜单中，单击“重新启动”按键，即可热启动，如图1－4所示。

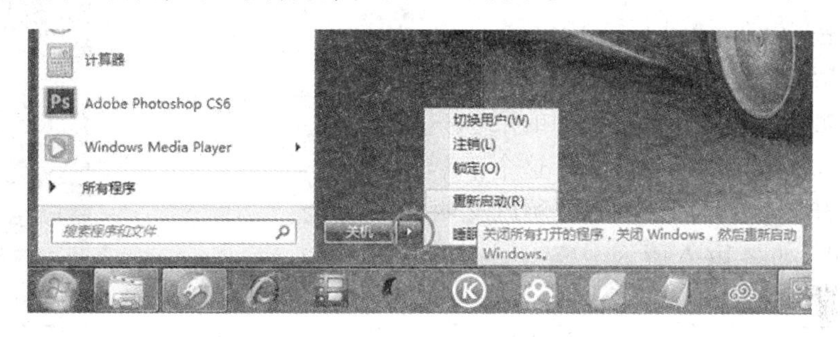

图1－4　“重新启动”按钮

图1－5　桌面

(3)复位启动

复位启动，是通过按下主机箱上的“复位”键来达到重启计算机的目的。“复位”键，又叫 Reset 键，是主机箱上除了电源开关以外另一个重要的按键，一般在主机箱电源开关的附近。只要按下 Reset 键，计算机会马上重新启动。这种方式除了不必重新加电外，启动过程和冷启动完全相同。复位启动一般用在计算机完全无响应(即键盘、鼠标都无响应)的情况下强制重启电脑。

【小贴士】很多笔记本电脑没有 Reset 键，那么如果计算机发生完全无响应的情况(即键盘、鼠标都无响应)该怎么办呢？要不要马上断电，取出电池呢？完全不用这样做。只要按住电脑的电源键(Power 键)不放，持续 5 s 以上，也能够强制关闭电脑。

1.2.3 Windows 初步

1. 桌面和“开始”菜单

还记得图 1－2 所示的画面吗？我们把这个画面称作“桌面”(desktop)，桌面是打开计算机并登录到 Windows 之后看到的主屏幕区域，就像实际的桌面一样，它是您工作的平面，包含【开始】按钮，如图 1－5 所示。

单击【开始】按钮，列出了包括【关机】在内的各种操作的名称(仿佛饭店里面的菜单一样)，我们把它称作“菜单”。又由于这个菜单是通过单击【开始】按钮而弹出的，所以又叫做【开始】菜单，如图 1－6 所示。

2. 快捷菜单

快捷菜单是显示与特定对象相关的一列命令的菜单，即鼠标右击对象时常出现的那个菜单，所以也叫右键菜单。快捷菜单随对象不同而不同，要显示快捷菜单，请用鼠标右键单击某一项目或按下 Shift + F10。如图 1－7 所示为右击桌面时出现的快捷菜单。

3. 图标

桌面上有一些小图片，在它们的下面还有文字，我们把这样的图片称作“图标”，下面的文字就是该图标的名字，例如【计算机】、【库】、【回收站】等，图标是具有明确指代含义的计算机图形，不同类型的资源(如文件等)通常具有不同的图标。图标的应用，不仅使我们对计算机的操作变得更加形象、直观，而且还大大增加了趣味性。

【计算机】是用户访问计算机资源的入口。

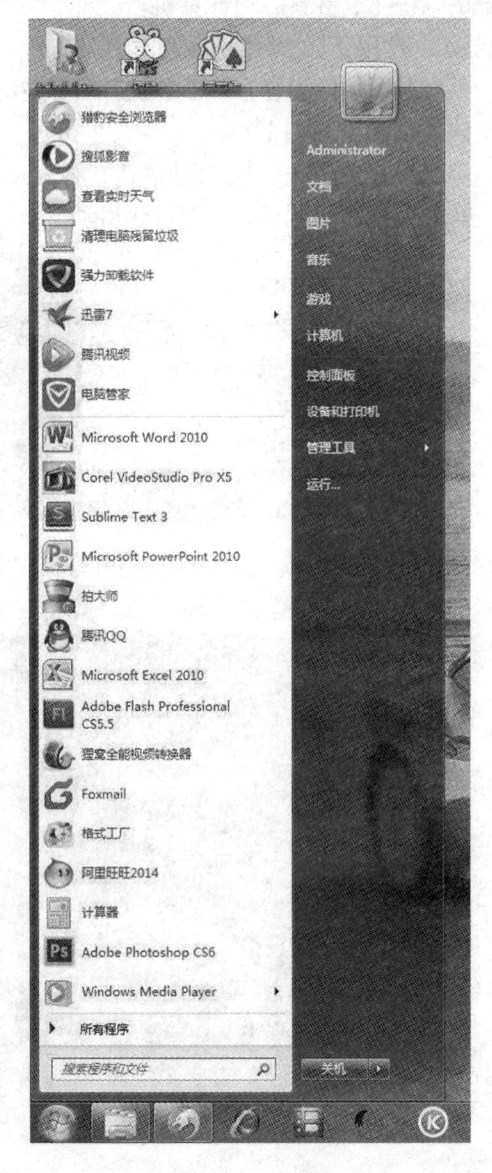

图 1－6　开始菜单

用户通过该图标可以实现对计算机磁盘、文件夹和文件的管理，在其中用户可以访问连接到计算机的磁盘驱动器、照相机、扫描仪和其他硬件以及有关信息。右击【计算机】图标弹出快捷菜单，其中【属性】选项可以设置整个计算机的硬件。

我们可以按多种方式对窗口中的图标进行重新排列。右击窗口的空白处，出现快捷菜单——指向【排序方式】选项，出现下级菜单，如图1-8所示，单击【名称】、【类型】、【大小】、【修改日期】进行排列。

图1-7　桌面快捷菜单

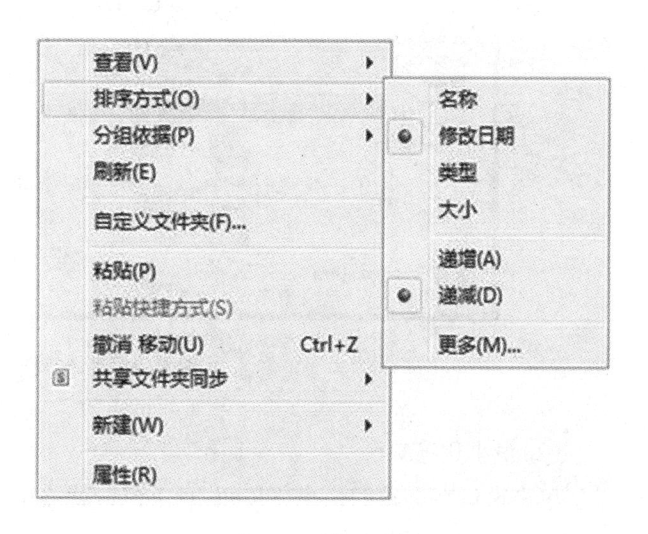

图1-8　排列图标

4. 窗口

双击图标，就会出现相应的窗口，如双击【计算机】图标弹出如图1-9所示的【计算机】窗口。该窗口内含有计算机上所有磁盘驱动器图标、控制面板和网上邻居等。双击窗口工作区中的磁盘图标即可打开本地磁盘窗口，其中就列出了文件和文件夹列表，使其处于访问状态。

窗口是用户界面中最重要的部分，是用户与产生该窗口的应用程序之间的可视界面，在窗口中可以进行许多操作，用户通过关闭一个窗口来终止一个程序的运行。每一个窗口的外观基本相同，都有标题栏、菜单栏、工具栏、地址栏等。

可以同时打开多个窗口，但总有一个窗口在最上面，也就是活动窗口。活动窗口标题栏的颜色与屏幕上其他窗口的标题栏上的颜色不一样；在默认的Windows桌面颜色模式中，活动窗口的标题栏为蓝色，其他窗口的标题栏是灰色。

(1)标题栏

窗口最上方的蓝色横条是标题栏，标题栏显示该窗口的标题。拖动标题栏，可移动窗口。

【注意】在“最大化”状态下，窗口无法移动。标题栏最右边的三个按钮　分别表示“最小化”、“最大化/还原”和“关闭”。

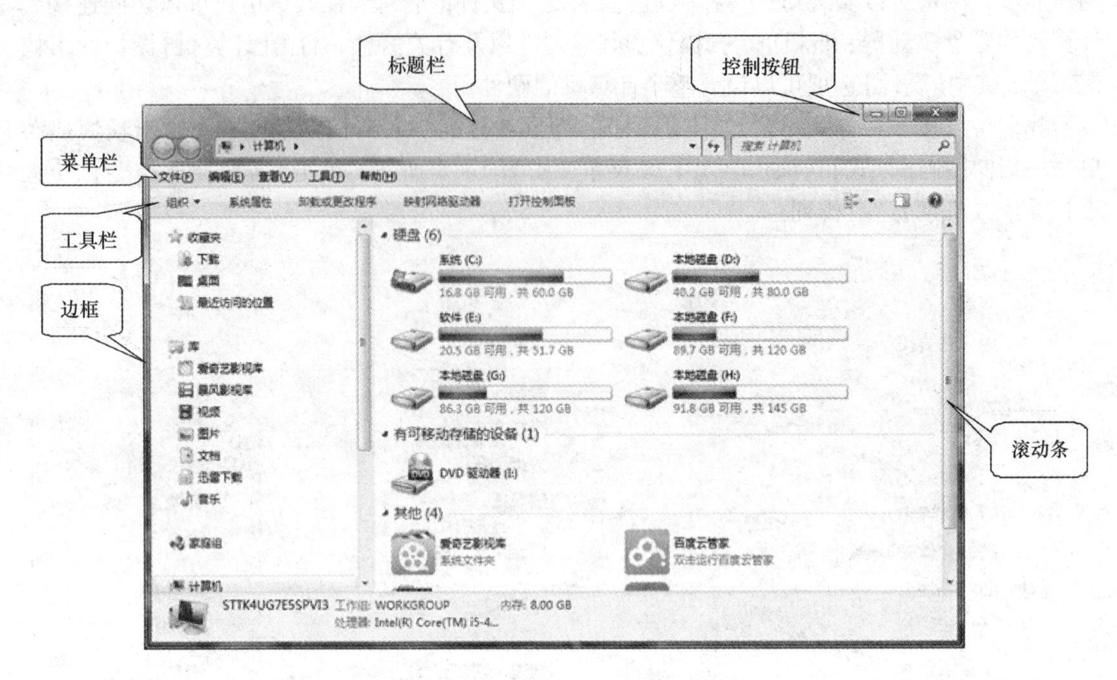

图 1－9 “计算机”窗口

(2)最小化窗口

单击窗口右上角的最小化按钮，窗口就缩小为一个按钮放到屏幕下方的任务栏中。

(3)最大化/还原窗口

单击窗口右上角的按钮，可以使窗口占满整个屏幕，即最大化。当窗口已经处于最大化时，此按钮变为还原按钮，此时再单击此按钮，可将窗口还原到初始大小。

(4)关闭窗口

单击窗口右上角的关闭按钮，就可以关闭窗口。将鼠标指针指向窗口中的某个按钮，停顿几秒钟，则按钮的下面就会显示出此按钮的中文解释，如图 1－10 所示。

窗口被最小化以后，会变成一个按钮放在屏幕下方的任务栏中。若想让该窗口还原，单击该按钮即可。

图 1－10 最小化按钮

(5)菜单栏

菜单栏位于标题栏下面。菜单栏是由各种菜单命令组成，单击某一菜单命令，可以弹出一个下拉菜单，如图 1－11 所示，单击菜单栏“查看”后弹出的下拉菜单，下拉菜单由命令选项构成。

命令选项后面有省略号时，就表示选择这项菜单项时会有对话框弹出询问用户，主要是像打开、保存、另存为这样的窗口。

有的命令选项右边有一个小三角▶，表示该命令选项还有下级菜单，即第二级菜单。鼠标指向有小三角的命令选项，第二级菜单便会自动弹出来。

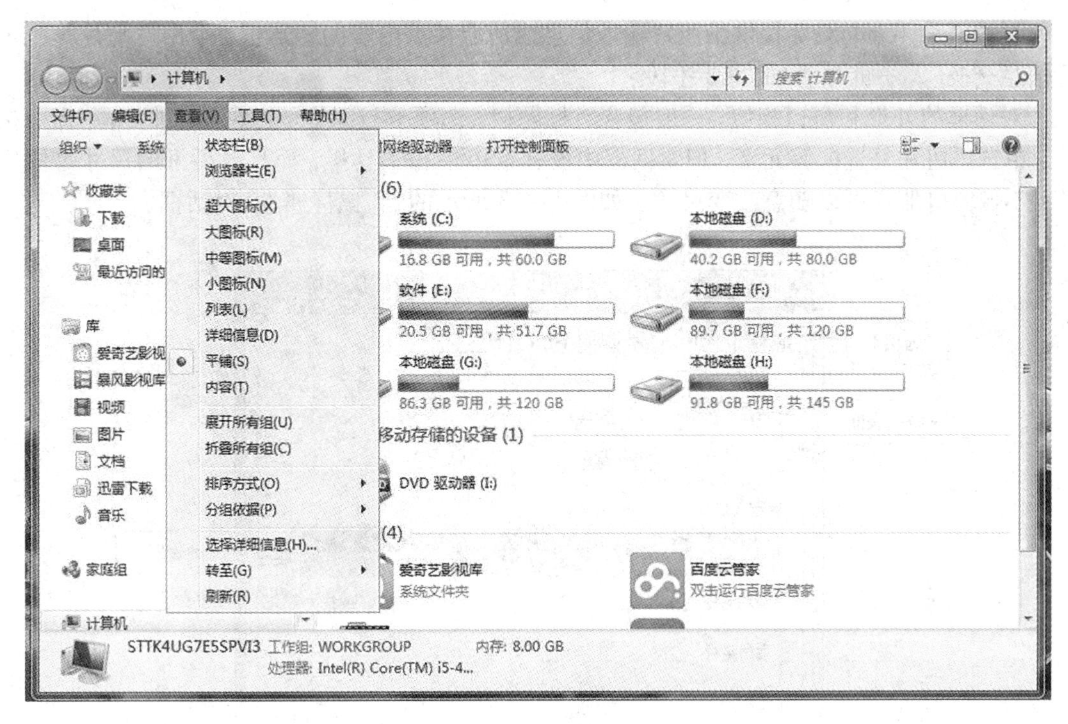

图1－11　下拉菜单

(6)地址栏

地址栏显示当前打开的窗口所在的地址，如图1－12所示。

图1－12　地址栏

(7)滚动条

当窗口大小不能显示所打开程序的全部内容时，窗口的右边和底部就会出现滚动条。

我们看到滚动条的两端有两个小三角按钮，中间有一个滑块，按下任意一个三角按钮，窗口显示的内容就会向箭头所指的方向滚动；拖动滑块，窗口显示的内容也会上下快速滚动。

(8)边框

可以通过调整窗口的边框来改变该窗口的大小。将鼠标指针指向窗口边框，这时鼠标指针就变成一个双向箭头，按下左键不松手，拖动鼠标将窗口边框调整至合适位置，然后松开鼠标左键，就可以改变窗口的大小。

把光标指向窗口的右下角(或其他三个角)，当光标变成双向箭头时，按下左键并拖动鼠标就可以同比例地缩放窗口。

5. 对话框

对话框是 Windows 7 提供给用户输入信息或选取某项内容的矩形框，是用户与计算机进行信息交换(人—机对话)的重要手段。

对话框的外形和窗口相似，一般包含有标题栏、选项卡与标签、文本框、列表框、命令按钮、单选按钮和复选框等元素，但对话框中没有菜单栏和工具栏，而且对话框的尺寸是固定的，不像窗口那样可以随意改变尺寸。如图 1－13 所示的是“鼠标属性”对话框。

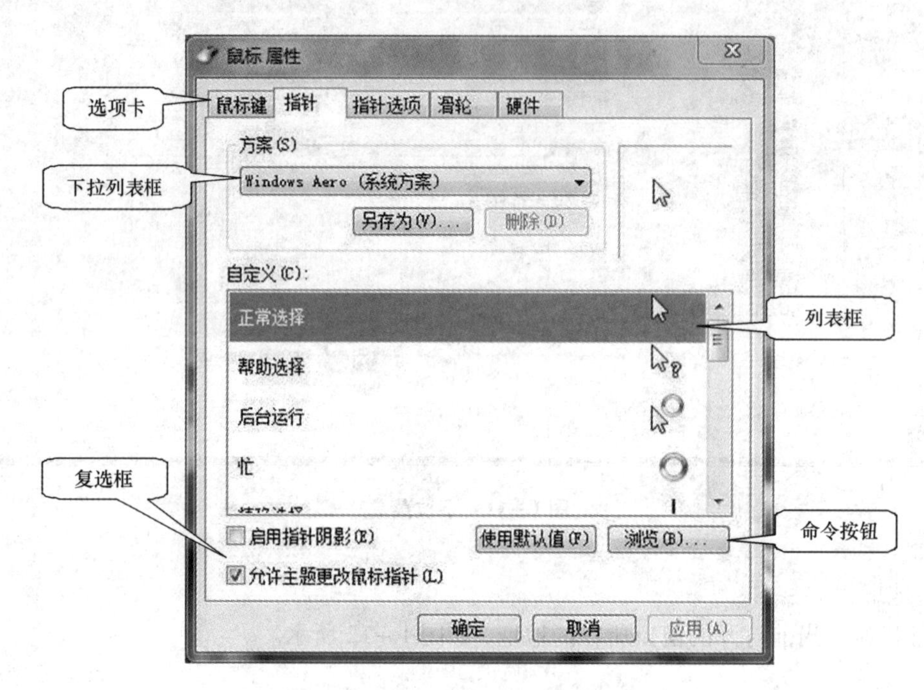

图 1－13 “鼠标属性”对话框

(1)标题栏

标题栏标明了该对话框的名称，右侧有关闭按钮，有的对话框还有帮助按钮。用鼠标拖动标题栏可以移动对话框。

(2)选项卡

在系统中有很多对话框都是由多个选项卡构成的，选项卡上写明了标签，以便于进行区分。用户可以通过各个选项卡之间的切换来查看不同的内容，在选项卡中通常有不同的选项组。

(3)文本框

在有的对话框中需要用户手动输入某项内容，还可以对各种输入内容进行修改和删除操作。一般在其右侧会带有下三角按钮，可以单击下三角按钮在展开的下拉列表框中查看最近输入过的内容。例如，选择“开始”→“运行”命令，可以打开“运行”对话框，这时系统要求用户输入要运行的程序或者文件名称，如图 1－14 所示。

(4)列表框

有的对话框在选项组下已经列出了众多的选项，用户可以从中选取，但是通常不能

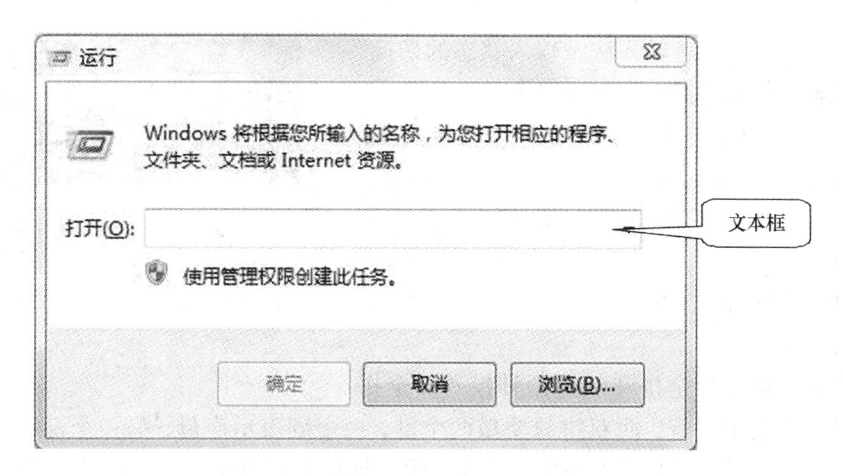

图1－14　“运行”对话框

更改。

(5)命令按钮

它是指对话框中的圆角矩形并且带有文字的按钮，常用的有“确定”、“应用”、“取消”等按钮。

(6)单选按钮

它通常是一个圆点“●”，其后面有相关的文字说明。当选中其中一个后，按钮含有圆点，别的选项则不可选。

(7)复选框

它通常是一个小正方形，在其后面也有相关的文字说明，当用户选择后，在正方形中间会出现一个绿色的“√”标志，它是可以任意选择的。

另外，在有的对话框中还有数字微调按钮，它由上三角和下三角按钮组成，用户在使用时分别单击按钮即可增加或减少数字。

1.2.4　打字

无论是输入英文还是中文，都需要相应的输入方法，即输入法。

英文字母只有26个，它们对应着键盘上的26个字母键，直接按下字母键就可以输入相应的英文了。

汉字有几万个，因此要想输入汉字，就必须运行一个专门输入汉字的程序，这就是我们通常所说的中文输入法。本节中，我们在输入汉字时所用到的“全拼”输入法就是一种常用的中文输入法。除此之外，还常用到“微软拼音输入法”、“智能ABC输入法”、“五笔字型输入法”、“搜狗输入法”等，这些都是比较常用的中文输入法，输入法各有各的特点，各有各的优势。同时随着各种输入法版本的更新，其功能也越来越强。

1. 选择汉字输入法

要输入汉字，就需要用到汉字输入法。单击屏幕右下角的按钮就会显示出输入法选择菜单，如图1－15所示。

最上面的“中文(简体)—美式键盘”表示英文输入状态，而下面则是“中文(简体)—百度输入法”。

使用键盘可实现各种输入法及输入状态的切换。

【Ctrl】键 +【Shift】键：输入法切换；

【Ctrl】键 +【Space】键：打开/关闭中文输入法；

【Shift】键 +【Space】键：全角与半角输入切换；

【Ctrl】键 +【.】(主键盘区小数点)：中英文符号输入切换；

【Shift】键：中/英文切换。

图1－15 输入法菜单

2. 输入汉字

拼音输入一般分为全拼和双拼两种模式。全拼要求输入汉字的全部拼音，而双拼只要敲两个键，一个键表示声母，另一个键表示韵母，但是双拼模式需要记忆一些音节的键位，比较麻烦。现在大多数拼音输入法还支持模糊拼音和智能联想的功能。

【小贴士】模糊拼音是指当输入一个词组时，某个字的音拼错了，输入法也会根据输入的词组中其他字的意思“猜测”用户试图拼写的字。例如：图1－16就是一个典型的模糊拼音的例子。模糊拼音是某些普通话不是很标准的使用者的福音。

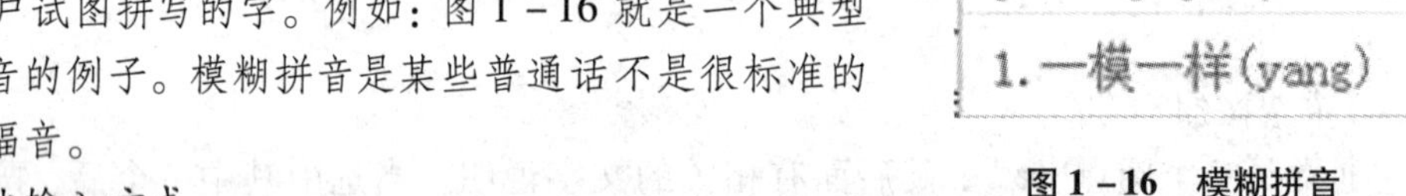

图1－16 模糊拼音

3. 其他输入方式

除了通过敲击键盘完成信息输入以外，我们还可以通过以下方式进行信息的输入。

(1)手写输入

手写输入是借助于手写笔和手写板等工具通过用手写字的方式来实现文字输入的一种方法。计算机通过采集书写时的实时信号，记录抬笔、落笔的位置和笔迹的运动轨迹等信息，通过相关的软件对这些信息进行处理，最终将书写的信息转换成相应的文字存入文档中。

(2)语音输入

语音输入就是借助于话筒等语音输入设备采集语音信息，再通过语音识别软件对采集到的语音信息进行分析，并最终将其转化成相应的文字，从而达到“通过说话输入文字”的目的。语音输入在智能手机上的应用已经相当广泛，例如手机上的“讯飞输入法”就是主打语音识别和语音输入的。

(3)扫描输入

扫描输入就是借助扫描仪先把书面的文字材料转化为图像，再通过汉字识别软件把得到的图像进行转换，使图片内的文字图像变成可编辑、修改的文字，进而保存到文档中。

4. 添加或删除输入法

在默认情况下，计算机中包含有微软拼音、智能ABC、全拼、郑码等多种汉字输入法，如果觉得自己计算机中的中文输入法过于杂乱，可以删除那些不常用的，在需要的时候，还可以很方便地恢复。删除输入法，可以采用如下操作：

①双击【计算机】→单击【打开控制面板】→单击【更改键盘或其他输入法】→【更改键盘】，如图1－17所示。

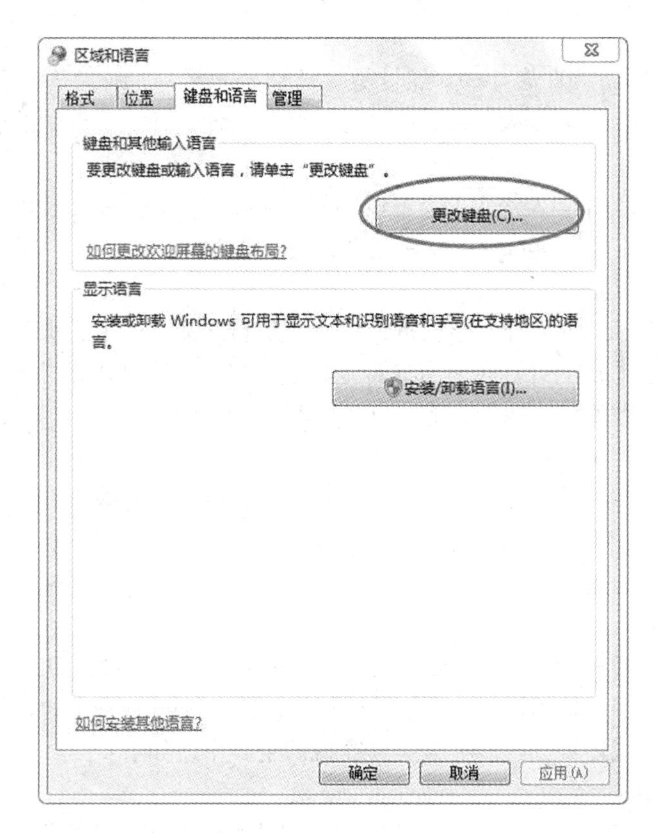

图1－17　区域和语言

②单击【更改键盘】后，则出现如图1－18所示的“安装/卸载语言”对话框。在该对话框中，可以添加或删除输入法。

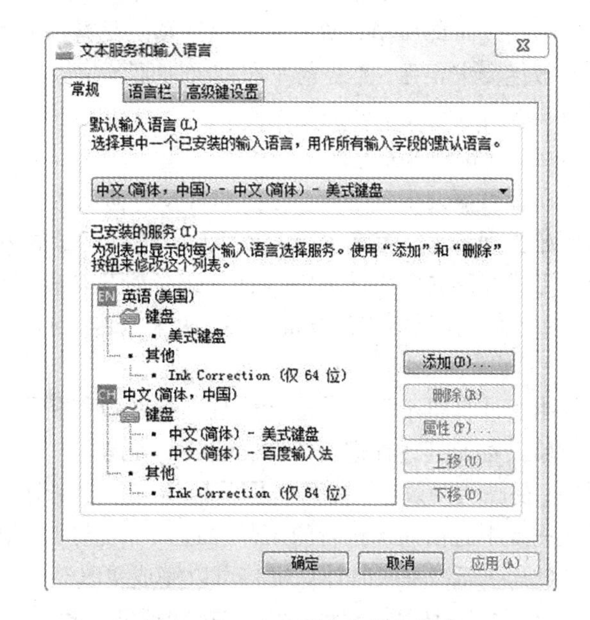

图1－18　文本服务和输入语言

1.2.5　计算机的特点和应用

1.计算机的特点

计算机是一种可以进行自动控制、具有记忆功能的现代化计算工具和信息处理工具。它有以下五个方面的特点：

(1)运算速度快

计算机的运算速度已经达到每秒几千万次到数万亿次。计算机如此高的运算速度是其他任何计算工具无法比拟的，它使得过去需要几年甚至几十年才能完成的复杂运算任务，现在只需几天、几小时、甚至更短的时间就可完成。这正是计算机被广泛使用的主要原因之一。

(2)计算精度高

在计算机发明前的1500多年中，经过历代科学家的努力，圆周率 π 值的计算精度仅达到小数点后的700多位。而今天，利用计算机已经可以计算到小数点后的上亿位。

(3)记忆力强

计算机的存储器类似于人的大脑，可以“记忆”(存储)大量的数据和使计算机程序不丢失，在计算的同时，还可把中间结果存储起来，供以后使用。

(4)具有逻辑判断能力

计算机在程序的执行过程中，会根据上一步的执行结果，运用逻辑判断方法自动确定下一步的执行命令。正是因为计算机具有这种逻辑判断能力，使得计算机不仅能解决数值计算问题，而且能解决非数值计算问题，比如信息检索、图像识别等。

(5)可靠性高、通用性强

由于采用了大规模和超大规模集成电路，现在的计算机具有非常高的可靠性。现代计算机不仅可以用于数值计算，还可以用于数据处理、工业控制、辅助设计、辅助制造和办公自动化等，具有很强的通用性。

2. 计算机的应用

由于计算机有运算速度快、计算精度高、记忆能力强、可靠性高和通用性强等一系列特点，计算机几乎进入了一切领域，它服务于科研、生产、交通、商业、国防、卫生等各个领域。可以预见，其应用领域还将进一步扩大。计算机的主要用途如下：

(1)数值计算

主要指计算机用于完成和解决科学研究和工程技术中的数学计算问题。计算机具有计算速度快、精度高的特点，在数值计算等领域里刚好是计算机施展才能的地方，尤其是一些十分庞大而复杂的科学计算，靠其他计算工具有时简直是无法解决的。如天气预报，不但复杂且时效性要求很强，不提前发布就失去了预报天气的意义，所以只有借助于计算机，才能更及时、准确地完成这样的工作。

(2)数据及事务处理

所谓数据及事务处理，泛指非科技方面的数据管理和计算处理。其主要特点是，要处理的原始数据量大，而算术运算较简单，并有大量的逻辑运算和判断，结果常要求以表格或图形等形式存储或输出。如银行日常账务管理、股票交易管理、图书资料的检索等，面对“海量”的信息，如果不用计算机处理，仍采用传统的人工方法是难以胜任的。

(3)自动控制与人工智能

由于计算机不但计算速度快且又有逻辑判断能力，所以可广泛用于自动控制。如对生产和实验设备及其过程进行控制，可以大大提高自动化水平，减轻劳动强度，节省生产和实验周期，提高劳动效率，提高产品质量和产量。另外，随着智能机器人的研制成功，其可以代替人完成不宜由人来进行的工作。进入21世纪，人工智能的研究目标是使计算机更好地模拟人的思维活动，届时计算机将可以完成更复杂的控制任务。

(4)计算机辅助设计、辅助制造和辅助教育

计算机辅助设计 CAD(computer aided design)和计算机辅助制造 CAM(computer aided manufacturing)，是设计人员利用计算机来协助进行最优化设计和制造人员进行生产设备的管理、控制和操作。目前，在电子、机械、造船、航空、建筑、化工、电器等方面都有计算机的

应用，这样可以提高设计质量，缩短设计和生产周期，提高自动化水平。计算机辅助教学CAI(computer aided instruction)，是利用计算机的功能程序把教学内容变成软件，使得学生可以在计算机上学习，使教学内容更加多样化、形象化，以取得更好的教学效果。

(5)通信与网络

随着信息化社会的发展，计算机在通信领域的作用越来越大，特别是计算机网络得到了迅速发展，目前遍布全球的因特网(Internet)已把全球大多数国家联系在一起。随着各种教学软件不断涌现，利用计算机辅助教学和利用计算机网络在家里学习代替去学校、课堂这种传统教学方式已经在不少国家变成现实。

除此之外，计算机在电子商务、电子政务等应用领域也得到了快速的发展。

1.3 计算机的起源与发展

计算，是人类认知世界的一种重要能力。计算需要借助一定的工具来进行，人类最初的计算工具是自己的双手，掰指头算数就是最早的计算方法。一个人天生有十个指头，因此十进制就成为人们最熟悉的进制计数法。

随着人类文明的不断进步，人类突破了双手的局限性，开始学习使用木棍、石子等越来越多的计算工具，计算方法也越来越高级。

1.3.1 最古老的计算工具——算筹

我国春秋时期出现的算筹可以说是世界上最古老的计算工具。据《汉书·律历志》记载：算筹是圆形竹棍，它长23.86 cm，横切面直径是0.23 cm。到公元6—7世纪的隋朝，算筹长度缩短，圆棍改成方的或扁的。根据文献记载，算筹除竹筹外，还有木筹、铁筹、玉筹和牙筹。计算的时候摆成纵式和横式两种数字，按照纵横相间的原则表示任何自然数，从而进行加、减、乘、除、开方以及其他的代数计算。负数出现后，算筹分红、黑两种，红筹表示正数，黑筹表示负数。这种运算工具和运算方法，在当时是世界上独一无二的。

我国古代著名的数学家祖冲之，就是借助算筹计算出圆周率的值介于3.1415926和3.1415927之间。

1.3.2 中国人智慧的结晶——算盘

随着计算技术的发展，在求解一些更复杂的数学问题时，算筹显得越来越不方便了。从唐代起，中国的运算工具就开始由算筹向算盘演变。到元末明初，算盘已经非常普及了。它结合了十进制计数法和一整套计算口诀并一直沿用至今，许多人认为算盘是最早的数字计算机，而珠算口诀则是最早的体系化的算法。

1.3.3 机械式计算机——来自西方的探索

在西欧，由中世纪进入文艺复兴时期的社会大变革，大大促进了自然科学技术的发展，一批杰出的科学家相继进行了机械式计算机的研制，其中的代表人物有帕斯卡、莱布尼茨和巴贝奇。这一时期的计算机虽然构造和性能还非常简单，但是其中体现的许多原理和思想已经开始接近现代计算机。

1. 帕斯卡加法机

帕斯卡(Blaise Pascal)，法国数学家、物理学家、近代概率论的奠基者。1642年，刚满19岁的帕斯卡设计制造了世界上第一架机械式计算装置——使用齿轮进行加减运算的加法机(图1-19)，原只是想帮助他父亲计算税收用，却因此而闻名于当时。

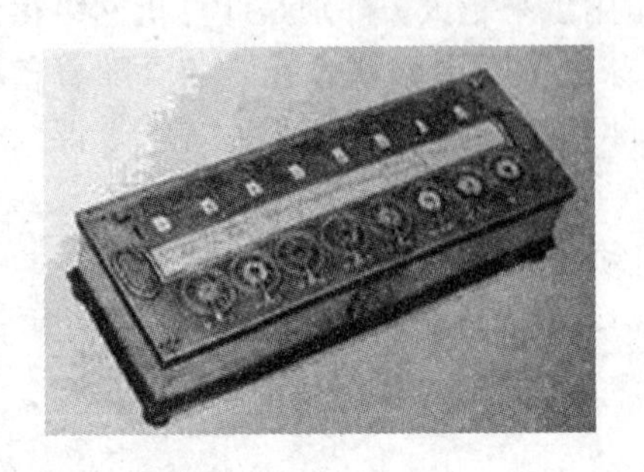

图1-19 加法机

图1-20 乘法机

这是人类历史上第一台机械式计算机，其原理对后来的计算机械产生了持久的影响。计算机领域没有忘记帕斯卡的贡献，1971年，瑞士人沃斯把自己发明的高级语言命名为Pascal，以表达对帕斯卡的敬意。

2. 莱布尼兹乘法机

1673年，德国数学家莱布尼兹发明乘法机(图1-20)，这是第一台可以运行完整的四则运算的计算装置。莱布尼兹同时还提出了“可以用机械代替人进行繁琐重复的计算工作”的伟大思想，这一思想至今鼓舞着人们探求新的计算机。

图1-21 差分机

图1-22 制表机

据记载，莱布尼兹认为，中国的八卦是最早的二进制计数法。在八卦图的启迪下，莱布尼兹系统地提出了二进制运算法则。为此，莱布尼兹曾把自己的乘法机复制品送给当时中国的康熙皇帝，以表达他对中国的敬意。

3. 巴贝奇差分机

巴贝奇，英国数学家，1792年出生在英格兰西南部的托特纳斯。剑桥大学毕业留校后，24岁的巴贝奇的第一个目标就是制作一台“差分机”。所谓“差分”的含义，是把函数表的复杂算式转化为差分运算，用简单的加法代替平方运算。

1822年，巴贝奇终于完成了第一台差分机(图1－21)的研制，它可以处理3个不同的5位数，计算精度达到6位小数，这是最早采用寄存器来存储数据的计算机，体现了早期程序设计思想的萌芽。

1.3.4 从机械到电的飞跃

1888年，美国人赫尔曼·霍勒斯发明了制表机(图1－22)。它采用电气控制技术取代纯机械装置，并使用穿孔卡片进行数据处理，这可以说是电脑软件的雏形。

1896年，霍勒斯创立了制表机公司，这标志着计算机作为一个产业粗具雏形。1911年该公司并入CTR(计算制表记录)公司，这就是著名的IBM公司的前身。

1924年，托马斯·沃森一世把CTR更名为IBM。

1.3.5 探索

作为能够模拟人类思维的高级计算工具，电子计算机有着严谨的数学理论基础和精密的体系结构。

1. 布尔：逻辑代数

布尔，英国著名的数学家，其最大的贡献是创立了逻辑代数。他的工作给19世纪的数学带来新的转机，是现代电子计算机的数学和逻辑基础。为纪念他的功绩，人们称这一新学科为“布尔代数”。

布尔利用代数语言使逻辑推理更简洁清晰，从而建立起一种所谓逻辑科学，其方法不但使数学家耳目一新，也使哲学家大为叹服。他为逻辑代数化作出了决定性的贡献，他所建立的理论随着现代电子计算机的问世而得到迅速发展。

2. 计算机三原则

美国理论物理学家阿塔纳索夫提出的计算机三原则对现代电子计算机的诞生产生了深远影响。正是阿塔纳索夫关于电子计算机的设计方案启发了ENIAC开发小组的莫克利，并直接影响到ENIAC的诞生。

阿塔纳索夫所提出的计算机三原则是：

①以二进制的逻辑运算为基础来实现数字运算；

②利用电子技术来实现控制、逻辑运算和算术运算；

③采用把计算功能和存贮功能相分离的结构。

3. 图灵

图灵，1912年生于英国伦敦，1954年逝世于英国的曼彻斯特，年仅42岁。他是计算机逻辑的奠基者，他对计算机的重要贡献在于他提出的有限状态自动机，也就是图灵机的概念。图灵机成为现代通用数字计算机的数学模型，它证明通用数字计算机是可以制造出来的。

1940年，图灵发表了著名的论文《计算机能思考吗?》，对计算机的人工智能进行了探索。

并设计了著名的"图灵测验"，即如果有机器能够通过图灵测试，那他就是一个完全意义上的智能机，和人没有区别了。

为了纪念图灵杰出的贡献，人们将计算机界的最高奖定名为"图灵奖"。

4. 冯·诺伊曼

1944—1945 年，美籍匈牙利科学家冯·诺伊曼在第一台现代计算机 ENIAC 尚未问世时就注意到其弱点，并提出一个新机型 EDVAC 的设计方案，其中提到了两个重要设想：采用二进制和"存储程序"。

另外，他还提出了现代计算机的总体结构思想，将新机器分为五个部分组成，即运算器、逻辑控制装置、存储器、输入和输出设备，并描述了这五部分的职能和相互关系。

鉴于冯·诺依曼在研制现代电子计算机中所起到的关键性作用，他被西方人誉为"计算机之父"。

1.3.6 诞生

1. 永载史册的 ENIAC

1946 年 2 月 15 日，世界上第一台通用数字电子计算机 ENIAC 研制成功，宣告了人类从此进入电子计算机时代。承担开发任务的总工程师埃克特当时年仅 24 岁。

ENIAC：长 30.48 m，宽 1 m，占地面积 170 m^2，30 个操作台，相当于 10 件普通房间的大小，重达 30 t，耗电量 150 kW，造价 48 万美元。它使用 18000 个电子管，70000 个电阻，10000 个电容，1500 个继电器，6000 多个开关，每秒执行 5000 次加法或 400 次乘法，是继电器计算机的 1000 倍、手工计算的 20 万倍。

ENICA 的诞生掀起了计算机发展的高潮，标志着电子计算机时代的到来，是世界科技发展史上的一个伟大创举，它为以后计算机科学的发展奠定了基础。

图 1－23 ENIAC

1.3.7 发展

1. 电子管计算机的兴盛(1946—1959)

这一时期计算机的共同标志是采用电子管作为逻辑元件，体积大、功率大、结构简单、运算速度慢，存储量小，可靠性差，且价格昂贵。主要用于科学计算。人们将这一时期的计算机称为第一代电子计算机，其主要特点如下：

①采用电子管代替机械齿轮或电磁继电器作为基本电子元件，但它仍然比较笨重，而且产生很多热量，容易损坏。

②程序可以存储，这使通用计算机成为可能，但存储设备最初使用水银延迟线或静电存储管，容量很小，后来采用了磁鼓、磁芯，虽有一定改进，但存储空间仍然有限。

③采用二进制代替十进制，即所有数据和指令都用"0"与"1"表示，分别对应于电子器件

的“接通”与“断开”。输入输出设备简单，主要采用穿孔纸或卡片，速度很慢。

④程序设计语言为机器语言，几乎没有系统软件，主要用于科学计算。

2. 晶体管：成就第二代计算机(1959—1964)

计算机应用领域进一步扩大，除科学计算外，还用于数据处理和实时控制等领域。晶体管的发明，为半导体和微电子产业的发展指明了方向。采用晶体管代替电子管成为第二代计算机的标志。除了科学计算，计算机也开始被用于企业商务。1954年，美国贝尔实验室研制成功第一台使用晶体管线路的计算机，取名TRADIC，它装有800个晶体管。

1958—1964年，晶体管电子计算机经历了大范围的发展过程。从印刷电路板到单元电路和随机存储器，从运算理论到程序设计语言，不断的革新使晶体管电子计算机日臻完善。

第二代计算机主要特点如下：

①采用晶体管代替电子管作为基本电子元件，使计算机结构和性能都发生了飞跃。与电子管相比，晶体管具有体积小，重量轻，发热少，速度快，寿命长等一系列优点。

②采用磁芯存储器作为主存，使用磁盘和磁带作为辅存，使存储容量增大，可靠性提高，为系统软件的发展创造了条件。

③提出了操作系统的概念，开始出现汇编语言，并产生了如COBOL，FORTRAN等算法语言以及批处理系统。

3. 脱胎换骨的第三代计算机(1964—1970)

1958年，世界上第一个集成电路诞生。发展到20世纪70年代初期，大部分电路元件都已经以集成电路的形式出现。甚至在拇指指甲那样大的约1平方厘米的芯片上，就可以集成上百万个电子元件。与晶体管相比，集成电路的体积更小，功耗更低，而可靠性更高，造价更低廉，因此得到迅速发展。集成电路的问世催生了微电子产业，采用集成电路作为逻辑元件成为第三代计算机的最重要特征，其特点主要有：

①采用集成电路取代晶体管作为基本电子元件。与晶体管相比，集成电路体积更小，耗电更省，功能更强，寿命更长。

②采用半导体存储器，存储容量进一步提高，而体积更小。

③操作系统的出现，高级语言进一步发展，使计算机功能更强，计算机开始广泛应用于各个领域并走向系列化，通用化和标准化。

④计算机应用范围扩大到企业管理和辅助设计等领域。

4. 超大规模集成电路的出现(1970年以后)

进入20世纪60年代后，微电子技术发展迅猛。在1967年和1977年，分别出现了大规模集成电路和超大规模集成电路，并立即在电子计算机上得到了应用。由大规模和超大规模集成电路组装成的计算机，被称为第四代电子计算机。

随着大规模集成电路的迅速发展，计算性能飞速提高，应用范围渗透到社会的每个角落，计算机对社会生产的重要性日益凸显。它的主要特点如下：

①采用大规模集成电路和超大规模集成电路作为基本电子元件，这是具有革命性的变革，出现了影响深远的微处理器。

②第四代计算机是第三代计算机的扩展与延伸，存储容量进一步扩大并引入光盘，输入采用OCR(字符识别)与条形码，输出采用激光打印机。

③在体系结构方面进一步发展并行处理，多机系统，分布式计算机系统和计算机网络系

统。微型计算机大量进入家庭，产品更新速度加快。

④软件配置丰富，软件系统工程化、理论化，程序设计部分自动化。计算机在办公自动化，数据库管理，图像处理，语音识别和专家系统等领域大显身手。

正是超大规模集成电路的研制成功，使微处理器的问世成为可能，从而使电子计算机的体积越来越小，价格越来越低，操作越来越简单，此外，计算机软件的日益丰富，也给用户使用带来了很大便利。计算机逐渐走进普通人家。最终实现了微型计算机的普及。

1.3.8 未来

1. 巨型化

巨型化是指计算机的运算速度更高、存储容量更大、功能更强。主要应用于天文、气象、原子、核反应、宇宙工程、生物工程等学科的研究，目前正在研制的巨型计算机其运算速度可达每秒万亿次。

2010 年 11 月，中国首台千万亿次超级计算机“天河一号”（图 1－24）横空出世，以每秒 4700 万亿次的峰值性能，首次为中国夺得世界超级计算机排名第一的殊荣，在 2014 年度国家科学技术奖励大会上，“天河一号”超级计算机系统获得国家科学技术进步奖特等奖。

图 1－24 我国研制的“天河一号”巨型计算机

图 1－25 掌上计算机

2. 微型化

微型计算机已进入仪器、仪表、家用电器等小型仪器设备中，同时也作为工业控制过程，使仪器设备实现“智能化”。随着微电子技术的进一步发展，笔记本型、掌上型（图等微型计算机必将以更优的性能和价格受到人们的欢迎。

网络化

计算机应用的深入，特别是家用计算机越来越普及，人们一方面希望众多用户能共源，另一方面也希望各计算机之间能互相传递信息进行通信。计算机网络是现代通计算机技术相结合的产物，已在现代企业的管理中发挥着越来越重要的作用，如银业系统、交通运输系统等，如图 1－26 所示。

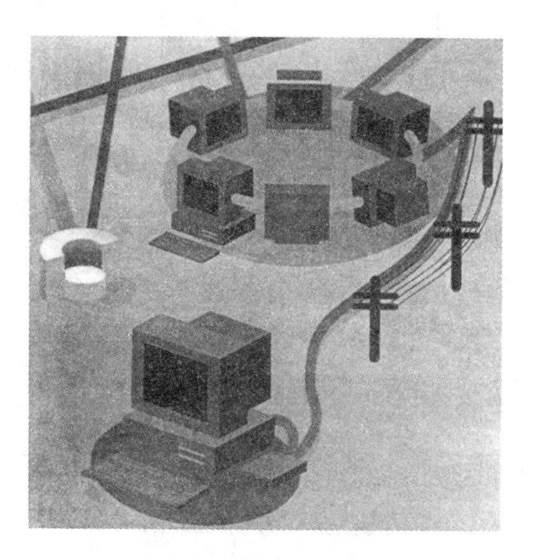

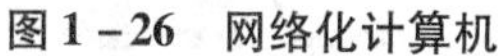

图1－26　网络化计算机

图1－27　人机对话

4. 智能化

计算机人工智能的研究是建立在现代科学基础之上。智能化是计算机发展的一个重要方向，新一代计算机，将可以模拟人的感觉行为和思维过程的机理，进行“看”、“听”、“说”、“想”、“做”，具有逻辑推理、学习与证明的能力，如图1－27所示。

1.4　微型计算机的发展

对一般用户来说，应用最广泛的当属微型计算机。微型计算机是电子计算机技术发展到第四代的产物，微机的诞生引起了电子计算机领域的一场革命，大大扩展了计算机的应用领域。微机的出现，打破了计算机的“神秘”感和计算机只能由少数专业人员使用的局面，使得每个普通人都能使用，从而使微机变成了人们日常生活中的工具。

1971年，Intel公司成功地把传统的运算器和控制器集成在一块大规模集成电路芯片上，发布了第一款微处理器芯片4004。它是为日本计算器厂商设计的用于计算器的4位微处理器，包括寄存器、累加器、算术逻辑部件、控制部件、时钟发生器及内部总线等。1972年，Intel公司推出微处理器8008，1974年，推出了划时代的处理器8080。

1.4.1　个人电脑

1. 第一台微型计算机——“牛郎星”

1974年，一位名叫爱德华·罗伯茨(Edward Roberts)的计算机爱好者用Intel公司的8080微处理器装配了一种专供业余爱好者试验用的计算机——“牛郎星”，装有两块集成电路，一块是Intel 8080微处理器芯片，另一块是存储器芯片，最初仅有256 B容量，后来才增加为4 kB。既无用于输入数据的键盘，也没有显示计算结果的显示器。使用者用手按下面板上的8个开关输入二进制数0或1，计算完成后，用面板上的几排小灯泡表示输出的结果。“牛郎星”的购买者，大都是些初出校门的青年学生。

2. IBM 与 PC

IBM 公司看到了苹果公司的微机的成功，于 1980 年开始向微机市场发展。一年后的 8 月 12 日，IBM 公司在纽约宣布第一台 IBM 微型计算机诞生，如图 1－28 所示，它采用了主频为 4.77MHz 的 Intel 8088 处理器，操作系统是 Microsoft（微软）公司提供的 MS－DOS。IBM 将这个新生命命名为"personal computer"（个人电脑），不久"个人电脑"的缩写"PC"就成为所有个人电脑的代名词。

1983 年 3 月 8 日，IBM 发布了 PC 的改进型 IBM PC/XT，它带有一个容量为 10MB 的硬盘，预装了 DOS 2.0 系统，支持"文件"的概念并以"目录树"存储文件。凭借 XT，IBM 在微型机市场占有率超过 76%，一举把苹果公司挤下微型计算机霸主的宝座。

图 1－28　IBM　PC

IBM PC 最革命的意义在于它的标准是开放式的。由于 IBM 公司生产的 PC 采用了"开放式体系结构"，并且公开了其技术资料，因此其他公司先后为 IBM 系列 PC 推出了不同版本的系统软件和丰富多样的应用软件，以及种类繁多的硬件配套产品。有些公司还竞相推出与 IBM 系列 PC 相兼容的各种兼容机，从而促使 IBM 系列 PC 迅速发展，多家公司各领风骚，比较有名的有 HP，DELL，联想（lenovo）等。

3. 比尔·盖茨与微软公司

比尔·盖茨出生于 1955 年 10 月 28 日，13 岁就开始编写计算机程序。1973 年，盖茨进入哈佛大学读书，在哈佛期间，盖茨为一台微型计算机 MITSAltair 开发了 BASIC 编程语言。三年级时，盖茨从哈佛退学，全身心投入其与童年伙伴 Paul Allen 一起于 1975 年组建的微软公司，开始为个人计算机开发软件。

1985 年 Windows 1.0 问世，1990 年推出了 Windows 3.0，1992 年推出了 Windows 3.1，1995 年推出了 Windows 95，1999 年推出了 Windows 2000，2001 年推出了 Windows XP，2003 年推出了 Windows 2003，2007 年推出了 Windows Vista，2009 年 10 月 22 日微软公司于美国正式发布 Windows 7，2012 年 10 月 26 日正式推出了具有革命性变化的操作系统 Windows 8。微软公司预计在 2015 年夏季推出 Windows 10，届时 Windows 7 用户和 Windows 8 用户都可以免费升级到 Windows 10。

1.4.2　笔记本电脑

笔记本电脑（NoteBook，简称 NB），又称手提电脑或膝上型电脑（如图 1－29 所示），是一种小型、可携带的个人电脑，通常重 1～3 kg。其发展趋势是体积越来越小，重量越来越轻，而功能却越来越强大。像 Netbook，也就是俗称的上网本，跟 PC 的主要区别在于其携带方便。

与台式机相比，笔记本电脑有着类似的结构组成（显示器、键盘、鼠标、CPU、内存和硬盘），但是笔记本电脑的优势还是非常明显的，其主要优点有体积小、重量轻、携带方便。一般说来，便携性是笔记本相对于台式机电脑最大的优势。一般的笔记本电脑的重量只有2 kg左右，无论是外出工作还是旅游，都可以随身携带，非常方便。

图1－29　笔记本电脑

超轻超薄是时下笔记本电脑的主要发展方向，但这并没有影响其性能的提高和功能的丰富。同时，其便携性和备用电源使移动办公成为可能。由于这些优势的存在，笔记本电脑越来越受用户推崇，市场容量迅速扩展。

从用途上看，笔记本电脑一般可以分为四类：商务型、时尚型、多媒体应用型和特殊用途型。商务型笔记本电脑的特征一般为移动性强、电池续航时间长；时尚型笔记本电脑外观特异，也有适合商务使用的时尚型笔记本电脑；多媒体应用型笔记本电脑是结合强大的图形及多媒体处理能力又兼有一定的移动性的综合体，市面上常见的多媒体笔记本电脑拥有独立的较为先进的显卡，较大的屏幕等特征；特殊用途型笔记本电脑是服务于专业人士，可以在酷暑、严寒、低气压、战争等恶劣环境下使用的机型，多较笨重。

1.4.3　平板电脑

平板电脑也叫平板计算机(英文：tablet personal computer，简称 Tablet PC、Flat Pc、Tablet、Slates)，是一种小型、方便携带的个人电脑，以触摸屏作为基本的输入设备。它拥有的触摸屏(也称为数位板技术)允许用户通过触控笔或数字笔来进行作业而不是传统的键盘或鼠标。用户可以通过内建的手写识别、屏幕上的软键盘、语音识别或者一个真正的键盘(如果该机型配备的话)实现输入。

图1－30　苹果公司的 iPad mini 平板电脑

图1－31　微软公司的 Surface Pro 3 平板电脑

目前，比较常见的平板电脑有苹果公司的 iPad(图 1 － 30)和微软公司的 Surface

(图 1－31)。iPad 安装的是苹果公司开发的 IOS 操作系统，Surface 安装的是微软公司开发的 Windows 8.1 操作系统。此外，还有很多公司也推出了基于 Android 操作系统的平板电脑，如小米、华为、三星都有自己的平板电脑产品。

1.4.4 Apple——微型机的神话

1976 年，在惠普公司担任工程师的 26 岁斯蒂芬·沃兹尼克(Steven Wozniak)和 21 岁的斯蒂芬·乔布斯(Steven Jobs)在乔布斯的车库里设计成功了他们的第一台微型计算机(图 1－32)，装在一个木盒子里，有一块较大的电路板，8 kB 的存储器，能发声，且可以显示高分辨率图形。1976 年 4 月 1 日，沃兹尼克和乔布斯共同成立了苹果(Apple)计算机公司。

1977 年，苹果公司推出了另一种新型微机，是世界上第一台真正的个人计算机。它安装在淡米色的塑料机箱里，前部是键盘，角上镶嵌着一个由 6 种颜色组成的“苹果”图案。它的重量总共只有 5 kg，主电路板只用了 62 块集成电路芯片。这种微机达到了当时微机技术的最高水准，乔布斯命名它为 Apple Ⅱ(图 1－33)，并“追认”他们的第一台微型机为 Apple I。从此，Apple II 型微机走向学校、机关、企业、商店，走进办公室和家庭，为 20 世纪后期领导时代潮流的个人微机铺平了道路。1978 年初，他们又为 Apple II 增加了磁盘驱动器。

图 1－32 Apple I

图 1－33 Apple II

苹果微机很快占据了整个家用微机市场，1982 年，苹果公司销售额已超过 5 亿美元，跨进美国最大 500 家公司的行列。1997 年，乔布斯重返苹果公司，与 IBM、摩托罗拉公司结成战略联盟。苹果公司新推出的 iMac 机型以其可自由旋转的平板显示器和独具匠心的设计打动了消费者的心。

2010 年 1 月 27 日，发布平板电脑——iPad。iPad 定位介于苹果的智能手机 iPhone 和笔记本电脑产品之间，通体只有四个按键，与 iPhone 布局一样，提供浏览互联网、收发电子邮件、观看电子书、播放音频或视频等功能。2011 年 3 月 11 日，苹果新一代平板电脑——iPad 产品第二代(称为 iPad 2)在美国上市，苹果 iPad 2 将支持多种无线通信标准，可以单独支持 Wifi、UMTS、CDMA，也可以选装 3G 功能，或同时支持这三者的组合。与一代相比，iPad 2 更薄、更轻、更快并且拥有前置、后置摄像头。iPad 2 使用更为轻便的碳纤维材料来替代原来的拉丝铝外壳。北京时间 2014 年 10 月 17 日凌晨 1 点，苹果在加州库比蒂诺总部 Town Hall 召开新品发布会。苹果在发布会上正式推出了 iPad Air 2。iPad Air 2 厚度上只有

6.1 mm，成为全球最薄的平板电脑。内存版本上有16 G、64 G、128 G版本，颜色上增加了金色版本，有银色、金色、深空灰色三种，如图1-34所示。

苹果公司迅速成功的传奇历史给美国青年留下了极深刻的印象，乔布斯本人也成了许多美国青年人心中的偶像。比尔·盖茨后来在成为美国首富之后，仍然很谦虚地说自己“不过是乔布斯第二而已”。2011年10月5日史蒂夫·乔布斯去世，享年56岁，“苹果失去了一位富有远见和创造力的天才，世界失去了一个不可思议之人”。

图1-34 iPad Air 2

1.4.5 品牌机与组装机

目前，国内市场上各种类型的微机种类繁多，即使相同档次、相同配置的微机，其价格仍有较大差异，大致可分为品牌机和组装机两类。

1. 品牌机

品牌机是由HP、联想、DELL等著名大公司生产的，在质量和稳定性上高于组装机，均配有齐全的随机资料和软件，并附有品质保证书，信誉较好，售后服务也有保证，但价格要比同档次的国产品牌机和兼容组装机高。另外，一些品牌机在某些方面采用了特殊设计和特殊部件，因此部件的互换性稍差，维修也比较麻烦。

2. 组装机

组装机价格低廉，部件可按用户的要求任意搭配，而且维护、修理方便。其主要问题在于组装机多为散件组装而成，而且多数销售商由于技术和检测手段等方面的原因，不能很好地保证机器的可靠性。如果用户能够掌握一定的微机硬件及维修方面的知识，或者得到销售商售后服务的可靠支持，则购买组装机可以说是物美价廉。

1.5 计算机文化与道德

计算机技术的迅猛发展，促使人类走向丰富多彩的信息社会，也带来了一种全新的文化和生活方式。在这种新的生活方式中，同样要遵循相应的道德规范，只有这样，我们才能更好地利用计算机技术，推进社会的进步。

1.5.1 计算机犯罪

计算机犯罪是指利用计算机作为犯罪工具的犯罪活动。例如，利用计算机网络窃取国家机密、侵害和盗骗他人钱财，传播反动或黄色淫秽内容等。

计算机犯罪是一种典型的智能型犯罪。罪犯的专业知识水平通常都比较高。由于计算机网络的开放性和广泛性，犯罪分子有可能在潜力之外实施犯罪。在计算机网络技术应用之初，这些特点曾经给案件的侦破工作带来了很大的困难。而随着计算机网络技术的日趋成熟，人们对它的防范能力也日益增强。我国已经破获了多起利用计算机网络窃取银行巨款和网上传播黄色淫秽制品的计算机犯罪案件。

事实上，虽然利用计算机特别是计算机网络犯罪具有一定的隐蔽性，但它所做的每一步操作通常都会在计算机里留下记录，在网络上反查出操作者的身份已经不是难事。所以，计算机网络的使用者应该遵守规则，尤其是对于计算机的初学者，更不要在好奇心的驱使下从事一些无益的尝试，而应该把精力投入到健康有益的学习中去。

1.5.2 软件版权的保护

计算机软件是脑力劳动的创造性产物，正式软件是有版权的。它是受法律保护的一种重要的知识产权。

软件版权属于软件开发者，软件版权人依法享有软件使用的支配和享受报酬权。对计算机用户来说，应该懂得，只能在法律规定的范围之内使用软件。如果未经软件版权人同意而非法使用其软件，例如：将软件大量复制赠给同事、朋友，通过变卖该软件等手段获益等，都是侵权行为，侵权者是要承担相应的民事责任的。

1.5.3 从我做起，打击盗版

计算机发展过程中的另一社会问题就是计算机软件产品的盗版现象。由于计算机软件产品易于传播和拷贝，给不法厂商带来了可乘之机。近年来，软件产品的盗版活动比较严重，有时甚至到了软件产品的发布会尚未召开，市场上已经出现了该产品的盗版软件。

盗版软件对软件业的危害是灾难性的。由于软件开发是高科技产业，需要做大量的前期投入，软件成本往往很高。可是当这样高投入的产品开发出来之后，由于盗版产品的侵入而得不到回报，必然使软件开发公司陷入极其困难的境地。从而使整个软件产业受到打击，最终的受害者还是计算机用户本身。

所以，我们应该真正建立起使用正版软件、抵制盗版的自觉意识，使盗版活动没有市场，才能使盗版软件真正销声匿迹。也只有全社会的共同行动，使正版软件具有合理的市场，才能使软件业的发展进入良性循环并逐步降低成本，最终使广大用户受益。

第 2 章

计算机系统

计算机系统由硬件(hardware)系统和软件(software)系统两部分组成的，本章基于微型计算机介绍硬件系统和软件系统。

通过对本章的学习，掌握计算机硬件系统和软件系统，了解计算机工作原理。

2.1　计算机系统的组成与工作原理

我们把一个能够工作的计算机整体称作计算机系统。根据冯·诺依曼提出的计算机设计思想，一个完整的计算机系统由硬件系统和软件系统两部分组成，硬件是计算机系统的躯体，软件是计算机系统的灵魂，二者相互依存，缺一不可，人们通常把没有安装任何软件的计算机称作“裸机”，如图 2－1 所示。

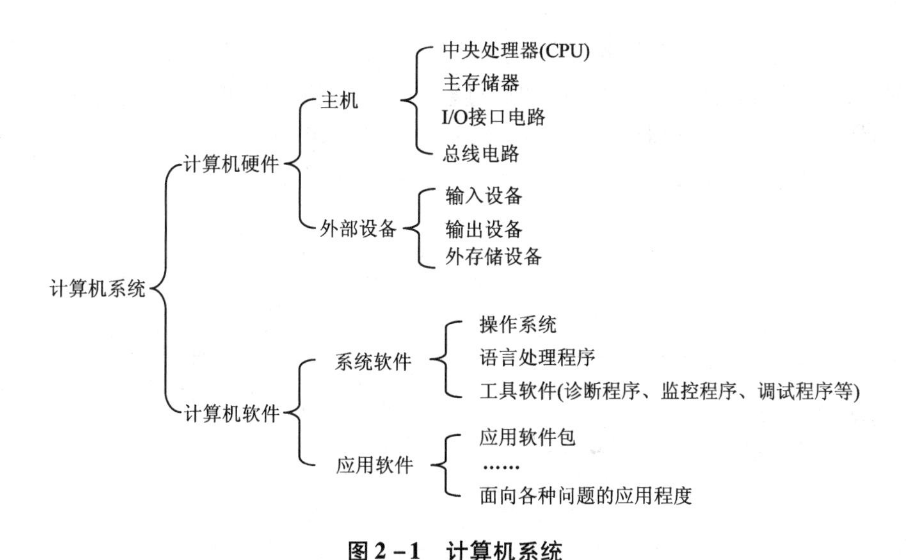

图 2－1　计算机系统

2.1.1　计算机的躯体——硬件

1. 计算机硬件系统的基本构成

计算机硬件是指由电子线路、电子器件等构成的计算机物理实体，是看得见、摸得着的机器系统，我们以前所接触到的显示器、主机、鼠标、键盘等，都属于硬件。

计算机发展至今，尽管在规模、速度、性能、应用领域等方面取得了巨大的进展，但其基本结构仍然是按照美籍匈牙利科学家冯·诺依曼提出的“程序存储”原理设计的，故称为“冯·诺依曼式计算机”。冯·诺依曼式计算机的硬件系统由控制器、运算器、存储器、输入设备和输出设备五大部分组成。

（1）控制器

控制器是计算机的指挥中心。它能够根据预定程序，控制计算机各个部件协调一致地工作，以保证处理过程能按照预定目的、操作步骤有条不紊地进行。

（2）运算器

运算器的主要功能是进行算术、逻辑运算，因此又称为算术逻辑单元（ALU，arithmetic logic unit）。在控制器的指挥下，运算器对来自内部存储器的数据进行算术或逻辑运算，再将运算结果送回到内部存储器。

通常把控制器和运算器合称为中央处理单元（CPU，central processing unit），它是计算机的核心部件。

（3）存储器

存储器是用来存放程序和数据的。一个存储器所能容纳的总字节数称为该存储器的存储容量。存储器可分为两种类型：外部存储器和内部存储器。

（4）输入设备

输入设备是从外部向计算机传送信息的装置，是人与计算机交流的入口。常用的输入设备有键盘、鼠标、扫描仪等。

（5）输出设备

输出设备能够将计算机内部的信息转换成人们可以识别的数字、字符、图形等形式显示出来，它是人与计算机交流的出口。例如通过显示器可以将计算机中的信息显示（输出）在屏幕上；而通过打印机，则可以将计算机中编辑好的文章打印（输出）在纸张上。

计算机各部件之间协同工作，共同实现计算功能，如图 2－2 所示。

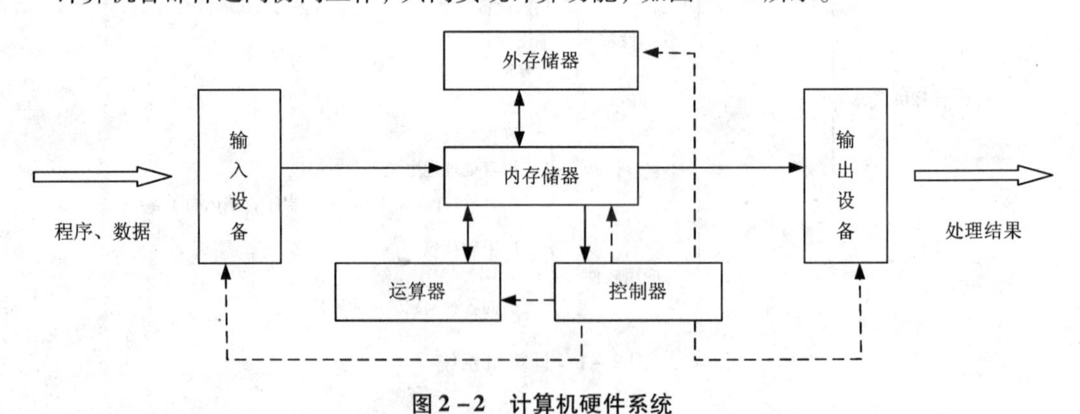

图 2－2 计算机硬件系统

在图 2－2 中，实线箭头表示数据流，即数据在计算机中真正的传递情况，虚线箭头表示控制流，即计算机控制信号的传送过程。

2. 计算机的总线结构

微型计算机硬件结构的最重要特点是总线（bus）结构，计算机中的各个部件，包括 CPU、内存储器、外存储器、输入/输出设备之间通过一条公共信息通路连接起来并通过它来传送各种数据和信号，这条信息通路称为总线(bus)。

(1)总线类型

①数据总线(DB，data bus)。

用于在各部件之间传递数据(包括指令、数据等)。

②地址总线(AB，address bus)。

指示欲传数据的来源地址或目的地址。这里的地址指的是存储器单元的地址或输入输出端口的编号。

③控制总线(CB，control bus)。

用于在各部件之间传送各种控制信息。包括 CPU 到存储器或设备接口的控制信息，如复位、输入/输出请求、读信号、写信号等，或是其他设备到 CPU 的信号，如等待、中断请求信号等。如图 2－3 所示展示了计算机的总线结构。

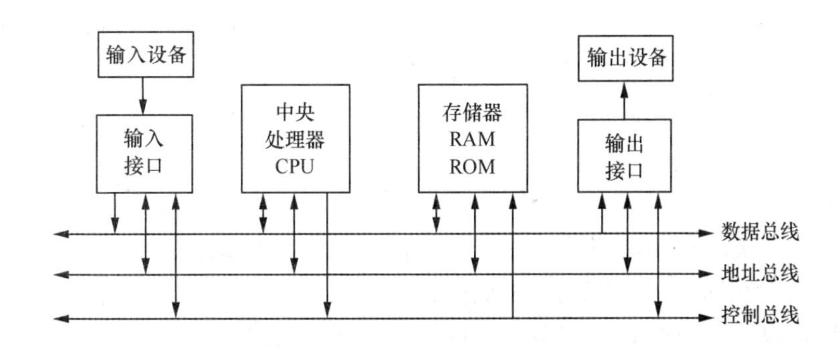

图 2－3　总线结构

(2)读写操作

CPU 从内存中读取信息时，先要知道该信息的存放位置，即存放该信息的内存起始地址。CPU 把这个内存起始地址送入地址总线并通过控制总线发出一个“读”信号。这些信息送到内存，内存中所指定的起始地址及其后的一串单元中所存储的信息经过“读出”被送到数据总线上并由数据总线传送回 CPU。

CPU 将信息写入内存的动作与读取类似，CPU 把要求写入的数据以及写入位置的起始地址分别送入数据总线和地址总线，并在控制总线发一个“写”信号，数据即被写入指定内存单元。

CPU 和输入/输出设备之间不能直接交换数据，CPU 对输入/输出设备进行访问是通过输入/输出端口来进行的。输入/输出端口也有编号，其编号叫做输入/输出地址。与访问内存一样，当 CPU 需要与设备交换数据时，也要预先知道地址(即输入/输出地址)。CPU 读取信息时，把这个输入/输出地址送入地址总线并通过控制总线发出一个“读”信号。这些信号分别送到接口中的各个端口，由端口再发出信号启动要访问的设备，则设备中所存储的信息经过“读出”被送到数据总线。这样，CPU 就可以由数据总线得到所需要的数据了。对设备的写入动作与此类似，CPU 把要求写入的数据以及写入位置的输入/输出地址分别送入数据总线和地址总线，并在控制总线发一个“写”信号，数据即被写到指定设备上。

(3)总线的宽度

①数据总线的宽度。

数据总线的宽度决定了通过它一次所能传送的二进制数据的位数。显然，数据总线越宽则每次传送的位数越多，因而数据总线的宽度决定了在内存和 CPU 之间数据交换的效率。虽然内存是按字节编址的，但可由内存一次传送多个连续单元里存储的信息，也就是说可一次同时传送多个字节的数据。例如，如果一台计算机的数据总线是 32 位的，则 CPU 和内存之间一次可传送 4 个字节的数据。

②地址总线的宽度。

地址总线的宽度是影响整个计算机系统的另一个重要参数。在计算机里，所有信息都采用二进制编码来表示，地址也不例外。CPU 所能送出的地址宽度决定了它能直接访问的内存单元的个数。如果地址总线是 20 位，则能访问 $2^{20}=1M$ 个内存单元。

巨大的地址范围不仅是扩大内存容量所需要的，也为整个计算机系统(包括磁盘等外存储器在内)提供了全局性的地址空间。例如，如果地址总线的标准宽度进一步扩大到 64 位，则可以将内存地址和磁盘的文件地址统一管理，这对于提高信息资源的利用效率有重要作用。

3. 计算机主要性能指标

(1)字长

字长是 CPU 一次能直接处理的二进制数据的位数。一般来说，字长越长，运算精度越高，处理速度越快，但价格也会越高。人们通常所说的 16 位机、32 位机、64 位机就是指该计算机中的 CPU 可以同时处理 16 位、32 位、64 位的二进制数据。

(2)运算速度

运算速度一般以每秒能执行多少指令为标准。一般采用两种计算方法：一种以每秒能执行指令的条数为标准；另一种则是具体指明执行整数加法、减法、乘法、除法指令和浮点加法、减法、乘法、除法指令所需要的时间。

(3)内存容量

内存容量是指计算机系统所配置的内存大小，它反映了计算机的记忆能力和处理信息的能力。一般计算机内存容量是指 RAM，不包括 ROM。

位：我们把二进制的 0 或 1 称作是一个位(bit，简称为 b)，这是计算机最小的存储单位。

字节：8 个相邻的位(bit)组成一个字节(Byte，简称为 B)，字节是存储器的基本单位，例如存放一个英文字母就需要一个字节。

除了表示一个存储器的容量有多大要用到字节以外，计算一个文件或文件夹的大小(即内容的多少)也需要用到字节这个基本存储单位。除了字节外，计算机中还经常用到 kB、MB、GB、TB 等更大的存储单位。它们之间的换算关系为：

1 kB = 1024 B

1MB = 1024 kB

1GB = 1024 MB

1TB = 1024 GB

(4)CPU 的主频

CPU 在 1 s 内能够完成的工作周期数，就是人们常说的 CPU 主频。CPU 主频以 MHz(兆赫兹)为单位计算，1MHz 指每秒一百万次(脉冲)。显然，在其他因素相同的情况下，主频越快的 CPU 速度越快。

随着科技的发展，CPU 的主频越来越快，而外部设备的工作频率跟不上 CPU 的工作频率，解决的方法是让 CPU 工作频率以外频的若干倍进行工作。CPU 主频与外频的比值称为 CPU 的倍频。

这样，CPU 主频 = 倍频 × 外频。

(5)系统时钟

CPU 执行指令的速度与系统时钟有直接的关系。系统时钟不在 CPU 芯片内，它是一个独立的部件。在计算机工作过程中，系统时钟每隔一定的时间间隔发出脉冲式的电信号，产生一个基准的节拍，计算机中的所有部件都按照这个节拍工作，从而达到协调同步。

在一台计算机里，系统时钟的频率由主板上的一个晶体振荡器所提供，又被称作外频。它和计算机中各部件的性能有直接关系，如果系统时钟的频率太慢，则不能发挥 CPU 等部件的能力。但如果太快而工作部件跟不上它，又会出现数据传输和处理发生错误的现象。

除了上述指标外、还应考虑指令系统功能强弱、外部设备的配置和软件的配置、可靠性、兼容性等。

2.1.2　计算机的灵魂——软件

计算机软件是指计算机中运行的程序以及运行这些程序所使用的数据和相应文档资料的集合。计算机的软件系统可以分为系统软件和应用软件两大类，如图 2－4 所示。

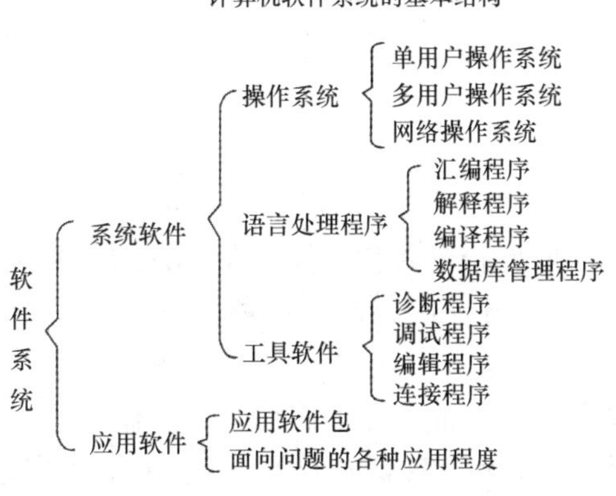

图 2－4　计算机软件系统

系统软件是指控制和管理计算机硬件和其他软件资源，合理地组织工作流程，使计算机系统协调、高效地进行工作的软件。目前常见的系统软件有操作系统、各种语言处理程序、数据库管理系统以及各种工具软件等。其中最重要的系统软件就是操作系统，操作系统是计算机和用户之间的接口，也是其他软件运行的平台，在后面的章节中，我们会专门介绍操作系统的有关知识。

应用软件是指除了系统软件以外的所有软件，它是为解决用户的实际问题而编制的程序。由于计算机已经渗透进了各行各业，所以应用软件也是多种多样的。例如：各种子处理软件，计算机辅助设计、辅助制造、辅助教学等软件，各种图形软件等。

如果把系统软件称作计算机的“管家”，那么应用软件就应该是计算机的“长工”了。

2.1.3 程序存储原理

计算机按照什么逻辑工作呢？答案是程序存储和程序控制。程序存储原理又称“冯·诺依曼原理”，就是将解题的程序（指令序列）存放到存储器中的一种设计原理。程序存入存储器后，计算机便可自动地从一条指令转到执行另一条指令，如图2-5所示。现代电子计算机均按此原理设计。

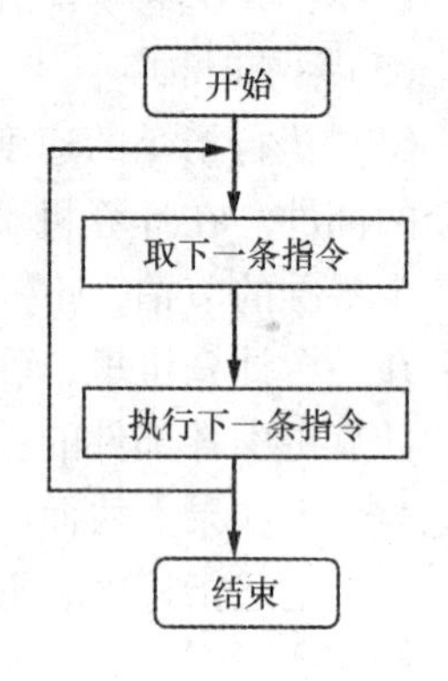

图2-5 计算机工作流程

1. 程序的概念

程序（program）是为实现特定目标或解决特定问题而用计算机语言编写的命令序列的集合。“程序”这个概念其实与生活很贴近。在日常工作、生活中，不管做什么事情，总有一定的思路，一定的步骤，这就是程序。计算机为解决某一问题，不管简单还是复杂，也需要一定的步骤，显然，这个思路、步骤必须有人来安排，并通过一定的方式提供给它，于是，人们就需要一定的规则来编写计算机程序，告诉计算机“如何”去解题。当然计算机是不懂人类语言的，所以，不管采取何种编程手段、何种编程语言，最终给计算机的必须是计算机能够识别的计算机语言。

2. 程序设计语言

（1）机器语言

早期的程序员们是使用机器语言来进行编程运算的，机器语言是用二进制代码编写的、能够直接被计算机识别和执行的命令。机器语言是唯一不需要翻译就能被计算机直接识别和执行的一种程序设计语言。

机器语言的所有命令和信息都是由二进制形式来表示的。例如，用1011011000000000作为一条加法指令，计算机在接收此指令后就执行一次加法；用1011010100000000作为减法指令，计算机在接收此指令后就执行一次减法。这种由0和1组成的指令，称为“机器指令”。计算机系统的全部指令的集合就被称为该计算机的“机器语言”。

在计算机诞生初期，为了使计算机能按照人们的意志工作，人们必须用机器语言编写好程序。但是机器语言难学、难记、难写，只有极少数计算机专业人员才会使用它。

（2）汇编语言

为了便于使用，人们开始研究将机器语言代码用英文字符串来表示，于是出现了汇编语言。

汇编语言是一种用英文助记符表示机器指令的程序设计语言，例如，用“ADD 1，2”代表一次加法，用“SUB 1，2”代表一次减法。由于汇编语言用英文字符串代替0、1代码，因此比机器语言容易记忆、修改。可以说是计算机语言发展史上的一次进步。

用汇编语言编写的程序还必须用汇编程序再翻译成二进制形式的目标程序（机器语言程序），才能被计算机识别和执行。这个翻译过程称为汇编。

从结构上看，汇编语言只是将英文字符串控制指令与机器语言的0、1代码控制指令做了个一一对应。由于机器语言是直接控制计算机硬件的，因此汇编语言也具有该特点，正因为汇编语言具有面向机器底层硬件的特性，因此现在仍被广泛地应用于编写实时控制程序和系统程序中。

(3)高级语言

每一种类型的计算机都有自己的机器语言和汇编语言，不同机器之间互不相通。由于它们依赖于具体的计算机，因此被称为"低级语言"。

1956年，美国计算机科学家巴科斯设计的FORTRAN语言首次在IBM公司的计算机上得以实现，由此标志着高级语言的诞生。

高级语言不依赖于具体的计算机，而是在各种计算机上都通用的一种计算机语言。高级语言接近人们习惯使用的自然语言和数学语言，使人们易于学习和使用。高级语言的出现是计算机发展史上一次惊人的成就，它使得成千上万的非专业人员也能方便地编写程序，操纵计算机进行工作。

计算机本身是不能直接识别高级语言的，必须先将高级语言编写的程序(又叫"源程序")翻译成计算机能识别的机器指令，才能被执行。这个翻译的工作有"编译方式"和"解释方式"两种方法。

PASCAL、C++、Visual Basic(VB)、JAVA等，都属于高级语言。

2.2　主机箱里到底有什么

在打开机箱之前一定要记着：切断主机电源！图2-6所展示的就是主机箱里的"庐山真面目"！

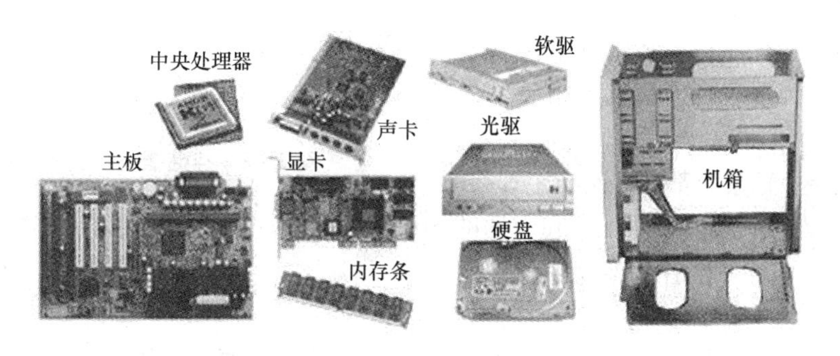

图2-6　机箱内部

2.2.1　CPU

计算机的核心器件是一个与一张大号邮票差不多大小的集成电路芯片，这个芯片上包含有运算器和控制器。它由极其复杂的电子线路组成，是信息加工处理的中心部件，主要用于完成各种算术及逻辑运算，并控制计算机各部件协调地工作。这个芯片叫做中央处理器(central processing unit)，简写为CPU。

CPU的基本功能是高速而准确地执行人们预先编排好并存放在存储器中的指令。人们通常把CPU称作是计算机的“心脏”，由此可见其重要性。

一台计算机性能的优劣，主要取决于CPU的性能。目前常见的CPU有Inter公司的酷睿i3、酷睿i5、酷睿i7和AMD公司的A6、A8、A10等。图2－7所示就是Intel公司的酷睿i7 CPU。

图2－7 酷睿i7 CPU

2.2.2 计算机的存储体系

高速度、大容量、低价格始终是存储体系的设计目标，但三者之间总是存在矛盾的。尽管存储设备的各种技术不断涌现，采用单一工艺的存储器很难兼顾三方面的要求。因此，在设计中，往往采用多种存储器构成层次结构：

如图2－8所示是一个典型的存储器层次结构，其各个部分符合以下特点：

①层次越高，访问速度越快(Cache比主存储器快)；

②层次越低，容量越大(磁盘的容量比主存储器大)，每个存储位的开销越小。

在层次结构体系中，寄存器位于CPU中，在CPU处理过程中，需要寄存器临时存放数据和信息，因此从这个角度来说，寄存器可以看作CPU的本地存储器。寄存器的容量一般很小。

Cache、主存储器位于主机内部，CPU可以直接访问，所以称为内部存储器(内存)。其中主存储器是内存储器最主要的部分，程序只有装入到主存储器才能运行，当前运行的代码和相关数据存放在主存储器中。

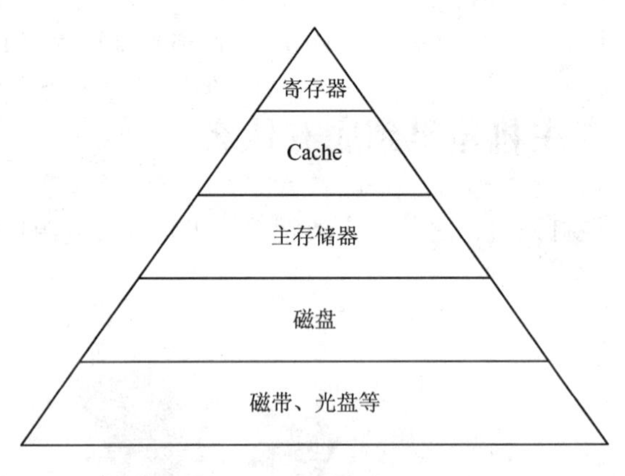

图2－8 存储器层次结构

磁盘、磁带、光盘等都属于外部存储器(外存)，是用来永久保存程序和数据的场所。数据往往以文件的形式存放在外存，外存的信息只有调入内存才能让CPU使用。

1. 内部存储器(简称内存)

内部存储器(简称内存)在一个计算机系统中起着非常重要的作用，它的工作速度和存储容量对系统的整体性能有很大的影响。内存的工作速度比外存(例如硬盘)要快得多。在实际的工作中，CPU并不直接处理存放在外存(硬盘)中的数据，而是先将数据调入内存，再和内存直接进行数据交换。

如图2－9所示就是一个内存的外观，呈扁平长条状，所以，我们通常把内存又称作内存条。

内存的存储容量通常以“吉字节”(GB)为单位，目前，个人计算机中内存比较流行的配置为2 GB、4 GB甚至更高。

内存储器在使用时被分成一个个存储单元，每个单元存放一定位数的二进制数据。为了

图2-9 内存条

有效地存取存储单元中的信息，内存单元采用顺序的线性方式组织，并对所有的存储单元按一定顺序编号，每个存储单元对应唯一固定的编号，称为地址编码。对内存单元的访问都是通过地址进行的。

计算机中内存分为随机存储器(random access memory，简称为RAM)、只读存储器(read only memory，简称ROM))以及高速缓存(CACHE)。

(1)RAM(随机存储器)

RAM是一种可读、可写的存储器，计算机重新启动或断电后，RAM中的信息会立即丢失，我们在前面所提到的内存实际上指的就是RAM。

在运行某一程序时，系统会先将此程序从磁盘(外存)调入到RAM中，CPU再从RAM中读取数据，处理完毕后，再通过RAM将结果传送回磁盘(外存)中长期保存。在利用计算机打字时，我们所输入的内容就是直接存入RAM，再通过"存盘"操作，将其保存在磁盘(例如硬盘)里。因此，在进行录入和编辑过程中应注意随时存盘，以免因计算机死机或断电而造成所输入内容的丢失。

(2)ROM(只读存储器)

ROM的信息在出厂时，就已经将数据写入进去，所谓只读存储器，通常是指计算机在运行时仅能从中读取数据，而无法写入新的数据或修改其中的数据。实际上也有一些ROM通过特殊的方法(如高电压，紫光等)是可擦写的。

ROM一般用来存放一些固定的程序，习惯所说的"将程序固化在ROM中"就是这个意思。例如BIOS(基本输入及输出程序)就固化在计算机主板上的ROM中。计算机重新启动或断电时，ROM中的信息不会丢失。

(3)高速缓冲存储器(Cache)

Cache分为一级缓存(L1 Cache)、二级缓存(L2 Cache)、三级缓存(L3 Cache)，它位于CPU与内存之间，是一个读写速度比内存更快的存储器。当CPU向内存中写入或读出数据时，这个数据也被存储进高速缓冲存储器中。当CPU再次需要这些数据时，CPU就从高速缓冲存储器读取数据，而不是访问较慢的内存，当然，如果需要的数据在 Cache 中没有，CPU 会再次去读取内存中的数据。

计算机存储器层次结构中，磁盘、磁带、光盘、U 盘等属于外部存储器(外存)，以下讲述外部存储器，即外存。

2. 硬盘

尽管 CPU 在处理数据和执行指令方面极为出色，但它几乎没有存储数据的能力。而计算机要实现复杂的功能，就必须有地方来存放数据，在计算机领域中，数据包括用户键入或以其他方式输入到计算机中的任何信息。例如，一个程序、一段文字、一张图片、一首歌曲、一部电影等。

硬盘是计算机中最重要的存储器之一，目前的主流硬盘容量为 500 ~ 1500GB，它被螺丝固定在主机箱当中。

(1)机械硬盘

如图 2 - 10 所示的就是一个普通硬盘(机械硬盘)的外观和内部结构。

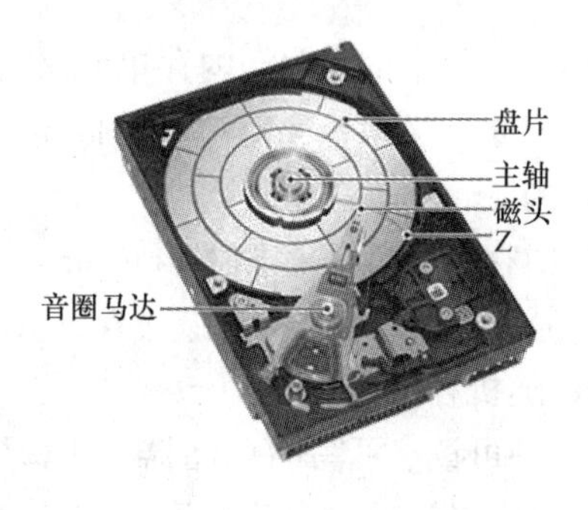

图 2 - 10　硬盘

硬盘非常娇贵，怕热、怕水、怕磁、怕震，因此，若非专业人员，不要轻易去拆卸它。

①硬盘的工作方式。

硬盘由多片硬盘片组成，硬盘片表面分为一个个同心圆磁道，每个磁道又分为若干扇区，硬盘以扇区为存储单位，所有盘面上半径相同的磁道构成了一个柱面。

硬盘驱动器工作时盘片高速旋转，速度可达到 7200 r/s。其读写磁头与盘片距离很近，不到 1 μm，浮在盘面上而不与盘面接触，以避免划伤盘面。

访问硬盘信息的过程分为移动磁头到相应柱面位置(磁头定位)、扇区定位和实际读写三个阶段。

②硬盘的分区。

新的硬盘在使用之前必须先进行分区和格式化操作，然后才能存放数据。我们可以把一块新的硬盘比喻成一张白纸，分区操作就是规划出这张白纸上能够写字(即存放数据)的范围。使用者可以把整个硬盘划分成若干个容量相同或不同的分区，因为分区之间是相互独立的，对一个分区中的文件进行读 / 写操作不会影响到其他分区中的文件，这样做可以更好地对硬盘中的文件进行管理。例如，我们可以把操作系统安装在第一个分区中，而把我们自己建立的各种文档、数据等存放在其他分区。这样，一旦操作系统出现问题需要修改、甚至删除并重新安装时，不会殃及其他分区中的资料。

一个硬盘分区又被称作是一个逻辑硬盘，因为它可以像一个真正的硬盘那样被使用。而且，为了便于对分区的操作，每个逻辑硬盘都如同一个真正的硬盘一样被分配有一个盘符。默认情况下，系统自动把“C：”作为第一个分区的标志，即 C 盘；后面的分区按英文字母顺序分别默认为 D 盘、E 盘等。所以，“我的电脑”窗口中出现多个硬盘图标很有可能是因为一个硬盘被划分成了多个分区，并不能由此就断定计算机中有多个硬盘。

要注意的是，除非有特殊需要，不要轻易改变硬盘分区的划分，因为使用普通分区软件对硬盘进行分区所带来的一个直接后果，就是删除掉硬盘上所有分区中的所有数据。因此，在进行分区操作之前，一定要做好硬盘中重要数据的备份工作。

③硬盘的格式化。

对于一个新的硬盘，在执行完分区操作后，还必须对每个分区进行格式化，然后才能存放数据。格式化操作就是在已经规划好的分区范围里面，画出写每一个字的格子。

需要强调的是，对一个硬盘分区进行格式化操作时，会删除掉此分区中原有的全部数据。因此，硬盘的格式化操作一定要慎重进行，并做好必要的数据备份工作。

普通的格式化硬盘是不会影响硬盘寿命的。格式化分为低级格式化和高级格式化。每块硬盘在出厂前都进行了低级格式化，低级格式化是高级格式化之前的一件工作，是将硬盘划分出柱面、磁道和扇区，是一种损耗性操作，对硬盘寿命有一定的负面影响。高级格式化仅仅是清除硬盘上的数据，生成引导信息，初始化 FAT 表，标注逻辑坏道等，而我们平时所用的 Windows 下的格式化(包括在 DOS 下面使用的格式化)其实是高级格式化。

现在随着磁头定位精密程度的不断提高，硬盘的寻道方式和格式化指令也发生了很大的变化。对于近几年新购进的硬盘，包括高格和低格在内的格式化操作，都不会影响其寿命。现在所谓的低级格式化只不过是实现了重新置零和将坏扇区重定向罢了，并不能实现硬盘再生，也没有物理意义上的修复功能。

(2)固态硬盘

随着数据的越来越庞大，面对海量文件的存储，传统机械硬盘的读写速度已经不能满足我们对高速度的要求，这时，固态硬盘应运而生了。固态硬盘(solid state drives)，简称固盘，是用固态电子存储芯片阵列而制成的硬盘，由控制单元和存储单元(FLASH 芯片、DRAM 芯片)组成，如图 2－11 所示。

图 2－11　固态硬盘

固态硬盘的存储介质分为两种，一种是采用闪存(FLASH 芯片)作为存储介质，另外一种是采用 DRAM 作为存储介质。

基于闪存的固态硬盘(ide flash disk、serial ATA flash disk)采用 FLASH 芯片作为存储介质，这也是通常所说的 SSD。它的外观可以被制作成多种模样，例如：笔记本硬盘、微硬盘、存储卡、U 盘等样式。这种 SSD 固态硬盘最大的优点就是可以移动，而且数据保护不受电源控制，能适应于各种环境，适合于个人用户使用。

基于 DRAM 的固态硬盘采用 DRAM 作为存储介质，应用范围较窄。它仿效传统硬盘的设计，可被绝大部分操作系统的文件系统工具进行卷设置和管理，并提供工业标准的 PCI 和 FC 接口用于连接主机或者服务器。应用方式可分为 SSD 硬盘和 SSD 硬盘阵列两种。它是一种高性能的存储器，而且使用寿命很长，美中不足的是需要独立电源来保护数据安全。

相对于传统的机械式硬盘，固态硬盘有如下一些优点：

①读写速度快：采用闪存作为存储介质，读取速度相对机械硬盘更快。固态硬盘不用磁头，寻道时间几乎为0。持续写入的速度非常惊人，固态硬盘厂商大多会宣称自家的固态硬盘持续读写速度超过了 500 MB/s。固态硬盘的快绝不仅仅体现在持续读写上，随机读写速度快才是固态硬盘的终极意义，这最直接体现在绝大部分的日常操作中。与之相关的还有极低的存取时间，最常见的 7200 转机械硬盘的寻道时间一般为 12 ~ 14 ms，而固态硬盘可以轻易达到 0.1 ms 甚至更低。

②防震抗摔性：传统硬盘都是磁碟形的，数据储存在磁碟扇区里。而固态硬盘是使用闪存颗粒（即 mp3、U 盘等的存储介质）制作而成，所以 SSD 固态硬盘内部不存在任何机械部件，这样即使在高速移动甚至伴随翻转倾斜的情况下也不会影响到正常使用，而且在发生碰撞和震荡时能够将数据丢失的可能性降到最小。相较传统硬盘，固态硬盘占有绝对优势。

③低功耗：固态硬盘的功耗要低于传统硬盘。

④无噪音：固态硬盘没有机械马达和风扇，工作时噪音值为 0 dB。基于闪存的固态硬盘在工作状态下能耗和发热量较低（但高端或大容量产品能耗费较高）。内部不存在任何机械活动部件，不会发生机械故障，也不怕碰撞、冲击、振动。由于固态硬盘采用无机械部件的闪存芯片，所以具有了发热量小、散热快等特点。

⑤工作温度范围大：典型的硬盘驱动器只能在 5 ~ 55 ℃范围内工作。而大多数固态硬盘可在 −10 ~ 70 ℃工作。

⑥轻便：固态硬盘在重量方面更轻，与常规 1.8 英寸硬盘相比，重量轻 20 ~ 30 g。

固态硬盘有这么多优点，那它为什么还没有完全取代传统的机械硬盘呢？因为有两个问题，第一是固态硬盘的价格非常昂贵；第二是固态硬盘的寿命不如机械硬盘。但是随着技术的发展，固态硬盘的成本越来越低，使用寿命也会越来越长，可以预见，在不久的将来，轻便、高速的固态硬盘会取代机械硬盘的地位。

3. 光盘与光驱

光盘也是一种常用的存储器，现在，市场中绝大部分的计算机软件都是以光盘为载体的。光盘的直径只有 12 cm，具有携带方便，存储容量大，制作成本低，寿命长，不怕磁和热等特点，甚至还可以用水冲洗，如图 2 – 12 所示就是一个光盘。

图 2 – 12　光盘

（1）CD – ROM 和 DVD

CD – ROM 光盘为“只读”型光盘，用户使用时只能从中读出数据而不能写入或修改光盘中的内容。我们平时所接触到的音乐 CD 和 VCD 影碟等都属于这种光盘。CD – ROM 光盘的存储容量一般为 640 MB。

从外观和大小上看，DVD 光盘和普通 CD－ROM 光盘完全一样，但由于其在生产时采用了新的存储技术，所以存储容量远远高于 CD－ROM 光盘。DVD 定义了四种格式：单面单层，单面双层，双面单层，双面双层四种规格。容量分别是：4.7 GB、8.5 GB、9.4 GB 和 17 GB字节。

光盘在工作时要放入相应的驱动设备中，即光盘驱动器，简称光驱，如图 2－13 所示就是 CD－ROM 光盘驱动器的外观。放盘片时，要注意有文字、图案或商标的一面朝上。

图 2－13　CD－ROM 光驱

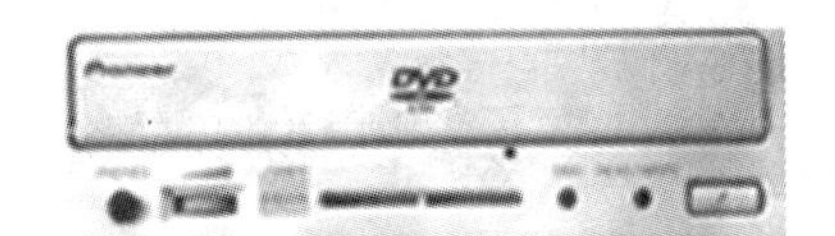

图 2－14　DVD 光驱

衡量光驱性能的一个重要指标是数据的传输速率，它通常以“倍速”值来表示。以 CD－ROM 光驱为例，最早期的是单倍速，传输速率为 150 KB/s。后来又出现了 4 倍速、8 倍速、16 倍速等，目前流行的配置大都在 40 倍速、52 倍速。

CD－ROM 光驱只能读取普通的 CD－ROM 光盘，而 DVD 光驱不仅可以读取 DVD 光盘，还可以读取 CD－ROM 光盘，图 2－14 所示的就是 DVD 光驱。

(2)光盘刻录机

普通的 CD－ROM 光驱只能从光盘中读取数据，而光盘刻录机不仅可以从光盘中读取数据，还具有向光盘中写数据的功能。利用它，我们可以将重要的数据刻录在专用的、可供写入的光盘上，以便长期保存。

光盘刻录机按安装位置分为内置型和外置型，内置的较便宜，且节省空间；外置式的插装方便，密封性和散热性较好。常用的内置光盘刻录机的外观和普通的 CD－ROM 光驱几乎一样。

光盘刻录机按刻录的类型分为 CD 刻录机和 DVD 刻录机，CD 刻录机可以刻录 CD－R/CD－RW 盘片；DVD 刻录机一般可以刻录 DVD－R、DVD＋R、DVD－RW、DVD＋RW 盘片。

读写速度是光盘刻录机的主要性能指标，包括数据的读取和写入速度，如图 2－15 所示的刻录机，在其面板的右下角有“32x12x40x”字样，表示其写入速度为 32 倍速(32x)，读取速度为 40 倍速(40x)。“12x”表示其擦写数据的速度。

(3)光盘的工作原理

明亮如镜的光盘用极薄的铝质或金质音膜加上聚氯乙烯塑料保护层制作而成。与硬盘一样，光盘也是以二进制数据(由“0”和“1”组成的数据模式)的形式存储文件和音乐信息。

图 2－15 外置型刻录机

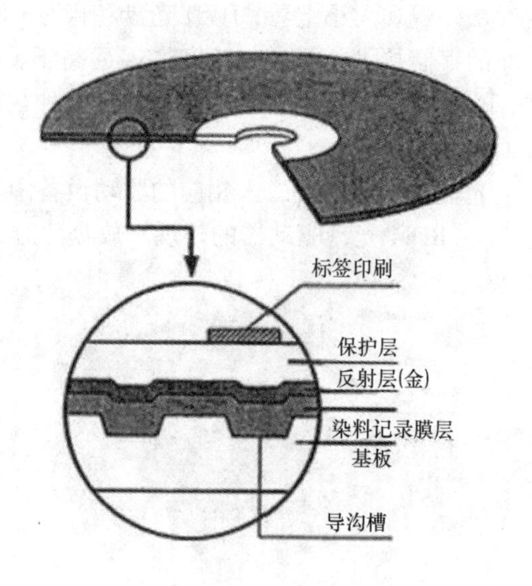

图 2－16 光盘的结构

在从光盘上读取数据的时候，定向光束（激光）在光盘的表面上迅速移动。从光盘上读取数据的计算机会观察激光经过的每一个点，以确定它是否反射激光。如果它不反射激光（那里有一个小坑），那么电脑就知道它代表一个"1"。如果激光被反射回来，电脑就知道这个点是一个"0"。然后，这些成千上万的"1"和"0"被计算机恢复成音乐、文件或程序。

从图 2－16 可以看出光盘一般由 5 层组成：即第 1 层的盘基层、第 2 层的染料层、第 3 层的反射层、第 4 层的保护层和第 5 层的印刷层。

图 2－17 U 盘及 U 盘接口

图 2－18 显卡

4. U 盘

如图 2－17 所示就是 U 盘，全称"USB 闪存盘"，英文名"USB flash disk"。它是一个 USB 接口的无需物理驱动器的微型高容量移动存储产品，可以通过 USB 接口与电脑连接，实现即插即用。U 盘的称呼最早来源于朗科司生产的一种新型存储设备，名曰"优盘"，使用 USB 接口进行连接。USB 接口就连到电脑的主机后，U 盘的资料可与电脑交换。而之后生产的类似技术的设备由于朗科已进行专利注册，而不能再称之为"优盘"，而改称谐音的"U 盘"。后来

U盘这个称呼因其简单易记而广为人知，而直到现在这两者也已经通用，并对它们不再作区分，是移动存储设备之一。

U盘体积很小，仅大拇指般大小，重量极轻，特别适合随身携带。U盘中无任何机械式装置，抗震性能极强。另外，U盘还具有防潮、防磁，耐高低温等特性，安全可靠性很好。

目前常见的U盘容量为4～128 G。

2.2.3　显卡、声卡及接口

显卡和声卡也是主机箱中重要的部件。

1. 显卡及接口

显卡全称显示接口卡（video card，graphics card），又称为显示适配器（video adapter），具有信息转换驱动，信号提供等功能，是连接显示器和个人电脑主板的重要元件，是“人机对话”的重要设备之一。显卡的性能直接关系到计算机处理图像的能力。如图2－18所示的就是显卡的外观。

显卡插在主板相应插槽中，显卡接口用来连接显示器后面的数据线插头，显示器通过此接口和显卡交换信息。目前，有许多计算机将显卡接口直接集成在主板上。

2. 声卡

声卡（sound card）也叫音频卡，是实现声波/数字信号相互转换的一种硬件。如图2－19所示就是声卡的外观。

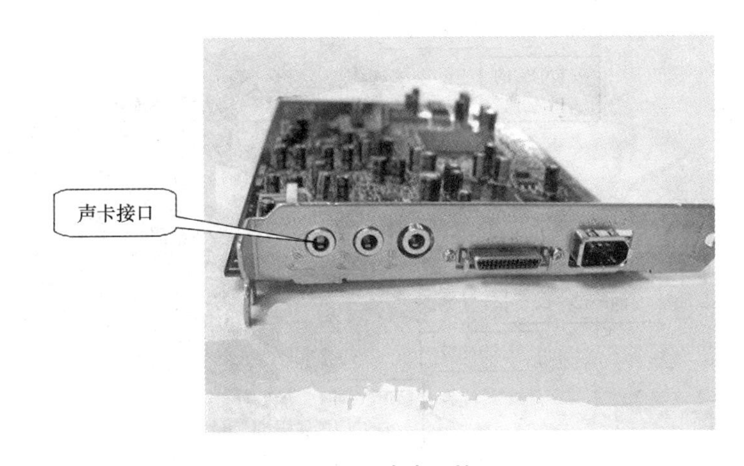

图2－19　声卡及接口

声卡的接口有三个插孔，分别为绿、蓝、红色。绿色插孔旁边通常标有“Speaker”或“Out”字样，用来连接音箱或耳机。红色插孔旁通常标有“Mic”字样或麦克风图案，表示它是连接麦克风的。蓝色插孔旁边通常标有“In”字样，用于连接录音机、收音机等外部音源，可进行声音的录制。声卡上还有一个并行口，和打印口有些相似，不过比打印口要小，可用来连接游戏手柄。现在，很多计算机都将声卡集成在主板上了。

声卡上部的三个插孔是可以带电插拔的，但并行口却不行。

2.2.4　电源及接口

如图2－20所示的就是主机箱中的电源。

电源负责给主机箱内所有的设备供电，因此，电源质量的好坏，将直接影响计算机工作的稳定性。

机箱背面的主机电源接口外接电源线，用来给整个主机供电。

2.2.5 主板

我们已经知道了在主机箱内部的 CPU、内存、硬盘、软驱、光驱、声卡、显卡等部件，那么，如何把这些组件连接起来使之成为一个整体呢？这就需要用到主板了。主板结构如图 2－21 所示。

图 2－20 电源

主板又叫母板，是计算机主机箱内面积最大的一块电路板，在这个电路板上有与各种零部件相对应的接口（插槽、插座等），例如 CPU 插槽、内存插槽、显卡插槽等。此外，软驱、光驱、硬盘等设备也通过专用的数据线缆与主板连接在一起。许多主板生产厂商还在主板上直接集成了声卡、显卡、网卡等。

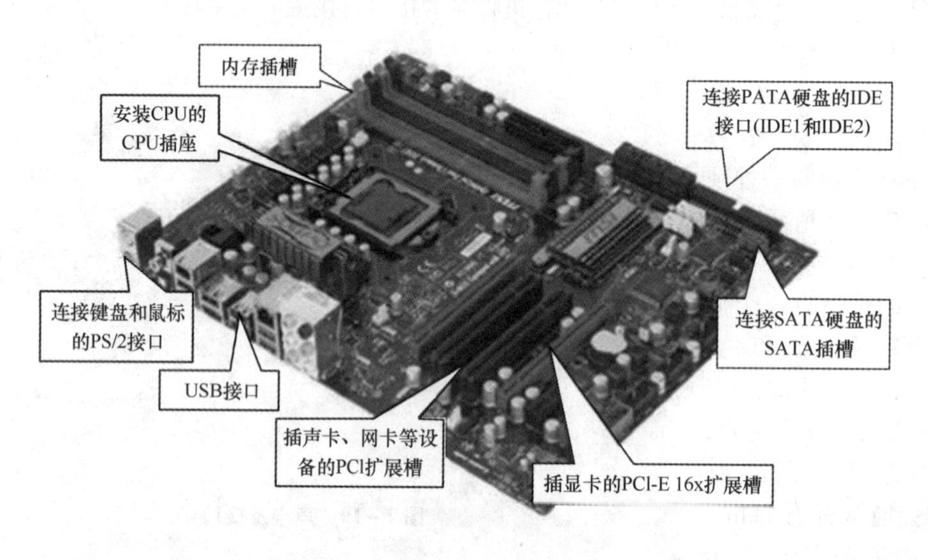

图 2－21 主板

只要将各种必要的组件安插或连接在主板的正确位置上，就初步完成了计算机的组装工作。

2.3 计算机的外部设备

通常，我们将计算机硬件中主机箱以外的设备通称为外部设备，例如鼠标、键盘，还有显示器、打印机等。

2.3.1 显示器

1. 显示器的分类

显示器通常也被称为监视器，是一种将一定的电子文件通过特定的传输设备显示到屏幕上再反射到人眼的显示工具。主要分为以下几种：

CRT显示器是一种使用阴极射线管(cathode ray tube)的显示器，CRT纯平显示器具有可视角度大、无坏点、色彩还原度高、色度均匀等优点。

如图2-22所示，LCD显示器即液晶显示器具有机身薄，占地小，辐射小等优点，越来越受到个人计算机用户的青睐。

图2-22 液晶显示器

LED显示屏(LED panel，LED即发光二极管)是一种半导体发光二极管的显示方式，用来显示文字、图形、图像、动画等各种信息的显示屏幕。目前，已广泛应用于大型广场、商业广告、体育场馆、信息传播、新闻发布、证券交易等。

按照显示器的屏幕尺寸大小，通常又可将显示器分为17英寸、19英寸、21英寸、27英寸等类型。这里的屏幕尺寸通常指的是屏幕对角线的长度，以英寸为单位(1英寸=2.54 cm)。目前主流的计算机显示器为21英寸。

2. 显示器的主要参数

(1)点距

显像管的屏幕上涂有一层荧光粉，电子枪发射出的电子束在荧光屏上扫描，使被击打位置的荧光粉发光，屏幕上的文字或图形就是由这些显示光点组成，每个点称为一个像素，彩色显像管的每个像素由三个子像素组成。荧光屏上像素之间的最小距离叫点距。点距越小，像素密度越大，对于同样尺寸的屏幕而言，可容纳的像素就越多，显示画面就越清晰。目前显像管的点距有0.22 mm、0.24 mm、0.28 mm、0.31 mm等。

(2)分辨率

分辨率指屏幕上像素的数目。比如，800×600的分辨率是说在水平方向上有800个像素，在垂直方向上有600个像素。

为了控制像素的亮度和色彩，每个像素需要很多个二进制位来表示，如果要显示256种颜色，则每个像素至少需要8位(一个字节)来表示，即2的8次方等于256；当显示32位真彩色时，每个像素要用4个字节的存储量。

每种显示器均有多种供选择的分辨率模式，能达到较高分辨率的显示器的性能较好。目前21英寸的显示器推荐分辨率一般为1920×1080。

分辨率越高，表示单位距离内的点数越多，点就越小，呈现出来的图形越细致。

(3)扫描频率

电子束从屏幕左上角开始从左到右、从上到下扫描整个屏幕，扫描频率是对这一扫描过程的时间描述，分为垂直扫描频率和水平扫描频率。

垂直扫描频率又称为帧扫描频率或场扫描频率，简称帧频或刷新频率。它指每秒钟电子束能扫描整个屏幕多少次，用 Hz 为单位；画面刷新率越高，越不易感到画面的闪烁，因此眼睛不容易疲倦。

水平扫描频率也称为行扫描频率，简称为行频。它是指每秒扫描的水平线数目，用 kHz 为单位。实际上水平扫描频率与垂直扫描频率和分辨率是相关联的，两个指标都是描述的电子束对屏幕扫描快慢的问题。

2.3.2 打印机

漂亮的文稿、精美的图片，神奇地从计算机中滑出，这就是打印机为我们带来的美妙感受。

1. 打印机的种类

根据打印的原理可分为：针式打印机、喷墨打印机、激光打印机、喷蜡式打印机、热蜡式打印机、热升华打印机等，其中，针式打印机属于击打式打印机，其他的打印机属于非击打式打印机。根据能打印的颜色可分为：单色打印机、彩色打印机；根据打印的幅面可分为：窄幅打印机、宽幅打印机等。

(1)针式打印机

针式打印机(图 2－23)有打印成本低廉、容易维修、价格低、打印介质广泛等优点，它是唯一靠打印针击打介质形成文字及图形的打印机。但针式打印机打印质量差、打印速度不快，更有打印钢针撞击色带时产生很大噪音的致命缺点。针式打印机适用于要打印特别介质(如打印发票)和对打印质量要求不高的部门。

图 2－23　针式打印机

(2)喷墨打印机

喷墨打印机有价格低、打印质量好、打印速度快、打印噪音较小、体积小等优点。但喷墨打印机对打印纸张有一些特别的要求，而且打印出来后，墨水遇水会褪色。喷墨打印机的打印质量比针式打印机好多了，分辨率几乎可以和激光打印机相比，打印色调也越加细腻，所以喷墨打印机特别适用于一般的办公室和家庭。

(3)激光打印机

激光打印机是目前打印机家族中打印质量最好的打印装置之一，激光打印机具有打印速度快、分辨率高、打印质量好、不褪色等优点。它的缺点是价格昂贵，打印成本较高。激光打印机适用于对打印质量要求高、打印速度要求快的部门。

2. 打印机的安装

家里新买回来一台打印机，如何让它工作起来呢？

(1)硬件连接

图 2-24 喷墨打印机

图 2-25 激光打印机

购买打印机时，通常都配备有一根打印机专用的数据线，用这根数据线将打印机与计算机连接起来即可。注意：如果数据线采用的是并行接口，一定要在打印机关机状态下进行连接。

(2)安装驱动程序

要想让计算机和打印机进行通信，仅仅在它们之间进行硬件连接还不行，还需要在计算机中安装相应的程序，这就是打印机驱动程序。驱动是允许操作系统和系统中的硬件设备通信的一种特殊的程序，它们告诉操作系统有哪些设备以及设备的功能等信息。在打印机驱动程序中包含有打印机的有关配置信息，有了这些信息，计算机就可以和打印机建立通信，从而控制打印机完成各种打印操作。

驱动程序一般可通过三种途径得到，一是购买的硬件附带有驱动程序；二是 Windows 系统自带有大量驱动程序；三是从 Internet 下载驱动程序。最后一种途径往往能够得到最新版本的驱动程序。

3. 使用打印机的注意事项

对于针式打印机，它使用的色带有一定的寿命，应注意及时更换以免将打印针折断。质量不好的色带较易挂针，所以一般应选购质量好的色带。

对于喷墨打印机，注意不要强行用力移动打印头，这样很可能导致打印机机械部分的损坏。更换墨盒要遵循用户手册说明的步骤。一般一盒墨水打不到 1000 页就需更换，所以若每次都更换整个墨盒，耗费就较高了，可以考虑自己购买墨水加到空墨盒中，一般墨水的包装上都有注明适用于哪种型号的墨盒，一个墨盒一般只能加 2 ~ 3 次墨水，次数多了打印效果就会变差。

对于激光打印机，一盒碳粉可以打印几千张纸，所以维护相对简单。需要注意的是，感光鼓比较娇贵，应尽量避免使用劣质纸张。

2.3.3 PnP 技术和热拔插技术

1. PnP 技术

PnP 是英文 Plug & Play 的缩写，中文意思为“即插即用”。即插即用技术是说用户不必干预电脑的各个设备如何分配系统资源，而将这一繁杂的工作交给系统自己解决。

要使用电脑的 PnP 功能，必须具备如下三个条件：

①即插即用 BIOS(基本输入输出系统)。BIOS 提供一些基本指令来识别必要的设备，并在加电自检进程中寻找 PnP 设备。

②即插即用操作系统。大家熟悉的 Windows 系列就是一个即插即用的操作系统，IBM 的 OS/2 Warp 也是这样的操作系统。

③即插即用的硬件。即插即用的 PC 设备，主要由 PC 主板上的总线及各类适配卡组成。连接 PC 机的打印机、外部调制解调器和其他设备也可以支持即插即用。

2. 热拔插技术

热拔插(hot - plugging 或 hot swap)功能就是允许用户在不关闭系统，不切断电源的情况下取出和更换损坏的硬盘、电源或板卡等计算机部件，从而提高系统对灾难的及时恢复能力、扩展性和灵活性等，例如，一些面向高端应用的磁盘镜像系统都可以提供磁盘的热拔插功能。

热拔插最早出现在服务器领域，是为了提高服务器用途而提出的，在我们平时用的电脑中，USB(通用串行总线)和 IEEE 1394 接口的设备都可以实现热拔插，而在服务器里可实现热拔插的部件主要有硬盘、CPU、内存、电源、风扇、PCI 适配器、网卡等。

2.4 计算机中的数制

2.4.1 什么是数制

数制也称计数制，是用一组固定的符号和统一的规则来表示数值的方法。人们通常采用的数制有十进制、二进制、八进制和十六进制。

数制采用的计数符号称为数码，数制中包含有两个要素：

1. 基数

进位计数制中所用数码的个数。

2. 位权值

数制中某一位上的 1 表示数值的大小(所处位置的价值)。在不同的进位计数制中，数码所处的位置不同，代表的数值大小也不同。某一位数码代表的数值大小是该位数码与位权的乘积。

十进制数的数码有 0 ~ 9，基数为 10；小数点向左各位数的位权是 10 的正次幂，依次为 10^0，10^1，10^2，10^3，…，小数点向右各位数的位权是 10 的负次幂，依次为 10^{-1}，10^{-2}，10^{-3}，…；十进制数大小按权相加；运算时逢 10 进 1，借 1 当 10。

2.4.2 数制表示法

数制表示法通常是在一个数前后加括号，后跟基数作为下标表示相应的数制。也可在一个数的后面加注特定符号来区分该数字的进制。我们一般用 D(decimal)表示十进制，B(binary)表示二进制，O(octal)表示八进制，H(hexacecimal)表示十六进制。由于十进制是人们最常用的进制，所以 D 一般可以省略。如二进制数 11.1 可分别用$(11.1)_2$和 11.1B 表示。

2.4.3　二进制

(1)二进制有2个基本数码：0，1。基数为2。

(2)运算时逢2进1，借1当2。

由于它只有0和1两个基本的数码，因此二进制的四则运算规则也变得更加简单。

加法：　　　　　　　　乘法：

0+0=0　　　　　　　　0×0=0

0+1=1+0=1　　　　　　0×1=0

1+1=10　　　　　　　　1×1=1

计算机中使用二进制数。它与其他数制相比有下面四个特点：

①易于实现。由于二进制数只有0和1两种数码，因此可用具有两个不同的稳定的物理状态的元件来表示。如电路的开和关、电压的高和低、脉冲的有和无等两种状态，均可分别用0和1来表示，这种简单的状态工作可靠，抗干扰能力强。

②运算规则简单。二进制运算的规则极为简单，使得在计算机中实现二进制运算的线路、部件结构也变得简单。

③可与逻辑运算对应。二进制数的两个数码0和1与逻辑代数的逻辑变量取值相对应，从而便于用二进制数表示逻辑数值，进行逻辑运算。

④可靠性高。由于二进制只有0和1两个数码，因此在存储、传输和处理时不易出错，保障了系统的可靠性。

2.4.4　八进制和十六进制

二进制具有一个很大的缺点，当用二进制表示一个数值时，位数比较长，即可读性太差，不便于书写、阅读和修改。为了弥补这一缺点，人们又引入了八进制和十六进制两种计数法。

1. 八进制

①有8个基本数码：0，1，2，3，4，5，6，7。基数为8。

②运算时逢8进1，借1当8。

2. 十六进制

①有16个基本数码：0~9，以及A，B，C，D，E，F。基数为16。

②运算时逢16进1，借1当16。

二进制、八进制、十进制与十六进制之间都具有一一对应关系，见表2-1。

表2-1　十进制、二进制、八进制、十六进制之间的对应关系

十进制	二进制	八进制	十六进制	十进制	二进制	八进制	十六进制
0	0000	0	0	8	1000	10	8
1	0001	1	1	9	1001	11	9
2	0010	2	2	10	1010	12	A
3	0011	3	3	11	1011	13	B

续表 2－1

十进制	二进制	八进制	十六进制	十进制	二进制	八进制	十六进制
4	0100	4	4	12	1100	14	C
5	0101	5	5	13	1101	15	D
6	0110	6	6	14	1110	16	E
7	0111	7	7	15	1111	17	F

2.4.5 十进制数与二进制数之间的转换

由于计算机使用二进制，而人们习惯于十进制。计算机在处理信息时需要先把十进制转化成二进制处理，然后再将二进制的结果转换成十进制表示出来。为了保证整数和小数部分的值在两个数值间分别对应相等，这两部分在转换时需要分别进行。

1. 二进制数→十进制数

按权相加，即：

整数部分：从最低位起顺序把每位乘以 20、21、22、…；

小数部分：从最高位起顺序把每位乘以 2^{-1}、2^{-2}、2^{-3}、…；

然后分别相加即可。

【例 2.1 】$(110.101)_2 = 1\times2^2 + 1\times2^1 + 0\times2^0 + 1\times2^{-1} + 0\times2^{-2} + 1\times2^{-3} = (6.625)_{10}$

同理其他非十进制数 → 十进制数，方法相同，即按权相加。

【例 2.2】$(315.2)_8 = 3\times8^2 + 1\times8^1 + 5\times8^0 + 2\times8^{-1} = (205.25)_{10}$

2. 十进制数→二进制数

十进制数转换成非十进制数，必须分成两步：

①整数部分的转换采用“除基倒取余”法。即将十进制数的整数连续除以非十进制数的基数，直到商为 0 时为止。然后用“倒取”的方式将各次相除所得余数组合起来即为所求结果。“倒取”就是第一次相除所得余数为最低位，最后一次相除所得余数为最高位。

②小数部分的转换采用“乘基顺取整”法。即将十进制数的小数连续乘以非十进制数的基数，将每次相乘后所得的整数部分取下，直到小数部分为 0 时或已满足精确度要求为止。然后按各次相乘获得的整数部分的先后顺序组合起来即为所要求的结果。

【例 2.3】将十进制数 85.6875 转换为对应的二进制数。

先转换整数部分：

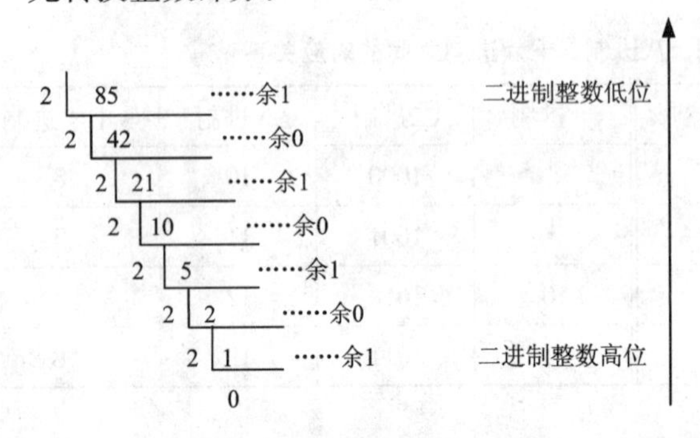

所以整数部分为：85D = 1010101B

再转换小数部分：

0.6875

× 2

1.3750 ……整数部分为1，二进制小数最高位

0.3750

× 2

0.7500 ……整数部分为0

0.7500

× 2

1.5000 ……整数部分为1

0.5000

× 2

1.0000 ……整数部分为1，小数部分为0

所以小数部分为：0.6875D = 1011B

即 85.6875D = 1010101.1011B

同理，十进制数 →其他非十进制数，方法相同，即整数部分采用除基取余；小数部分采用乘基取整。

2.4.6 八进制数与二进制数之间的转换

1. 八进制数→二进制数

方法：将一个八进制数中的每1位写成等值的3位二进制数，小数点照抄。

【例2.4】$(273.64)_8 = (10111011.1101)_2$

2 7 3 6 4

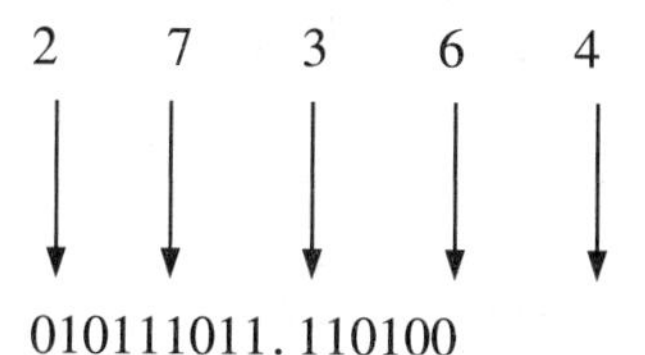

010111011.110100

2. 二进制数→八进制数

方法：以二进制数的小数点为中心分别向左、右每三位分为一组，最后一组不足三位的用0补足(整数在高位补0，小数在低位补0)，然后将每组的三位二进制数等值转换成对应的八进制数。

【例2.5】$(11101111011.1011)_2 = (3573.54)_8$

011 101 111 011. 101 100

↓ ↓ ↓ ↓ ↓ ↓

3 5 7 3 5 4

2.4.7 十六进制数与二进制数之间的转换

1. 十六进制数→二进制数

方法：将一个十六进制数中的每1位写成等值的4位二进制数，小数点照抄。

【例2.6】$(12B.A)_{16}=(0001\ 0010\ 1011.1010)_2=(100101011.101)_2$

2. 二进制数→十六进制数

方法：以二进制数的小数点为中心分别向左、右每四位分为一组，最后一组不足四位的用0补足(整数在高位补0，小数在低位补0)，然后将每组的四位二进制数等值转换成对应的十六进制数。

【例2.7】$(1111101010.100111)_2=(0011\ 1110\ 1010.1001\ 1100)_2=(3EA.9C)_{16}$

2.5 信息在计算机中的表示与编码

2.5.1 数值型信息的表示与编码

前面的数没有考虑其符号的问题，所以称为无符号数。数总是有正负，在计算机中用0表示正号，用1表示负号，从而将数的符号数字化。在计算机中通常把符号放在最高位，该位称为符号位。我们把数在计算机中的表示形式(符号数字化)称为机器数。一个机器数是由符号位和数值位两部分组成的。例如：数1011B对应的机器数是00001011B，数-1001B对应的机器数为10001001B。

机器数的位数是固定的，能表示的数值范围受到机器字长位数的限定。例如，某种字长为16位的计算机，能表示的无符号整数范围为0~65535($0\sim2^{16}-1$)。如果计算机运算的结果超出了机器数能表示的范围，就会产生"溢出"，计算机进行相应的溢出处理。

在计算机内，有符号数(指定点数，小数点通常固定在特定的位置的数)有3种表示法：原码、反码和补码。

1. 原码表示法

规定：最高位为符号位，"0"表示正，"1"表示负，其余位表示数值的大小。

2. 反码表示法

规定：正数的反码与其原码相同；负数的反码是对其原码逐位取反，但符号位除外。

3. 补码表示法

规定：正数的补码与其原码相同；负数的补码是在其反码的末位加1。采用补码后，可以方便地将减法运算转化成加法运算，运算过程得到简化。

【例2.8】

[+7]原=00000111B，[-7]原=10000111B。

[+7]反=00000111B，[-7]反=11111000B。

[+7]补=00000111B，[-7]补=11111001B。

【例2.9】

[+0]原=00000000B，[-0]原=10000000B，即0的原码有两种形式。

[+0]反=00000000B，[-0]反=11111111B，即0的反码也有两种形式。

[0]补 = 00000000B，即与原码、反码不同，数值0的补码只有一个。

2.5.2 字符型信息的表示与编码

字符是指计算机中使用的字母、数字、字和符号。由于计算机是以二进制的形式进行数据的存储、运算、识别和处理的，因此各种字符也必须按特定的规则变成二进制编码才能进入计算机。所谓编码就是用预先规定的方法将文字、数字或其他对象编成数码，编码是信息从一种形式或格式转换为另一种形式的过程。为了信息交换的统一性，人们建立了一些字符编码的标准，各种类型的计算机对于相同的文字和数字符号都采用相同的编码标准。

1. ASCII 码

目前，计算机中广泛使用的编码是 ASCII 码，即美国标准信息交换码(American standard code for information interchange)，该编码被 ISO 采纳而成为一种国际通用的信息交换标准代码。计算机中常用一个字节(8 位二进制数)来存放一个字符的 ASCII 码，其中 7 位是 ASCII 码本身，最高位用来设校验码，共有 $2^7 = 128$ 种不同编码，用来表示 128 个符号。包括大写英文字母、小写英文字母、阿拉伯数字等多个符号。

ASCII 码虽然只用 7 位进行编码，但由于计算机中存取信息的基本单位是字节(Byte)，1 Byte为 8 位二进制数。为了便于计算机存取字符，ASCII 也就用 1 Byte 来表示，只不过仅用了字节的 7 位，而最高位(第 7 位)通常取 0，在数据传送时该位也常用来作为奇偶校验位。

2. GB 码

汉字字形优美、生动、形象，是我国使用的主要文字符号，是表示信息的主要手段。

我国于 20 世纪 70 年代对各类汉字使用的频率曾进行过统计，发现有 3755 个汉字是最常使用的，平均覆盖率高达99.9%，这些汉字一般都知道读音，所以把它们按拼音进行排序，称为一级汉字；此外，还有 3008 个汉字使用也较多，称为二级汉字，并按偏旁部首进行排序，一级汉字加上二级汉字，平均覆盖率高达99.99%，基本上能满足各种场合的应用。1980 年我国公布的国标汉字 GB 2312—80，其中所收集的汉字就是这 6763 个常用汉字。

汉字信息的处理涉及汉字的输入，汉字信息的加工，汉字信息在计算机内的存储、输出等方面。汉字信息的加工包括汉字的识别、编辑、检索、变换与西文字符混合编排等。汉字的输出则包括汉字的显示和打印两方面的问题。

汉字的输入、处理、输出都离不开汉字在计算机中的表示，即汉字的编码问题，这些编码涉及输入码、交换码、输出码、汉字库等。

(1)汉字输入码

汉字输入码是一种用计算机标准键盘上的按键的不同组合来输入汉字，这些按键的组合称为编码，也称为汉字的外部码，简称外码。目前有几百种汉字输入法。衡量某种输入法好坏的标准应该是易学易记，便于学习和掌握，编码短，击键次数少，重码少，可以实现盲打。

目前各种输入法大致可以分为以下 4 类：

①数字编码：它是用一个数字串代码来输入一个汉字。如区位码、电报码等。其优点是无重码，该输入码与机器内部编码的转换比较方便。缺点是每个汉字都用 4 个数字组成，很难记忆，输入困难，所以很难推广使用。

②字音编码：这种编码是根据汉字的读音进行编码。由于汉字同音字很多，输入重码率较高，输入时一般要对同音字进行选择，一旦遇到不知道读音的字就无法输入了；优点是简

单易学。常见的有全拼、双拼、智能 ABC 等输入法。这种输入方法因其简单易学，为大多数非专业打字员所采用。

③字形编码：根据汉字的字形进行编码。汉字都是由一笔一画组成，把汉字的笔画部件用字母或数字进行编码，按笔画的顺序依次输入就能表示一个汉字。典型的有五笔字型码。

④音形编码：把汉字的读音和字形相结合进行编码，音形码吸收了字音和字形编码的优点，编码规则化、简单化，且重码少，如自然码等。

(2)汉字交换码

对于汉字来讲，用 7 位二进制数表示显然是远远不够的，因此，在汉字的编码中，采取连续的两个字节(16 位二进制数)来表示汉字的编码。为了与西文字符的编码相区别，把两个字节的最高位都置为 1，余下的 14 位能表示的汉字为 $2^{14}=16384$ 个汉字，这么多的汉字足够日常使用了，这就是双字节汉字的表示方案。

汉字交换码是设备和汉字信息处理系统内部存储、处理、传输汉字时使用的编码，即内部码。它规定同一汉字在计算机内的编码是唯一的。

我国于 1981 年制定了《GB 2312—80 信息交换用汉字编码字符集 - 基本集》，又称为国标码。这种编码采用两个字节对汉字进行编码，共收集了汉字和图形符号 7445 个，其中汉字 6763 个，各种图形符号共 682 个，它是我国现在的汉字交换码。

(3)汉字输出码

计算机屏幕上显示的字符是由点构成的，英文字符由 $8\times8=64$ 个小点就可以显示出来(即横向和纵向都有 8 个小点)，汉字是方块字，字形复杂，一般用 24×24 共 576 个小点来显示和打印汉字。把这些构成汉字的小点用二进制数据进行编码，就是汉字字形码。汉字字形码也称为输出码，用于显示或打印汉字时产生字形，如图 2－26 所示。

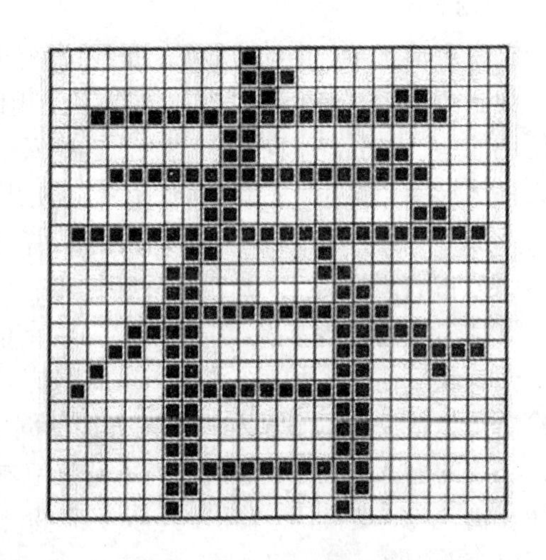

图 2－26 汉字点阵

笔画经过的点为“黑”点，笔画未经过的小点为“白”色，如果把“黑”方块表示为“1”，白方块表示为“0”，这样构成一个汉字的所有小方块就被编码成了“0”“1”组成的二进制编码，这个编码就是一个汉字的点阵字形码。24×24 点阵，就是把屏幕上显示一个汉字的区域横向和纵向都分为 24 格，一共有 576 个小方块，用 576 位二进制数来表示，存储时占用 72 字节(因为每个字节 8 位)。

汉字系统除了 24×24 外，还有 32×32，48×48 等点阵字库。点越多，显示出来的字的笔画就越平滑，但其编码就越复杂，占据的内存空间就越多。

(4)汉字库

在一个汉字信息处理系统中，存储器中汉字的点阵编码是连续存放的，人们把计算机汉字字形码的集合称为字库，也就是说，把所有汉字的字形码集中在一起就是字库。一般的汉字系统只收集了国标码中的 6763 个汉字，它们的汉字库就是这 6763 个汉字字形码的集合。

字库与汉字的字体、点阵大小有关系，不同的字体，不同大小的点阵有不同的字库。如宋体字库、仿宋体字库、楷体字库、黑体字库、行书字库等。不同点阵的同种字体也有不同的字库。比如宋体字，就有16点阵(16×16)宋体字、24点阵的宋体字、32点阵的宋体字和48点阵的宋体字等。

不同点阵的字库所占存储空间是不同的，如16×16点阵的字库，每个汉字占点32个字节，则整个字库占用7445×32=238240字节，约240 kB。

2.6　计算机病毒

2.6.1　什么是计算机病毒

《中华人民共和国计算机信息系统安全保护条例》指出“计算机病毒，是指编制或者在计算机程序插入的破坏计算机功能或者毁坏数据，影响计算机使用，并能自我复制的一组计算机指令或者程序代码”。由于其活动方式与生物学中的病毒相似，故被人们称为计算机病毒。

计算机病毒对计算机具有巨大的危害性，一旦扩散开来，甚至连病毒制造者本人也无法控制。特别是随着Internet的发展，计算机病毒开始通过互联网进行传播。如1999年从我国台湾传向世界各地的CIH病毒，曾使当时世界上数千万台计算机瘫痪。给全世界的计算机用户造成了极大的损失。

2.6.2　计算机病毒的特征

1. 非授权可执行性

由于计算机病毒具有正常程序的一切特性，如可存储性、可执行性，它隐藏在合法的程序或数据中，当用户运行正常程序时，病毒伺机窃取系统的控制权，得以抢先运行，然而此时用户还认为在执行正常程序。

2. 隐蔽性

计算机病毒通常附着在正常程序或磁盘引导扇区中，或者磁盘上标为坏簇的扇区中，以及一些空闲概率较大的扇区中，这是它的非法可存储性，即隐蔽性。

3. 传染性

传染性是计算机病毒最重要的特征，病毒程序一旦侵入计算机系统就开始搜索可以传染的程序或者磁介质，然后通过自我复制迅速传播。计算机病毒可以在极短的时间内通过Internet传遍世界。

4. 潜伏性

计算机病毒具有依附于其他媒体而寄生的能力，病毒的潜伏性越好，它在系统中存在的时间也就越长，病毒传染的范围也越广，其危害性也越大。

5. 表现性或破坏性

无论何种病毒程序一旦侵入系统都会对操作系统的运行造成不同程度的影响。病毒程序的副作用轻者将降低系统工作效率，重者将导致系统崩溃、数据丢失。

6. 可触发性

计算机病毒一般都有一个或者几个触发条件。满足其触发条件或者激活病毒的传染机制，可使之进行传染；或者激活病毒的表现部分或破坏部分也会使其进行传染。

2.6.3 我的计算机染上病毒了吗

电脑染上病毒后，如果没有发作，是很难觉察到的。不同的计算机病毒发作时，会表现出不同的症状，下面所介绍的，就是计算机病毒发作时常出现的一些现象。

①计算机莫名其妙地重新启动。

②运行速度明显降低。

③经常出现死机现象。

④外部设备工作异常。

因为外部设备受系统的控制，如果机器中有病毒，外部设备在工作时可能会出现一些异常情况，比如打印机不能正常打印。

以上仅列出一些比较常见的病毒表现形式，用户在使用计算机时要根据具体的情况进行分析，从而找到解决的方法。

2.6.4 如何预防和消除计算机病毒

对计算机病毒的预防如同预防疾病一样，应该本着“预防为主，防治结合”的原则。一般的措施有：

1. 管理措施

①不要使用来路不明的软盘或光盘，提倡使用正版软件。

②不要打开来历不明的电子邮件。

③不要浏览不正规的网站。

④不要下载，安装未经验证的软件。

⑤做好计算机中重要数据和文件的备份工作。

2. 技术措施

(1)在计算机中安装反病毒软件，定期检测计算机，常用的杀毒软件主要有瑞星杀毒软件、金山毒霸、360杀毒软件等。

此外，由于新病毒不断地产生，而反病毒软件最主要是依靠病毒特征代码库来对比程序是否中毒。因此，为了更加有效地杀除新的计算机病毒，就需要保持杀毒软件的更新和病毒库的升级。

(2)给计算机中的操作系统“打好补丁”，增强系统的安全性和稳定性。

操作系统是一个非常复杂的软件，即使是在推向市场以后，也会出现一些这样或那样的错误，我们习惯上把这些错误称作“漏洞”。一些病毒正是通过这些漏洞侵入计算机，使系统产生安全隐患。

当发现这些漏洞时，操作系统的开发商就会马上在网上发布相应的修改程序，使用者可以下载并运行这些程序，从而弥补操作系统中相应的漏洞。这就好像衣服破了，找块布把它补好一样。因此，我们习惯上把这些修改程序称作“补丁”。

对于那些利用系统漏洞进行破坏的计算机病毒，我们需要先把相应的系统漏洞“堵上”，然后再想办法杀除病毒。目前，个人计算机中安装的基本上都是微软(Microsoft)公司开发的Windows操作系统。如果你的计算机已经和Internet相连接，则通过Windows操作系统自带的 Windows Update 程序，就可以非常方便地进行系统更新和“打补丁”的操作。此外，很多安全辅助软件(如 360 安全卫士、QQ 电脑管家等)都带有“打补丁”功能，可以让这些软件去修复漏洞。

第 3 章

操作系统及其应用

操作系统是对计算机所有软硬件资源进行统一的控制和管理的系统软件，是计算机的灵魂。我们只有借助操作系统才能方便、灵活地使用计算机。在众多操作系统中，Microsoft 开发的 Windows 系列是目前最流行和最受欢迎的操作系统。

通过对本章的学习，了解操作系统的基本概念，掌握 Windows 7 操作系统的使用与操作。

3.1 操作系统简介

我们将一台没有安装任何软件的计算机即“裸机”，买回来以后，要安装的第一个软件就是操作系统。操作系统是直接控制及管理计算机硬件的系统软件，是对硬件系统的第一次扩充，也是用户和计算机硬件系统之间的接口和桥梁。操作系统一方面控制和管理维护计算机的所有软件及硬件资源，另一方面，为用户提供了一个使用计算机的方便、有效、友好的环境。

操作系统具有并发、共享、虚拟和异步性的基本特征。

操作系统与计算机硬件、各类系统软件、应用软件、用户的关系如图 3-1 所示。

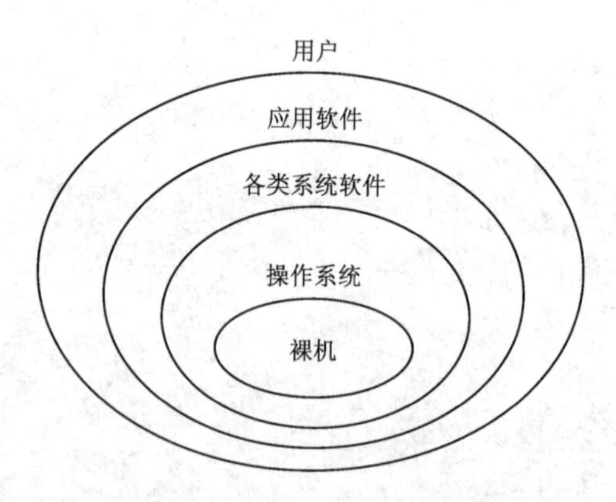

图 3-1 操作系统关系图

3.1.1 操作系统的分类

由于操作系统所管理的资源不同以及提供服务方式的差别，操作系统通常分为：单用户操作系统、分时操作系统、批处理操作系统、实时操作系统、网络操作系统和分布式操作系统等。

1. 单用户操作系统

单用户操作系统工作时，只有一个用户独占计算机的全部软件资源和硬件资源。单用户操作系统一般用于微型计算机系统中，根据同时管理的作业数又可分为单用户单任务操作系统，如早期的磁盘操作系统 DOS；单用户多任务操作系统，如个人计算机中流行的 Windows98、Windows XP、Windows 7、Windows 8 等操作系统。

2. 分时操作系统

分时操作系统即多用户操作系统，指在一台计算机（即主机）上挂有多个终端，主机的

CPU按照预先分配给各终端的时间片轮流为各个终端服务，各个终端在分配给自己的时间片内独占CPU，分时共享计算机系统的资源。当某个用户的处理要求时间较长时，则分成几个时间片来处理。这样，每个用户都感受不到分时运行，像是自己独占这台计算机。例如，UNIX是一个典型的分时操作系统。

3. 批处理操作系统

批处理操作系统是指用户将作业程序交给操作系统后，不再进行干涉，直到作业程序运行完毕。

4. 实时操作系统

实时操作系统是一种时间性强，反应迅速的操作系统，要求外部输入的信息能在规定时间内处理完毕并输出结果，保证实时性与可靠性，多数用于实时控制和自动控制系统中。

5. 网络操作系统

网络操作系统管理连接在计算机网络上的所有计算机，而网络中的每个计算机又各有自己的一套操作系统。因此，网络操作系统提供了一个网络通信的协议，在上层把网络中的计算机联系起来，使得在网络中的各计算机均按照协议的规定进行通信。例如，Windows Server 2008、UNIX等都属于网络操作系统。

6. 分布操作系统

分布操作系统是为分布计算系统配置的操作系统。它在资源管理、通信控制和操作系统的结构等方面都与其他操作系统有较大的区别。由于分布计算机系统的资源分布于系统的不同计算机上，操作系统对用户的资源需求不能简单地像一般的操作系统那样等待有资源时直接分配，而是要在系统的各台计算机上搜索，找到所需资源后才可进行分配。对于有些资源，如具有多个副本的文件，还必须考虑一致性。所谓一致性是指若干个用户对同一个文件同时读出的数据是一致的。为了保证一致性，操作系统须控制文件的读、写、操作，使得多个用户可同时读一个文件，而任一时刻最多只能有一个用户在修改文件。分布操作系统的通信功能类似于网络操作系统。由于分布计算机系统不像网络分布得很广，同时分布操作系统还要支持并行处理，因此它提供的通信机制和网络操作系统提供的有所不同，它要求通信速度高。分布操作系统的结构也不同于其他操作系统，它分布于系统的各台计算机上，能并行地处理用户的各种需求，有较强的容错能力。

3.1.2　操作系统的功能

对内，操作系统具有管理计算机系统的各种资源，扩充硬件的功能，即处理器管理、任务管理、存储器管理、设备管理、文件管理和作业管理；对外，操作系统提供良好的人机界面，方便用户使用计算机。

1. 处理器管理

处理器管理最基本的功能是处理中断事件。处理器只能发现中断事件并产生中断而不能进行处理。配置了操作系统后，就可对各种事件进行处理。处理器管理的另一功能是处理器调度。处理器可能是一个，也可能是多个，不同类型的操作系统将针对不同情况采取不同的调度策略。

2. 任务管理

任务管理主要任务是管理和控制计算机中所有软硬件资源，使它们协调一致地工作。在

Windows 7 操作系统中，任务管理是通过“任务管理器”实现的。

3. 存储器管理

存储器管理主要负责内存的分配与管理，存储器是计算机的关键资源之一，存储器管理的好坏直接影响整个系统的性能。主要功能有以下四个方面：

(1)虚拟内存

内存是 CPU 可直接存取的存储器，速度快，但价格高。虚拟内存是指用硬盘空间模拟内存，为用户提供比实际内存大得多的内存空间。在 Windows 中右击【计算机】|【属性】命令→【系统属性】对话框 |【高级】选项卡→【性能】|【设置】按钮→【性能选项】对话框 |【高级】选项卡，按提示即可进行虚拟内存的设置。

(2)存储器分配

在运行过程中，进程需要存储空间以及在内存与外存之间调进调出等。合理地分配存储器可提高系统性能。

(3)地址转换

由于编号存储器(主要指内存)中每个存储单元地址，当程序被调入内存时，操作系统将程序中的逻辑地址变换成存储空间的真实物理地址。

(4)信息保护

由于内存中有多个进程，为了防止一个进程的存储空间被其他进程占用，操作系统要采取软件和硬件结合的保护措施。

4. 设备管理

操作系统对设备的管理主要是负责对计算机系统中设备的分配与操纵。在 Windows 中，对设备进行管理的系统是设备管理器和控制面板。在设备管理器中，用户可以了解计算机上硬件的相关信息，可以检查硬件的状态，并更新或安装硬件的设备驱动程序。右击【计算机】|【属性】命令(【控制面板】| 双击【系统】)→【硬件】选项卡 |【设备管理器】按钮，进入【设备管理器】窗口。

5. 文件管理

文件是指赋予了名称并存储于磁盘上的信息集合。操作系统中负责管理和存储文件信息的软件机构称为文件管理系统，简称文件系统。在文件系统的管理下，按文件名访问文件，不必考虑内部实现细节。

文件系统是操作系统用于明确磁盘或分区上的文件的方法和数据结构，即在磁盘上组织文件的方法，也指用于存储文件的磁盘或分区，或文件系统种类。在运行 Windows 7 的计算机上，有 3 种磁盘分区文件系统供选择，分别是 NTFS、FAT 和 FAT 32。

FAT(file allocation table，文件分配表)又称为 FAT 16，是 16 位的文件系统，应用广泛，最大支持 2 GB 磁盘分区。

FAT 32 是从 FAT 改进而来的文件系统，可以兼容 FAT 格式。FAT 32 最大的优点是能最大支持 2 TB(2047 GB)磁盘分区，采用更小的磁盘簇，可以更有效率地保存信息。但是，需要说明的是，Microsoft Windows 2000 仅能支持最大为 32 GB 的 FAT 32 分区。

NTFS(new technology file system)最大支持 2 TB 磁盘分区，磁盘使用效率高，最大限度地避免了磁盘空间的浪费，并增加了对文件的访问限制。NTFS 是一个可恢复的文件系统。在 NTFS 分区上用户很少需要运行磁盘修复程序。NTFS 通过使用标准的事务处理日志和恢复技术来保证分区的一致性。发生系统失败事件时，NTFS 使用日志文件和检查点信息自动恢复文件系统的一致性。NTFS 支持对分区、文件夹和文件的压缩。任何基于 Windows 的应用程序对 NTFS 分区上的压缩文件进行读写时不需要事先由其他程序进行解压缩，当对文件进行读取时，文件将自动进行解压缩；文件关闭或保存时会自动对文件进行压缩。

3.2　Windows 7 操作系统

Windows 是基于图形用户界面的操作系统，图形用户界面或图形用户接口(graphical iser interface，GUI)是指采用图形方式显示的计算机操作环境用户接口。

微软自 1985 年推出 Windows 1.0 以来，Windows 系统经历了 30 年的风风雨雨。从最初运行在 DOS 下的 Windows 2.x，到现在风靡全球的 Windows 9x、Windows 2000、Windows XP、Windows vista 等，还有新出的 Windows 7、Windows 8。不同版本的 Windows 操作系统在功能上不尽相同，但使用方法基本差不多。Windows 之所以如此流行，是因为其具有界面图形化、多用户多任务、网络支持良好、出色的多媒体功能、硬件支持良好、众多的应用程序等优点。

图 3 - 2　Windows 7 操作系统

本章主要介绍中文 Windows 7 操作系统，如图 3 - 2 所示。

3.2.1　Windows 7 的特点

1. 更快速

Windows 7 大幅缩减了 Windows 的启动时间，据实测，在 2008 年的中低端配置下运行，系统加载时间一般不超过 20 s，这与 Windows Vista 的启动用时 40 余秒相比，是一个很大的进步。

2. 更易用

Windows 7 做了许多方便用户的设计，如快速最大化，窗口半屏显示，跳跃列表，系统故障快速修复等，这些新功能令 Windows 7 成为最易用的 Windows 操作系统。

3. 更安全

Windows 7 包括了改进了的安全和功能合法性，还会把数据保护和管理扩展到外围设备。Windows 7 改进了基于角色的计算方案和用户账户管理，在数据保护和坚固协作的固有冲突之间搭建沟通桥梁，同时也会开启企业级的数据保护和权限许可。

4. 更简单

Windows 7 让搜索和使用信息更加简单，包括本地、网络和互联网搜索功能，直观的用户体验也更加高级，还会整合自动化应用程序提交和交叉程序数据透明性。

5. 更低的成本

Windows 7 可以帮助企业优化其桌面基础设施，具有无缝操作系统、应用程序和数据移植功能，并简化 PC 供应和升级，进一步朝完整的应用程序更新和补丁方面努力。

6. 更好的连接

Windows 7 进一步增强了移动工作能力，无论何时、何地、任何设备都能访问数据和应用程序，开启坚固的特别协作体验，无线连接、管理和安全功能也进一步扩展。性能和当前功能以及新兴移动硬件得到优化，拓展了多设备同步、管理和数据保护功能。

7. 能在系统中运行免费合法 XP 系统

微软新一代的虚拟技术——Windows virtual PC，程序中自带一份 Windows XP 的合法授权，只要处理器支持硬件虚拟化，就可以在虚拟机中自由运行只适合于 XP 的应用程序，并且即使虚拟系统崩溃，处理起来也很方便。

8. 更人性化的 UAC(用户账户控制)

Vista 的 UAC 可谓令 Vista 用户饱受煎熬，但在 Windows 7 中，UAC 控制级增到了 4 个。这样控制 UAC 的严格程度，使 UAC 变得安全又不烦琐。

9. 能用手亲自摸上一把的 Windows

Windows 7 原生包括了触摸功能，但这取决于硬件生产商是否推出触摸产品。系统支持 10 点触控，Windows 不再是只能通过键盘和鼠标才能接触的操作系统了。

10. 迄今为止最华丽但最节能的 Windows

Windows 7 的 Aero 效果更华丽，有碰撞效果、水滴效果，还有丰富的桌面小工具。这些都比 Vista 增色不少。但是，Windows 7 的资源消耗却是最低的。不仅执行效率快人一筹，笔记本的电池续航能力也大幅增加。微软总裁称：Windows 7 是最绿色，最节能的系统。

11. 更绚丽透明的窗口

很多普通用户对 Windows Vista 的第一反应大概是新式的半透明窗口 Aero Glass。虽然人们对这种用户界面褒贬不一，但其能利用 GPU 进行加速的特性确实是一个进步，也继续采用了这种形式的界面，并且全面予以改进，包括支持 DX 10.1。Windows 7 及其桌面窗口管理器(DWM.exe)能充分利用 GPU 的资源进行加速，而且支持 Direct 3D 11 API。

12. 托盘通知区域

托盘通知区域一直为 Windows 用户所诟病，这些年来微软也一直在尝试解决这个问题，从隐藏不活动的图标到 Vista 中让用户选择。但在 Windows 7 中，微软又重新采用了之前的隐藏策略。因此，在 Windows 7 中，所有系统图标在默认状态下都是隐藏的，用户必须手动开启，图标才会显示出来。

图 3-3 Windows 7 的关机操作

3.2.2 Windows 7 的启动与关闭

在启动 Windows 7 系统前，首先应确保在通电情况下将计算机主机和显示器接通电源，然后按下主机箱上的 Power 按钮，启动计算机。在计算机启动过程中，BIOS 系统会进行自检并进入

Windows 操作系统，屏幕将显示如图 3 - 2 所示的画面。如果设置了登录密码，则在启动过程中需要键入登录密码。

当用户不再使用 Windows 7 时，应当及时关闭 Windows 7 操作系统，执行关机操作。在关闭计算机前，应先关闭所有的应用程序，以免数据的丢失。要关闭 Windows 7 系统，用户可以单击系统桌面上的【开始】按钮，在弹出的【开始】菜单中选择【关机】命令，如图 3 - 3 所示。然后 Windows 开始注销系统。如果有更新会自动安装更新文件，安装完成后便会自动关闭系统。

Windows 7 操作系统中提供了一些常用的应用程序，如记事本、写字板、画图、计算器、游戏等。这些程序通常放在一个叫做"附件"的程序组中，如图 3 - 4 所示。

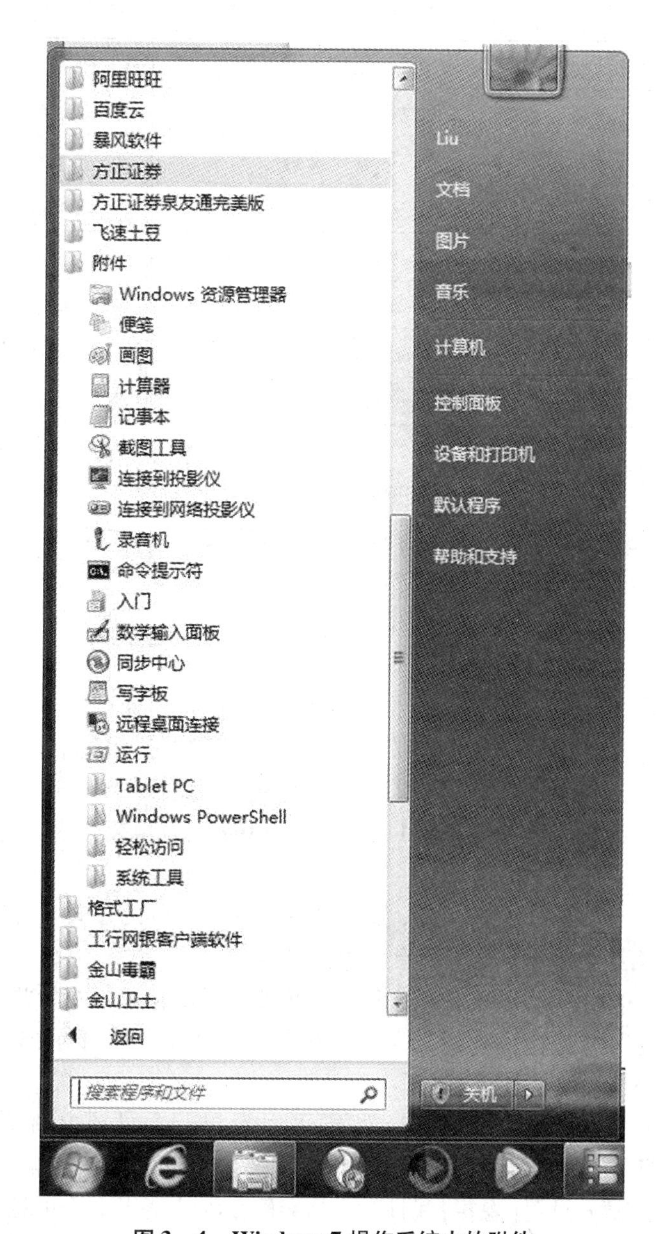

图 3 - 4　Windows 7 操作系统中的附件

3.3　Windows 7 的文件与文件夹管理

3.3.1　文件及文件夹概述

1. 文件概述

(1) 文件的命名

"文件"是指按一定格式建立在外存上的一批信息的有序集合，并可以进行"按名存取"。在计算机系统中，用户平时操作的文档、执行的程序、其他所有的软件资源都属于文件，甚至诸如显示器、键盘、打印机等外部设备也都可以看成是设备文件。

每个文件都必须有一个文件名，计算机通过文件名实现对文件的存、取操作。文件名由主文件名和扩展名两部分组成，在书写时用小数点"."分隔开。

Windows 7 对文件名的要术比较宽松，具体规定如下：

①文件名最长可由 255 个字符组成。

②文件名中可以使用多个间隔符"."。

③文件名中可以包括空格，但不能使用如下字符："\""/"":"" * ""?""""""<"">"
"|"。

④文件名中英文大小写无区别，但系统加以记忆。

⑤文件名后面有句点和扩展名，扩展名通常为 3 个字符。扩展名显示了文件的类型，同时告诉 Windows 使用什么程序打开文件以及使用什么图标表示文件。表 3-1 列出了 Windows 7 常见文件的扩展名。

表 3-1 Windows 7 常见文件扩展名

扩展名	文件类型	扩展名	文件类型
.exe	可执行文件(应用程序)	.avi	视频文件
.sys	系统文件	.rar	WinRAR 压缩文件
.txt	文本文件	.html	网页文档文件
.docx	Word 文档文件	.jpg	压缩图像文件
.xlsx	Excel 文档文件	.bmp	位图文件
.pptx	PowerPoint 演示文稿文件	.mp3	压缩音乐文件
.wmv	流媒体文件	.flac	无损音乐文件

(2)文件名中的通配符

在 Windows 7 中，有时候希望有比较简单的方法来表示一批文件。如果要查找所有扩展名为 docx 的文件，应该如何表示呢?

Windows 7 文件名中的字符" * "和"?"称为通配符。一个带有通配符的文件名可以代表一批文件名。

通配符" * "代表任意多个任意字符。例如：" * .exe"代表所有扩展名为 exe 的文件；"my * . * "代表文件名以 my 开始的所有文件，而且不论是什么扩展名。

通配符"?"代表在这个字符位置上任意一个字符。如果有 10 个文件：file1 ~ file10，则 file? 就代表其中的 file 1 ~ file 9，用 file?? 就可以代表文件 file10。

(3)文件属性

文件除了文件名外，还有文件大小、存放的位置、占用的空间、创建和修改的时间以及所有者信息等，这些信息称为文件属性。

如果想查看文件或文件夹的大小，只要将鼠标指针指向要查看大小的文件或文件夹，单击右键，选择【属性】选项，接下来就会在常规中显示出此文件或文件夹的属性对话框，如图 3-5 和图 3-6 所示。

在【属性】对话框中，我们可以看出此文件或文件夹的大小以及建立、修改时间。在 NTFS 文件系统我们还可以设置【只读】、【隐藏】和【高级】。设置【只读】属性，表明此文件只允许读；设置【隐藏】属性，则此文件在默认情况下不可见；【高级】按钮可设置文件其他文件属性和压缩或加密属性。在 FAT 32 文件系统下，可设置【只读】、【隐藏】和【存档】，其中设置【存档】属性，表示该文件在上次备份前已经修改过了，一些备份软件在备份系统后会把这

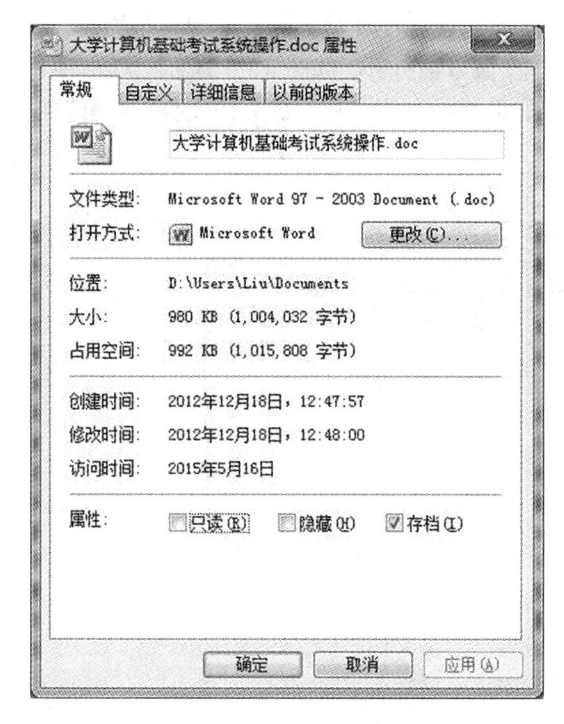

图3-5　查看文件属性

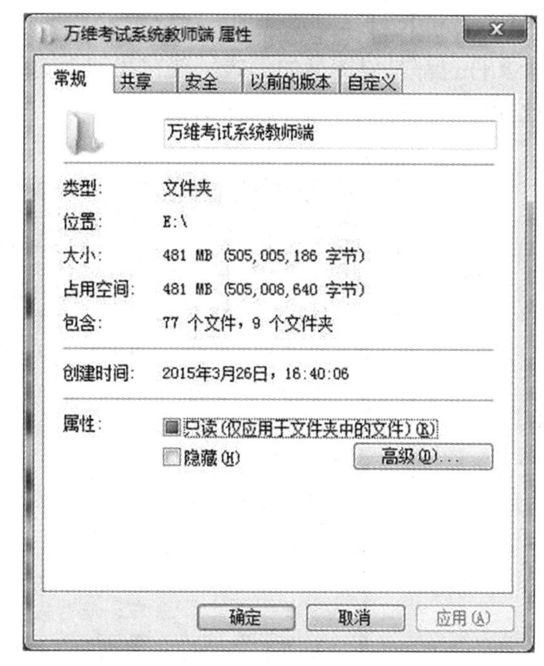

图3-6　查看文件夹属性

些文件默认设置为存档属性。

2. 文件夹概述

文件越来越多，如何来管理呢？可以利用文件夹来分层管理。

文件夹是文件的集合，其命名规定和属性如同文件。计算机中所用到的文件夹与我们日常工作中使用的文件夹概念相同，都是用来存放文件的，用户可以把自己认为是一类的文件存放在同一个文件夹中。

文件夹可以多级嵌套，即一个文件夹的里面还可以再建立若干个下一级的文件夹。正是由于文件夹可以多级嵌套，所以又有了“父文件夹”与“子文件夹”的概念。在文件和文件夹使用中有如下规定：一个文件夹中不允许有两个同名的文件或文件夹，但在不同的文件夹中允许有同名文件或文件夹。

文件夹打开时，成为一个窗口，显示其中的子文件夹和文件，关闭时，显示为一个图标。

在我们学习计算机的过程中，会经常地对文件或文件夹进行操作。这些操作主要包括建立文件或文件夹、改变文件或文件夹的名字、复制文件或文件夹、移动文件或文件夹、删除文件或文件夹、查找文件或文件夹等。

3.3.2　资源管理器

Windows 7 中的资源是指磁盘(软盘、硬盘、光盘)驱动器、打印机、网络等软硬件以及诸如控制面板等系统维护工具，用户正是借助于使用这些资源，让计算机完成各种各样的任务。Windows 7 中的【计算机】和【资源管理器】都可以对系统中的资源进行管理，特别是对文件和文件夹的管理。

硬盘是计算机中最重要的存储设备之一，如何看到存放在硬盘上的文件呢？很简单，双击【计算机】→【本地磁盘 C：】（简称 C 盘），则 C 盘窗口被打开，如图 3－7 所示。C 盘中每个文件也都是以图标的形式呈现在我们面前的。如果要看存放在其他盘上的文件，也可以照此操作。

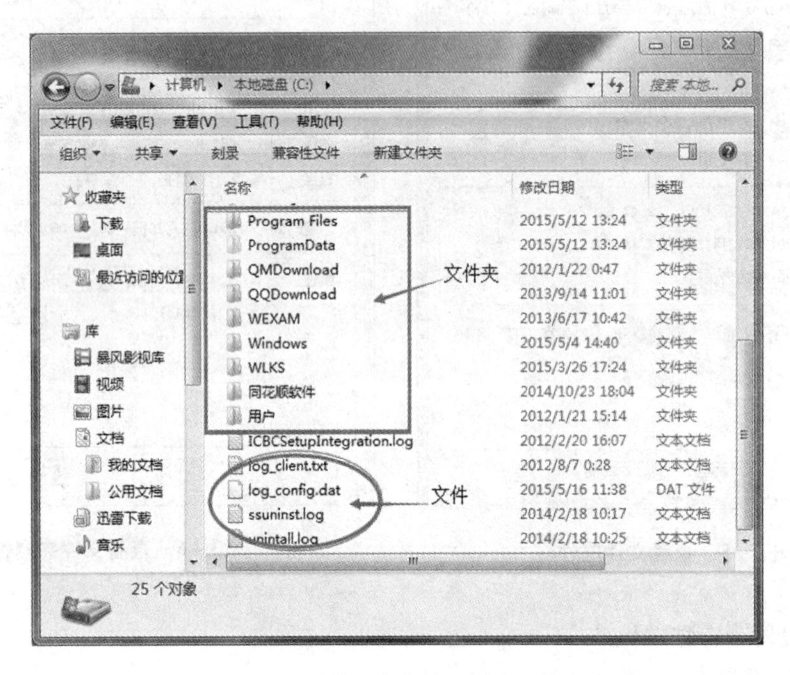

图 3－7　浏览硬盘上的文件和文件夹

在图 3－7 中，除了文件的图标外，黄色书夹状的图标是文件夹。

【小贴士】怎样调出菜单栏？

当我们打开一台电脑时，有时候没有看到菜单栏？我们怎么办呢？不用着急，点击窗口上的【组织】|【布局】|【菜单栏】选项，菜单栏就出现了（只有部分版本的 windows 可以隐藏菜单栏）。

Windows 7 资源管理器是管理各种文件和计算机资源的一种重要工具，它可以以分层的方式显示计算机内所有文件的详细图表。使用资源管理器可以更方便地实现浏览、查看、移动和复制文件或文件夹等操作，用户可以不必打开多个窗口，而只在一个窗口中就可以浏览所有的磁盘、文件夹和文件。

启动资源管理器主要有以下几种方法：

①选择【开始】→【所有程序】→【附件】→【Windows 资源管理器】菜单命令。

②右击【开始】按钮，弹出快捷菜单→选择"打开 Windows 资源管理器"。

③在桌面上双击"计算机"图标。

④单击任务栏【开始】按钮右侧的"Windows 资源管理器"图标，如图 3－8 所示。

启动资源管理器后，打开如图 3－9 所示的窗口。

从图 3－9 中我们可以看到【资源管理器】窗口的工作区分为两个窗格，左边窗格以树型

图 3－8　Windows 资源管理器图标

图 3－9　“资源管理器”窗口

结构方式显示磁盘和文件夹，单击其中的某个磁盘和文件夹，可以选中该磁盘和文件夹，右边窗格就显示当前选中的磁盘或文件夹中的内容。

【小贴士】在 Windows 7 中，将【计算机】拖到任务栏，它就变成【资源管理器】。实际上，我们可以这样理解，【计算机】和【资源管理器】是同一个程序的两张不同面孔。

在左边的浏览器栏中，单击磁盘或文件夹前面的 ▷ 图标或 ◢ 图标，可以展开或折叠其内容。

通过工具栏中的【查看】按钮，还可改变右边工作区域内文件/文件夹的显示方式。

3.3.3　文件和文件夹管理的基本操作

1. 创建文件夹

下面我们在 D 盘中建立一个新文件夹。操作步骤如下：

①双击【计算机】窗口→D 盘图标。

②在 D 盘窗口中的空白位置处单击鼠标右键，或者单击工具栏上的“新建文件夹”按钮。

③在弹出的菜单中单击【新建】→【文件夹】选项，如图 3－10 所示。这时可以看到在 D 盘窗口中新建了一个名字为“新建文件夹”的文件夹。

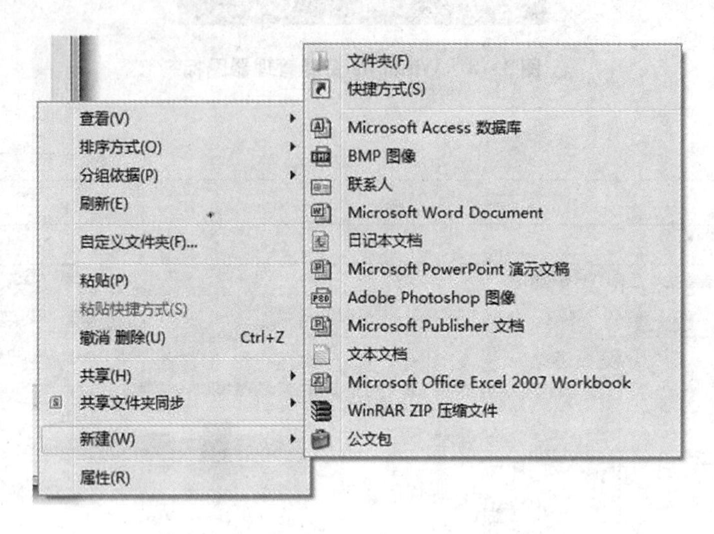

图 3－10 在空白处单击鼠标右键

在文件夹中还可以再建立文件夹。单击一个文件夹窗口上的“后退”按钮，可以跳转到上一个窗口中，如图 3－11 所示。

图 3－11 “向上”按钮

或者直接在地址栏点击上一级文件夹的名字，可以直接跳到上一个文件夹的窗口，如图 3－12所示。

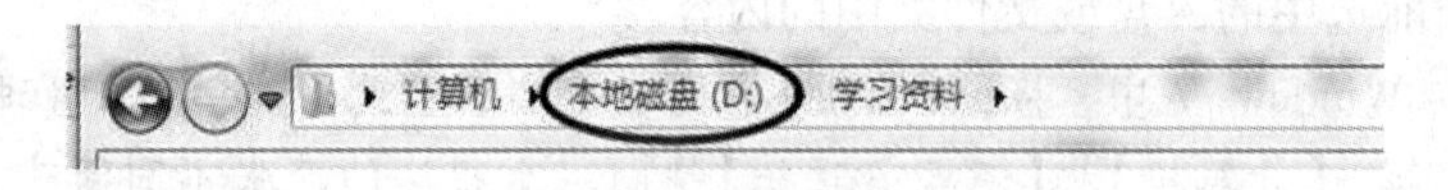

图 3－12 “地址栏”按钮

在图 3－12 中，我们的当前窗口为本地磁盘(D：)下的“学习资料”文件夹，我们在地址栏直接点击“本地磁盘(D：)就可以跳转到本地磁盘(D：)文件夹窗口。

2. 重新命名文件夹或文件

现在我们把新建立的新文件夹改名为“我的书屋”。

①鼠标指向要改名的文件夹，然后单击右建。

②在弹出的菜单中单击【重命名】，如图 3－13 所示。

③选择汉字输入法，例如“QQ 拼音输入法” 。

④删掉文件夹原来的名字，输入“我的书屋”四字，然后按一下回车键表示确定，重新命名操作完毕。

【试一试】用同样的方法，可以重新命名文件。

3. 如何选择多个文件夹或文件

选中多个文件夹或文件，就可以同时对它们进行删除、复制、移动等操作。

(1)选定多个连续的文件夹或文件

方法一：单击欲选的第一个文件夹或文件，然后按住【Shift】键不松手，再单击欲选择的最后一个文件夹或文件，即可选中一批连续的文件或文件夹，如图3－14所示。

方法二：将鼠标指针指向要选择的第一个文件夹或文件的前面，按下鼠标左键不要松手，拖动鼠标指针至要选择的最后一个文件夹或文件的后面，这时你会看到在这其中的所有内容都改变了颜色，表示它们已经被选中了。

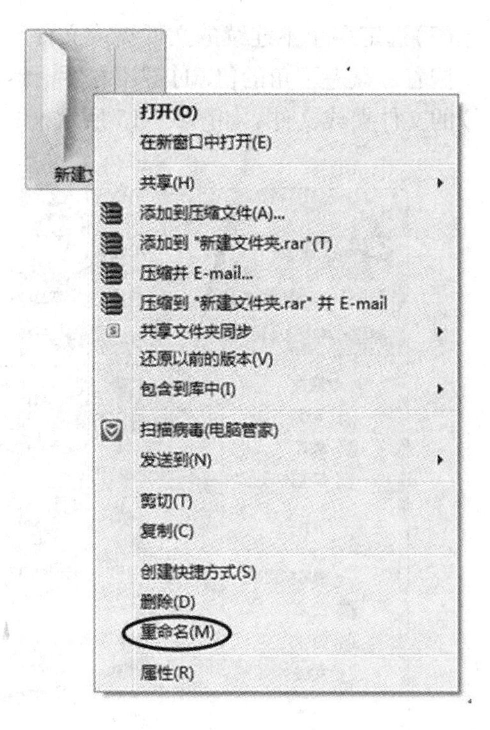

图3－13　重命名

图3－14　选择多个文件夹或文件

(2)选定多个不连续的文件夹或文件

按着键盘左下角的【Ctrl】键不松手，然后用鼠标单击文件夹或文件，可以选中若干个不连续的文件夹或文件，如图3－15所示。

图3－15 选择不连续文件夹或文件

4. 复制文件夹或文件

复制文件夹或文件的方法是一样的，通过剪贴板进行操作。

剪贴板是内存中的一块区域，是Windows内置的一个非常有用的工具，通过剪贴板，结合Windows命令【剪切】/【复制】→【粘贴】，可以使用户从一个文件选择信息并把它移动或复制到另一个文件(或者同一文件的不同位置)，使得程序内或程序间传递和共享信息成为可能。

剪切：把所选信息从当前位置删除并把它保存在“剪贴板”中。

复制：复制所选信息并在“剪贴板”中制作一个副本。

粘贴：从“剪贴板”中把信息复制到当前应用程序的光标处。

使用下列几个方法可以剪切、复制并粘贴信息：

①菜单：单击【编辑】菜单→【剪切】|【复制】|【粘贴】命令。

②按键：按【Ctrl＋X】键剪切，按【Ctrl＋C】键复制，按【Ctrl＋V】键粘贴。

③鼠标：右击对象→选择快捷菜单【剪切】|【复制】|【粘贴】命令。

一旦把信息剪切或者复制到“剪贴板”上，就可以按照所需进行多次粘贴。

下例将“我的书屋”文件夹由D盘复制到C盘中，步骤如下：

①打开【计算机】→【D盘】，将鼠标指针指向D盘窗口中“我的书屋”文件夹，单击右键选中该文件夹。

②在弹出的快捷菜单中单击【复制】选项，如图3－16所示。

③打开目的地窗口，即C盘窗口。

④在C盘窗口的空白处单击鼠标右键，这时弹出如图3－17所示的菜单，单击“粘贴”选项，复制完成。

现在，在D盘和C盘中都有一个名为“我的书屋”的文件夹，它们的内容相同。

【试一试】用上述方法也可以复制文件。

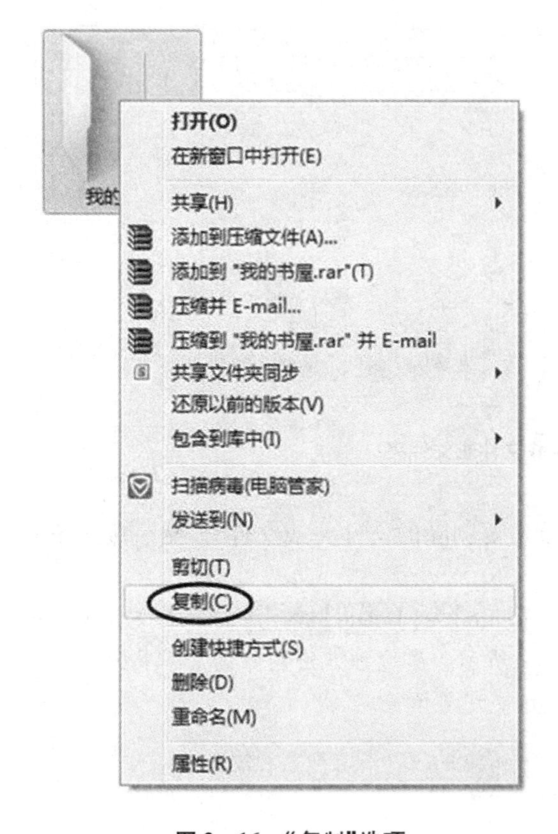

图3－16　“复制”选项

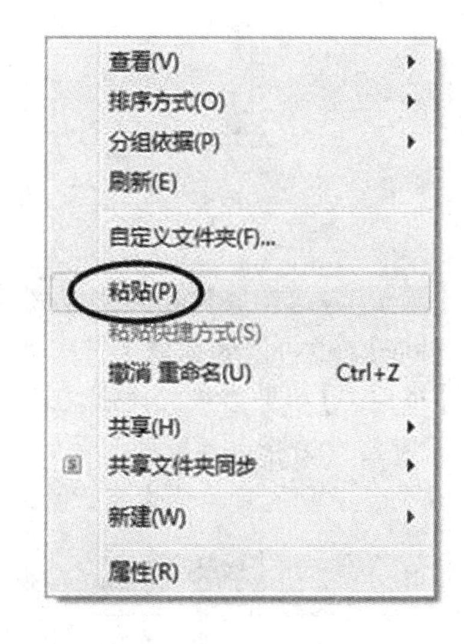

图3－17　“粘贴”选项

5. 移动文件夹或文件

我们可以把文件夹或文件由一个地方移动到另外一个地方。例如，我们可以把D盘上“我的书屋”文件夹中的“散文”文件夹移动到C盘中。步骤如下：

①打开【计算机】→【D盘】→【我的书屋】。

②鼠标指针指向要进行移动的文件夹（即“散文”），单击鼠标右键。在如图3－16所示的菜单中单击【剪切】。

③打开目的地窗口，即C盘窗口。

④在C盘窗口的空白处单击鼠标右键，这时出现如图3－17所示的下拉菜单，单击“粘贴”选项，移动完成。

移动完成后，“散文”文件夹就从原来的位置上消失了，并且出现在C盘中。

6. 删除和恢复文件夹或文件

(1)删除文件夹或文件

删除文件夹与删除文件的方法一样。例如，删除D盘中的“我的书屋”文件夹，步骤如下：

①打开D盘，将鼠标指针指向要删除的文件夹，即“我的书屋”文件夹。单击鼠标右键。

②在弹出的快捷菜单中单击【删除】。

③弹出如图3－18所示对话框，单击按钮“是”。看一下，“我的书屋”文件夹是不是从原来的位置上消失了?

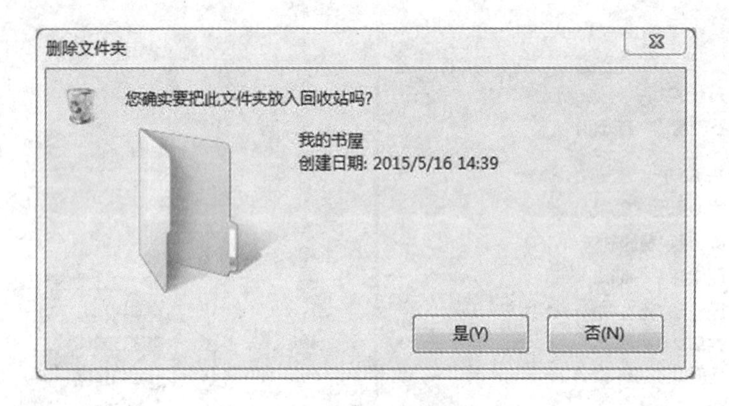

图3－18 删除文件或文件夹

【试一试】选中要删除的文件夹或文件(单击要删除的文件夹或文件)，然后按一下删除键【Delete】，也可以删除该文件夹或文件。

【小贴士】如果选中文件或文件夹以后，按【Shift】+【Delete】键，则文件或文件夹将会从电脑里直接被删除而不放入回收站，如图3－19所示。用这种方法删除的文件将永久性从电脑里消失，不能从回收站恢复，所以进行此操作一定要慎重。

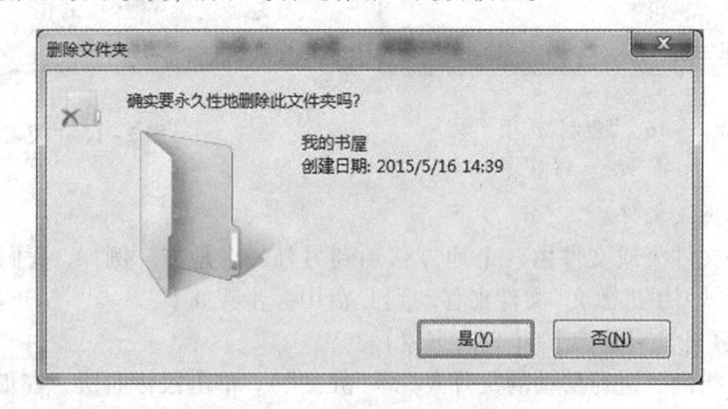

图3－19 永久性删除文件或文件夹

(2)恢复被删除的文件夹或文件

如果只是将“我的书屋”文件夹放到了【回收站】中，那么我们还是可以将其恢复的。

①双击桌面上的【回收站】图标，如图3－20所示，打开【回收站】窗口。

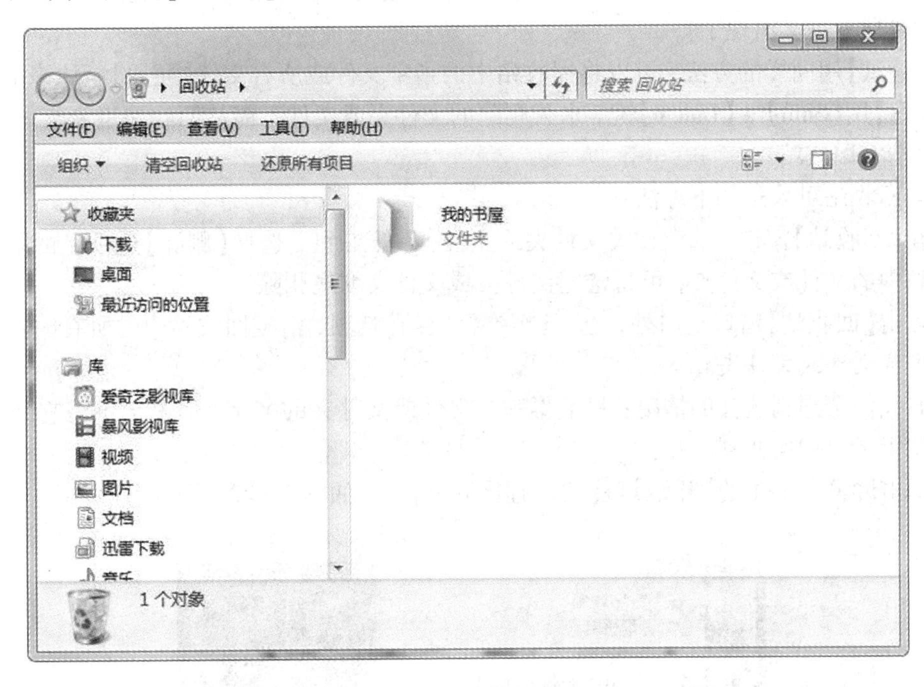

图3－20　回收站窗口

②将鼠标指针指向【回收站】中的【我的书屋】文件夹，然后单击鼠标右键。

③选择如图3－21所示快捷菜单中的【还原】选项，或者选定【我的书屋】文件夹后，点击“还原此项目”选项，如图3－21黑圈所示位置。

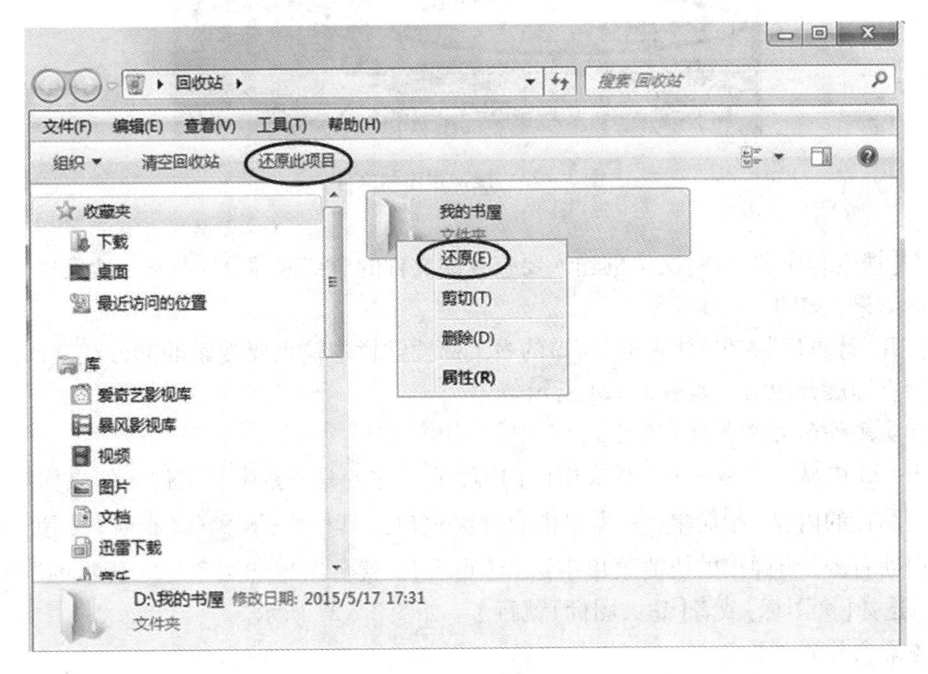

图3－21　还原文件或文件夹

看一下，“我的书屋”文件夹是不是从【回收站】里消失了？再回到D盘窗口中，“我的书屋”文件夹是不是又出现了？

【试一试】用同样的方法，可以将回收站中的指定文件或所有文件【还原】至原来的位置。

【注意】用【Shift】+【Delete】键，永久删除的文件夹或文件不能从回收站里恢复。

(3)清空回收站

清空回收站可采用如下方法：

①在【回收站】窗口，选定相关文件夹或文件，单击右键，选择【删除】选项，删除已经放入回收站中的文件或文件夹，可将选定文件夹或文件夹彻底删除。

②点击【回收站】窗口空白处，选择【清空回收站】选项，清空回收站内的所有内容。

7. 查找文件或文件夹

有时我们会遇到这样的情况：只记得一个文件或文件夹的名字，但是记不清它到底存放在什么位置了。如何找到它呢？

①单击屏幕左下角的【开始】→【搜索程序和文件】，如图3-22所示。

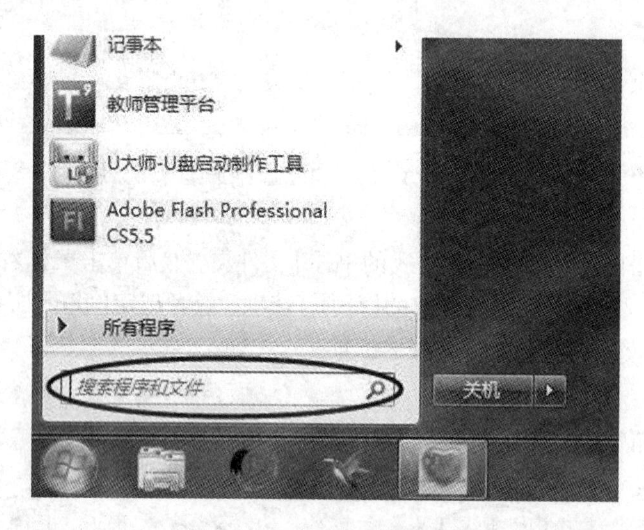

图3-22 搜索程序和文件

②在【搜索程序和文件】文本框输入要查找的文件的全部或部分文件名，搜索栏立即出现了相应的结果，如图3-23所示。

③打开“计算机”，在“计算机”窗口的右上部搜索栏中输入要搜索的部分或全部文件名，计算机会立即展开搜索。如图3-24所示。

8. 改变文件和文件夹的查看方式

图3-25中显示的是一个文件夹中的内容，它们主要是一些图片文件。如果你想快速地查看这些图片的内容，很简单，只需单击文件夹窗口工具栏内的（查看）按钮，或者在窗口空白处右击，再弹出的快捷菜单中选择【查看】，就会出现如图3-26所示的“查看”选项，然后选择【大图标】或者【超大图标】就行了，如图3-27所示。

9. 查看文件的扩展名

默认情况下，计算机只显示文件的主名，不显示文件的扩展名。如果想查看文件的扩展

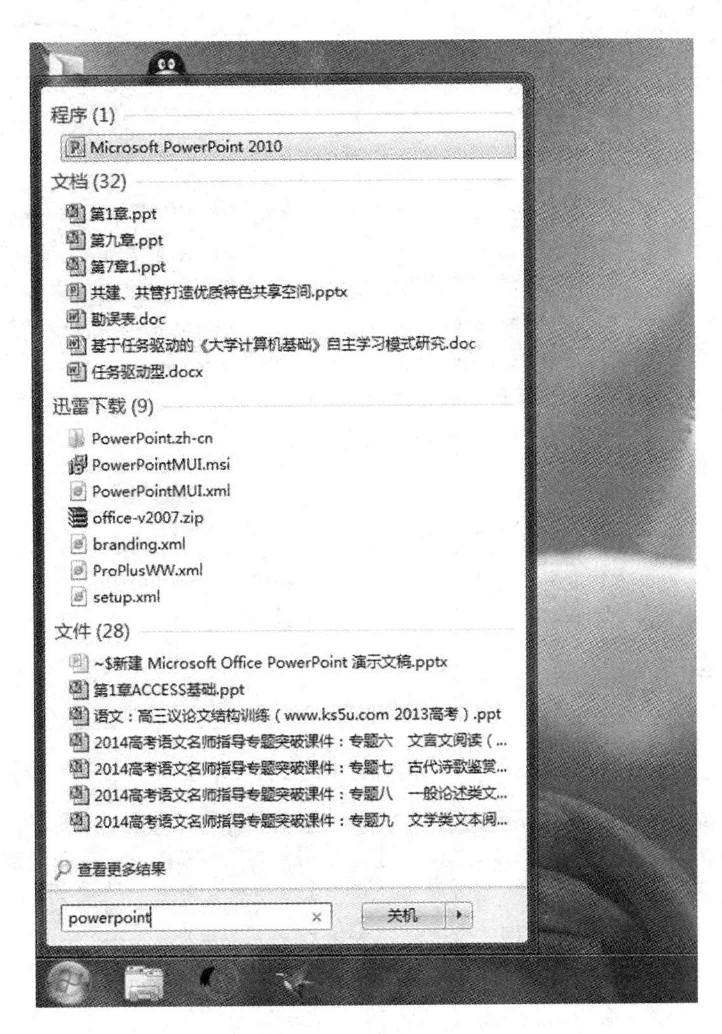

图3-23　搜索项显示

名，可打开任何一个窗口，如双击【计算机】→单击【计算机】|【工具】→【文件夹选项】，或者单击【组织】|【文件夹和搜索选项】→【查看】，在【高级设置】中，去掉【隐藏已知文件类型的扩展名】前面的对勾即可，如图3-28所示。

3.4　控制面板设置

在Windows 7中，“控制面板”是一个功能强大的应用程序，是用户个性化工作环境的主要工具。“控制面板”集中了调整与配置系统的全部工具，例如打印机设置、区域和语言选项、日期与时间设置、声音与音频设备管理、键盘鼠标设置、字体设置、添加硬件、用户账户、添加或删除程序等。通过“控制面板”，可以查看已有的系统设置或改变系统设置。

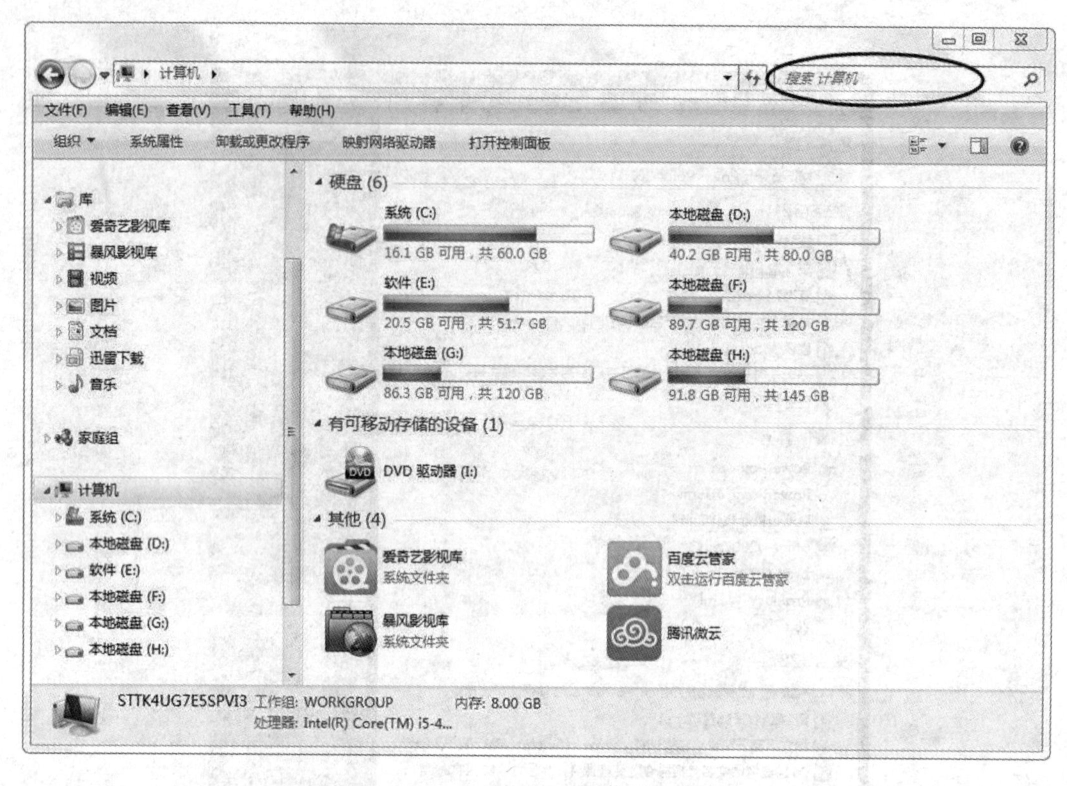

图 3－24 “计算机”中的搜索文本框

图 3－25 以“小图标”显示的图片文件

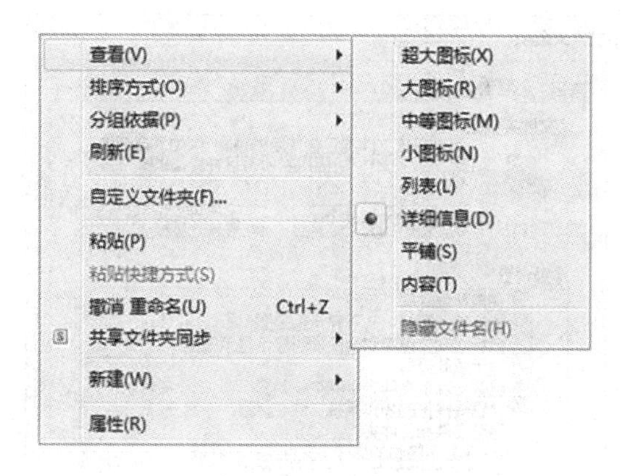

图 3－26　“查看”选项

图 3－27　以“超大图标”显示的图片文件

3.4.1　显示设置

1. 设置屏幕保护程序

①双击【计算机】→单击【打开控制面板】，也可以在【开始】菜单找到【打开控制面板】，如图 3－29 所示。弹出控制面板窗口，如图 3－30所示，点击【外观和个性化选项】，进入到“外观和个性化”窗口，点击“更改屏幕保护程序”，如图 3－31 所示。

②点击“更改屏幕保护程序”以后，出现“屏幕保护程序设置”对话框。接下来可以在该

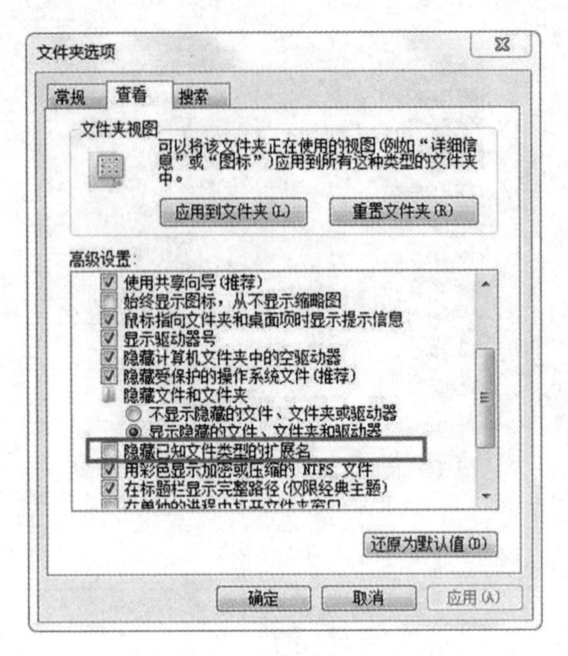

图 3 – 28　查看文件扩展名

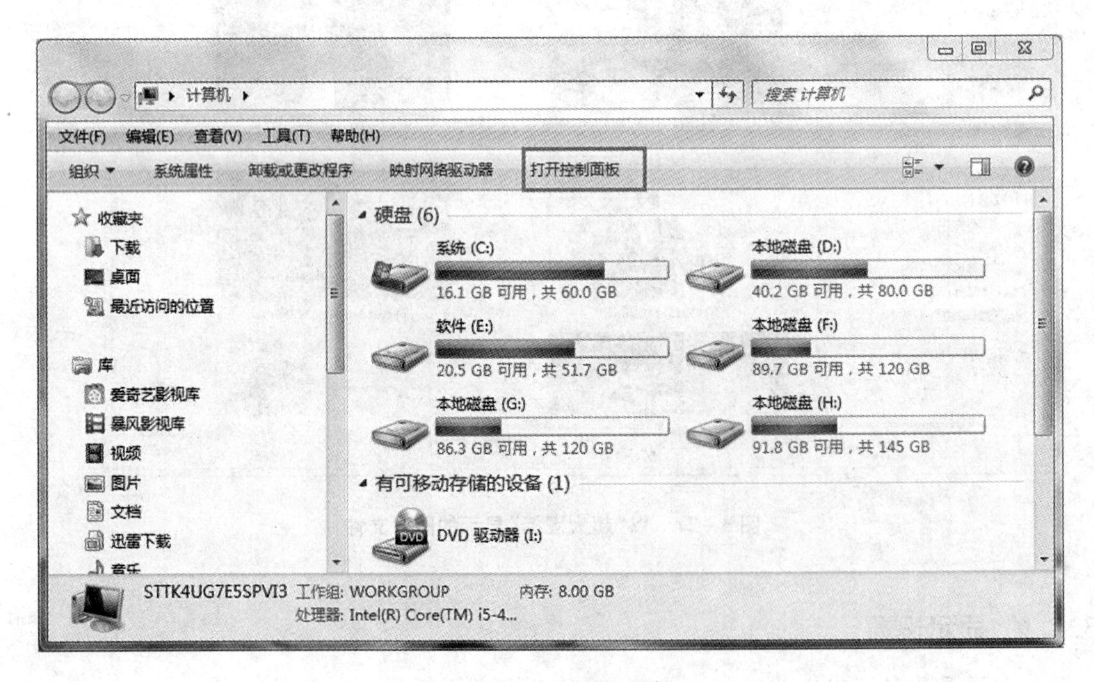

图 3 – 29　打开控制面板

对话框中选择你需要的屏幕保护程序，如图 3 – 32 所示。

③单击“预览”按钮可以预览效果，单击“确定”完成。

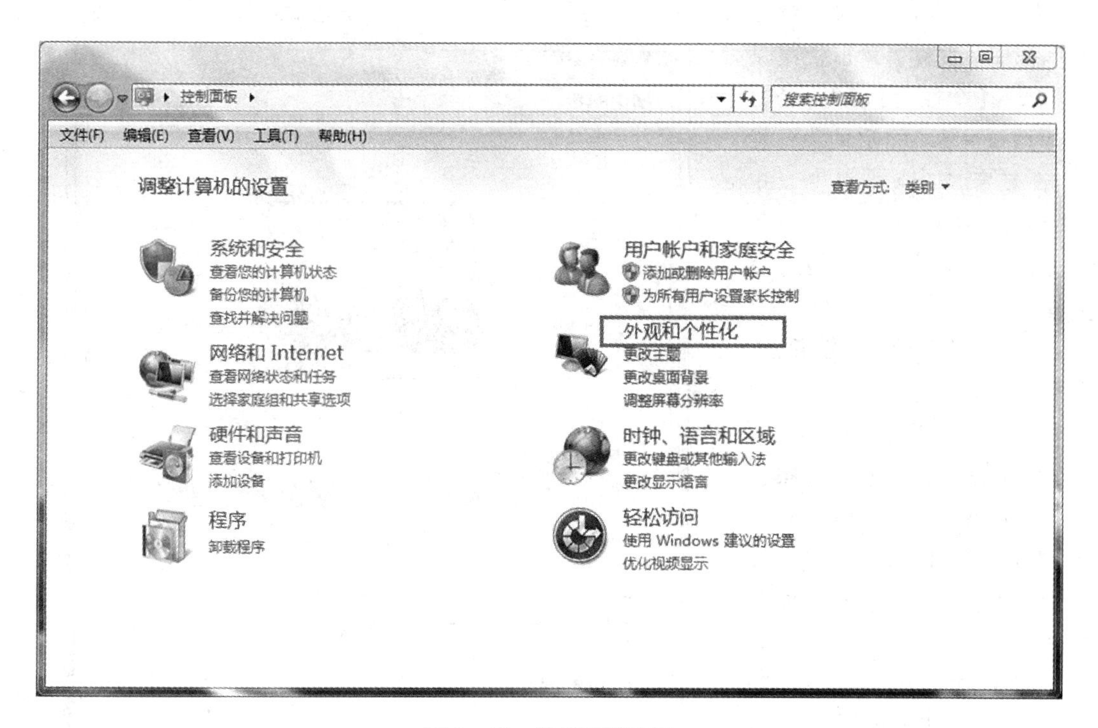

图 3－30　控制面板窗口

图 3－31　外观和个性化窗口

【小贴士】在“桌面”空白处单击鼠标右键，弹出快捷菜单→选择【个性化】命令，会出现如图 3－32 所示的“个性化”设置窗口，点击该窗口中的“屏幕保护程序”图标，也可弹出【屏幕保护程序设置】对话框。

图 3－32 屏幕保护程序设置对话框

2. 更改“桌面”屏幕背景、自定义主题

我们可以将计算机的桌面背景设置成自己喜欢的图案。

①如图 3－33 所示，在“个性化”窗口中，点击“桌面背景”图标，可以进入桌面背景的设置窗口。

②在“个性化”窗口中，在列表框中可以选择需要的主题，点击即可。

③在“个性化”窗口左部的导航栏中，有“更改桌面图

图 3－33 “个性化”窗口

标”“更改鼠标指针”“更改账号图片”“显示”“任务栏和‘开始’菜单”等选项，点击所需的选项就可以进入相应的界面进行设置。

3.4.2　将鼠标设置成“左撇子”方式

如果你是一个“左撇子”，那么前述鼠标操作方法可能会让你觉得非常别扭。没关系，更改一下鼠标的属性就行了！

①双击【计算机】→单击【打开控制面板】→单击【硬件和声音】→单击【鼠标】，打开如图3－34所示的“鼠标属性”对话框。

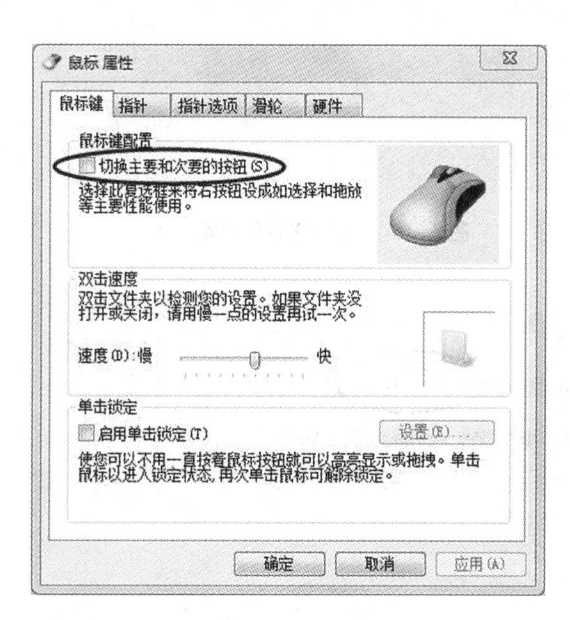

图3－34　设置“左手习惯”

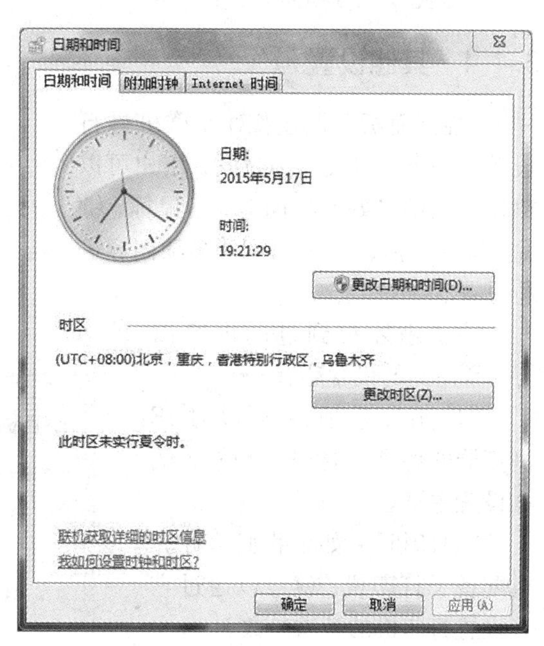

图3－35　“日期和时间”对话框

②在“鼠标属性”对话框中，单击“切换主要和次要的按钮”前面的小方块，对勾就显示出来了，然后单击【确定】按钮即可。

试一下，现在使用鼠标时是不是感觉顺畅多了？

【小贴士】单击了“切换主要和次要的按钮”前面的小方块之后，再去单击【确定】按钮时，你用左键还是右键呢？必须是右键！因为现在左右键的功能已经互换了。

3.4.3　如何校对时间

双击【计算机】→单击【打开控制面板】→单击【时钟、语言和区域】→单击【设置日期和实践】，打开如图3－35所示的“日期和时间”对话框。

点击【更改日期和时间】按钮，讲出现如图3－36所示的“日期和时间设置”对话框，在这个对话框中可以输入正确的日期和时间。

【小贴士】对于已经联入Internet的计算机而言，设置本地时间自动与Internet时间同步是最好的选择，这样就避免了不时需要人工核对日期和时间的不便。

设置本地时间与 Internet 时间同步的方法如下：

首先，在“日期和时间”对话框中，点击“Internet 时间”选项卡，再点击“更改设置”，如图 3－37 所示。

接下来，在出现的“Internet 时间设置”对话框中，选中“与 Internet 时间服务器同步”的复选框，然后点击【确定】按钮，如图 3－38 所示。

图 3－36 设置日期和时间

3.4.4 其他设置

“控制面板”是用来对计算机进行设置的一个工具集。通过它，用户可以根据自己的爱好对桌面背景、鼠标、键盘、屏幕保护、日期/时间等多项内容进行设置。

除了刚才提到过的内容以外，常用到的设置还有：

“Internet 选项”：可以对 IE 浏览器的各项属性进行设置，例如设置主页。

“打印机”：如果我们给计算机配备了打印机，就可以通过它来设置打印机的各项参数。

“输入法”：Windows 系统提供了很多输入法，如智能 ABC 输入法、全拼输入法、微软拼音输入法等，通过此项设置，我们可以设置默认的输入法，添加或删除输入法等。

“添加/删除程序”：通过此项设置，我们可以安装新的程序或者把计算机中不再使用的软件卸载掉。

“网络”：通过此项设置，我们可以对计算机的网络连接参数进行设置。

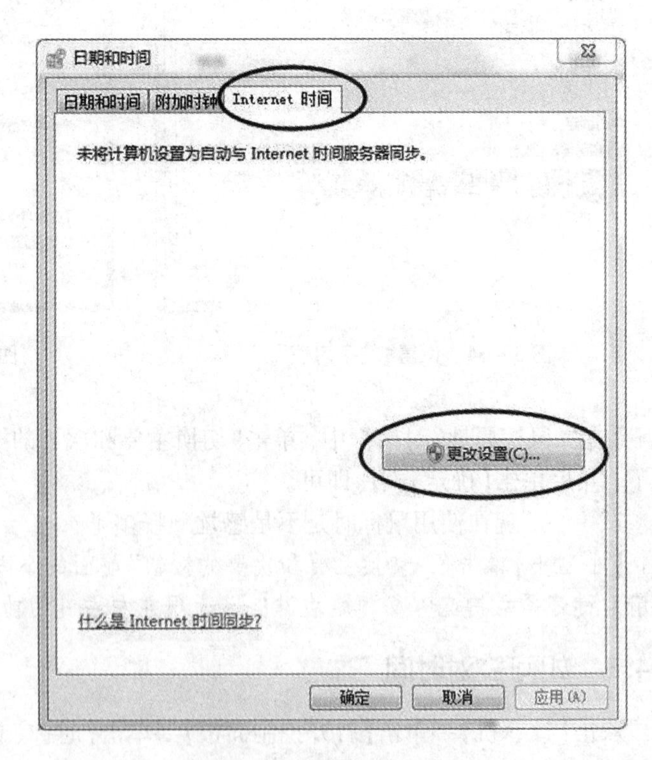

图 3－37 设置 Internet 时间

“文件夹选项”：通过此项设置，我们可以对文件夹的浏览方式、查看方式等进行设置。

“系统”：通过此项设置，可以使我们了解计算机中所安装的各项设备及其运行状况。

3.5　应用软件的安装和卸载

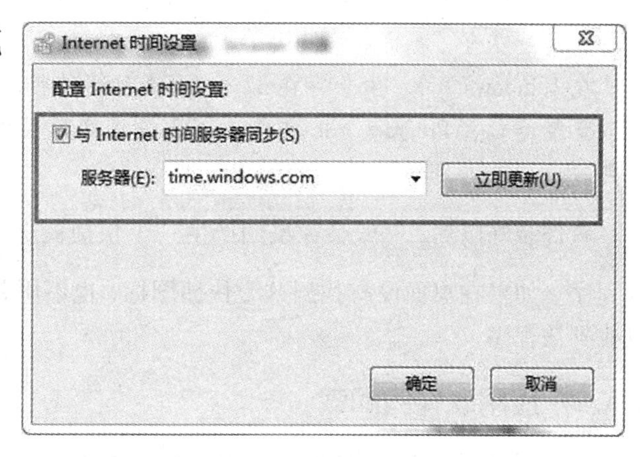

图3-38　与 Internet 时间服务器同步

虽然操作系统提供了一些常用的应用程序，但还是远远不能满足用户的需要，因此，为了完成某个特定的工作，用户还需要安装相应的应用软件。而对于那些不再使用的软件(程序)，为了节省磁盘空间和提高系统的运行效率，可以将它们删除。

操作系统的一项重要功能就是对计算机中的软件进行管理，因此，对应用软件的安装和卸载都需要在操作系统的支持下才能完成。在 Windows 中，应用软件的安装和卸载都非常的方便。

3.5.1　应用软件的安装

接下来，我们就以常用的 PDF 阅读软件“Adobe Reader XI”为例，学习如何在 Windows 中安装应用软件。

①在网上搜索 Adobe Reader XI 的软件，并将其下载到本地计算机中。

②双击已经下载好的 Adobe Reader XI 安装程序。经过一段时间的自动解压后，弹出如图3-39所示的安装界面。

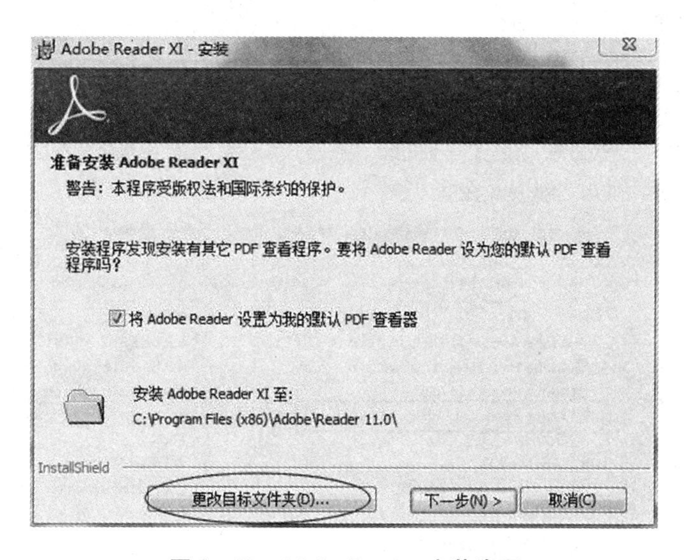

图3-39　Adobe Reader 安装选项

③如果需要更改程序的安装目录，则点击“更改目标文件夹”，如果不需要更改，则直接点击“下一步”，等待计算机自动完成安装。

【小贴士】不同的软件的安装过程略有不同，有些软件需要我们手动设置的选项多一点，但是，如果你不清楚具体的高级设置的话，那么不去更改它，一路“下一步”点下去，保持默认设置是最安全、最简单的做法。

在 Windows 7 中，由于存在32 位和64 位两种版本，所以，通常情况下，64 位程序默认的安装路径是 C：\Program File 文件夹，32 位程序默认的安装路径是 C：\Program File(x86) 文件夹。

软件装好以后，一般会在桌面产生一个快捷图标 ，我们直接双击快捷图标就可以进入程序。如果在桌面没有找到这个快捷图标，也不用着急，在【开始】—【所有程序】中肯定可以找到该程序。

3.5.2 应用软件的卸载

如果要删除不再使用的软件，最好使用该软件自带的卸载程序，而不要直接使用前面所学到的删除一个文件或文件夹的操作。这是因为如果直接使用删除命令仅仅是删除了安装文件夹中的内容，而一些被安装在系统目录下的 *. dll 文件等并没有被删除，久而久之将造成系统资源下降。

有些软件没有自带的卸载程序，或者它有卸载程序却并没有在开始菜单里列出来。怎么办呢？不用着急，用 Windows 自带的【卸载程序】功能同样可以轻松卸载不要的软件。

我们以卸载 Adobe Reader XI 为例，介绍怎样利用 Windows 自带的【卸载程序】功能来卸载软件。

打开“控制面板”，点击【卸载程序】命令，进入“卸载或更改程序”窗口。然后选中列表栏中的【Adobe Reader XI - Chinese Simplified】，再点击【卸载】按钮，即可完成该软件的删除，如图 3 - 40 所示。

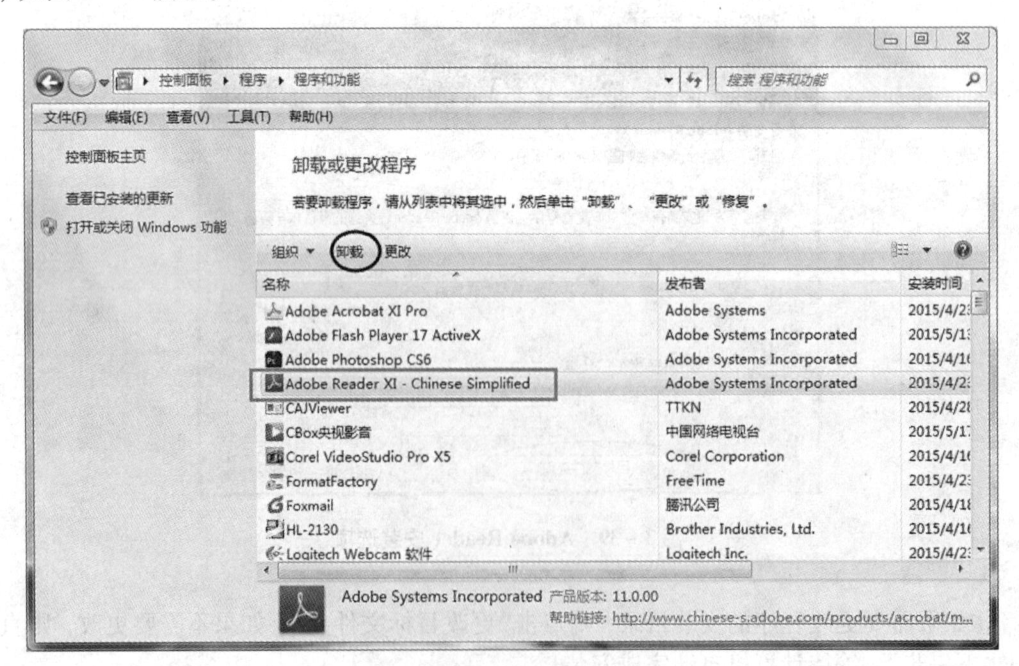

图 3 - 40 自带的删除程序

第 4 章

文字处理软件 Word 2010

Word 2010 是微软办公软件套装 Office 2010 的重要组件之一，本章首先介绍 Word 2010 基本操作，如 Word 2010 的基本界面、文档的建立与编辑、文档的格式化、表格的应用、图形图片的编辑、文档的打印，然后介绍 Word 2010 高级应用，如样式和模板、目录生成等。

通过本章的学习，了解 Word 2010 的基本功能，熟练掌握 Word 2010 文字处理的一些基础知识和基本技巧，难点掌握 Word 2010 高级应用。

4.1　Word 2010 概述

Word 2010 是微软的办公软件套装 Office 2010 中的一个重要组件。Microsoft Office 2010，是微软推出的新一代办公软件。软件共有 6 个版本，分别是初级版、家庭及学生版、家庭及商业版、标准版、专业版和专业高级版，此外还推出了 Office 2010 免费版本，其中仅包括 Word 和 Excel 应用。除了完整版以外，微软还将发布针对 Office 2007 的升级版 Office 2010。Office 2010 可支持 32 位和 64 位 vista 及 Windows 7，Windows 8 仅支持 32 位 Windows XP，不支持 64 位 XP。

如图 4 - 1 所示，Microsoft Office 2010 包括以下组件：

Microsoft Access 2010（数据库管理系统：用来创建数据库和程序来跟踪与管理信息）；

Microsoft Excel 2010（数据处理程序：用来执行计算、分析信息以及可视化电子表格中的数据）；

Microsoft InfoPath Designer 2010（用来设计动态表单，以便在整个组织中收集和重用信息）；

Microsoft InfoPath Filler 2010（用来填写动态表单，以便在整个组织中收集和重用信息）；

Microsoft OneNote 2010（笔记程序：用来搜集、组织、查找和共享您的笔记和信息）；

Microsoft Outlook 2010（电子邮件客户端：用来发送和接收电子邮件；管理日程、联系人和任务；记录活动）；

图 4 - 1　Office 2010 各组件组成

Microsoft PowerPoint 2010（幻灯片制作程序：用

来创建和编辑用于幻灯片播放、会议和网页的演示文稿)；

Microsoft Publisher 2010(出版物制作程序：用来创建新闻稿和小册子等专业品质出版物及营销素材)；

Microsoft SharePoint Workspace 2010(相当于 Office 2007 的 Groove)；

Microsoft Word 2010(图文编辑工具：用来创建和编辑具有专业外观的文档，如信函、论文、报告和小册子)；

Office Communicator 2007(统一通信客户端)等。

4.1.1 Word 2010 的启动与退出

1. *启动* Word 2010

启动 Word 2010 方法有多种，常见的有：

(1)“程序”项启动

Word 2010 是在 Windows 环境下运行的程序，启动方法与启动其他应用程序的方法相同，即：“开始”→“所有程序”→“Microsoft Office”→“Microsoft Office Word 2010”。

(2)通过文档启动

通过已有的文档，在打开此文档的同时启动 Word 2010，鼠标在资源管理器中双击某一个 Word 2010 或者 Word 97—2003 文档。

(3)通过快捷方式启动 Word 2010

用户如果在桌面上为 Word 2010 建立了快捷图标，双击它的快捷方式图标可以启动 Word 2010。

2. *退出* Word 2010

退出 Word 2010 的方法有多种，主要有：

①“文件”→“退出”。

②双击 Word 2010 窗口左上角的控制菜单图标。

③单击窗口右上角的关闭按钮“×”。

④使用组合键：【Alt】+【F4】。

4.1.2 Word 2010 工作界面

启动 Word 2010 后，在屏幕上会出现如图 4-2 所示的窗口。Word 窗口由标题栏、功能区、标尺、编辑区、滚动条、状态栏等组成。

(1)标题栏

标题栏位于窗口的最上方，显示当前编辑的文件名称和应用程序名(Microsoft Word)。如果刚刚打开 Word 2010，缺省的文件名是“文档 1”，然后分别是“文档 2”“文档 3”……。双击标题栏可使窗口最大化或者还原窗口。

(2)选项卡及功能区

选项卡位于标题栏下方，其中包括 7 个选项，依次是“开始”“插入”“页面布局”“引用”“邮件”“审阅”“视图”。点击每个选项，会有相应的功能区展开。如图 4-2 所示，点击“开始”选项卡，就会展开“开始”功能区，包括“字体”“段落”“样式”等项目。

【说明】Word 2010 是一个开放的软件，允许各种软件的嵌入。如我们安装了 Adobe 公司

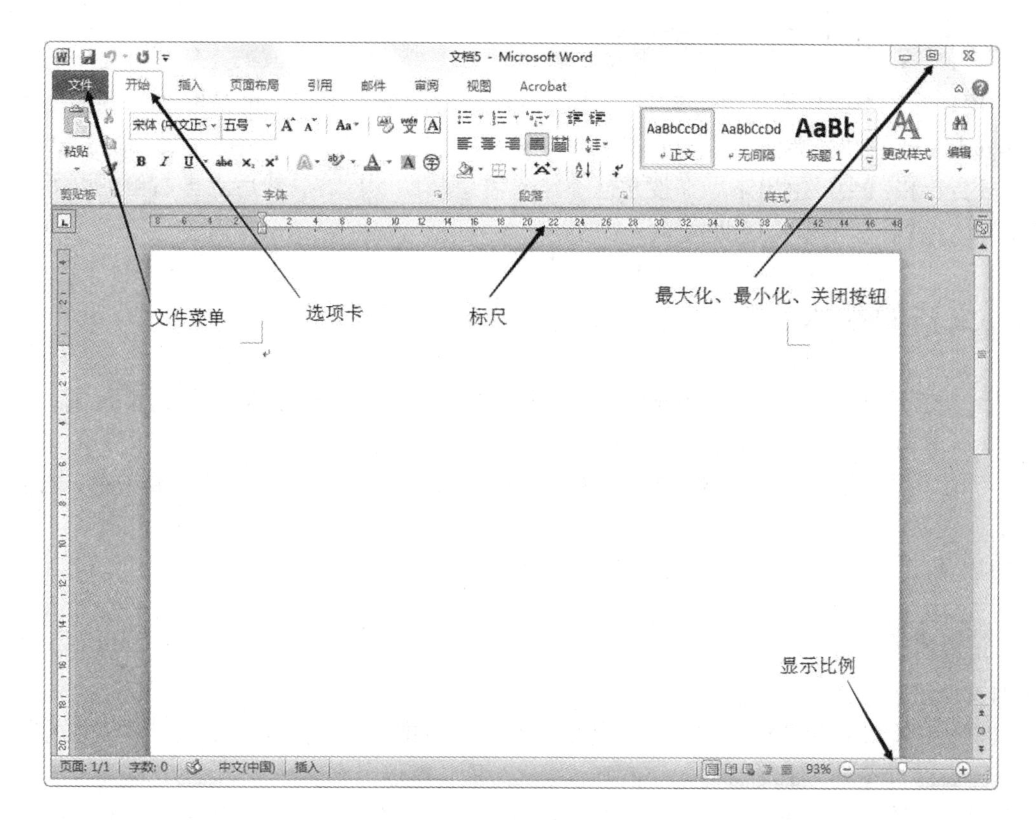

图 4－2　Word 窗口的组成

的 Acrobat 软件，则会在“视图”选项卡后多出一个“Acrobat”选项卡。如图 4－2 所示。

(3)文本编辑区

文本编辑区是输入文件内容的区域，可输入文本、插入表格和图形。

文本编辑区中闪烁的“｜”光标，称为“插入点”，表示当前输入文字的位置。当鼠标在文本区操作时，鼠标指针变成“Ⅰ”的形状，其作用可快速地重新定位插入点。将鼠标指针移动到所需的位置，单击鼠标按钮，插入点将在该位置闪烁。

文本编辑区左边包含一个文本选定区。在文本选定区，鼠标指针会改变形状，指向右上角，用户可以在文本选定区选定所需的文本。

(4)标尺

标尺位于编辑区的上方(水平标尺)和左侧(垂直标尺)。利用标尺可以查看或设置页边距、表格的行高、列宽及插入点所在的段落缩进等。

(5)状态栏

位于窗口的底部，显示当前光标所在的页、节、行、列、位置和系统的其他状态信息。

(6)滚动条

窗口的右侧和底部各有一个滚动条，使用滚动条可以快速查看文档的其他部分。Word 2010 窗口中，在垂直滚动条下多了几个按钮：“选择浏览对象”按钮、“前一页”按钮和“下一页”按钮，按“选择浏览对象”按钮，可选择要查看浏览的对象(域、脚注、尾注、节、页等)。

4.1.3 Word 2010 帮助系统的使用

使用软件的帮助功能是学习软件功能的一种重要的学习方法，也是解决问题的一种方法。Word 2010 提供了强大的联机帮助功能。敲 F1 键或选择“文件”→“帮助”命令，“Word 帮助”任务窗格就会显示出来。在搜索框中输入需要帮助的内容，然后点击右侧的开始搜索按钮 搜索 ，就会显示相关帮助内容。

4.2 文档的基本操作

从一个普通用户的角度看，Word 文档由字符、段落、图形图片、表格等元素组成。我们使用 Word 进行文字处理，就是在文档中输入这些元素，并设置它们的属性（如文字的属性有字体、字号、颜色等），设置它们的相互关系（如文字间距、图片和文字的位置关系、图形图片的层次关系等）。

使用 Word 处理文档的过程大致分为三个步骤：

首先，将文档的内容输入到计算机中，如输入文字、插入各种图形图片等。在输入的过程中，可以对文字进行插入、删除、改写等操作来保证输入内容正确无误，也可以使用这些操作对文档进行修改，直到满意为止。

其次，对输入到计算机中的文档进行格式编排，即排版。排版包括对文档中的文字、段落、页面等进行设置，使文档的内容清晰、层次分明，重点突出。

最后，文档排版完成后，要将其保存在计算机中，以便今后查看。如果需要将文档通过打印机打印在纸张上，还要进行打印设置，使打印机按照用户的要求进行打印。

4.2.1 新建文档

创建一个新的 Word 2010 文档，常用的方法有以下两种：

①启动 Word 2010 时，Word 自动创建一个名为“文档 1”的空白文档。

②选择“文件”→“新建”命令。在 Word 窗口右侧出现“新建文档”任务界面，如图 4－3 所示。单击其中的“空白文档”。使用“新建”命令还可以创建其他类型的文档，如“博客文章”“书法字帖”“会议议程”“证书、奖状”等。

4.2.2 输入文档内容

文本输入是 Word 最基本的操作，在输入文本前，首先应将光标移动到要输入文字的开始位置。如果是一个新文档，则可以直接在窗口的第一行第一列输入字符。

输入文字时，Word 会根据页面的大小自动换行和自动分页，此时加入的换行符称软换行符。如果还未达到页面右边界就需要换行，可击回车键，这时的换行符称为硬换行符，也称为段落标记“↵”，段落标记之后将开始一个新的段落。我们可以删除段落标记，使两段合并为一段。

1. 光标移动

移动光标的方法有：

①鼠标单击某处，即可把光标移到该处。

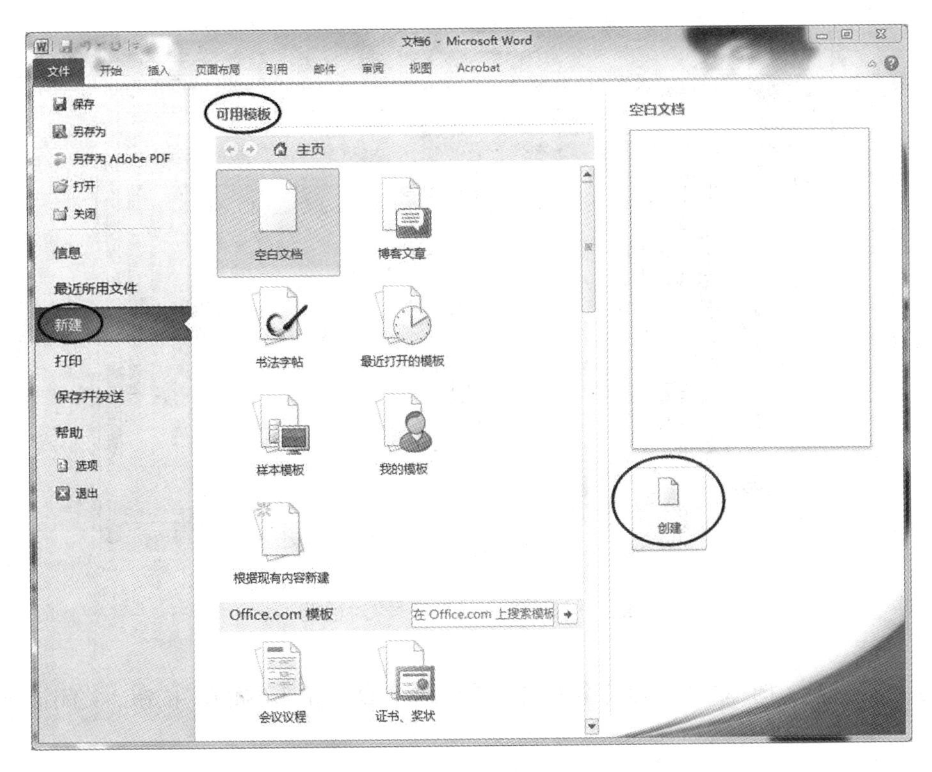

图 4－3　“新建文档”界面

②光标移动键(四个方向键)向相应的方向移动一行或一个字符。

③【Home】键和【End】键可分别将光标移到光标所在行的行首或行尾。

④【PageUp】键和【PageDown】键可分别将光标移到屏幕上一页或下一页。

⑤【Ctrl】+【Home】或【Ctrl】+【End】分别把光标移到文档的开头或末尾。

⑥单击“编辑”菜单，再选择“定位”命令。

2. 插入和改写

在编辑时需要区分插入和改写两种不同的状态。双击状态栏内的改写状态框，或者按【Insert】键，可以使系统在插入与改写状态之间转换。

当改写状态栏的“改写”两字呈虚体字显示时表示当前为“插入”状态，反之为“改写”状态。当处于插入状态时，输入新的字符后，自动插入原有字符前，原光标右侧的字符将自动向右移动一个位置；当处于改写状态时，则输入的字符将覆盖掉光标右侧的字符。

3. 特殊字符的输入

(1)使用插入特殊符号功能

“插入”→“符号”→“其他符号”→“特殊符号”，出现如图 4－4 所示“插入特殊符号”对话框，可选择特殊字符，然后单击“确定”按钮。

(2)使用插入符号功能

如果在特殊符号中找不到特殊字符，可以使用插入符号功能。

“插入”→“其他符号”→“符号”，出现如图 4－5 所示的“符号”对话框。“符号”选项卡

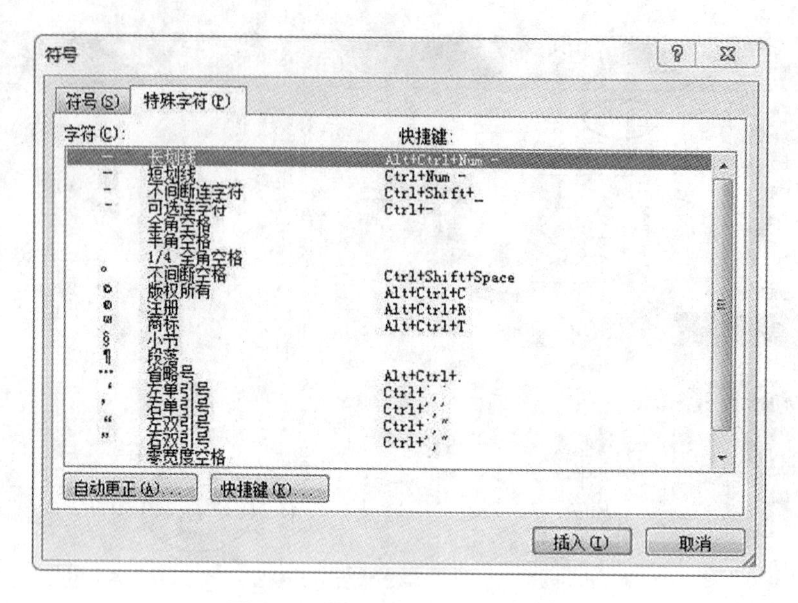

图 4-4 “插入特殊符号”对话框

中，含字体等选项，选择之后，在字符框中进行选择，最后单击“插入”按钮，关闭该对话框。

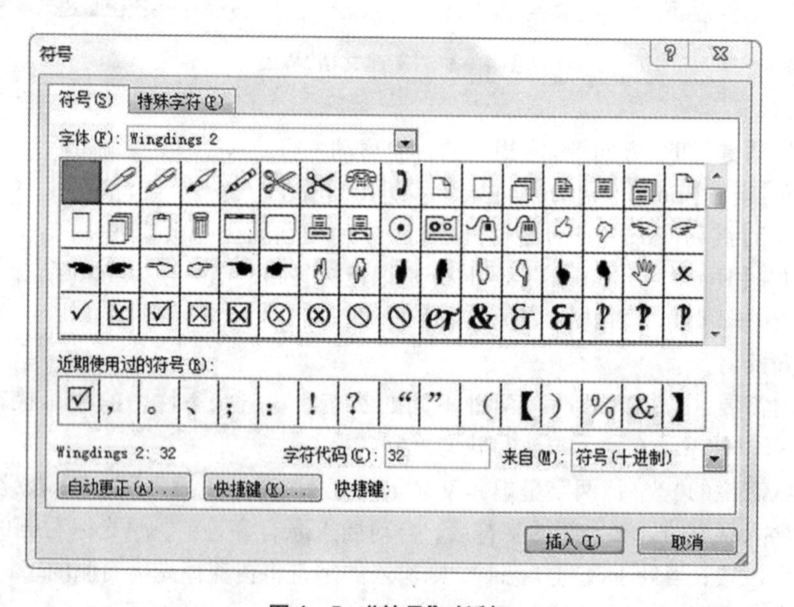

图 4-5 “符号”对话框

输入特殊字符还可以使用软键盘，使用 Word 的自动更正功能等，不再一一介绍。

4. 日期和时间的输入

在 Word 中，可以直接输入固定的日期和时间，也可以使用 Word 提供的插入“日期和时间”功能插入当前的日期和时间。方法如下：

“插入”→“文本”→“日期和时间”，屏幕出现“日期和时间”对话框，在“有效格式”框中选择一种需要的格式，然后单击“确定”按钮。

4.2.3　打开文档

要编辑一篇已存在的文档，必须先打开该文档。我们可以在启动 Word 的同时打开文档，前面已经讲过。Word 启动后打开文档的方法如下：

①“文件”→“打开”。弹出如图 4－6 所示“打开”对话框，选择查找范围及文件名，单击“打开”按钮。

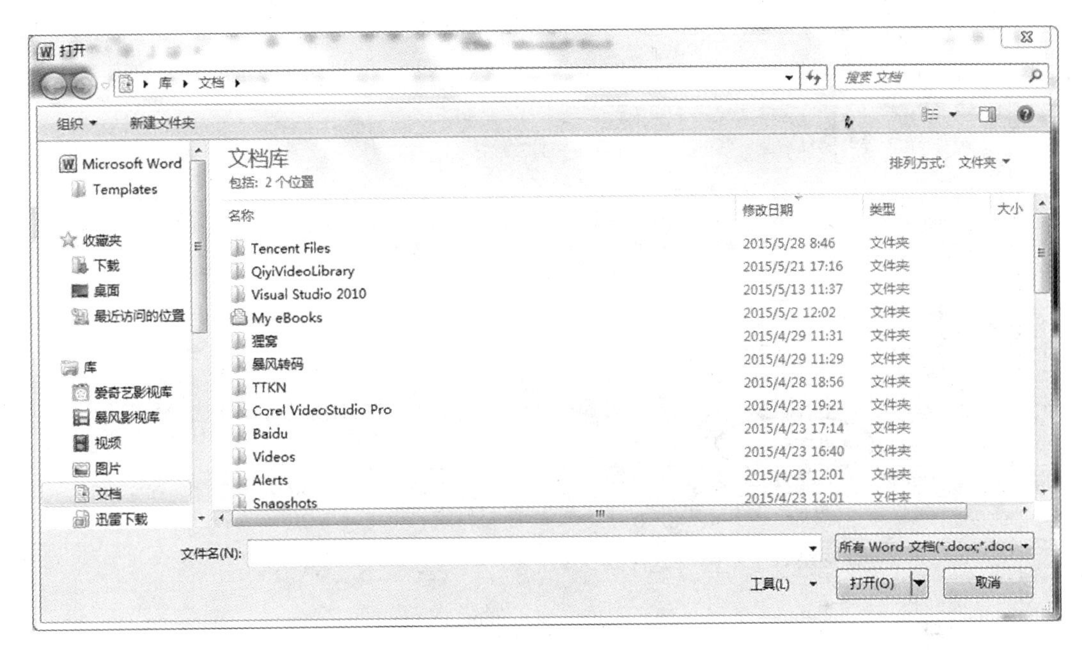

图 4－6　“打开”文档对话框

②在“资源管理器”中找到要打开的 Word 文件，直接双击，Word 2010 会自动帮我们打开该文件。

4.2.4　保存文档

在文档中输入内容后，要将其保存在磁盘上，便于以后查看或再次对文档进行编辑、打印。在 Word 中保存文档的方法是：

1. 首次保存

单击工具栏上的“保存”按钮或“文件”→“保存”命令。打开如图 4－7 所示“另存为”对话框。选择保存位置和文件名，默认情况下，如果 Word 中有文字，Word 一般会自动将文档第一行文字第一个标点前作为文件名，并将文档保存在“库”—“文档”文件夹中；“保存类型”表示要保存的文件类型，默认为 Word 2010 的默认扩展名是 . docx，并自动添加。最后单击“保存”按钮即可保存文件。

【小贴士】Word 2010 默认扩展名是 . docx ，而之前的 Word 97、Word 2000 和 Word 2003 版本的文件扩展名是 . doc 。一般软件遵循向下兼容原则，即高版本的软件能打开低版本软件创建的文件，反之则不行。所以，Word 2010 可以打开 Word 97—2003 版本创建的 .doc 文档，但是 Word 97—2003 则不能直接打开 Word 2010 创建的.docx 文档。为此，微软特推出了一个 Word 2003 打开.docx 的补丁，大家可以到微软的官网下载。下载网址：

http://download.microsoft.com/download/6/5/6/6568c67b-822d-4c51-bf3f-c6cabb99ec02/FileFormatConverters.exe

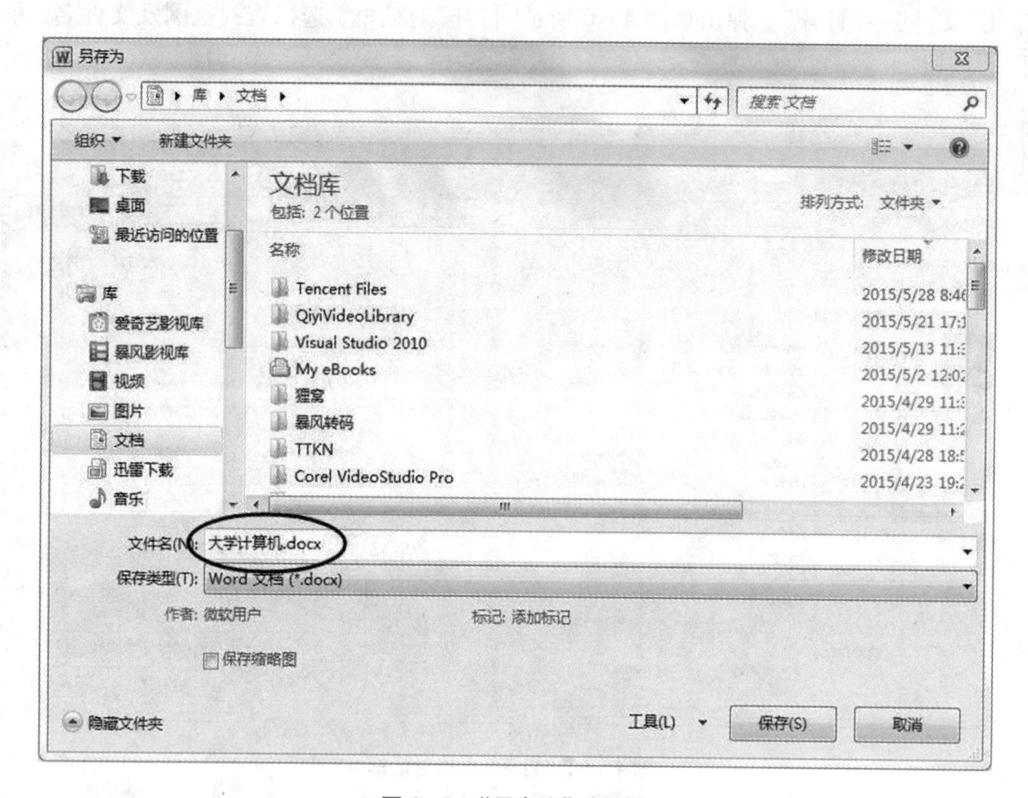

图 4-7 “另存为”对话框

2. 保存已有文档

如保存一个已经命名的文档，可方便地通过“保存”按钮或“文件”→“保存”命令来实现，这时将不会出现“另存为”对话框。

3. 另存文档

当要改变文档的保存位置、文件名或类型时，单击“文件”→“另存为”命令，则会再次出现“另存为”对话框，设置保存位置、文件名、类型，然后单击“保存”按钮。保存后，当前编辑的文档是新保存的文档。

4. 自动保存文档

为了防止突然断电或意外事故，Word 提供了在指定时间间隔中为用户自动保存文件的功能。可通过“文件”→“选项”命令中的“保存”标签来指定自动保存时间间隔，系统默认为 10 min。

4.2.5　文档合并

文档合并，即把一个文档的内容插入到另一个文档中。这样，在编辑内容比较多时，可以多人合作完成，提高工作效率。文档合并的方法：

①打开一个文档，把插入点置于要插入另一个文档的位置；

②单击“插入”选项卡“文本”功能区“对象”右边的下拉按钮，选择“文件中的文字”，如图 4－8 所示。

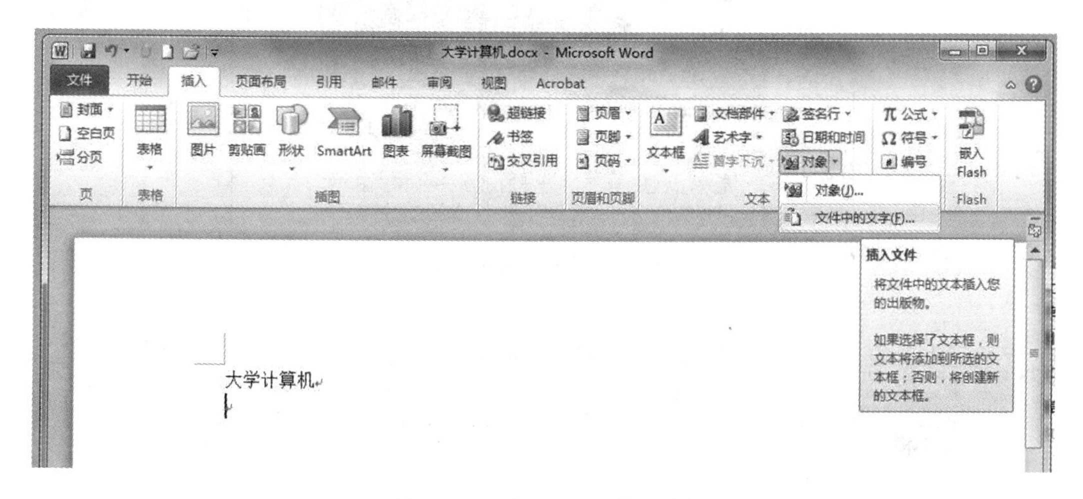

图 4－8　插入“文件中的文字”

③在弹出的对话框中，分别选择“查找范围”“文件名”等；

④单击“确定”，被选定的文件中的内容就插入到当前文档中的光标所在的位置。

4.3　文档的基本编辑

4.3.1　字块操作

1. 选定文本

在要选定文字的开始位置按下鼠标左键并拖动鼠标到选定文字的结束位置，然后松开鼠标。被选取的这部分文本称为文本块。文本被选定后，所选文本以蓝底白字(反相)显示，如图 4－9 所示。如果想要取消选择，可以在文档区的任意位置单击鼠标左键。

我们还可以利用选定区来快速选定文本，选定区是文档正文左侧的空白区域。选定文本的常用方法有：

☆选取某行：光标移到该行的最前面(光标变成向右箭头)，单击鼠标左键。

☆选定多行：光标移到起始行的最前面，按下左键，向下拖移到结束行。

☆选取某段：光标移到该段任一行最前面双击，或者在该段正文中的任意位置快速击三下鼠标左键。

☆选取全文：光标移到任一行最前面快速击三下鼠标左键。

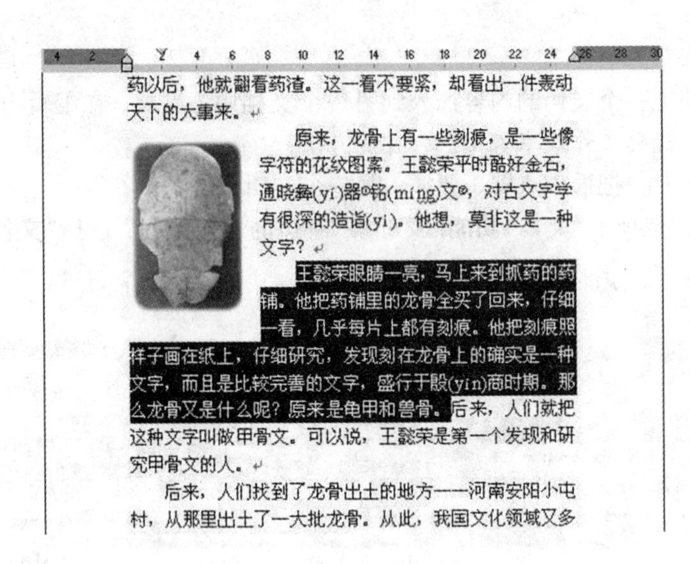

药以后，他就翻看药渣。这一看不要紧，却看出一件轰动天下的大事来。

原来，龙骨上有一些刻痕，是一些像字符的花纹图案。王懿荣平时酷好金石，通晓彝(yí)器①铭(míng)文②，对古文字学有很深的造诣(yì)。他想，莫非这是一种文字？

王懿荣眼睛一亮，马上来到抓药的药铺。他把药铺里的龙骨全买了回来，仔细一看，几乎每片上都有刻痕。他把刻痕照样子画在纸上，仔细研究，发现刻在龙骨上的确实是一种文字，而且是比较完善的文字，盛行于殷(yīn)商时期。那么龙骨又是什么呢？原来是龟甲和兽骨。后来，人们就把这种文字叫做甲骨文。可以说，王懿荣是第一个发现和研究甲骨文的人。

后来，人们找到了龙骨出土的地方——河南安阳小屯村，从那里出土了一大批龙骨。从此，我国文化领域又多

图 4-9　文本块的选择

☆选定矩形块：按下 Alt 键不放，并沿矩形对角线拖动鼠标，如图 4-10 所示。

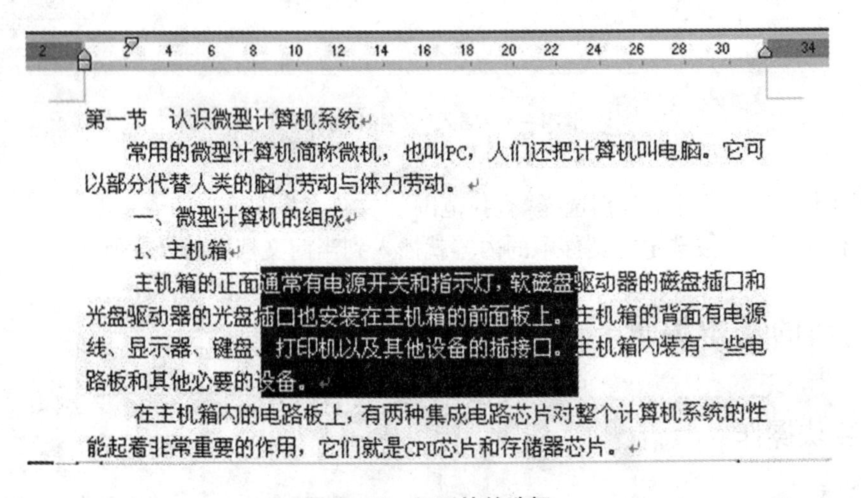

第一节　认识微型计算机系统

常用的微型计算机简称微机，也叫PC，人们还把计算机叫电脑。它可以部分代替人类的脑力劳动与体力劳动。

一、微型计算机的组成

1、主机箱

主机箱的正面通常有电源开关和指示灯，软磁盘驱动器的磁盘插口和光盘驱动器的光盘插口也安装在主机箱的前面板上。主机箱的背面有电源线、显示器、键盘、打印机以及其他设备的插接口。主机箱内装有一些电路板和其他必要的设备。

在主机箱内的电路板上，有两种集成电路芯片对整个计算机系统的性能起着非常重要的作用，它们就是CPU芯片和存储器芯片。

图 4-10　矩形块的选择

如果起始点与结束点距离较远，选定时屏幕滚动过快，不易把握。选定的方法是：将光标移至所选文本的起始处，用滚动条滚动文本，结束处出现后，按住 Shift 键，并单击结束处。

2. 删除、复制和移动

(1) 删除

若想删除已输入的某一字符，可先将光标定位在该字符的左侧，然后按下【Delete】键即可。如果按下【Backspace】键则可以删除光标左侧的字符。段落标记、分节符、分页符等均能删除。

若要删除整块文字，用以上方法显然较烦琐，可以用如下方法：

①选定要删除的文本块后，敲【Delete】键或【Backspace】键。

②选定要删除的文本块后，选择“开始”选项的“剪切板”功能区的【剪切】命令，或单击右键，在弹出的快捷菜单中选择【剪切】命令。

删除和剪切功能不完全相同，它们的区别是：使用剪切操作时删除的内容会保存到“剪贴板”上；而删除操作则不行。

(2)复制文本

将一块文本从一处复制到另一处，方法如下：

①选定这部分文本。

②单击“开始”选项的“剪切板”功能区的【复制】命令或者单击右键，在弹出的快捷菜单中选择【复制】命令。

③将插入点移到文件中目标位置，单击“开始”选项的“剪切板”功能区的【粘贴】命令或者单击右键，在弹出的快捷菜单中选择【粘贴】命令。

如果要将文字复制到其他文档，在步骤③中应先切换到目标文档。另外，也可以使用快捷键操作，复制的快捷键是【Ctrl】+【C】，粘贴的快捷键是【Ctrl】+【V】。

(3)移动文本

将选定的文本移动到另一位置，通过“剪切”和“粘贴”来实现。具体操作如下：

①选定这部分文本。

②单击“开始”选项的“剪切板”功能区的【剪切】命令或者单击右键，在弹出的快捷菜单中选择【剪切】命令。

③将插入点移到文件中的目标位置，单击“开始”选项的“剪切板”功能区的【粘贴】命令或者单击右键，在弹出的快捷菜单中选择【粘贴】命令。

如果要将文字移动到其他文档，在步骤③中应先切换到目标文档。另外，也可以使用快捷键操作，剪切的快捷键是【Ctrl】+【X】，粘贴的快捷键是【Ctrl】+【V】。

如果想在短距离内移动文本，更简捷的方法是利用“拖曳”方法，将选定的文本拖曳到新的位置。具体操作如下：

①选定欲移动的文本。

②把鼠标指针移动到已选定的文本，直到指针变为指向左上角的箭头；按住鼠标左键，鼠标箭头处会出现一个小虚线框和一个指示插入点的虚线；拖动鼠标指针，直到虚线到达插入的目标处，释放鼠标按钮。

如果在拖移鼠标的同时按住【Ctrl】键不放，则可实现复制。

4.3.2 剪贴板

Windows 剪贴板只能暂时存储一个对象(如一段文本、一张图片等)。Office 2010 提供了多剪贴板功能，剪贴板可以最多存储 24 个对象，并能看到剪贴板的内容，用户可以根据需要粘贴剪贴板中的任意一个对象。如图 4－11 所示为剪贴板工具栏，图中所示的剪贴板包含 4 个对象，单击剪贴板工具栏上的某个对象，该对象就会被粘贴到插入点。

单击剪贴板任务窗格中的“全部清空”按钮可以清空剪贴板中的内容。右击剪贴板中某对象，出现一个快捷菜单，选择其中的删除命令，可以把它删除。当剪贴板中对象个数达到 24 个，再进行复制或剪切操作，则其中的第一个对象将被清除。

4.3.3 撤销与恢复

Word为了防止用户的误操作提供了很好的命令撤销和恢复机制。Word详细纪录用户的操作历史，除了那些无关紧要的光标移动外，以便能撤销这些操作。为了防止用户错误地将某些不该撤销的操作给撤销了，Word还提供了用户恢复被撤销的操作的功能。

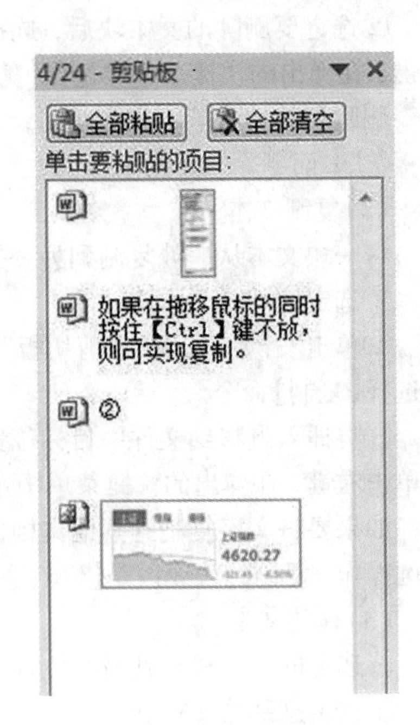

图4－11　剪贴板任务窗格

1. 撤销

在文档的编辑过程中，假如对刚做的一项操作不满意，或无意中删除了一些不应该删除的文字，这时可以选择工具栏上的“撤销”按钮。

单击“撤销”按钮，则撤销前一项操作。可多次撤销，也可以用鼠标单击“撤销”按钮旁边的下拉箭头，显示出先前所有操作的列表对话框，单击要撤销的操作，这时就撤销该操作后的所有操作。

2. 恢复

如果想恢复被撤销的操作，单击工具栏上的恢复按钮。

单击“恢复”按钮，则恢复上一次被撤销的操作，可多次恢复。

4.3.4 查找与替换

在文字编辑中，经常要快速查找某些文字、定位到文档的某处，或将整个文档中给定的文本替换成其他文字，可通过“编辑”菜单的“查找”命令或“替换”命令来实现。

1. 查找文字

在一篇文档中查找某一特定的字符串，在Word中可以很方便地实现。

①“开始”→“编辑”→“查找”，出现如图4－12所示“搜索文档”导航窗格。

②在“搜索文档”框内键入要搜索的文字，Word会自动开始搜索。

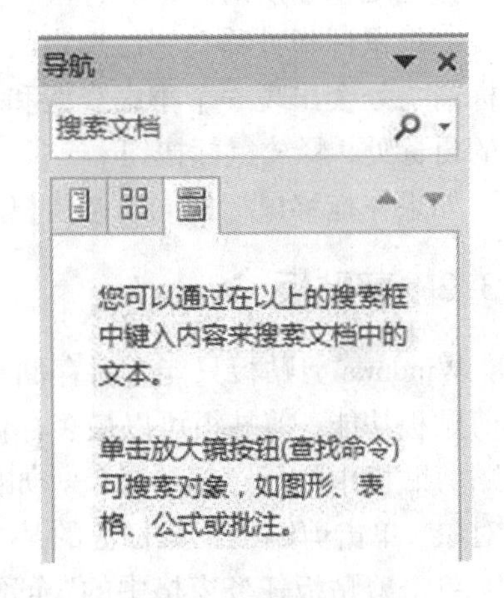

图4－12　搜索文档

2. 替换文字

在上面的查找操作中，如需要将找到的内容替换为其他内容，可使用替换功能。

①开始”→“编辑”→“替换”，出现“查找与替换”对话框，如图4－13所示。

②在“查找内容”框内输入要搜索的文字。

③在“替换为”框内，输入要替换的内容。

④单击“查找下一处”“替换”或者“全部替换”按钮。

查找和替换

查找(D)　替换(P)　定位(G)

查找内容(N):

选项:　区分全/半角

替换为(I):

更多(M) >>　替换(R)　全部替换(A)　查找下一处(F)　取消

图4－13　查找和替换

若选择“全部替换”，则一次性替换掉所有可能被替换的内容，若选择“替换”，则逐个进行替换。

3. 设置搜索选项

在“查找与替换”对话框中，单击“更多”按钮，会打开搜索选项，如图4－14所示，各主要复选框含义如下：

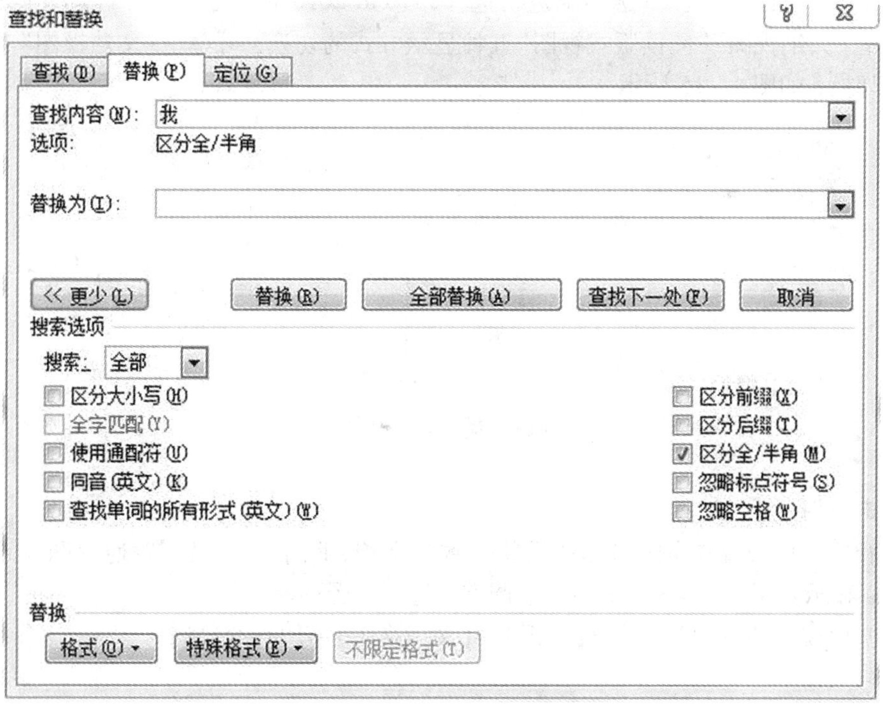

查找和替换

查找(D)　替换(P)　定位(G)

查找内容(N):　我

选项:　区分全/半角

替换为(I):

<< 更少(L)　替换(R)　全部替换(A)　查找下一处(F)　取消

搜索选项

搜索:　全部

区分大小写(H)　区分前缀(X)

全字匹配(Y)　区分后缀(T)

使用通配符(U)　区分全/半角(M)

同音(英文)(K)　忽略标点符号(S)

查找单词的所有形式(英文)(W)　忽略空格(W)

替换

格式(O)　特殊格式(E)　不限定格式(T)

图4－14　“更多”搜索选项

区分大小写：查找时要区分大小写。例如：查找“ABC”同“abc”视为查找不同的内容。

区分全角/半角：该选项适用于英文字符的查找，查找时要区分全角和半角。例如：

“ABC”同“ABC”视为查找不同的内容。

全字匹配：该选项适用于英文，只查找完全符合条件的英文单词。例如：“Who”同“Whose”视为查找不同的内容。

同音：该选项适用于英文，可以查找发音相同但拼写不同的英文单词。

查找单词的所有形式：该选项适用于英文，可以查找英文单词的复数、过去式等不同形式。

使用通配符：选中该选项后，查找内容框中的“?”可以匹配任意一个字符，“ * ”可以匹配任意多个字符。

4.4 文档的排版

通过设置丰富多彩的文字、段落、页面格式，可以使文档看起来更美观、更舒适。Word 的排版操作主要有字符排版、段落排版和页面设置等。

4.4.1 视图

视图，即文档的显示方式。Word 提供了多种视图，每一种视图都有它的优势，无论使用哪种视图，都可以对文档进行修改、编辑以及按比例缩放等。

切换视图，可以在“视图”选项卡进行选择。Word 2010 提供了“草稿”“Web 版式视图”“页面视图”“大纲视图”“阅读版式视图”五种显示方式的切换，可单击“文档视图”功能区的图标进行切换，如图 4 - 15 所示。

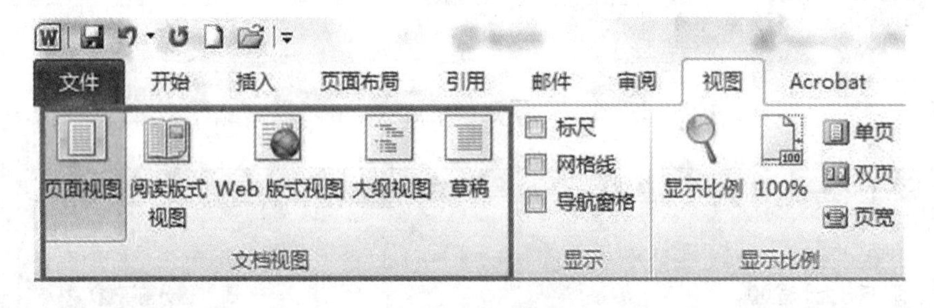

图 4 - 15 文档视图

1. 页面视图

页面视图可以查看与实际打印效果相一致的文档，除了可以显示普通视图显示的信息外，还可以显示页眉、页脚及分栏效果，调整页边距和图形。

选择页面视图的方法是：单击【视图】→【文档视图】→【页面视图】。

2. 大纲视图

大纲视图是显示文档结构的视图，它能清晰地显示出章、节等文档的层次，使得查看文档的结构变得很容易，适合于长文档的结构调整和快速浏览。

选择大纲视图的方法是：单击【视图】→【文档视图】→【大纲视图】。

3. Web 版式视图

Web 版式视图用于创作 Web 页，它能帮助用户很好地编写 HTML(超文本格式)文档。

并能仿真 Web 浏览器来显示文档。在这种视图中，用户可以在其中编辑文档，并将之存储为 HTML 文档。

选择 Web 版式视图的方法是：单击【视图】→【文档视图】→【Web 版式视图】。

4.4.2　字符格式化

字符格式化指设置字符的字体、字形、字号、颜色、效果等。在字符键入前或键入后，都能对字符进行格式设置的操作。键入前可以先进行格式定义；对已键入的文字格式进行修改，遵循“先选定，后操作”的特点，首先选定需要进行格式设置的文本，然后对选定的文本格式进行设置。

可使用“字体”功能区进行字符格式化，选定文本，单击相应工具；也可取消相应字符格式化，选定已格式化字符，单击相应工具，如图 4－16 所示。

图 4－16　“字体”功能区

也可使用“字体”对话框设置字符格式。单击“字体”功能区右下角的按钮，或者选定文本以后单击右键，在弹出的快捷菜单中选择“字体”命令，打开“字体”对话框，如图 4－17 所示。

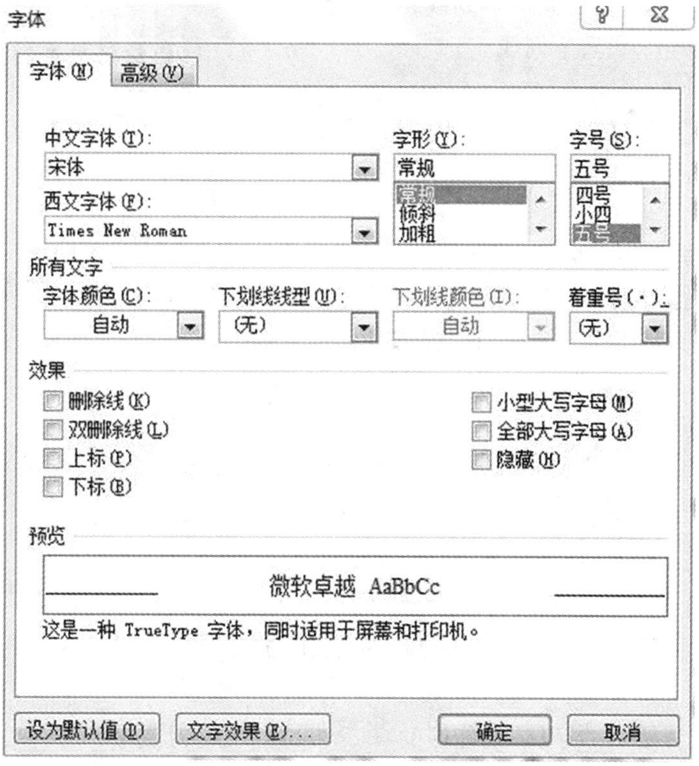

图 4－17　“字体”对话框

1. 设置中文字体和西方字体

字体，是文字的一种书写风格。常用的中文字体有宋体、楷体、黑体、隶书等。单击“中文字体”下拉按钮，从列表中可选择所需的中文字体，或单击“西文字体”下拉按钮，从列表中可选择所需的西文字体。

2. 设置字形

选择“倾斜”，使文字倾斜；选择“加粗”，使文字变粗；选择“加粗 倾斜”，使文字变粗且倾斜。

3. 设置字号

汉字的大小用字号表示，字号从初号、小初号直到八号字，对应的文字越来越小。也可以用“磅”值来表示，1 磅等于 1/12 英寸，数值越小表示的字符越小。选择“字号”组合框中的字号。

4. 设置字体颜色

在缺省情况下，Word 中的文本以黑色显示。为了使文本重点突出，便于阅读，可以用各种不同的颜色显示文本。为了给文档中的文本设置不同的颜色，单击“颜色”栏右端的箭头，下拉显示“颜色”列表如图 4－18，选定颜色后单击“确定”按钮。

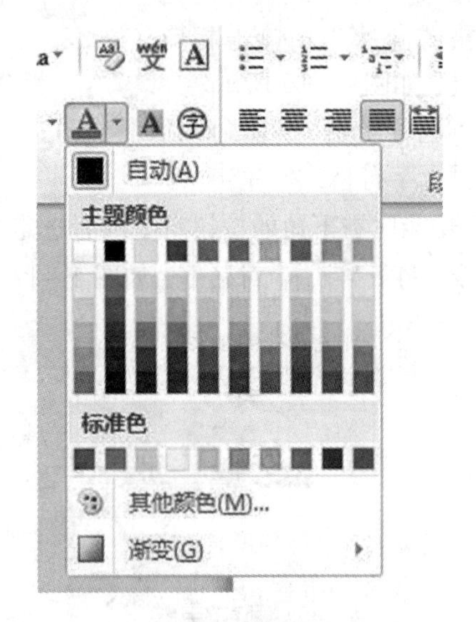

图 4－18 设置字体颜色

还可以单击“其他颜色”，选择更多颜色。

5. 设置下划线

Word 提供了多种不同形式的下划线，选择下划线按钮和下划线颜色，设置下划线。

6. 设置着重号

选择【着重号】右边的下拉箭头，从中选择着重号“.”，单击【确定】按钮，则被选中的文字被加上了着重号。

7. 设置上标与下标

选择【效果】栏【上标】，可以看见【上标】前出现一个对勾，如图 4－19 所示，单击“确定”按钮。

图 4－19 设置上标与下标

也可以利用“开始”→“字体”功能区的 x_2 x^2 设置下标和上标。

同样可设置下标、删除线、阴影等效果。

8. 字符间距

在“字体”—“高级”选项卡中，可以对同一行中字符的左右间距和相对垂直位置进行重新设置，如图 4－20 所示。

字体

字体(N)　高级(V)

字符间距

缩放(C): 100%

间距(S): 标准　磅值(B):

位置(P): 标准　磅值(Y):

为字体调整字间距(K): 1　磅或更大(O)

如果定义了文档网格，则对齐到网格(W)

OpenType 功能

连字(L): 无

数字间距(M): 默认

数字形式(F): 默认

样式集(T): 默认

使用上下文替换(A)

预览

微软卓越 AaBbCc

设为默认值(D)　文字效果(E)...　确定　取消

图 4－20　设置字符间距、缩放、位置

缩放：对字符本身宽度进行横向缩放，取值范围在 33% ~200% 之间。

间距：增加或减少字符之间的间距，而不改变字符本身的尺寸，Word 提供了三种字符间距：标准、加紧、紧缩。如果想加大字符间距，可在“间距”框中选择“加宽”，并在“磅值”框中指定加宽的距离，磅值大，则加宽越多；反之，选择“紧缩”，且磅值越大，紧缩越厉害。

位置：相对于标准位置，在垂直位置上提高或降低字符的位置，有三种选择：标准、提升、降低。如果选择了“提升”或“降低”，则在垂直方向改变字符的位置。

9. 拼音指南

此功能对选定的文字(一次最多只能选定 30 个字符)加注拼音。其操作如下：选定要加拼音的文字，选择“开始”→“字体”→“拼音指南”，如图 4－21 所示，然后会出现拼音指南对话框，如图 4－22 所示。

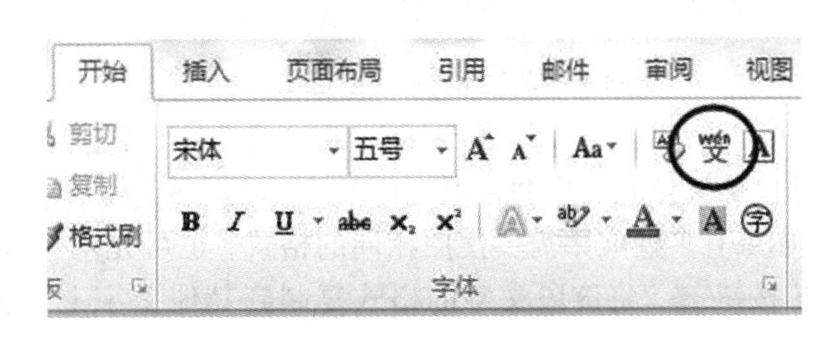

图 4－21　拼音指南按钮

“拼音文字”列表框列出了

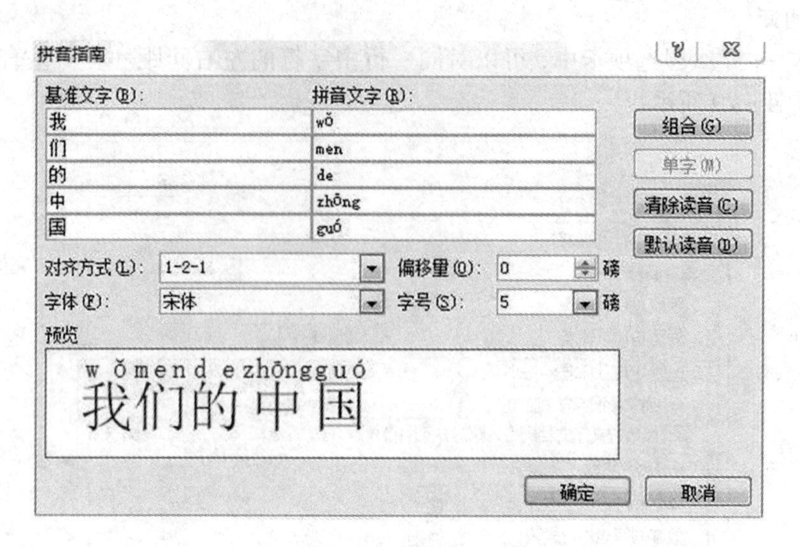

图 4－22 “拼音指南”对话框

“基准文字”对应的默认读音，也可输入，后面的数字表示声调。用户可根据需要，选择拼音的对齐方式、拼音字体和字号等。

10. 带圈字符

此功能对选定的一个符号加圈，选择“开始”→“字体”→“带圈字符”，如图 4－23 所示，然后会出现带圈字符对话框，如图 4－24 所示。在对话框内，可直接输入欲加圈的字符；可选择不同的圈号和样式。

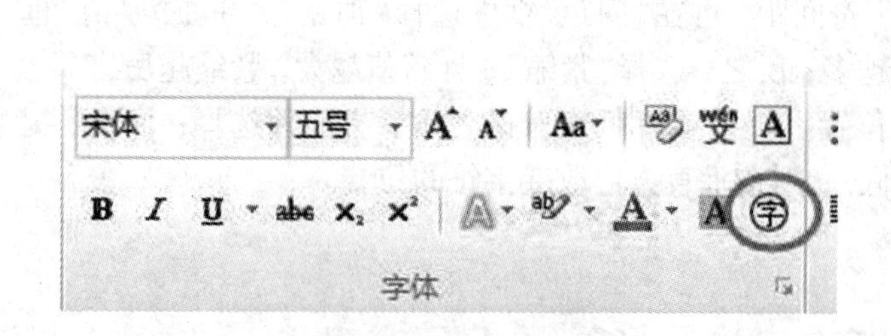

图 4－23 “带圈字符”选项

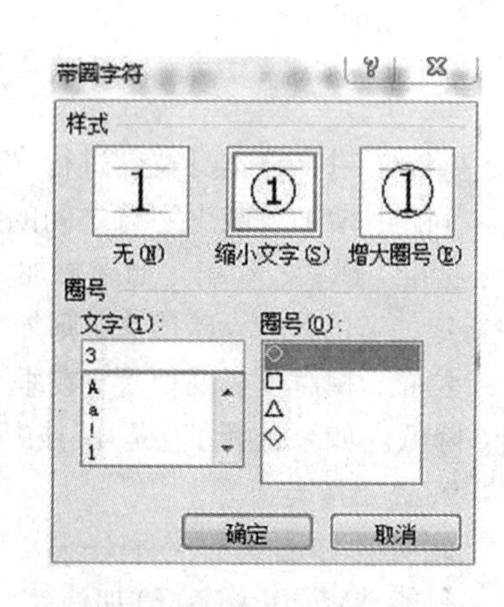

图 4－24 “带圈字符”对话框

11. 使用格式刷复制格式

如果有多处文字需要使用相同的格式，也可先对一段文字进行格式设置，然后再用“格式刷”按钮，将该段文字的格式复制到其他文字上，这样可以大大提高排版速度。其操作为：

①将插入光标移到已完成格式设置的任意文本处；

②单击“常用”工具栏上的“格式刷”按钮，则鼠标指针变为刷子形状；

③在需要修改的文本处，按下鼠标左键不放，用鼠标刷过选定的文本即可。

4.4.3　段落格式

在 Word 中，段落是指以段落标记作为结束符的文字、图形或其他对象的集合。Word 在键入回车键的地方插入一个段落标记符号“↵”，段落标记后是一个新的段落。我们可以通过“视图”菜单设置是否显示段落标记。段落标记不仅表示一个段落的结束，还包含了本段的格式信息，如果删除了段落标记，该段的内容将成为其后段落的一部分，并采用下一段文本的格式。段落格式主要包括段落对齐方式、段落缩进、行间距、段间距、段落的修饰等。

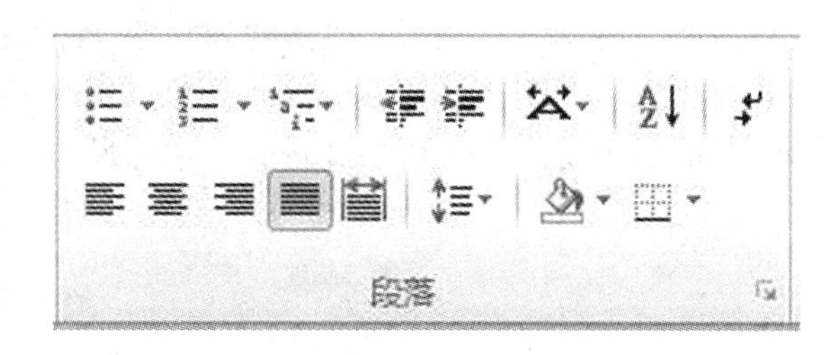

图 4 – 25　“段落”功能区

选定要进行设置的段落(可以多段)，使用“段落”功能区设置段落格式，如图 4 – 25 所示。也可以点击“段落”功能区右下角的，或者单击右键，在弹出的快捷菜单中选择【段落】命令，打开“段落”对话框，选择“缩进和间距”选项卡，如图 4 – 26 所示。

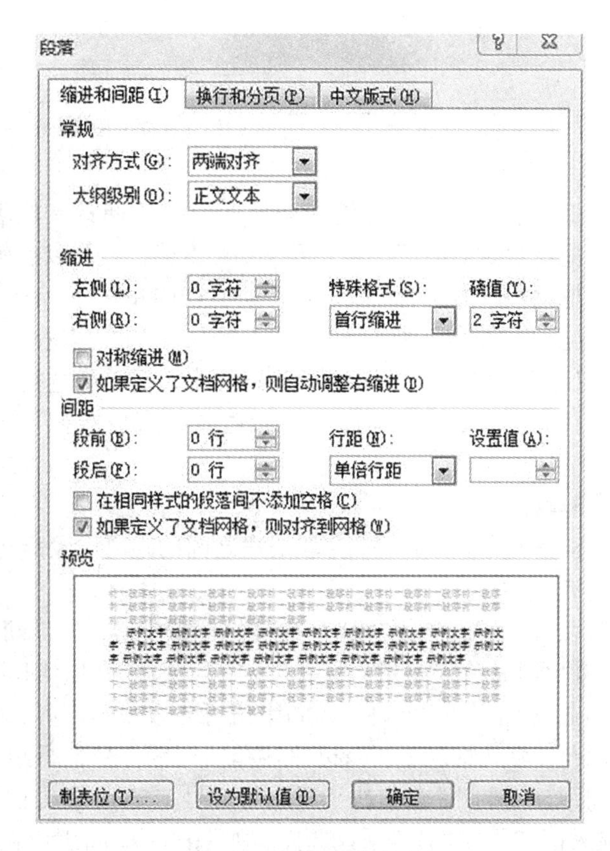

图 4 – 26　“段落”对话框

1. 段落对齐方式

“对齐方式”是指段落中的内容与左右缩进边界之间的相对位置。“对齐方式”下拉列表中包括：左对齐、居中、右对齐、两端对齐和分散对齐共五种方式。在“段落”功能区中也有一组按钮与之相对应。

两端对齐是 Word 的默认设置，它能使一段文字各行右端很整齐；居中对齐常用于文章的标题、页眉、诗歌等的格式设置；右对齐适合于书信、通知等文稿落款、日期的格式设置；分散对齐可以使段落中的字符等距排列在左右边界之间。

2. 段落缩进

段落缩进指文本与页边距之间的距离。段落缩进包括左缩进、右缩进、首行缩进、悬挂缩进。

"左/右"缩进，是指段落的左右边界与页面版心边界之间的距离。为了设置段落第一行的缩进格式，可使用"特殊格式"，其中共有3种选择：

①无：第一行与左缩进标记对齐；

②首行缩进：第一行按设定的值左缩进；

③悬挂缩进：除第一行外，段落的其余各行都按设定的值左缩进。

以上操作除了可以用菜单完成外，还可以用水平标尺上的3种缩进标记来实现，如果看不到水平标尺，可选择"视图"→"显示"→"标尺"命令，如图4-27所示。

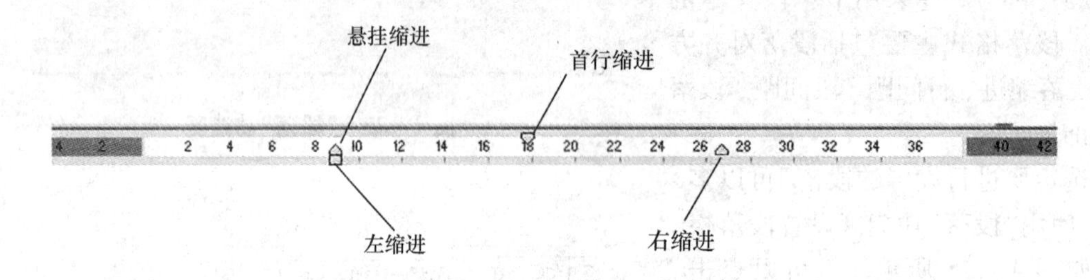

图4-27　段落缩进按钮

拖动水平标尺左端的"首行缩进"标记，可改变段落第一行的左缩进。

拖动"悬挂缩进"标记，可改变文本第二行及以后各行的左缩进。

拖动"左缩进"标记，可改变所有行的左缩进。

拖动"右缩进"标记，可改变所有文本的右缩进。

【注意】在输入Word文档的过程中，不要通过空格键来控制段落首行和其他行的缩进，也不要利用回车键来控制一行右边的结束位置(回车意味着段落结束)，因为这样会妨碍Word对文档段落格式的自动调整。

3. 段落间距

段落间距表示行与行、段与段之间的距离。段落间距将影响所选段落或插入点所在段落的所有文本行。

在"间距"选项的"段前"和"段后"框中键入所需间距值，可调节段前和段后的间距，"段前"和"段后"间距是指当前段与前一段或后一段之间的距离。

在"行距"框中选择所需间距值可修改段落内各行之间的距离。行距指文本行之间的垂直间距。默认情况下，Word采用单倍行距。单倍行距为该行最大字号的高度加上一点额外的间距，额外间距值取决于所用的字号。Word还提供了"1.5倍行距""2倍行距""最小值""最大值""固定值"等项供选择。如果段落的间距设置为固定值，段落中比设置的磅值高的文字或图片将只显示下半部分，上半部分隐藏。

4. 首字下沉

首字下沉指的是在文档中增大段落第一个字符的字号，使其产生下沉的效果，Word提供的字下沉方式有两种，即"下沉"和"悬挂式下沉"。被设置成首字下沉的文字实际上已成为文本框中的一个独立段落，可以像对其他段落一样给它加上边框或底纹。

设置首字下沉的方法如下：

①先把光标移动到该段内任一位置，“插入”→“文本”→“首字下沉”→“首字下沉选项”，出现“首字下沉”对话框，如图 4－28 所示。

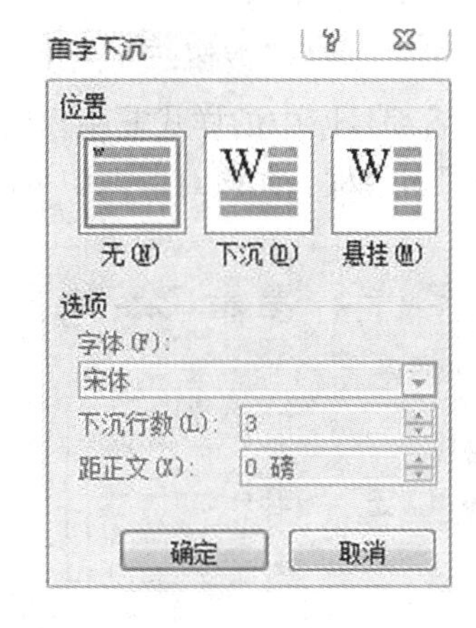

图 4－28　“首字下沉”对话框

②在“位置”区，选择下沉方式(“下沉”“悬挂式下沉”或“无”)。

③在“选项”区，设置字体、下沉行数以及与正文的距离。

④最后单击“确定”按钮。

【注意】设置首字下沉的段落的首行前不能有空格。

5. 添加项目符号和编号

为了使整个文档更便于阅读理解，人们喜欢将列表性数据的左边加上项目符号或编号，Word 2010 可以创建多层次的项目符号。

(1)添加项目符号

首先选取要添加项目符号的段落，然后执行“开始”→“段落”→“项目符号”命令(或者点击“项目符号”按钮右边的小三角)，弹出“项目符号库”下拉列表，选择需要的项目符号，如图 4－29 所示。

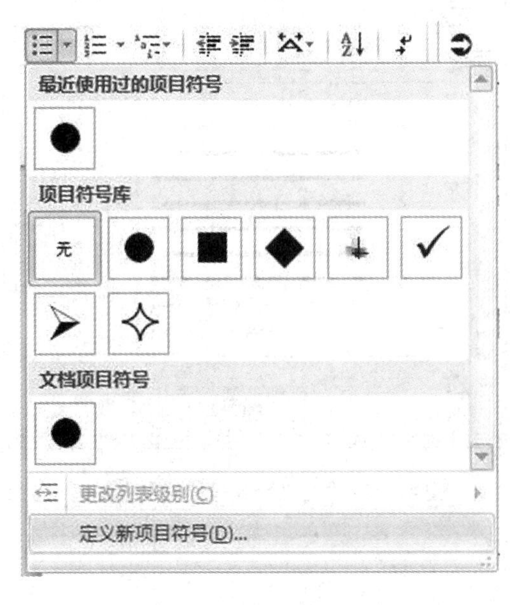

图 4－29　项目符号库

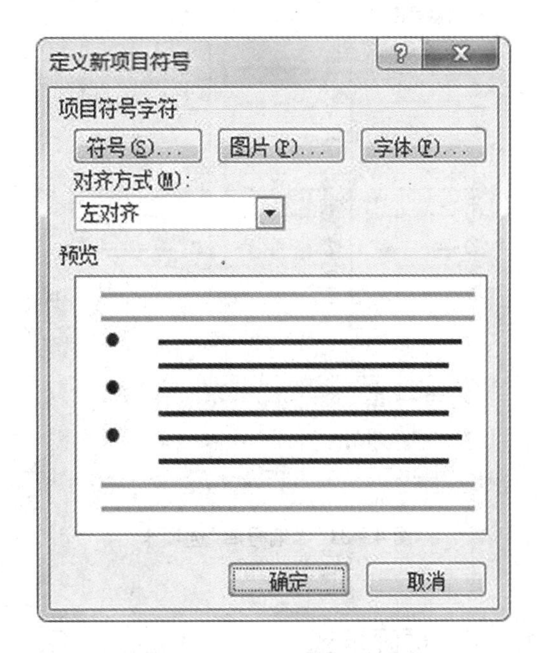

图 4－30　“项目符号”选项卡

若不选择符号库中常用项目符号，则单击“定义新符号项目”按钮，打开“定义新项目符号”对话框，如图 4－30 所示可设置项目符号及其缩进位置、字体及文字的缩进位置。还可以单击“图片”按钮，打开“图片符号”对话框选择图片符号作为项目符号。

(2)添加编号

单击“编号”按钮 ，出现“编号库”，如图 4－31 所示。

若编号库中的样式非用户所希望的，则单击“定义新编号格式”按钮，打开“定义新编号格式”对话框，在该对话框中可改变项目编号及相应的设置，如图 4－32 所示。

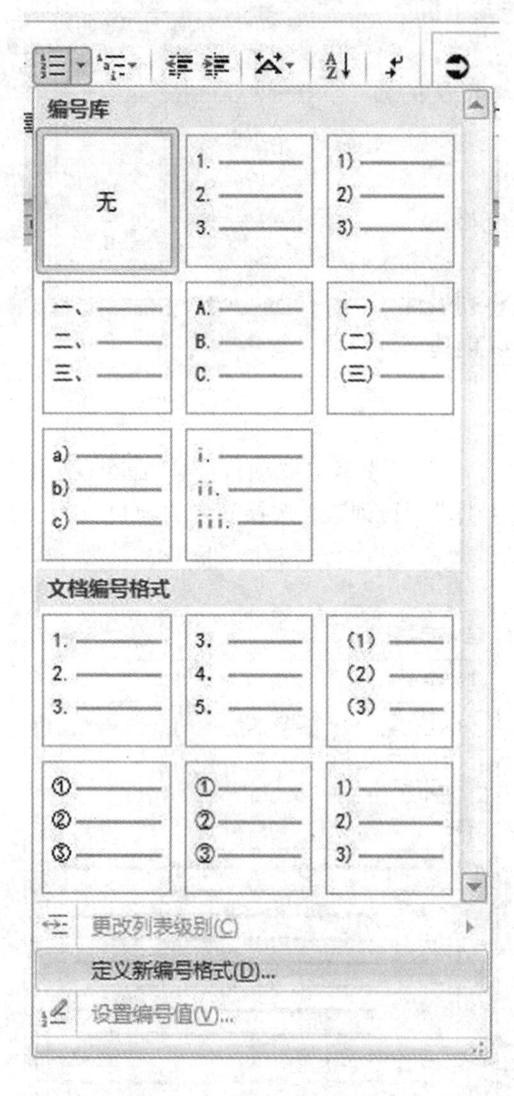

图 4－31 “编号库”选项卡

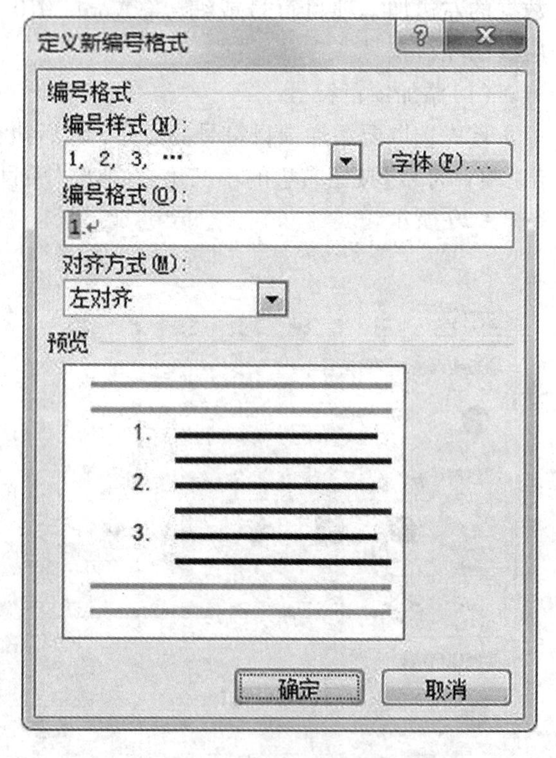

图 4－32 “定义新编号格式”对话框

4.4.4 页面格式

Word 的输出以页为单位，在正式打印输出前需要对页面作进一步的整体性调整，包括所用纸张大小、页边距、页的摆放方向以及是否预留装订线等。

1. 页码

(1)插入页码

对于比较长的文档，往往需要页码，以便于整理和装订。

插入页码的步骤是：

①“插入”→“页码”，弹出“插入页码”下拉菜单，如图 4 – 33 所示。

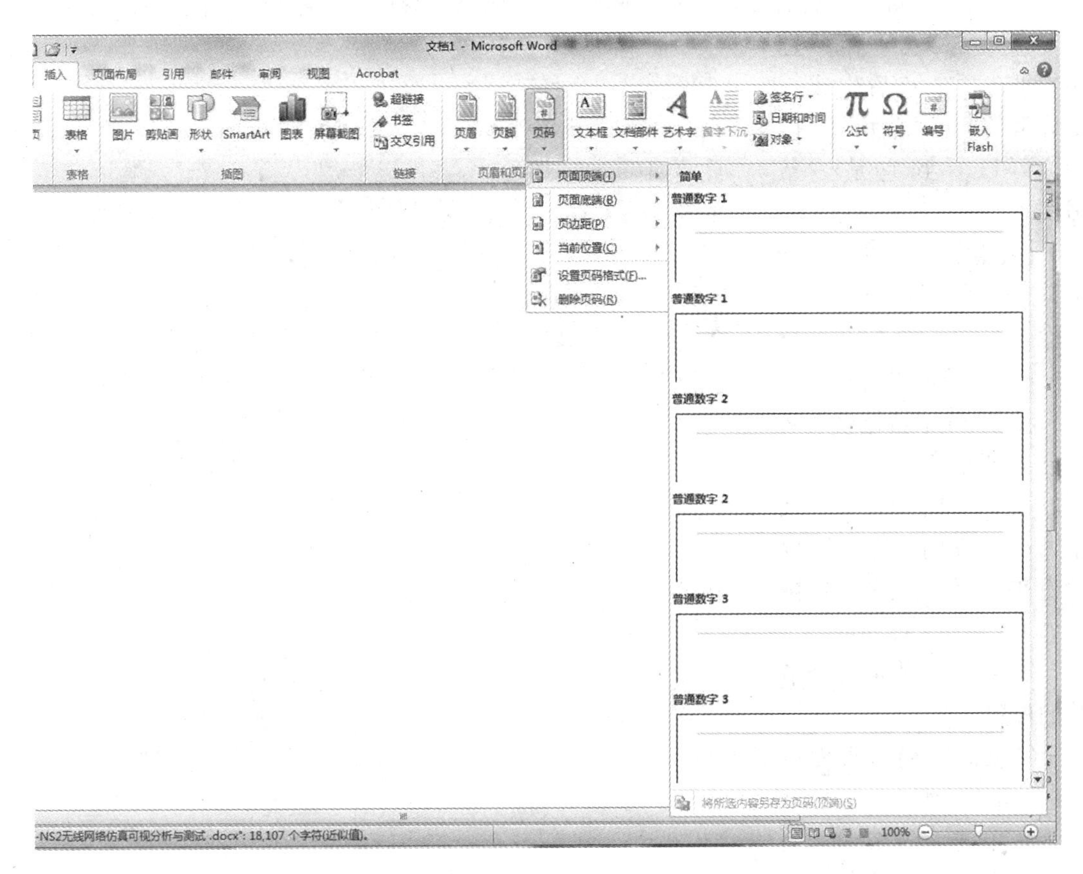

图 4 – 33　“插入页码”对话框

②在“页面顶端”“页面底端”“页边距”“当前位置”菜单中下拉框中选择页码的位置，在对齐方式对话框中选择页码的对齐方式。点击“格式”按钮还可以设置页码的格式、起始页码等。

③单击“确定”。

(2)删除页码

如果要删除已设置的页码，方法如下：

①用鼠标在任意一页的页码处(这里的页码是一个具体的数字)双击，屏幕上出现“页眉和页脚”工具栏。

②在页码处单击一下，会出现一个虚线框，单击虚线框选中，按【Delete】键删除页码。

③单击“关闭”按钮。

这时，所有的页码都被删除了。

2. 分页、分节与分栏

(1)分页符的设置

在 Word 中，系统会自动根据用户所设定的纸张大小和页边距等参数对文档进行自动分页，用户也可以在某个位置进行强行分页，其操作为：

①单击新页的起始位置。

②“页面布局”→“页面设置”→“分隔符”，出现“分隔符”下拉菜单，如图 4-34 所示。

③单击“分页符”选项，即在插入点后生成一个分页符，在“草稿视图”中，可以看到它是一条虚线。

【注意】手工插入的分页符，可用【Delete】键直接删除。

(2)分节的设置

在 Word 中可把整个文档分为若干节，在每节中可以设置不同的格式、纸张大小及方向，使版面设计更加灵活、方便。其操作如下：

①单击需要插入分节符的位置。

②页面布局→页面设置→分隔符。

③单击“分节符”→“下一页”选项，即在插入点后生成一个分节符，在“草稿视图”中，可以看到它是一条虚线，并有“分节符”字样。自动分页则是一条虚线，没有该字样。

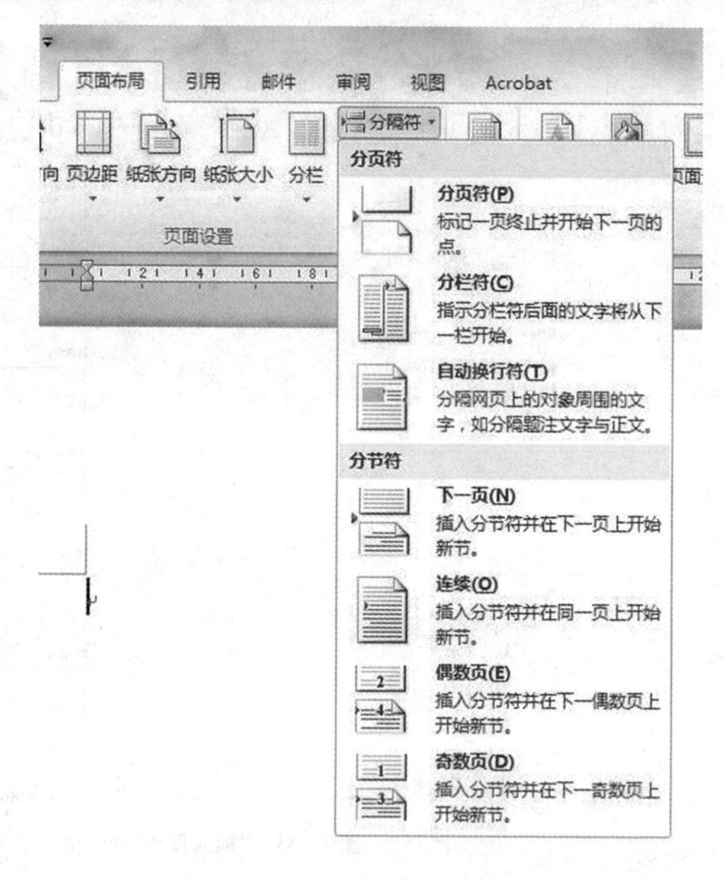

图 4-34 “分隔符”菜单

【说明】在“分节符类型”下，可以选择所需新分节符开始位置的选项。

- 下一页：从分节符位置开始分页，当前位置就是下一页及下一节的开始。
- 偶数页：从下一个偶数页开始新的“节”。
- 奇数页：从下一个奇数页开始新的“节”。
- 连续：从分节符位置开始分节，但连续而不分页。

(3)分栏的设置

分栏是正式出版中一种很常见的排版格式。很多杂志的版面都分栏，而报纸则经常是多栏形式的。在 Word 中也可以进行分栏排版，即下文排满后，再排另一栏。方法如下：

①切换到页面视图，选定文本(可是一节或多节)。

② 选择“页面设置”选项卡的“分栏”命令，弹出如图 4-35 所示“分栏”下拉菜单，可以快速分栏，如果要进一步设置栏数、宽度和间距等信息，可以点击“更多分栏”选项，弹出如

图 4 -36 所示的对话框，在此对话框中，可以设置更多的细节。

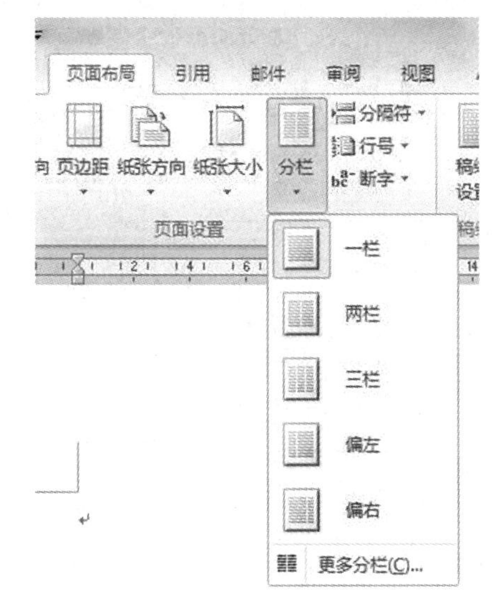

图 4 -35 “分栏”下拉菜单

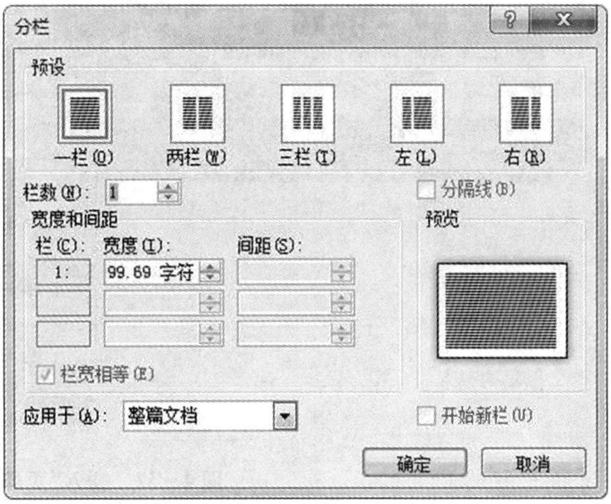

图 4 -36 “分栏”对话框

③要调整栏宽和栏间距，可拖动水平标尺上的分栏标记。

3. 页眉和页脚

页眉和页脚是文档中每个页面页边距的顶部和底部区域。可以在页眉和页脚中插入文本或图形，例如，页码、日期、公司徽标、文档标题、文件名或作者名等，这些信息通常打印在文档中每页的顶部或底部。还可以是用来生成各种文本的“域代码”(如页码、日期等)。域代码与普通文本不同的是，它在打印时将被当前的最新内容所代替。例如页码根据文档的实际页数打印其页码。

创建页眉和页脚的方法是：选择“插入”→“页眉”“页脚”命令，在弹出的下拉菜单中选择一种“页眉”“页脚”样式，如图 4 -37 所示；这时正文以暗淡色显示，表示不可操作，虚线框表示页眉和页脚的输入区域，并且显示“页眉和页脚工具”—“设计”选项卡，如图 4 -38 所示，在该选项卡中，可以对页眉和页脚进行进一步的设计。

这时可以单击“导航”功能区的“转至页眉”和“转至页脚”进行页眉和页脚区域的切换。要删除插入的页眉或页脚，只要选中要删除的内容并按【Delete】键，要退出页眉和页脚编辑状态，单击“关闭页眉和页脚”按钮。

(1)创建首页、奇偶页不同的页眉和页脚

可以在首页上不设页眉或页脚，或为文档中的首页(或文档中每节的首页)创建独特的首页页眉或页脚，操作步骤如下。

①如果将文档分成了节，那么单击要修改的节或选定多个要修改的节。如果文档没有分成节，则可以单击任意位置。

②单击【插入】→【页眉】或【页脚】。

③在“页眉和页脚工具”设计选项卡中，选中【选项】功能区的“首页不同”复选框，如图 4 -39 所示。

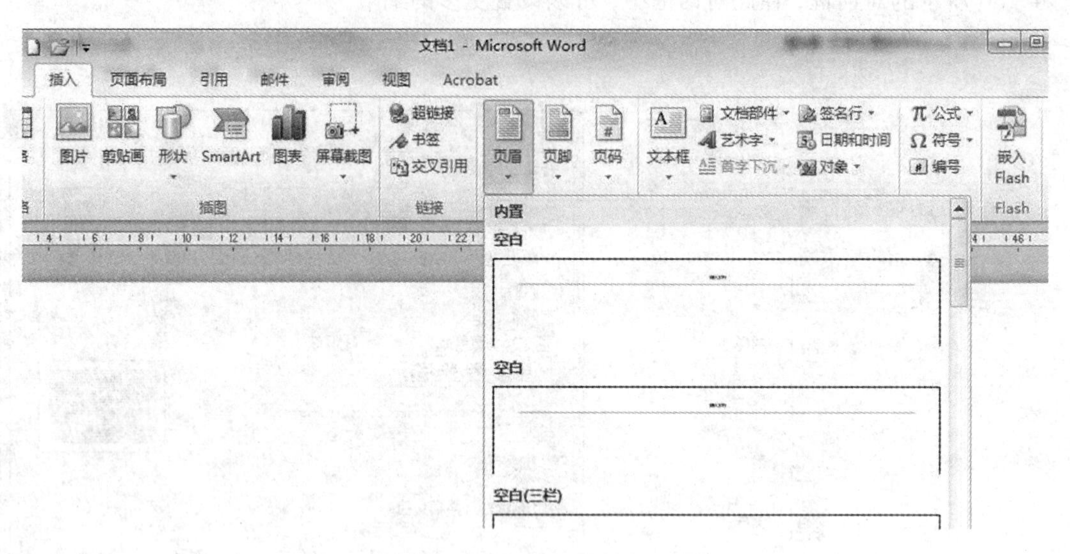

图 4－37　插入“页眉”下拉菜单

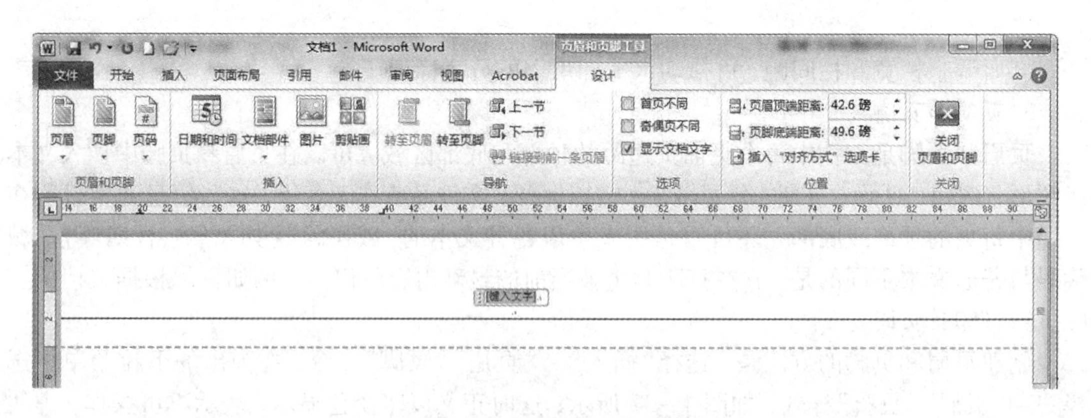

图 4－38　“页眉和页脚工具”设计选项卡

如果在图 4－39 中也选择了“奇偶页不同”的选项，那么可以在任意奇数页或偶数页页眉区域中键入要显示的内容，所有奇数页或偶数页会自动显示该内容。

(2)在页眉页脚中插入交叉引用

若要在页眉和页脚中插入章节号和标题，通常先要将文档分割成多个节，设置章节标题自动编号，进入页眉和页脚视图，将插入点移至要更改的页眉或页脚位置。

①单击【插入】→【交叉引用】，弹出如图 4－40 所示“交叉引用”对话框。

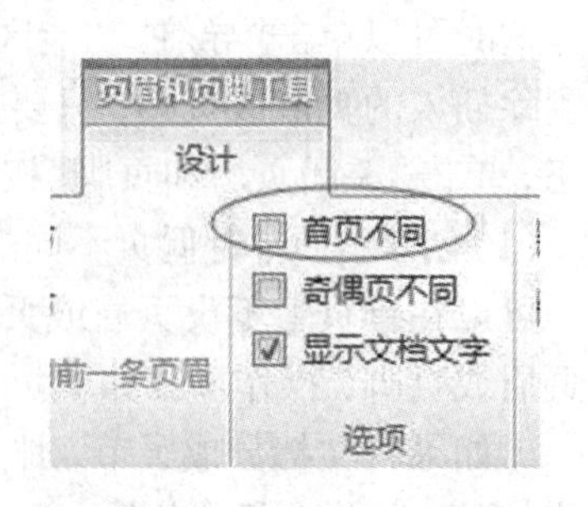

图 4－39　“首页不同”复选框

②在“引用类型”框中，单击“标题”。

③在“引用内容”框中，选取要在页眉或页脚中插入的选项。例如：单击“标题编号”以插入章节号，单击“标题文字”以插入章节标题。

④在“引用哪一个编号项”框中，单击包含章节号和标题的标题。

⑤单击“插入”，再单击“关闭”。

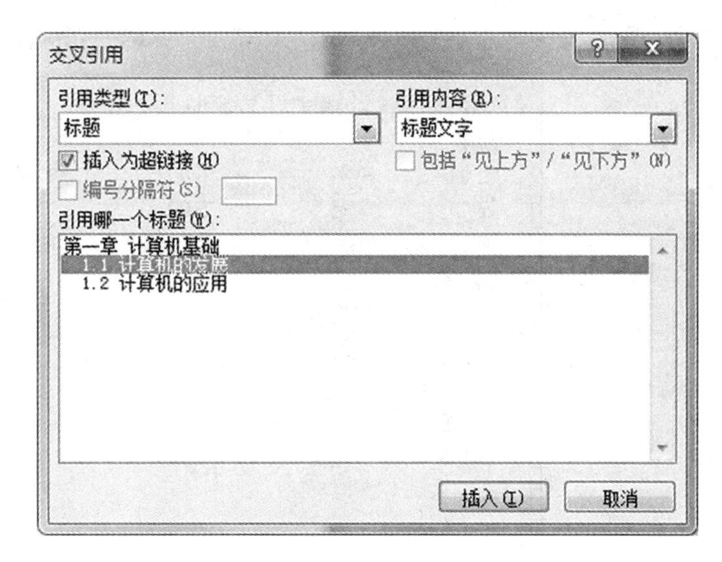

图 4－40　“交叉引用”对话框

单击“显示下一项”，移至下一章第一页或者第一个奇数页的页眉或页脚。

如果此章的页眉或页脚与刚刚创建的页眉或页脚相匹配，请单击“页眉和页脚”工具栏上的“链接到前一个”按钮，可以断开当前章节和前一章节中的页眉或页脚之间的联系。

若要删除页眉或页脚中已有的文本，请在插入章节号和标题前将之删除。

4. 页面设置

一篇文档在准备打印之前应进行页面设置。页面设置包括页边距、纸型、版式等内容。一般情况下，可以使用 Word 默认的页面设置，无需修改就可以直接打印。

“页面布局”选项卡的“页面设置”功能区中，有【文字方向】、【页边距】、【纸张方向】、【纸张大小】、【分栏】等选项，如图 4－41 所示。单击相应按钮，可以执行相应操作。如果点击图 4－41 右下角的按钮，则会弹出如图 4－42 所示的【页面设置】对话框。

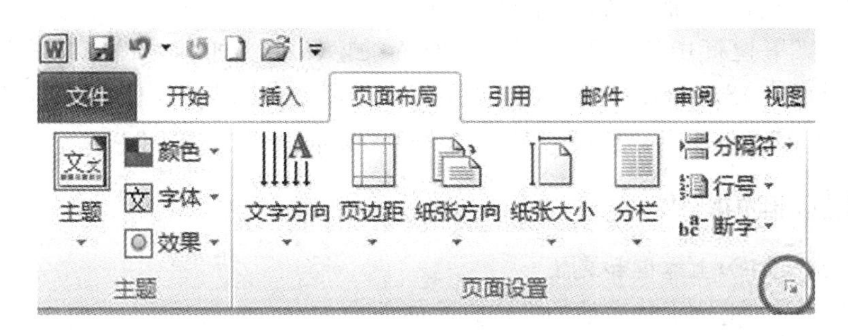

图 4－41　“页面设置”功能区

(1)页边距

页边距是指文档到纸张边缘的距离。

在“页面设置”对话框中单击“页边距”选项卡，在相应的框中输入数值即可。

(2)纸型

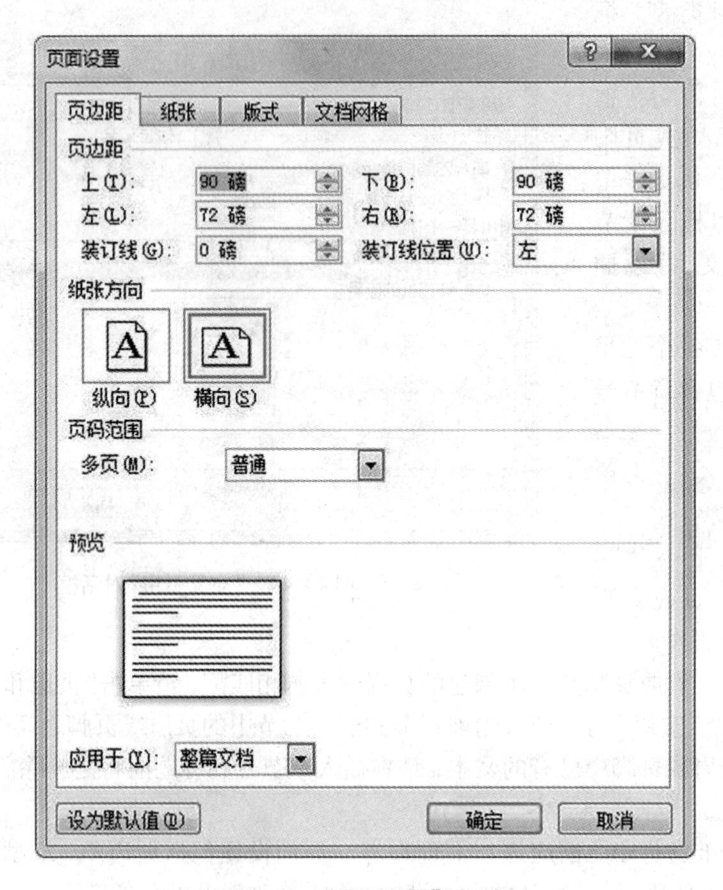

图 4－42 “页面设置”对话框

在不同型号的纸张上，对同一文档的打印输出效果显然是不同的。纸型包括纸张大小和方向，设置的步骤如下：

①单击“页面设置”对话框中的“纸型”选项卡。

②在“纸型”下拉框中选择纸张型号，如 A4 或 16 开，如常用的 A4 纸宽 21 cm，高 29.7 cm，16 开纸宽 18.4 cm，高 26 cm。也可以根据需要自己定义纸张的大小。

③在“方向”选择框中选择打印的方向为纵向或横向，一般为纵向。

4.4.5 设置边框和底纹

1. 给段落或文字加上边框和底纹

给段落或文字加上边框和底纹的操作方法如下：

①选中要设置边框或底纹的段落。

②单击“开始”选项卡中的【段落】→【边框和底纹】，如图 4－43 所示，弹出“边框和底纹”对话框，如图 4－44 所示。

③在“边框和底纹”对话框中选择“边框”，设置边框类型、线型、颜色及宽度，在“应用于”下拉列表框中选择“文字”或“段落”。

④如图 4－45 所示，选择“底纹”，设置填充、图案，在“应用于”下拉列表框中选择“文

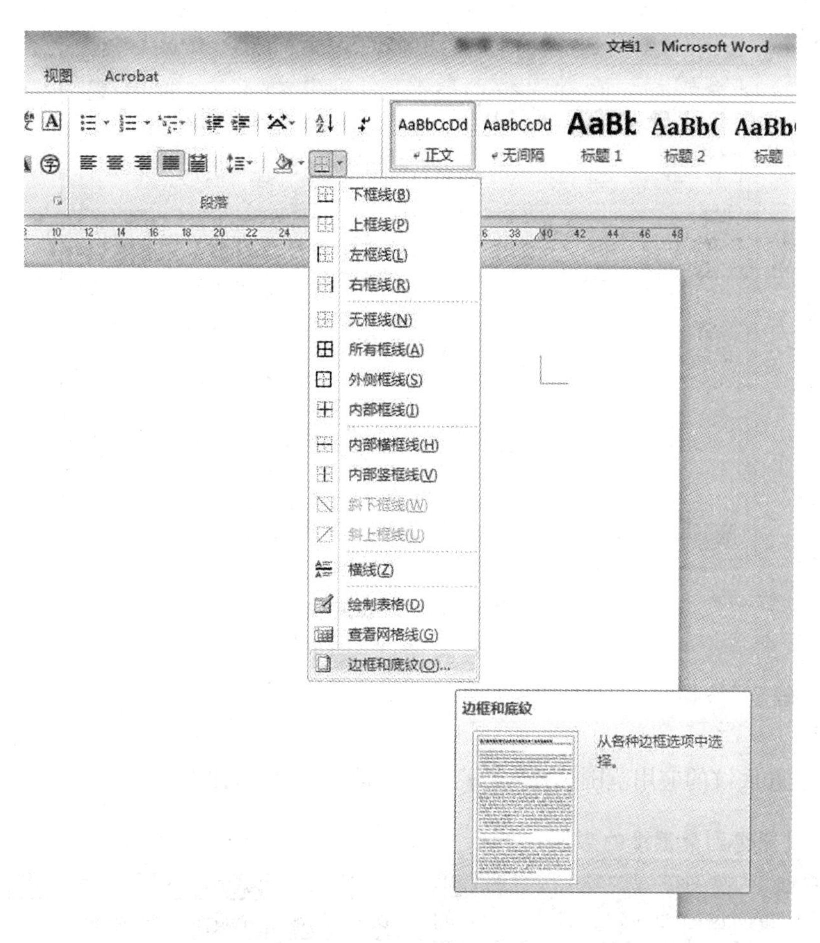

图4-43 设置段落或文字边框

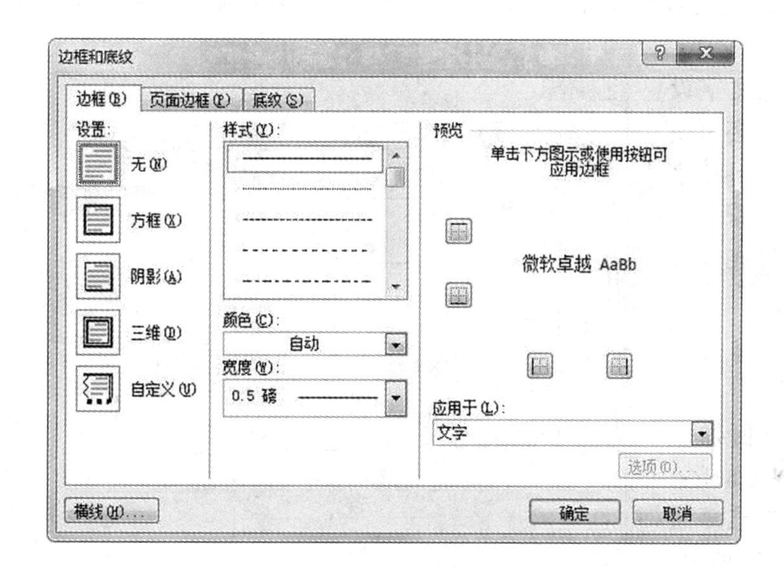

图4-44 “边框和底纹”对话框

字”或“段落”。

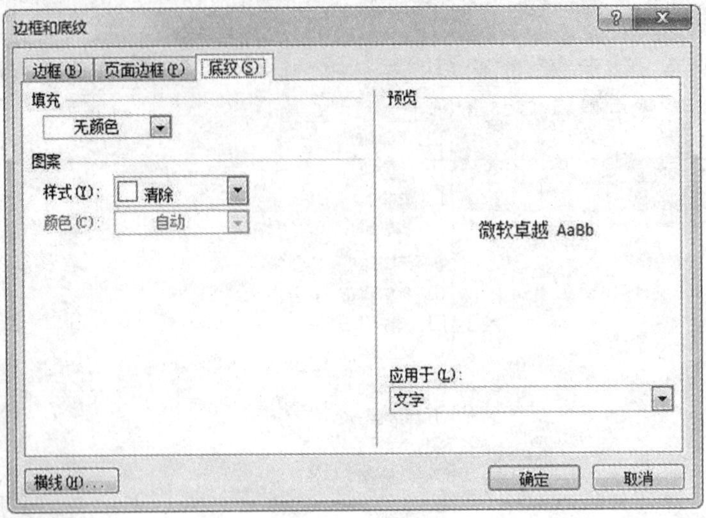

边框和底纹
边框(B) 页面边框(P) 底纹(S)
填充
无颜色
图案
样式(Y): 清除
颜色(C): 自动
预览
微软卓越 AaBb
应用于(L):
文字
横线(H)...
确定
取消

图 4－45　选择底纹

⑤单击“确定”按钮。

【注意】

①将边框和底纹的应用范围选择“文字”或“段落”，效果对比如图 4－46 和图 4－47 所示。

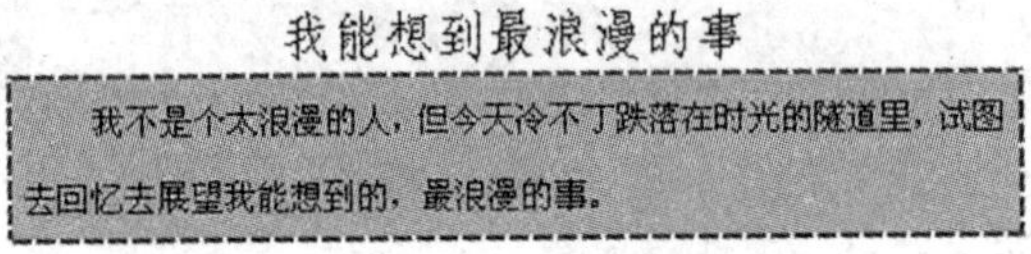

我能想到最浪漫的事
我不是个太浪漫的人，但今天冷不丁跌落在时光的隧道里，试图去回忆去展望我能想到的，最浪漫的事。

图 4－46　边框和底纹应用于段落

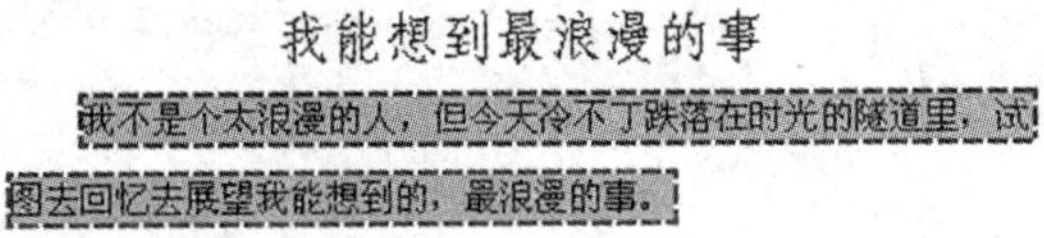

我能想到最浪漫的事
我不是个太浪漫的人，但今天冷不丁跌落在时光的隧道里，试图去回忆去展望我能想到的，最浪漫的事。

图 4－47　边框和底纹应用于文字

②对选定文字设置边框和底纹，还可使用“开始”选项卡【字体】功能区的字符边框按钮 A 和字符底纹按钮 A。

2. 给整个页面加上边框

给整个页面加上边框的操作方法如下：

①选择“页面边框”，如图 4－48 所示。

②设置边框类型、线型、颜色及宽度。

边框和底纹
边框(B) 页面边框(P) 底纹(S)
设置:
无(N)
方框(X)
阴影(A)
三维(D)
自定义(U)
样式(Y):
颜色(C):
自动
宽度(W):
0.5 磅
艺术型(R):
(无)
预览
单击下方图示或使用按钮可应用边框
应用于(L):
整篇文档
选项(O)...
横线(H)...
确定
取消

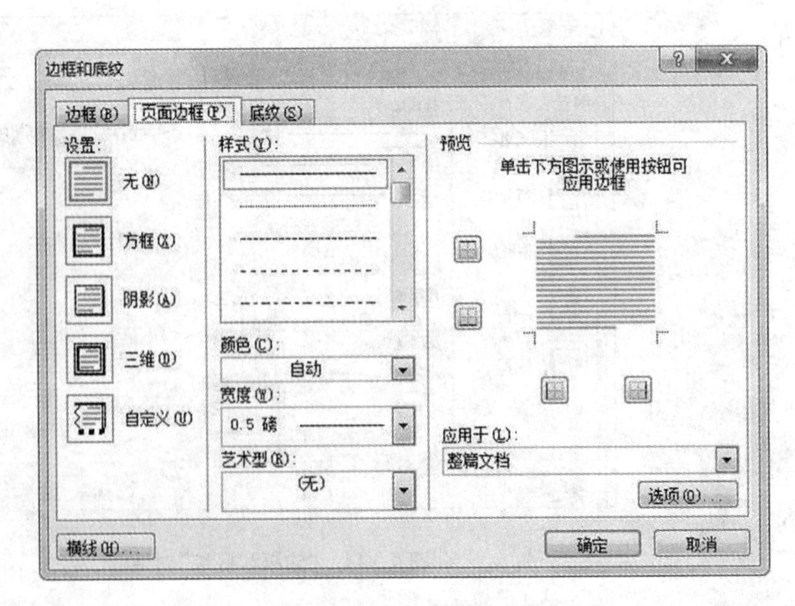

图 4－48　添加页面边框

③“应用于”可选择“整篇文档”“本节”“本节 - 只有首页”“本节 - 除首页外所有页”。

④单击“确定”按钮。

4.5　表格操作

Word 提供了强大的制表功能。表格以行和列的形式组织信息，行和列相交的方格称为单元格，每一个单元格都是一个独立的正文输入区域，可以输入文字或数据，也可以插入图片、声音等。

4.5.1　创建表格

Word 提供了三种创建表格的方法：第一种方法是插入表格；第二种方法是直接在文档中绘制表格；第三种方法是将已有的文本转换成表格。

1. 使用快捷方法创建表格

使用快捷方法创建表格的操作方法如下：

①移动光标到要插入表格的位置。

②单击“插入”选项卡的【表格】功能区的工具栏上的“插入表格”按钮。

③按住鼠标左键并拖动指针，拉出一个带阴影的表格，如图 4 - 49 所示。

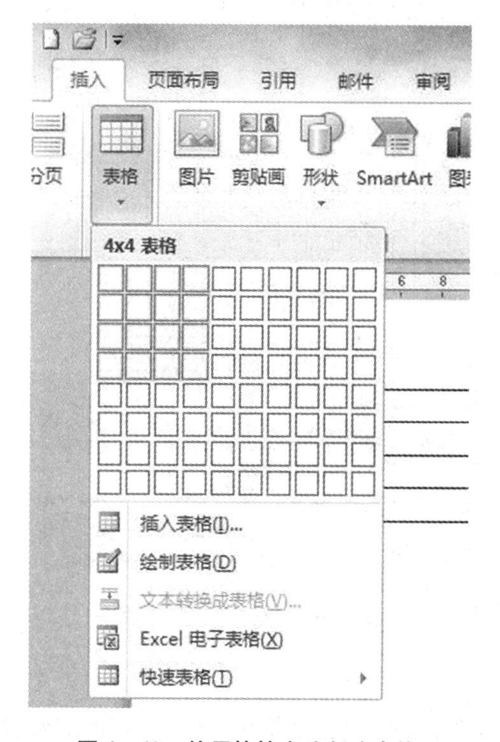

图 4 - 49　使用快捷方法创建表格

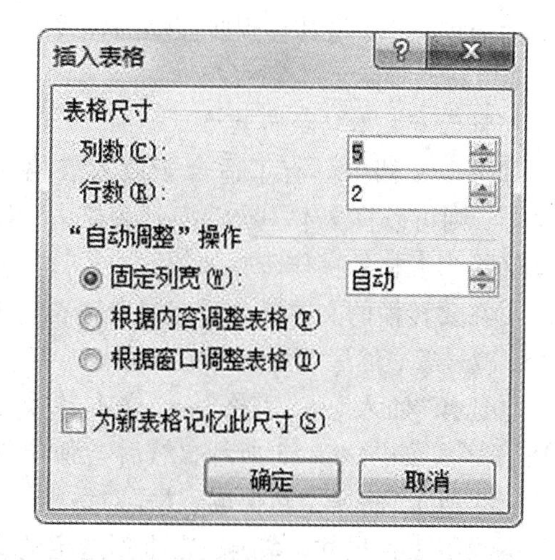

图 4 - 50　“插入表格”对话框

④当带阴影的表格行数和列数符合要求时，释放鼠标左键，表格插入到文档中。

2. 用“插入表格”菜单创建表格

用“插入表格”菜单创建表格的操作方法如下：

①移动光标到要插入表格的位置。

②单击“插入”→“表格”→“插入表格”，弹出“插入表格”对话框，如图 4－50 所示。

③设置相应选项，按“确定”按钮。其中：

a.“表格尺寸”栏中“列数”和“行数”框中分别输入表格的列数和行数。

b.“自动调整”操作栏：

固定列宽：如在微调框中选“自动”，则 Word 2010 会根据页面的宽度自动设置最大可能的列宽。

根据窗口调整表格：将根据页面的宽度自动设置最大可能的列宽，在 Web 视图下表格随浏览器窗口大小会自动调整。

根据内容调整表格：列宽随每一列输入的内容多少而自动调整。

3. 绘制表格

用“笔”画表是制表最直观的方法，可以制出一些比较复杂的非标准式表格，步骤如下：

①移动光标到需要创建表格的位置。

②单击“插入”选项卡的“表格”按钮下方的下拉按钮，在弹出的下拉菜单中选择【绘制表格】选项，如图 4－51 所示，这时指针变为笔形，我们可以在 Word 中自己绘制表格。

③在出现的“表格工具”—“设计”选项卡中，利用“绘图边框”来确定你所需要的表格框线的粗细、颜色、线性等，如图 4－52 所示。

④如果要擦除框线，单击“擦除”按钮，指针变为橡皮擦形，将其移到要擦除的框线上单击，即可将其擦除。

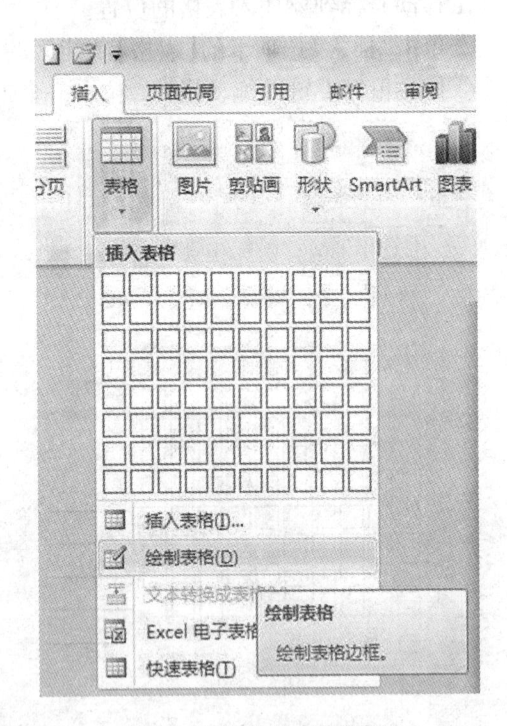

图 4－51 “绘制表格”选项

4. 将已有文本转换为表格

如果在文档中已有了适合于放入表格中的文本，则可以将文本一次转换到表格内，将文本转换为表格的操作步骤如下：

①在要转换的文本部分设定好分隔符，如逗号、减号等，然后选定这部分文本。

②选择“插入”→“表格”→“文本转换成表格”命令，如图 4－53 所示，然后会弹出如图 4－54 所示“将文字转换成表格”对话框。

③设置表格尺寸，系统通常根据选定的文字转换后的结果自动给出表的行数和列数。因此一般这两个参数不需要修改。

④设置文字分隔位置，可以选择段落标记、逗号、空格、制表符或其他字符作为分隔符。

⑤设置“自动调整”操作，单击“确定”按钮。

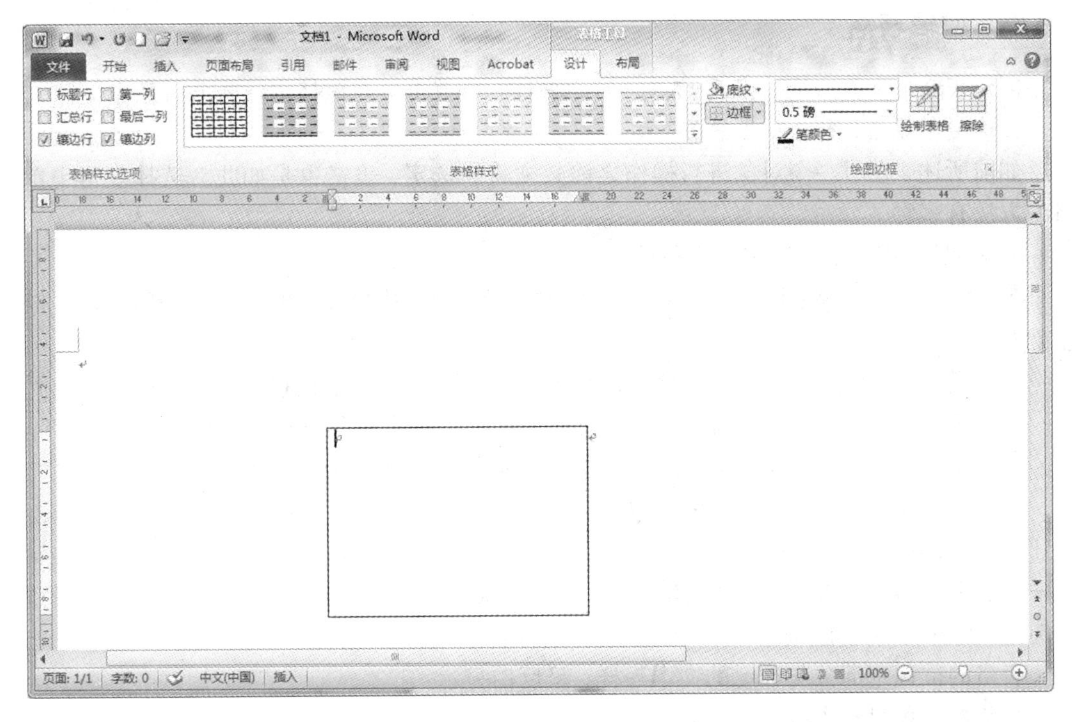

图 4－52　“表格工具”—“设计”选项卡

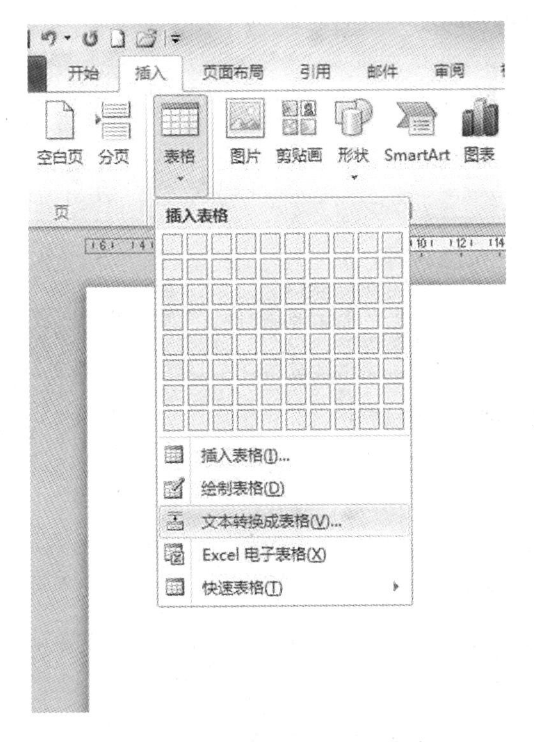

图 4－53　“文本转换成表格”命令项

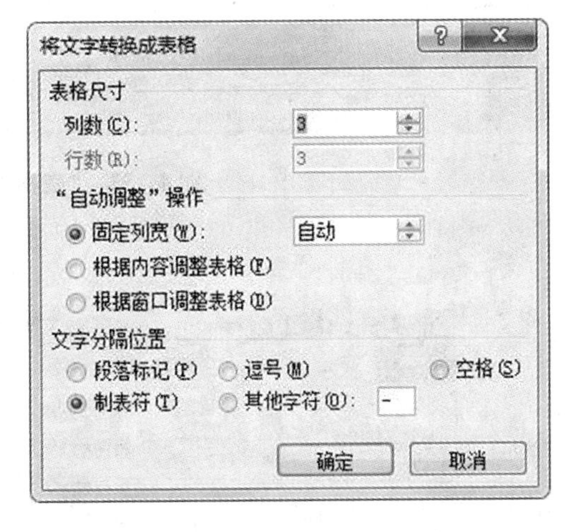

图 4－54　“将文字转换成表格”对话框

4.5.2 编辑表格

创建表格后，单击某一格(把光标移到此格内)，就可以在该格内输入各种数据。

1. 选定单元格、行、列或整个表格

如前所述，在对一个对象进行操作之前必须将它选定，表格也是如此。选择表格中单元格的方法有多种。

方法1：使用鼠标在表格中进行选定。

①选定一个单元格：将鼠标移到单元格的左边边界(指针变为向右箭头➚)，单击鼠标左键。

②选定行：鼠标单击该行的左侧(光标为向右箭头▱)。向下拖移可选定多行。

③选定列：单击该列的上端(光标为向下箭头⬇)。向右拖移可选定多列。

④选定一部分表格：在开始位置按下鼠标左键，拖移到结束位置。

⑤选定整张表格：单击表格任一位置后，表格左上角和右下角各出现一个标记，单击其中任意一个即可选中整张表格。

方法2：使用“表格”菜单选定单元格、行、列或整个表格的方法是单击表格内任意位置，再选择“表格”→“选定”命令，从中选择单元格、行、列或整个表格。

表格的被选定部分与选定的文本一样，呈反白显示。

2. 插入行或列、单元格

如果要在表格中插入一整行或一整列，必须先选定一行或一列，再进行插入操作。插入的行可在选定行的上方或下方，插入的列可在选定列的左侧或右侧。

(1)插入行或列

选中表格后，自动进入“表格工具”，选择“布局”选项卡，如图4－55所示，从中选择相应的命令。

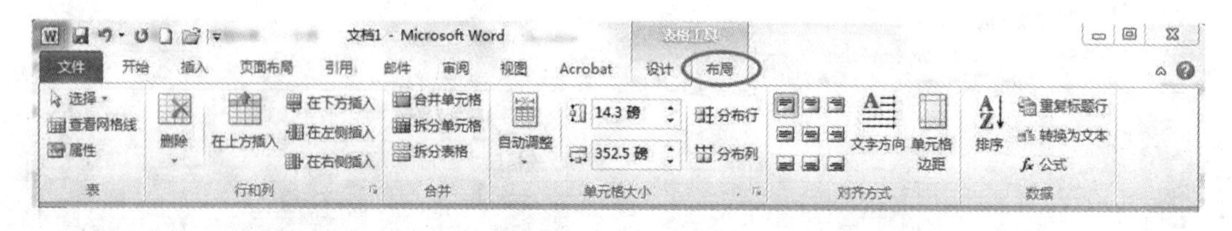

图4－55 “表格工具”—“布局”选项卡

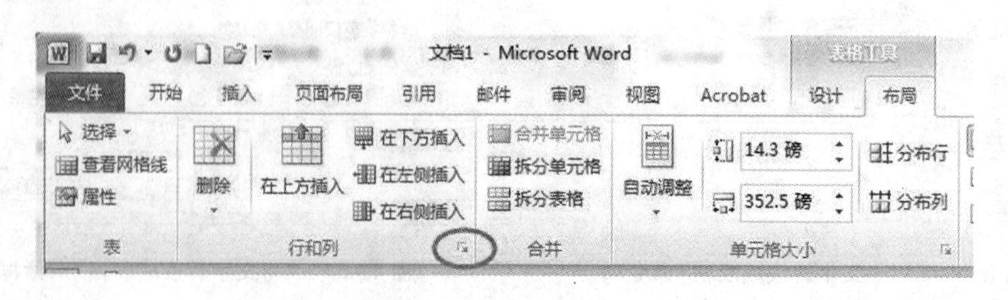

图4－56 “插入单元格”弹出按钮(图中黑圈所示)

(2)插入单元格

选中表格后，自动进入“表格工具”，选择“布局”选项卡，点击“行和列”功能区右下角的弹出按钮，如图 4－56 所示(图中黑圈标注的就是弹出按钮)，会弹出如图 4－57 所示的“插入单元格”对话框，从中选择相应的选项。

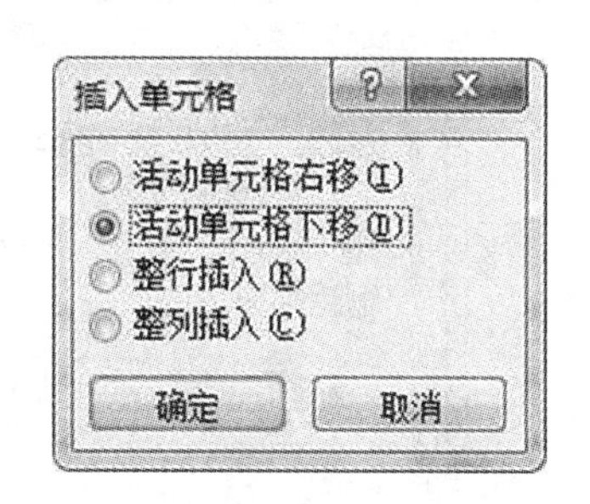

图 4－57 “插入单元格”对话框

3. 删除行或列、单元格

①选定要删除的行，单击右键，在弹出的快捷菜单中选择“删除行”，如图 4－58 所示。

②选定要删除的列，单击右键，在弹出的快捷菜单中选择“删除列”，如图 4－59 所示。

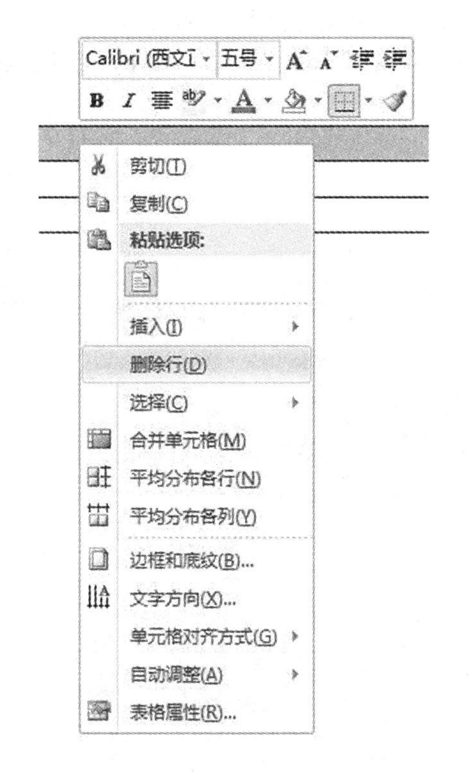

图 4－58 “删除行”选项

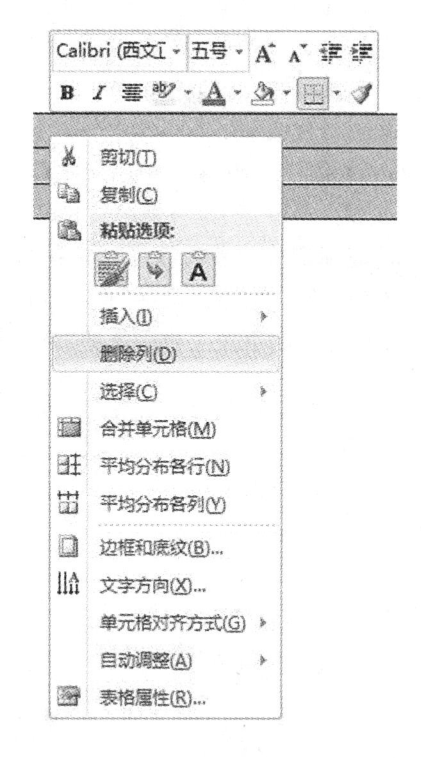

图 4－59 “删除列”选项

③选择要删除的单元格，单击右键，在弹出的快捷的菜单中选择“删除单元格”命令，会弹出“删除单元格”对话框，如图 4－60 所示。

4. 拆分单元格

拆分单元格是将表格中的一个单元格拆分成多个单元格。

选定需要拆分的单元格(一个或多个)，在“表格工具”→“布局”选项卡中，选择“合并”功能区，点击“拆分单元格”命令，如图 4－61 所示，弹出 “拆分单元格”对话框，如图 4－62 所示。设置要拆分的行数和列数，再单击“确定”。

也可以使用“设计”选项卡中的“绘制表格”按钮在要拆分的单元格内添加框线。

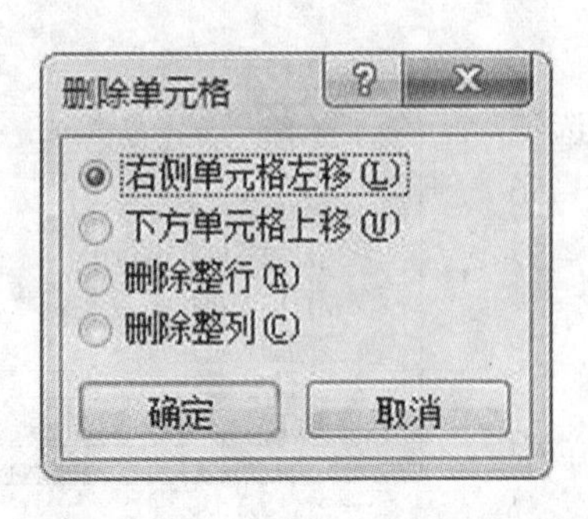

图 4－60 “删除单元格”对话框

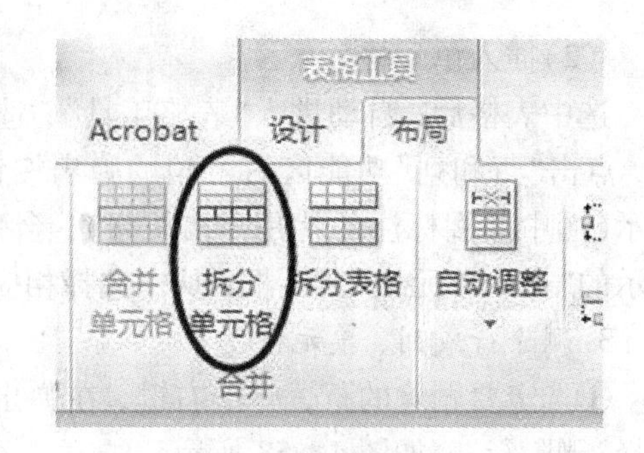

图 4－61 “拆分单元格”命令

5. 合并单元格

合并单元格是将同一行或同一列的两个或多个单元格合并为一个单元格。

选定需要合并的单元格，点击【布局】选项卡【合并】功能区的“合并单元格”命令，或单击右键，在弹出的快捷菜单中选择“合并单元格”命令。

6. 绘制斜线表头

Word 提供了绘制斜线表头的功能。如果我们想为表格加上一个漂亮的斜线表头，可采取如下步骤：

①将光标定位于表头位置(第一行第一列)。

②在“表格工具”的“设计”选项卡中选择“表格样式”功能区，点击“边框”按钮右边的下拉按钮，在弹出的下拉菜单中选择“斜下框线”，如图 4－63 所示。

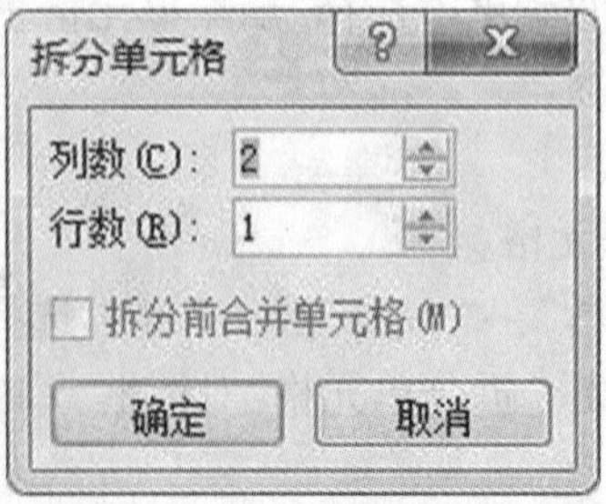

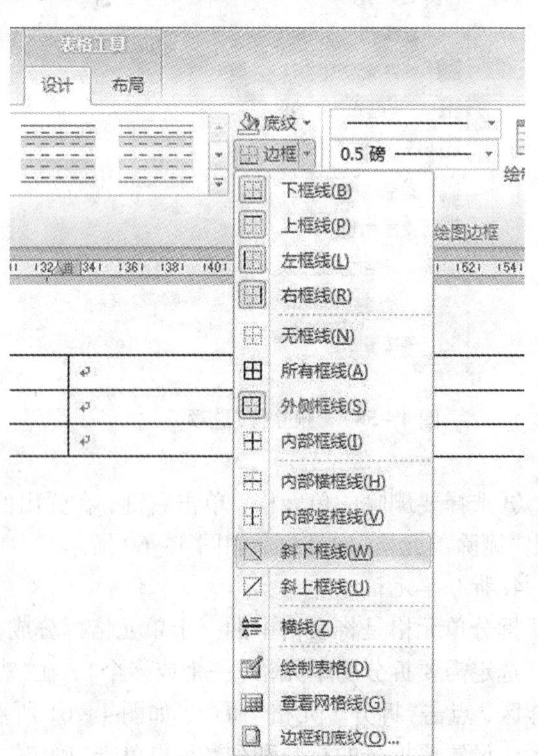

拆分单元格

列数(C): 2

行数(R): 1

拆分前合并单元格(M)

确定 取消

图 4－62 “拆分单元格”对话框

图 4－63 “插入斜线表头”下拉菜单

4.5.3　表格格式

所谓表格格式，是指表格边框、底纹、颜色、字体和文字对齐方式等综合的表格修饰效果。表格格式的作用除了美化表格外，还能使表格内容清晰整齐，并能在一定程度上起到排版作用。

1. 单元格中文本的对齐

改变表格单元格中文本的对齐方式：

(1)选定要设置文本对齐方式的单元格。

(2)在“表格工具”—“布局”选项卡的“对齐方式”功能区中选择相应的对齐方式。对齐方式有九种，如靠上居中、靠下右对齐等，如图4－64所示。也可以单击右键，在弹出的快捷菜单中选择“单元格对齐方式”，如图4－65所示。

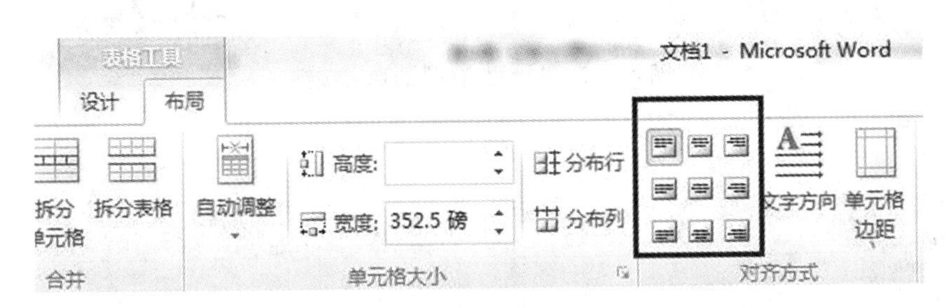

图4－64　“单元格对齐方式”选项

2. 表格套用格式

创建表格时，可以让表格具有某种特定的样式。对已有的表格，我们同样可以设成预置的样式，具体操作方法如下：

①在表格任意处单击。

②在“表格工具”→“设计”选项卡的“表格样式”功能区选择需要的表格样式。如图4－66所示。

要取消自动套用格式，可在“格式”列表框中选择“清除”。

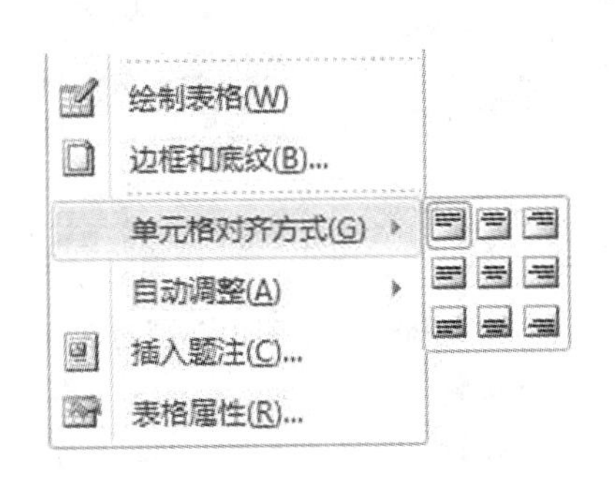

图4－65　“单元格对齐方式”快捷菜单

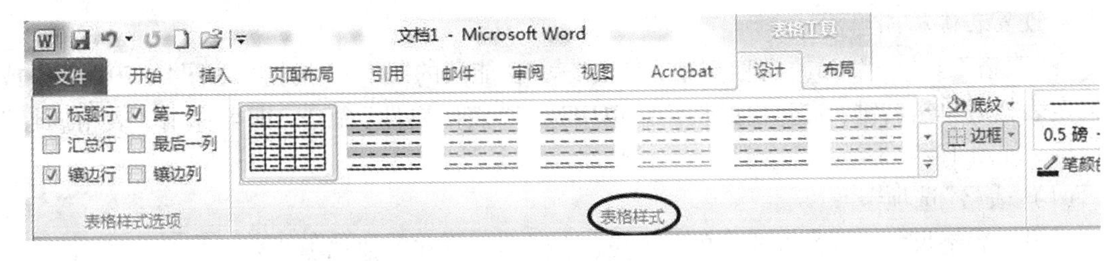

图4－66　“表格样式”选项

3. 边框和底纹

(1)边框和框线

在“表格工具”→“设计”选项卡的“绘图边框”功能区点击右下角的弹出按钮，如图4－67所示。接下来，会弹出“边框和底纹”对话框，如图4－68所示。在“边框和底纹”对话框中进行相应的设置，然后点击“确定”即可。

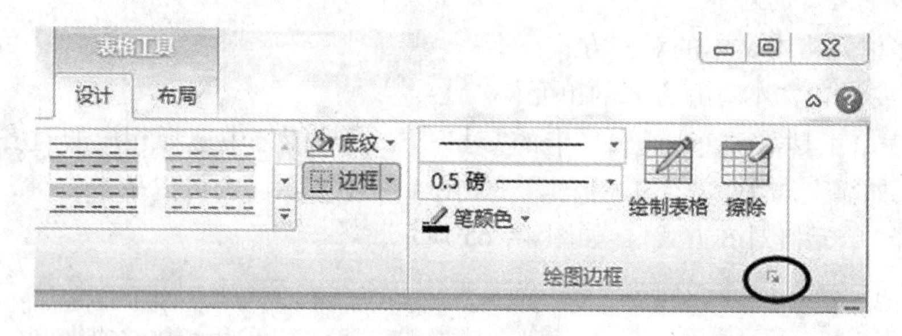

图4－67 “绘图边框”的弹出按钮

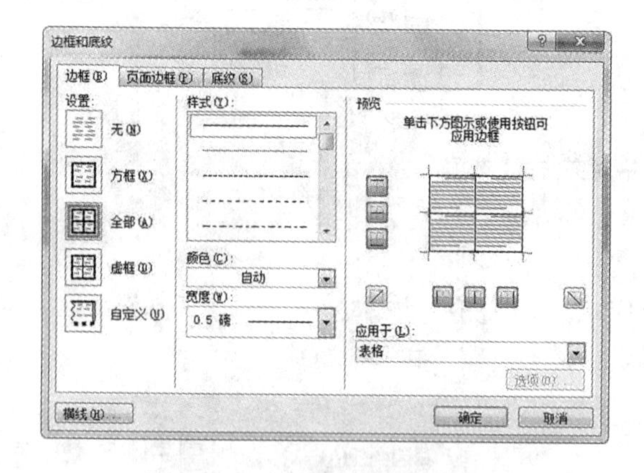

图4－68 “边框和底纹”对话框

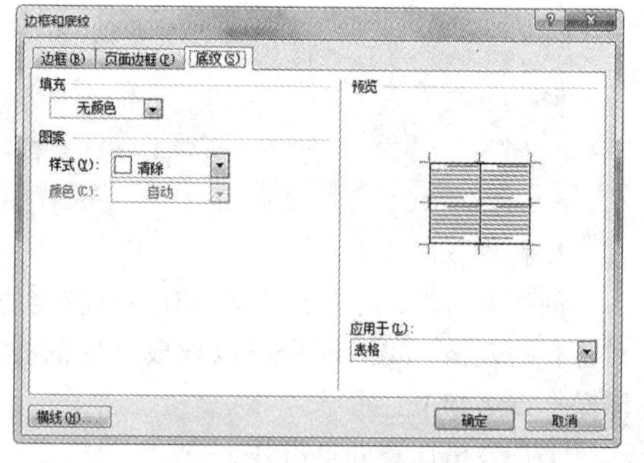

图4－69 “底纹”选项卡

(2)底纹

同样，在“边框和底纹”对话框中点击“底纹”选项卡，即可切换到“底纹”页面，在此页面进行相应的设置，然后点击“确定”，如图4－69所示。

4. 设置表格属性

在“表格工具”—“布局”选项卡中，单击“表”功能区的“属性”按钮，如图4－70所示，或者选定表格后单击右键，在弹出的快捷菜单中选择“表格属性”命令，即可弹出“表格属性”对话框，如图4－71所示。

(1)“表格”选项卡

可设置表格尺寸、对齐方式、文字环绕、边框和底纹和其他选项。

(2)“行”选项卡

可设置行指定高度、行高值及是否允许跨页断行、是否在各页顶端以标题行形式重复出现。

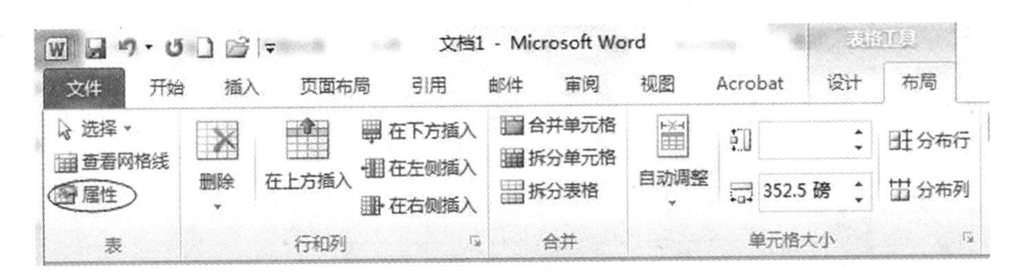

图 4－70　“属性”按钮

(3)“列”选项卡

可设置列指定宽度，其操作方法与改变行高的方法类似。

【注意】

①手工调整：将鼠标移到表格横线或纵线位置，这时鼠标变成上下调整状态或水平调整状态，按住鼠标左键不放，上下拖移鼠标或左右拖移鼠标，到达理想高度或宽度后，松开鼠标左键。

②要使多行、多列或多个单元格具有相同的高度、宽度时，可选定这些行、列或单元格，再单击右键，在弹出的快捷菜单中选择“平均分布各行”或“平均分布各列”命令，Word 将按照整张表的宽度、高度自动调整行高、列宽，使它们的值相同。

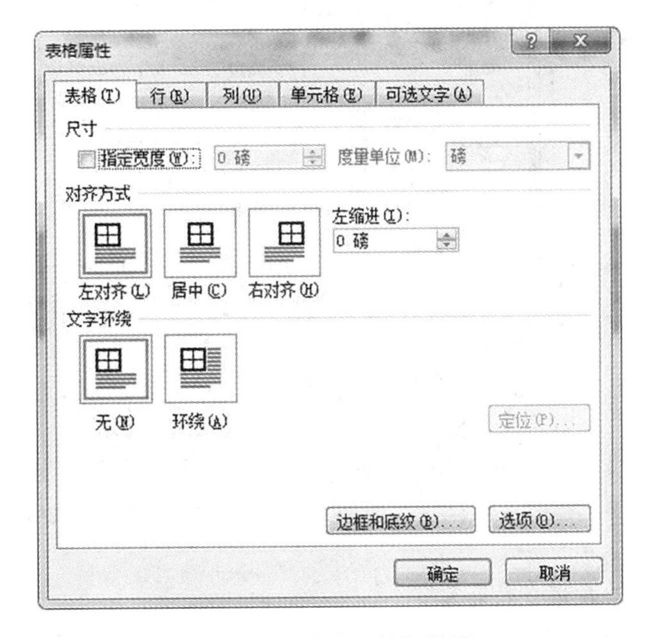

图 4－71　“表格属性”对话框

(4)“单元格”选项卡

可设置垂直对齐方式和其他选项等。

4.5.4　表格的排序与计算

1. 表格的排序

在 Word 的表格中，可以根据某几列的内容按笔画、数字、拼音及日期对表格进行递增或递减顺序排序。当选择多列排序时，Word 提供了三级关键字作为排序依据，即“主关键字”优先级最高，依次递减。

选定欲排序的列，在“表格工具”—“布局”选项卡中，单击“数据”功能区的“排序”按钮，如图 4－72 所示。在弹出的“排序”对话框中进行相应的设置，然后点击“确定”按钮，如图 4－73所示。

【注意】选定的列不能含有合并的单元格。

表格工具
设计
布局
分布行
5 磅
分布列
大小
文字方向
单元格
边距
对齐方式
排序
重复标题行
转换为文本
公式
数据

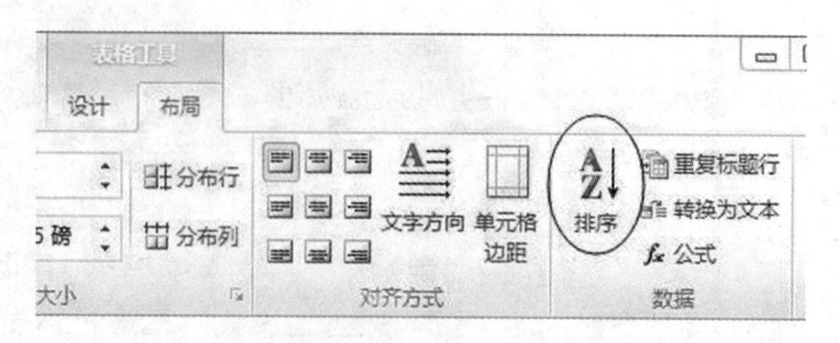

图 4－72 “排序”按钮

排序
主要关键字(S)
列 1
类型(Y): 拼音
使用: 段落数
升序(A)
降序(D)
次要关键字(T)
类型(P): 拼音
使用: 段落数
升序(C)
降序(N)
第三关键字(B)
类型(E): 拼音
使用: 段落数
升序(I)
降序(G)
列表
有标题行(R)
无标题行(W)
选项(O)...
确定
取消

图 4－73 “排序”对话框

2. 使用公式计算

Word 的表格中可以使用公式进行计算。在表格中，行的编号以数字表示，列的编号以英文字母表示，单元格的名字以“列号行号”表示，如图 4－74 所示，“李二”的数学成绩为 95 分，单元格名字是 C3。在公式中，用单元格的名字来引用其中的数据。“B2：B4”表示一个区域，包括 B2、B3、B4 这 3 个单元格。

姓名	语文	数学	英语	总分	平均分
王一	93	87	84		
李二	85	95	89		
张三	79	96	86		

图 4－74 B2：B4 单元格区域

常用的函数有如下 4 种：

SUM——计算总和；MAX——求最大值；MIN——求最小值；AVERAGE——求平均值。

常用的公式参数有：

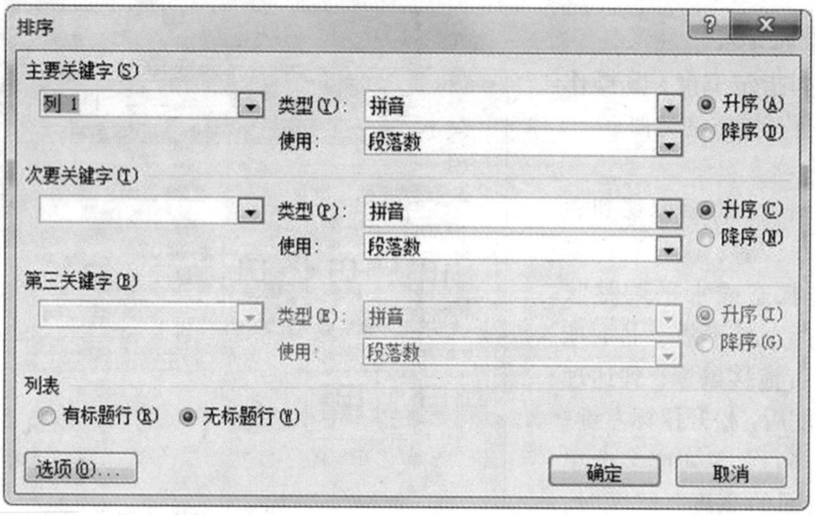

ABOVE——插入点上方的单元格内容按公式处理；

LEFT——将插入点左方的单元格内容按公式处理。

步骤：

①将插入点放在要存放结果的单元格中。

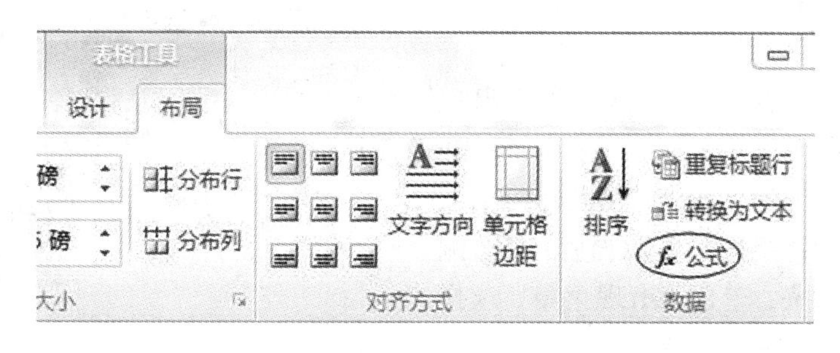

图4－75 “公式”按钮

②在“表格工具”—“布局”选项卡中，单击“数据”功能区的“公式”按钮，如图4－75所示；出现“公式”对话框，如图4－76所示。

③在“公式”框中键入计算公式（公式以等号开头），在单元格E2中使用公式“＝SUM（LEFT）”可以计算出王一同学的总分。

④最后，单击“确定”按钮。

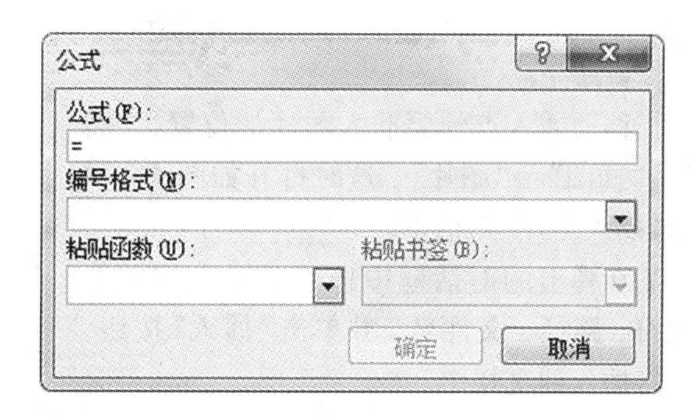

图4－76 “公式”对话框

【小贴士】Word 2010的表格计算功能较弱，要想实现较复杂的运算，可以使用电子表格软件Excel 2010。

4.6 图文混排

利用Word的图文混排功能，用户可以在文档中插入图片，使文档更加赏心悦目。在Word中图片可以是剪贴画、图形文件、自选图形、艺术字或图表等，其属性有大小、颜色、线条等，它们的操作比较相似。

4.6.1 插入图形、图片

Word中插入图片的功能非常强大，它可以接受以多种格式保存的图形，还提供了对图片进行处理的工具。选择“插入”→“插图”→“图片”命令，会弹出一个级联菜单，Word 2010可以从剪辑库中插入剪贴画或图片，也可以从其他程序或位置插入图片，还可以直接插入来自扫描仪和数码相机的图片。

1. 从剪辑库插入剪贴画

Office 2010剪辑中包括多种剪贴画、声音和图像等内容。使用“插入”菜单插入剪贴画的方法如下：

①将插入点定位于想插入剪贴画的位置。

②“插入”→“插图”→“剪贴画”，窗口右侧出现“剪贴画”任务窗格，如图4－77所示。

③在搜索文字框中输入要插入的剪贴画的类别，如“工具”。

④单击“搜索”按钮，任务窗格中将出现该类别所有的剪贴画。

⑤单击其中一张剪贴画，剪贴画即可插入到文档中。鼠标指针指向某剪贴画后，其右侧会出现一个下拉箭头，单击，出现菜单，选择其中的“插入”命令也可实现插入。

图4－77 “剪贴画”任务窗格

2. 插入“来自文件”的图片

在Word文档中，可以直接插入图片文件，如“.jpg”、“.bmp”、“.gif”等格式图片。其操作方法是：

①移动插入点到要插入图片的位置，“插入”→“插图”→“图片”，这时打开如图4－78所示“插入图片”对话框。

②在弹出的对话框中选择要插入的文件的盘符、路径、文件名，并单击“插入”按钮，文件将插入到文档中。

图4－78 “插入图片”对话框

3. 绘制图形

Word 提供的绘图工具栏可以绘制一些简单的图形及自选图形。与以往版本不同的是，Word 2010 提供了“绘图画布”功能，画布像图片一样移动，具有删除、改变大小、设置版式等属性，如图 4－79 所示。画布上的图形图片可以进行组合、排列、设置层次、移动、删除等操作。如果不需要画布，可以先把画布上的图形移出来，然后删除画布。

图 4－79　绘图画布

插入画布的方法如下：点击“插入”选项卡的“插图”功能区的“形状”下拉按钮，在弹出的下拉菜单中，最后一项即是“新建绘图画布”，如图 4－80 所示。

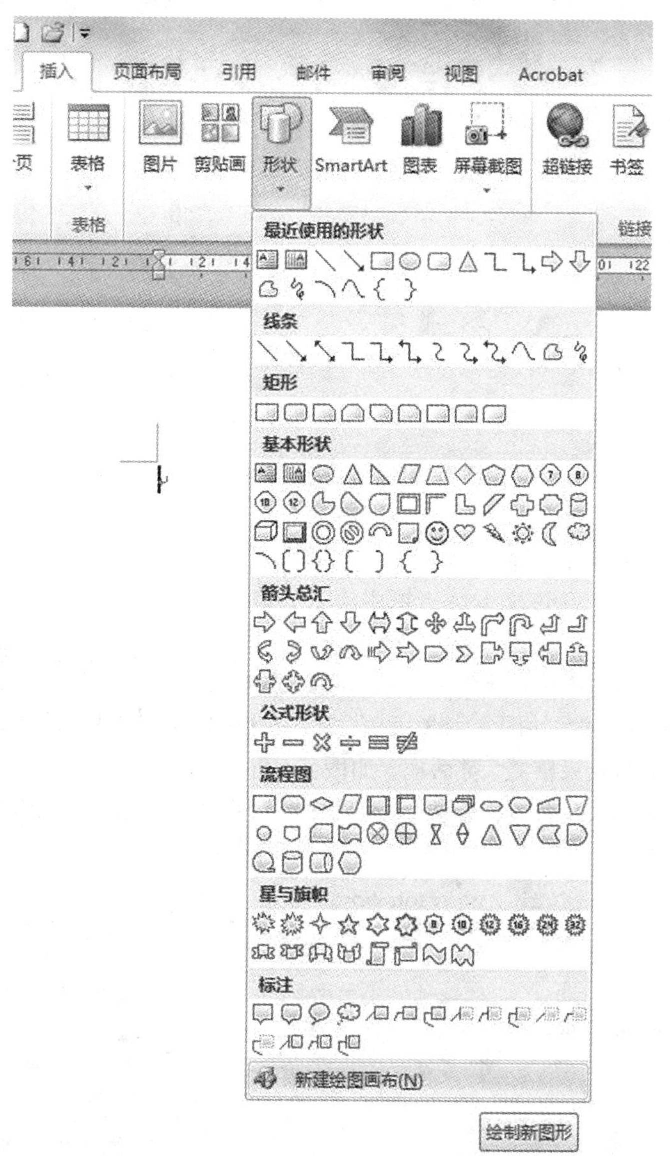

图 4－80　“新建绘图画布”命令

在图 4－80 所示界面中，“插入”选项卡的“插图”功能区的“形状”下拉菜单中有各种形状，我们可以先点选我们需要的形状，然后在文本区中或者在绘图画布上拖动画出需要的图形。

4. 插入艺术字

插入艺术字的操作方法如下：

① 将插入点移到想插入艺术字的位置。

②“插入”→“文本”→“艺术字”，弹出“艺术字”下拉列表，如图 4－81 所示。

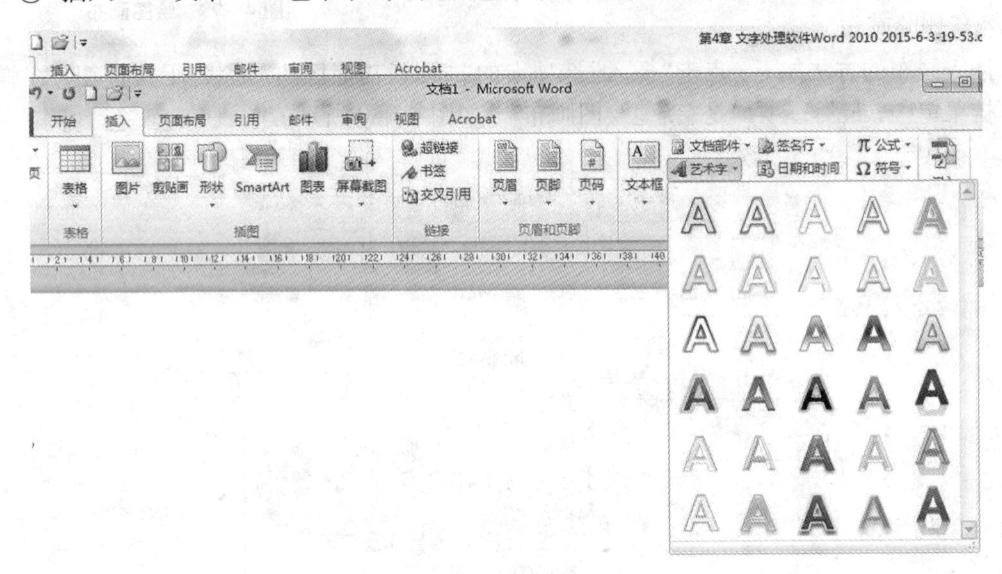

图 4－81 “艺术字”下拉列表

③用鼠标单击其中一种要插入的样式，在插入点处出现如图 4－82 所示界面，在该文本编辑框中输入要插入的艺术字文字。

图 4－82 设置艺术字文字

④选中艺术字，在“绘图工具”—“格式”功能区中可以设置艺术字的形状和样式，如图 4－83 所示；其中，点击“艺术字样式”功能区右下角的下拉按钮会弹出“设置文本效果格式”对话框，如图 4－84 所示。在该文本框中，可以对文本填充、文本边框、轮廓样式、阴影、映像、发光和柔化边缘、三维格式、三维旋转和文本框进行设置。

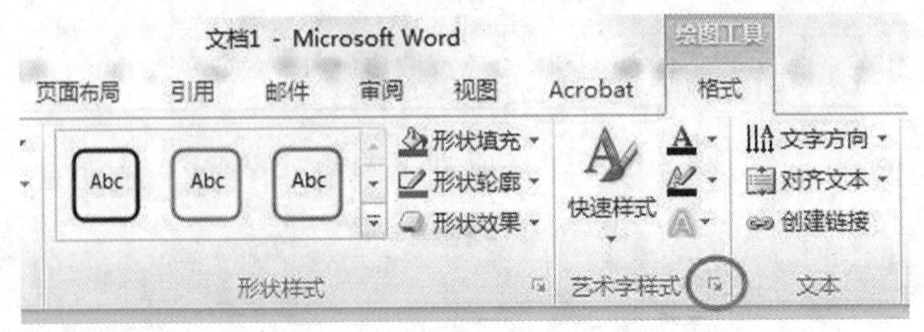

图 4－83 “艺术字样式”下拉按钮

图 4 – 84　“设置文本效果格式”对话框

4.6.2　编辑图片

插入图片后，用户可以根据需要对其进行必要的修改，如移动、缩放、裁剪图片，设置图片的位置等。用户可以通过 Word 2010 提供的“图片工具”—“格式”选项卡来对图片进行编辑，如图 4 – 85 所示。

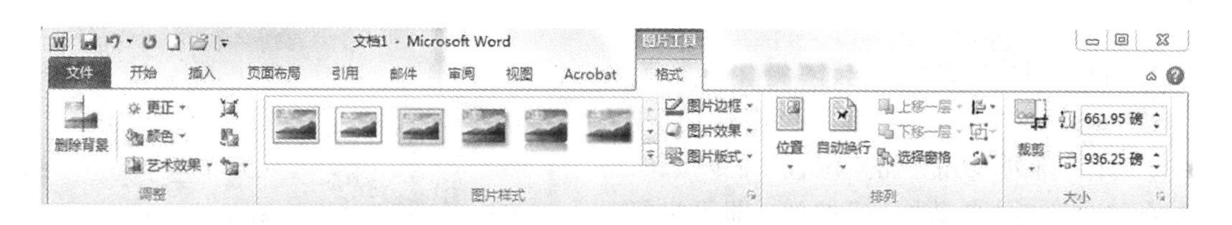

图 4 – 85　“图片工具”—“格式”选项卡

(1)移动图片

编辑图片遵循“先选定，后操作”的原则。单击图片的任何位置，选定图片，用鼠标拖动图片到目的地，再松开鼠标。

(2)缩放图片

点击图片的任何位置，图片四周出现 8 个控制点，实心控制点为“嵌入式”图片，空心控制点为“浮动式”图片。将鼠标移到所选图片的某个控制点上，当鼠标指针变成双向箭头时，拖曳鼠标可以进行图片缩放。在拖曳鼠标时，若同时按下 Shift 键，可使图像按等比例缩放。

(3)删除图片

选中该图片，敲键盘上的【Delete】(删除)或【Backspace】(退格)键，图片被删除。

(4)设置图片格式

选中图片，单击右键，在弹出的快捷菜单中选择“设置图片格式”命令，弹出“设置图片格式”对话框，如图4-86所示，可以设置图片的填充、线条颜色、线型、阴影、映像、发光和柔化边缘、三维格式、三维旋转、图片更正、图片颜色、艺术效果、裁剪、文本框和可选文字。

图4-86 “设置图片格式”对话框

(5)设置图片位置和文这环绕

选中图片，在“图片工具”—“格式”选项卡中，选择“排列”功能区的“位置”命令按钮，并结合其右边的“自动换行”按钮，即可进行图片位置的设置和文字环绕的设置，如图4-87所示。也可以选中图片后单击右键，在弹出的快捷菜单中选择“大小和位置”命令，弹出“布局”对话框，在“布局”对话框中选择“文字环绕”选项卡，如图4-88所示。有“嵌入型”“四周型”“紧密型”“穿越型”“上下型”“衬于文字下方”“浮于文字上方”七种文字环绕方式可供选择。

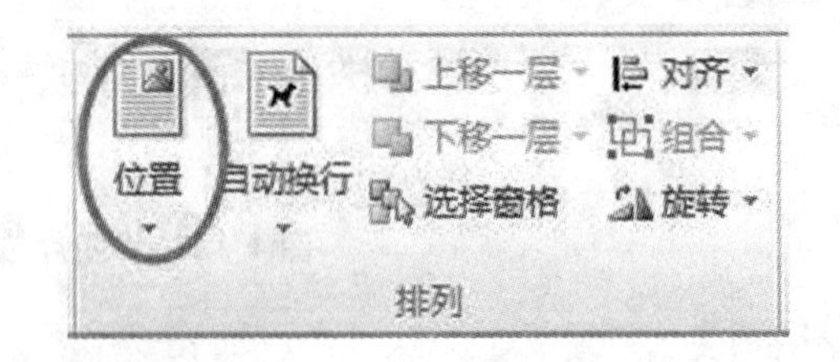

图4-87 “排列”功能区

(6)裁剪图片

用户可以有选择地保留图片中的一部分内容，即裁剪图片。图片文件、自选图形、剪贴画、艺术字等均可进行裁剪。其操作方法如下：

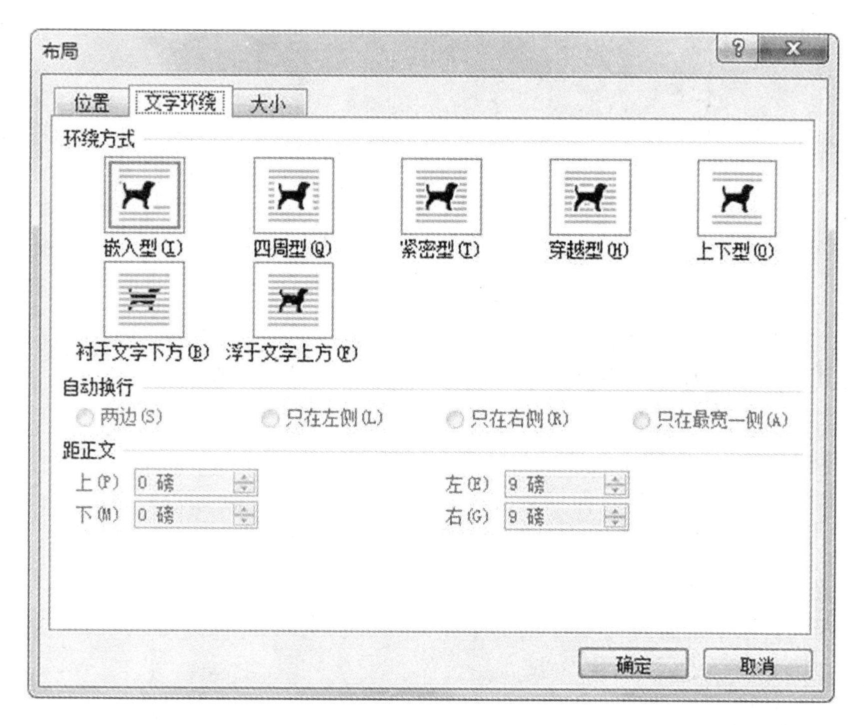

图 4-88　"文字环绕"选项

①选择要裁剪的图片。

②选择"图片工具"—"格式"—"大小"—"裁剪"，如图 4-89 所示。

③鼠标指针指向图片四周的句柄(嵌入式图片)或裁剪标记(其他环绕方式)中的一个，向图片内部拖移，这时有虚线跟着鼠标移动，指示裁剪位置。

④到达目标位置后，松开鼠标左键。

⑤单击裁剪工具或在图片外单击，结束裁剪。

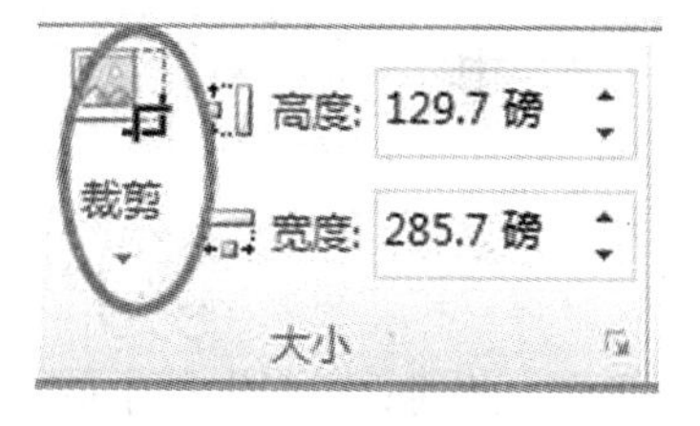

图 4-89　"裁剪"选项按钮

(7)设置图片的层次

Word 文档有三层，从上到下依次是：文字上方图片层，文字层，文字下方图片层。上层内容会覆盖下层的内容。当图片的版式设置为"浮于文字上方"时，图片就被置于文字上方的图片层中，"衬于文字下方"同理。在图片层中的图片又有各处的层次，层次高的图片会覆盖层次低的。我们可以改变图片的层次，以达到不同的覆盖效果。如图 4-90(a)所示椭圆的层次比矩形高，覆盖了矩形，右击椭圆，选择快捷菜单中的"置于底层"子菜单中选择"下移一层"，降低它的层次，可调整为图 4-90(b)的效果。

(8)图形的组合与拆分

在图片层中的多个图形可以组合起来，成为一个整体。方法是：

①选择第一个图形(图片)。

②按住 Shift 键依次选择其他需要组合的图片。

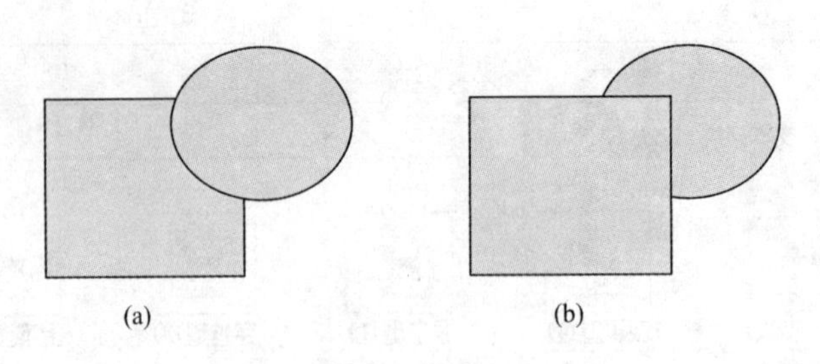

图 4 - 90 图片的层次

③右击其中一个图片，在快捷菜单中选择“组合”→“组合”命令。

若要把组合图片拆分，可以选择“组合”→“取消组合”命令。

(9)旋转图片

自选图形被选择后，其上方有一个绿色的圆形旋转标记，鼠标指针指向它，光标前端出现一个圆形，这时拖移鼠标，可以任意旋转图片，旋转到位后，松开鼠标。

(10)自选图形形状调整

自选图形、艺术字等被选中后，图形上出现一个或多个黄色的菱形标记，拖动该标记，可以改变图形的形状。

4.6.3 文本框的使用

文本框是 Word 提供给用户存放文本或图形的容器，放置在文本框内的文本或图形可在页面上的任何位置移动，并可随意调整文本框的大小。

1. 插入文本框

在文档中插入文本框的方法有以下两种。

方法一：“插入”→“插图”→“形状”→“基本形状”→“文本框”。

方法二：“插入”→“文本”→“文本框”。

这时将鼠标指针移到编辑区，鼠标指针变成十字形，在要插入文本框的位置单击或拖曳鼠标即可。此时，在文本框中的插入点处输入内容。在文本框中输入文本时，文本在到达文本框右边的框线时会自动换行。如果文本框太小，不能全部显示所输入的内容时，可拖动文本框的边框，将其扩大，直到全部内容显示为止。

2. 编辑文本框

选中文本框，单击右键，在弹出的快捷菜单中选择“设置形状格式”命令，这时会弹出：“设置形状格式”对话框，在该对话框中可以对文本框进行编辑和设置。也可以使用鼠标拖动对文本框进行缩放、移动等操作。

4.6.4 公式编辑器

顾名思义，公式编辑器，是用来编辑数学符号和公式的一个工具。插入数学公式的方法如下：

①将光标移到需要插入公式的位置。

②“插入”→“符号”→“公式”，弹出“公式”下拉列表，如图 4 - 91 所示。

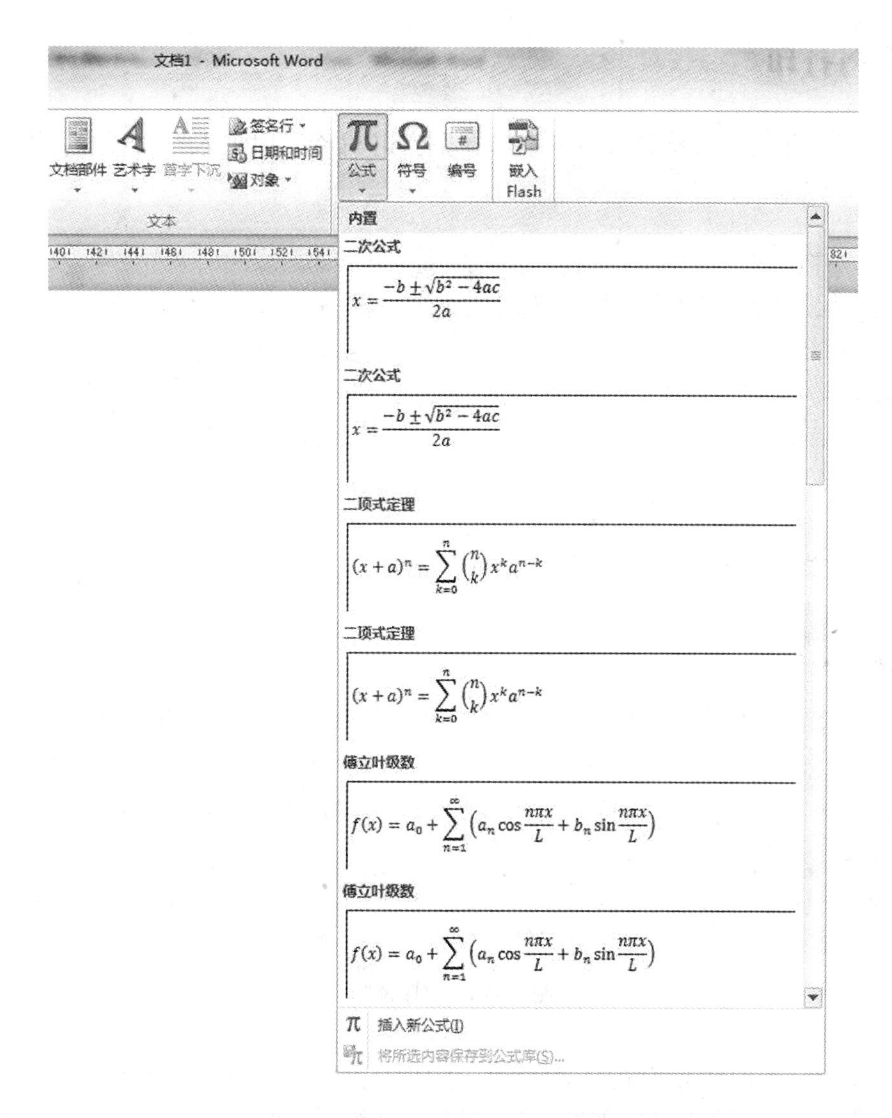

图 4－91　插入公式下拉列表

③在下拉列表中选择所需要的公式，如果没有找到想要的公式，则点击“插入新公式”命令，然后会弹出“公式工具”—“设计”选项卡，如图 4－92 所示。在该选项卡中可以选择各种公式，而后可以在文本区对选择的公式进行编辑，输入相关数据。

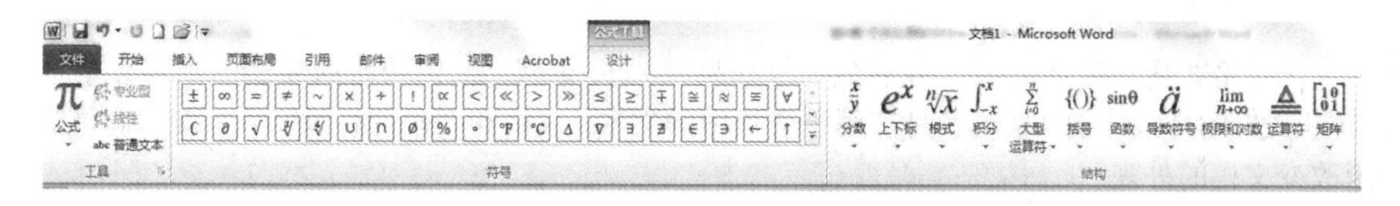

图 4－92　“公式工具”选项卡

4.7 文档打印

单击“文件”按钮，在弹出的菜单中选择“打印”命令，即进入打印界面，如图 4 – 93 所示。

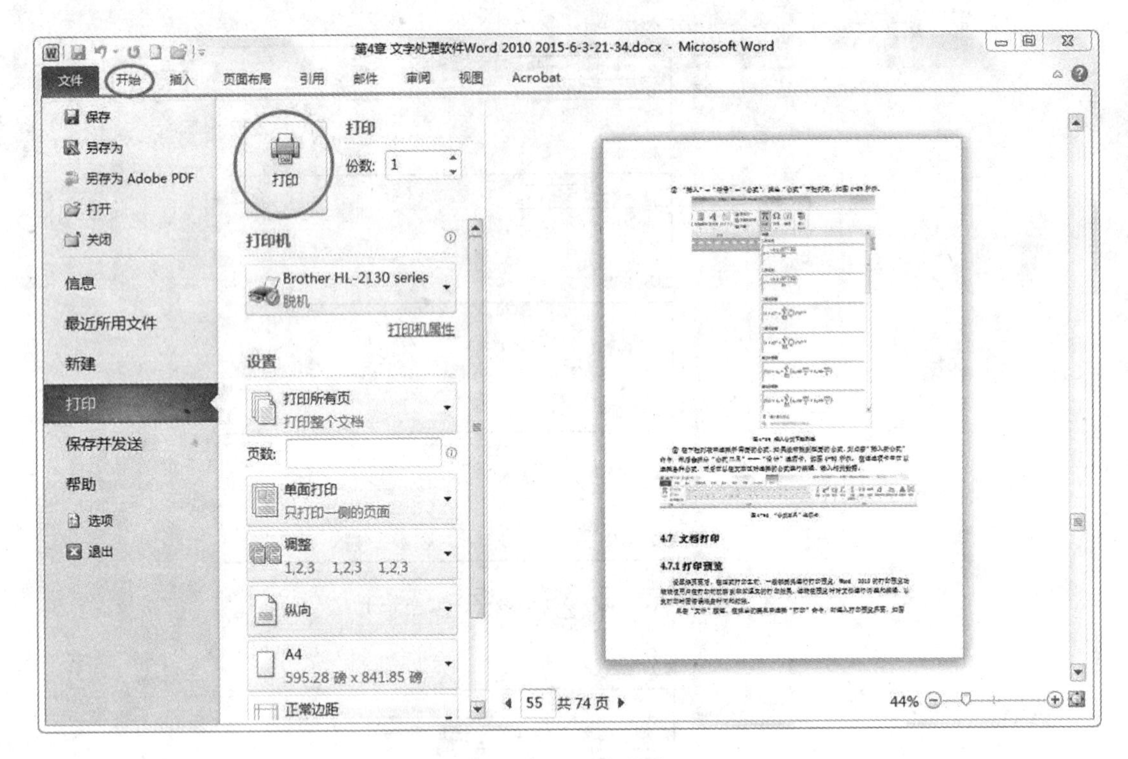

图 4 – 93 打印预览

在此界面中，我们可以预览打印的效果、设置打印的属性、调整边距等，如果确认无误，则单击“打印”按钮，开始打印。如果觉得仍然需要修改，则单击“开始”按钮，可以回到编辑状态，继续编辑文档。

4.8 Word 高级功能

4.8.1 样式

段落格式化对简单文档十分有效，但如果处理长文档，就比较费时费力了，需要使用 Word 提供的样式功能，样式就是应用于文档中的文本、表格和列表的一套格式特征，它能迅速改变文档的外观。

Word 为用户提供了大量的内建样式，用户可以根据需要应用这些内建样式；同时 Word 还允许用户根据需要定义自己的样式。

当用户需要使用内建样式时，可以选择“开始”选项卡的“样式”功能区，选择所需要的样式，如图4－94所示。

图4－94　“样式”功能区

1. 样式的创建、修改和删除

(1)创建新样式

当系统提供的内建样式不能满足用户要求时，用户可以自定义样式。创建新样式的步骤如下：

点击“样式”功能区右下角的按钮，弹出“样式”任务窗格，如图4－95所示，在该窗格上点击左下角的“新建样式”按钮，出现“根据格式设置创建新样式”对话框，如图4－96所示。此时，可以设置新样式，设置完毕以后，点击“确定”即可。

(2)修改样式

如果对已经存在的样式不太满意，可以直接修改样式，在“样式和格式”任务窗格中，用鼠标右键单击要修改的样式，单击【修改】命令。弹出“修改样式”对话框，修改样式的操作同“新建样式”。

(3)删除样式

在“样式与格式”任务窗格中，右键单击待被删除的自定义样式，在下拉菜单中单击“删除”命令。但需要注意的是，内建样式不能被删除，而自定义样式可以被删除。

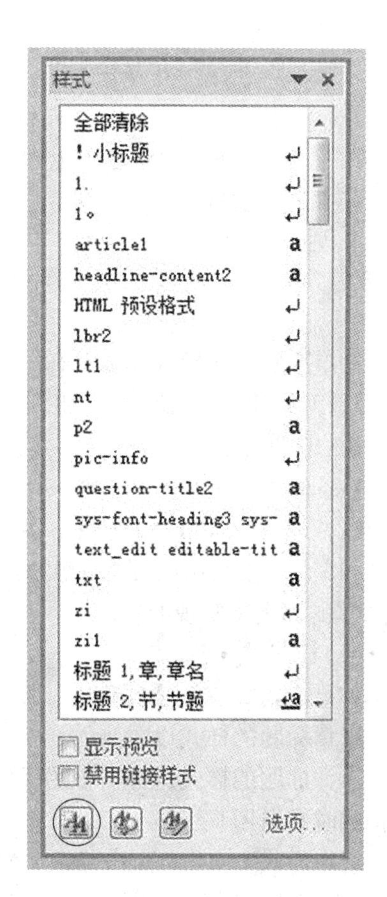

图4－95　“样式”任务窗格

2. 样式的使用

对已有对象使用样式方法如下：选中已有对象，然后单击“样式与格式”任务窗格中相应的样式。

对即将输入的对象使用样式的方法与对已有对象使用的方法基本相同，不同的是把选择已有对象改为插入点定位即可。

3. 样式的保存

样式的存储位置决定了样式的作用范围。样式的保存位置有以下2种情况。

①储存于文档：作用范围为文档自身。默认状态下用户自定义的样式保存在相应的文档中。

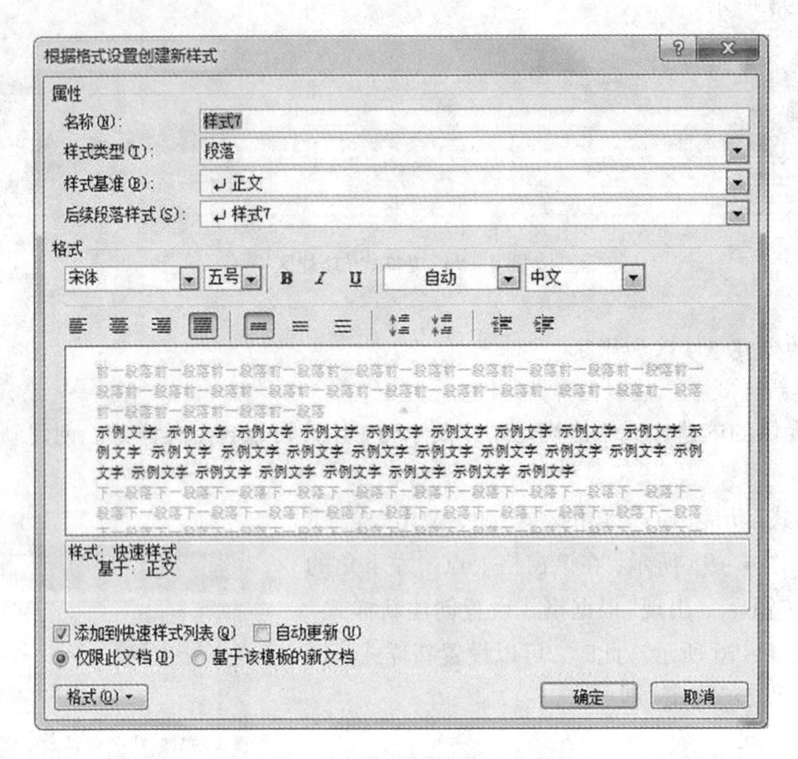

图 4－96　根据格式设置创建新样式

②添加到快速样式列表：在“新建样式”对话框或“修改样式”对话框中勾选上“添加到快速样式列表”复选框，如图 4－97 所示。

添加到快速样式列表(Q)

图 4－97　添加到快速样式列表

4. 多级编号与标题样式绑定

在 Word 中，可以快速地给多个段落的文本添加项目符号和编号，使文档更具有层次感，易于阅读和理解。章节编号自动化是靠“多级编号”与“样式”的绑定来实现的。

(1)样式的准备

如果需要章节编号自动化，那么在定义章标题、节标题及小节标题的样式时就要有所准备。以章标题的样式设置为例，样式的设置步骤如下：

①章标题的样式选择“标题 1”(章标题最好不要改名字，就用“标题 1”，便于在制作页眉页脚的时候引用)。

②在样式上右击，点击修改，弹出类似于图 4－96 所示的“创建新样式”对话框，点击左下角的【格式】按钮，在弹出的下拉菜单中选择“段落”，弹出如图 4－98 所示的“段落”对话框。

同上设置节标题和小节标题的样式分别选择标题 2，标题 3，再修改，名称也可以相应修改。但注意大纲级别应用分别是 2 级和 3 级。

(2)多级符号列表

定义好各个章节标题的样式以后，再把章节标题的样式与多级符号相关联，操作步骤如下：

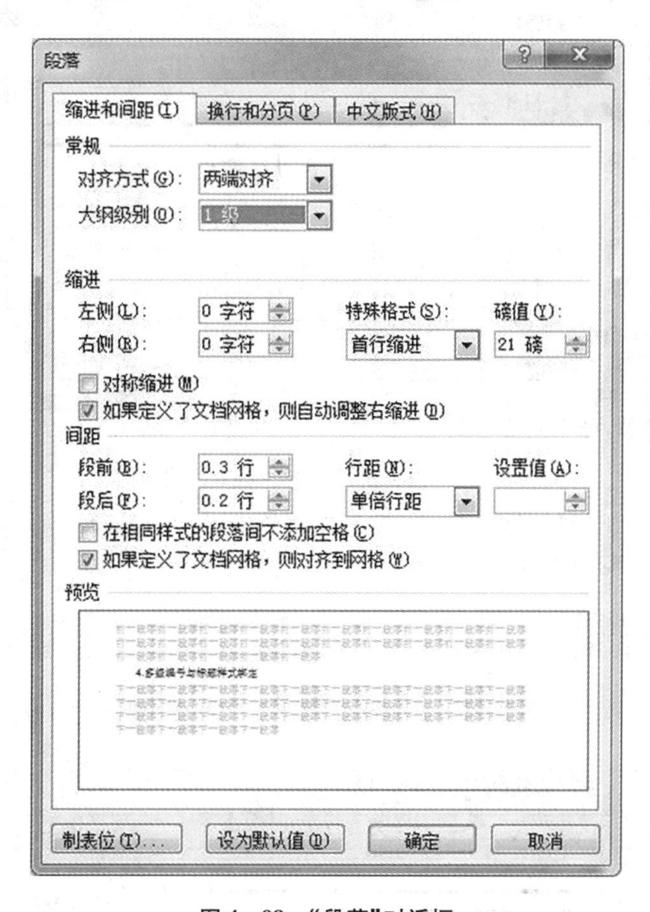

图4－98　“段落”对话框

①点击“开始”选项卡中“段落”功能区的“多级列表”按钮右下角的按钮，在弹出的下拉列表中选择“定义新的多级列表”，弹出“定义新多级列表”文本框，如图4－99所示。单击“更多”按钮，如图4－100所示。

②选择级别，设置编号格式(在编号前后分别加汉字“第”和“章”)等和将级别连接到样式(1级的样式名称为“标题1”)。

在设置了样式和多级符号以后，章节序号就会随着样式的选择自动给出，对用户已经输入的章节序号要执行删除操作。

4.8.2　模板

模板是预先设置的关于文档页面格式、段落格式、其他各种对象及其属性的一套设计方案，使用模板不仅可以提高工作效率，还可以达到让文档统一规范的目的。模板以文件的方式存储，扩展名是.dot。模板分为共用模板和文档模板两种。

①共用模板：包括默认模板“空白文档”，即Normal模板，所含设置适用于所有文档。

②文档模板：文档模板(例如“模板”对话框中的备忘录和传真模板)所含设置仅适用于以该模板为基础的文档。保存在“Templates”文件夹中的模板文件出现在“模板”对话框的“常

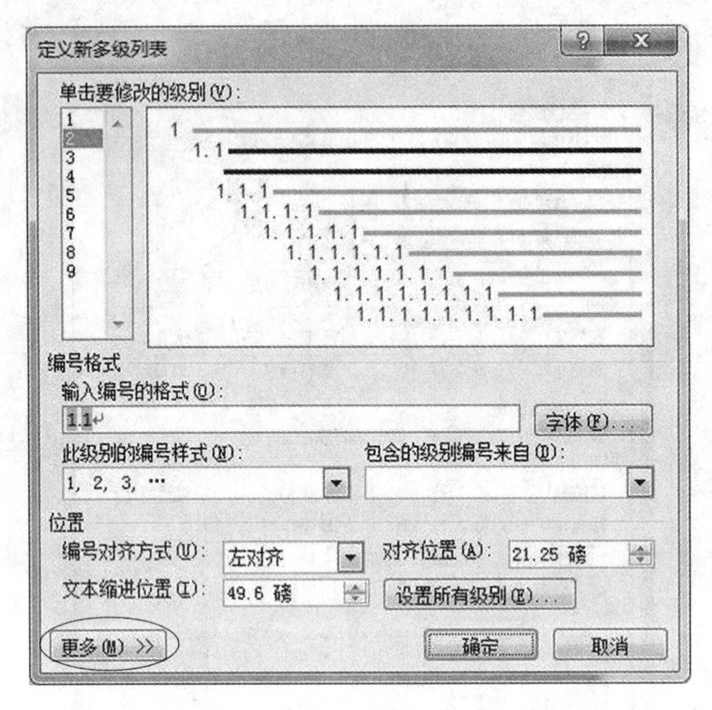

图 4－99 “自定义多级符号列表”对话框

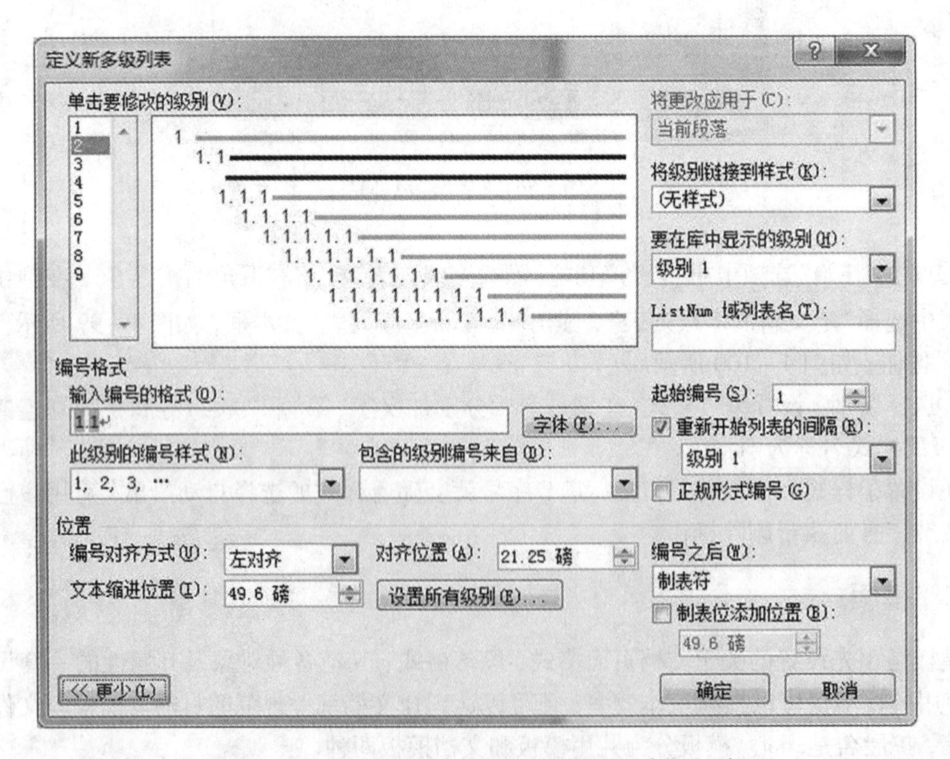

图 4－100 展开以后的“自定义多级符号列表”对话框

用”选项卡中。如果要在“模板”对话框中为模板创建自定义的选项卡，请在“Templates”文件夹中创建新的子文件夹，然后将模板保存在该子文件夹中。这个子文件夹的名字将出现在新的选项卡上。

Microsoft Office Online 网站，提供了更多的模板和向导。用户可以根据需要去下载相应的模板。

1. 使用现有模板创建新文档

使用现有模板创建新文档的操作方法如下：

①“文件”→“新建”，打开“新建文档”任务窗格，如图 4－101 所示。

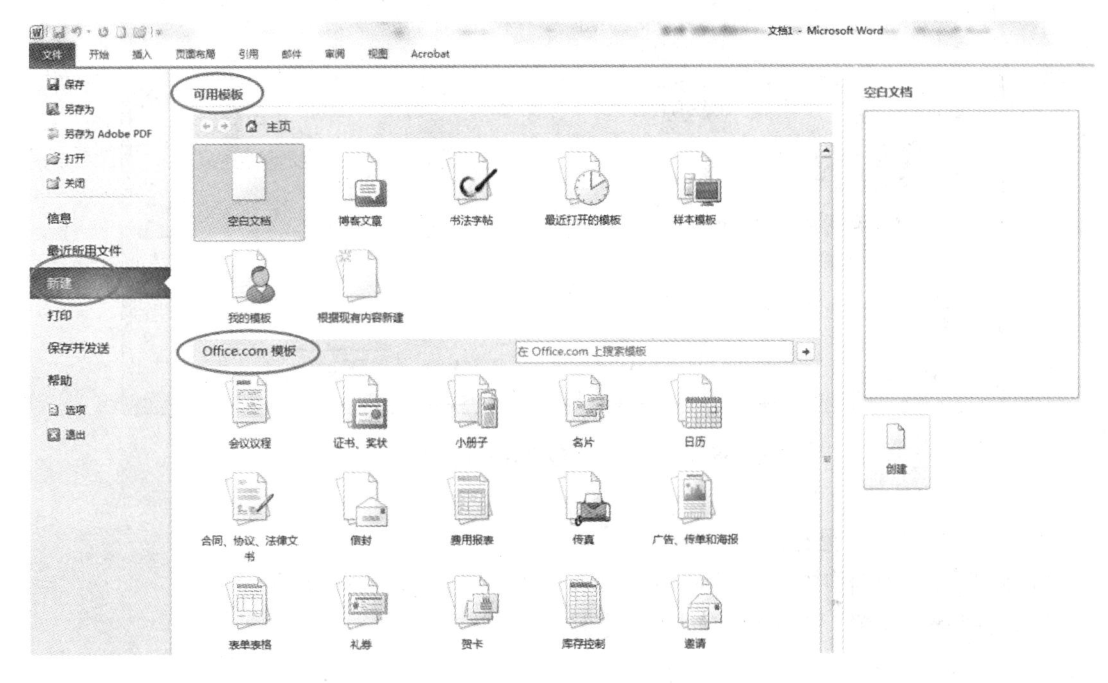

图 4－101　“模板”对话框

②在“可用模板”中点击所需要的模板，然后点击“创建”按钮，即可用现有模板创建新文档。如果电脑已经连入 Internet，我们还可以使用 Office. com 模板，需要注意的是，Office. com 模板不是存在本地电脑里的，需要先从网络上下载。

2. 新建模板

日常工作中，有许多文档格式会重复使用，我们可以创建模板。新建模板的方法有以下两种。

(1)根据原有模板创建新模板

①如图 4－101 所示“新建”任务窗格，选择一个模板，点击右下角的“创建”按钮。

②在此模板的基础上创建新模板，具有原有模板的全部特性，然后点击“文件”—“另存为”命令。选择“保存位置”和“文件名”，然后将文件的“保存类型”改为“Word 模板(＊. dotx)”，如图 4－102 所示。

(2)根据原有文档创建新模板

①打开所需的文档。

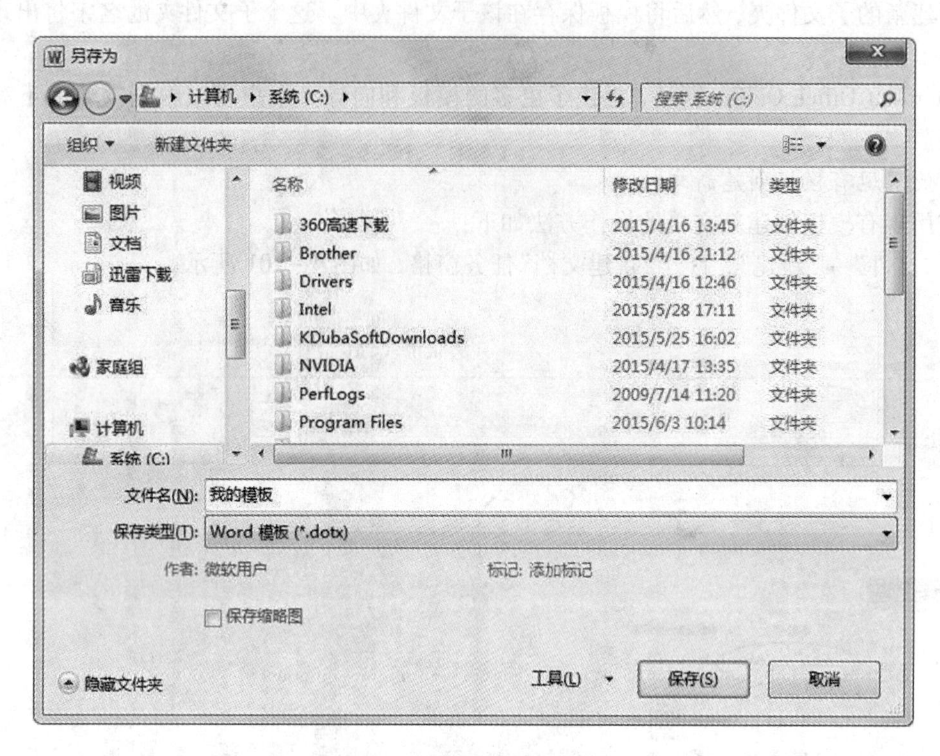

图 4－102 另存为“Word 模板”

②单击【文件】→【另存为】。

③在“保存类型”框中，选择“Word 模板(*. dotx)”，如图 4－102 所示。

④选择“保存位置”和“文件名”，单击【保存】按钮。

3. 修改文档模板

如果要更改模板，则会影响根据该模板创建的新文档。更改模板后，并不影响基于此模板的原有文档内容。修改文档模板的步骤如下：

①单击【文件】→【打开】命令，找到并打开要修改的模板。

②更改模板中的的文本和图形、样式、格式、宏、自动图文集词条、工具栏、菜单设置和快捷键。

③单击“常用”工具栏上的【保存】按钮。

4.8.3 引用对象与交叉引用

Word 的引用功能可以实现图表、脚注和尾注的自动编号，索引和目录的自动生成等操作，交叉引用功能可以实现这些编号的被引用，并能够自动更新。使用引用对象与交叉引用，能够增强排版的灵活性，减少许多烦琐的重复操作，提高工作效率。

1. 书签

书签是加以标志和命名的位置或选择的文本，以便以后引用。例如，可以使用书签来标志需要以后修订的文本。使用“书签”对话框，就无需在文档中上下滚动来定位该文本。

(1)添加书签

①选择要为其指定书签的项目，或单击要插入书签的位置。

②单击 “插入”→“链接”→“书签”命令，弹出“书签”对话框，如图 4－103 所示。

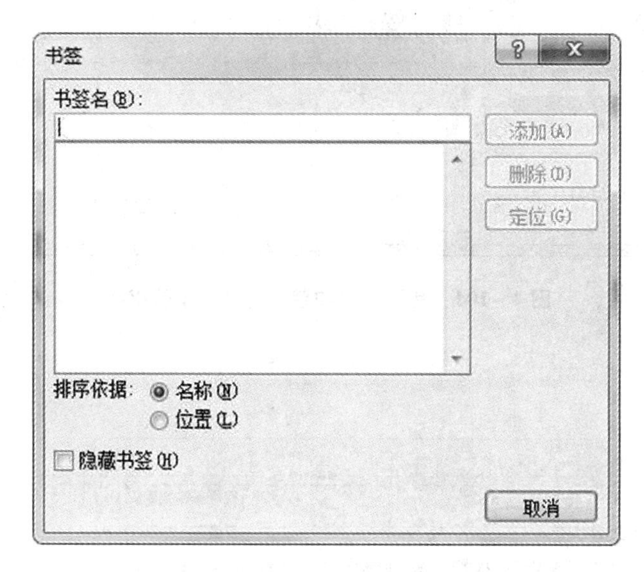

图 4－103　“书签”对话框

③键入或选择书签名。书签名必须以字母或汉字开头，可包含数字但不能有空格。可以用下划线字符来分隔文字，如“书签_1”。

④单击“添加”按钮。

(2)删除书签

在“书签”对话框，单击要删除的书签名，然后单击“删除”按钮。

若要将书签与用书签标记的项目(如文本块或其他元素)一起删除，请选择该项目，再按【Delete】键。

(3)定位到特定书签

添加了书签就可以利用书签快速定位了。利用书签对话框定位书签的操作方法如下：

①在“书签”对话框，选择“名称”或“位置”对文档中的书签列表进行排序。

②如果要显示隐藏的书签，例如交叉引用，请选中“隐藏书签”复选框。

③在“书签名”下，单击要定位的书签。

④单击“定位”按钮。

也可利用查找和替换对话框定位书签：

①单击“开始”→“编辑”→“查找”右边的下拉按钮，选择“转到”，会弹出如图 4－104 所示的“查找和替换”对话框，并且已经切换到“定位”选项卡上。

②在“定位目标”列表中选择书签，在“请输入书签名称”列表中选择要定位的书签。

③单击“定位”按钮。

(4)显示书签

添加的书签是非显示字符，要想看到书签，需要做如下操作：

①单击 “文件” →“选项”命令，会弹出如图 4－105 所示的“Word 选项”对话框，然后单

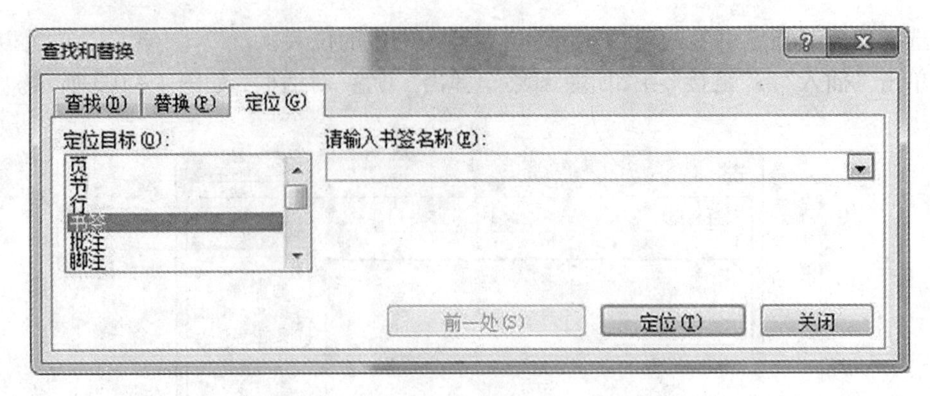

图 4－104　利用查找和替换对话框定位书签

击“高级”选项卡。

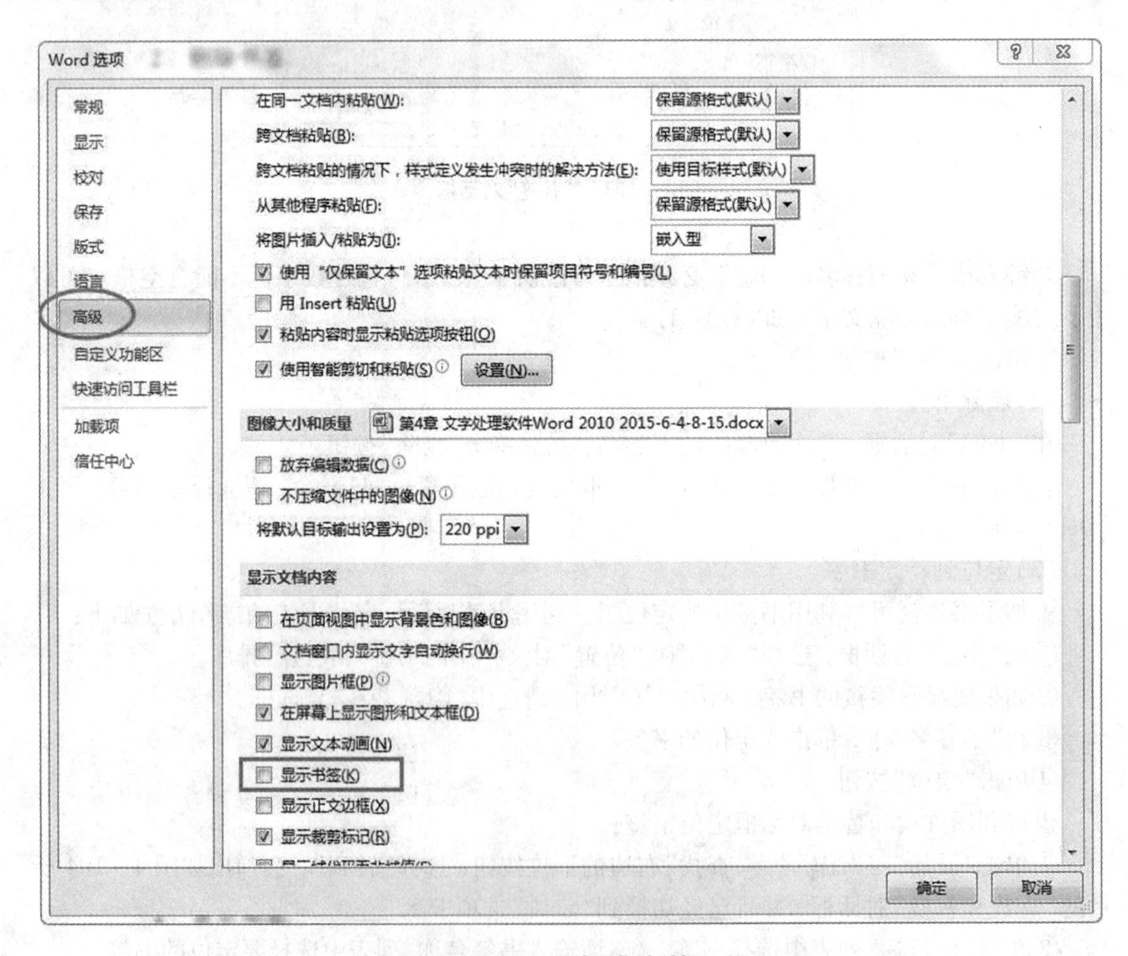

图 4－105　“选项”对话框

②勾选“书签”复选框。

③单击“确定”按钮。

如果已经为一项内容指定了书签，该书签会以括号([…])的形式出现(括号仅显示在屏幕上，不会打印出来)。如果是为了一个位置指定的书签，则该书签会显示为 I 形标记。

2. 脚注和尾注

脚注和尾注是对文本的补充说明。脚注一般位于页面的底部，可以作为文档某处内容的注释；尾注一般位于文档的末尾，列出引文的出处等。脚注和尾注由两个关联部分组成，包括注释引用标记和其对应的注释文本。

用户可让 Word 自动为标记编号或创建自定义的标记。在添加、删除或移动自动编号的注释时，Word 将对注释引用标记重新编号。

(1)插入脚注和尾注

①将插入光标移到要插入脚注和尾注的位置。

②单击“引用”选项卡的“脚注”功能区，根据需要点击“插入脚注”按钮或“插入尾注”按钮，即可快速插入脚注和尾注，如图 4－106 所示。

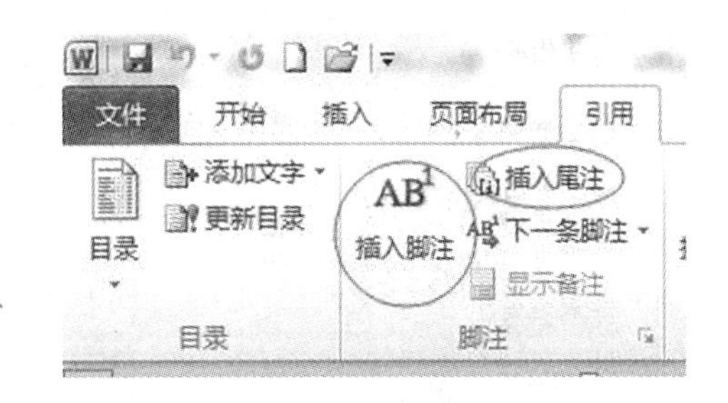

图 4－106　“插入脚注”按钮

③如果要对脚注和尾注进一步设置，则可点击“脚注”功能区右下角的 按钮，即可打开“脚注和尾注”对话框，在该对话框中，可以设置“编号格式”“自定义标记”“起始编号”等，如图 4－107 所示。

④在“编号格式”下拉列表中选择编号格式。也可以“自定义标记”。

⑤输入“起始编号”和“编号方式”，编号方式有“连续”“每节重新编号”“每页重新编号”等选项。所有脚注或尾注连续编号，当添加、删除、移动脚注或尾注引用标记时自动重新编号。

⑥单击“插入”按钮，完成“脚注”和“尾注”的设置。

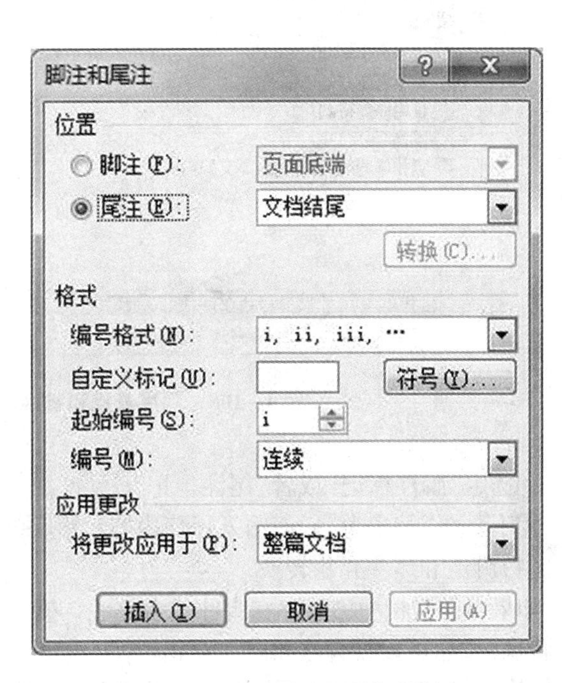

图 4－107　“脚注和尾注”对话框

(2)查看脚注和尾注

将鼠标指向文档中的注释引用标记，注释文本将出现在标记上。

用户也可以双击注释引用标记，将焦点直接移到注释区，用户即可以查看该注释。或选择“引用”选项卡中“脚注”功能区的“显示备注”命令来查看注释。

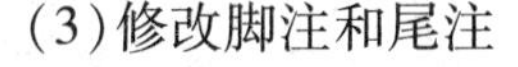
(3)修改脚注和尾注

如果要移动或复制某个注释，可以按下面的步骤进行。

①在文档窗口中选定注释引用标记。

②按住鼠标左键不放将引用标记拖动到文档中的新位置即可移动该注释。

如果在拖动鼠标的过程中按住【Ctrl】键不放，即可将引用标记复制到新位置，然后在注释区中插入新的注释文本即可。当然，也可以利用复制、粘贴命令来实现复制引用标记。

如果要删除某个注释，可以在文档中选定相应的注释引用标记，然后直接按【Delete】键，Word 会自动删除对应的注释文本，并对文档后面的注释重新编号。

如果要删除所有的自动编号的脚注和尾注，可以按照下述方法进行而不用逐个删除：

①单击“开始”→“编辑”→“替换”命令，打开“查找和替换”对话框，选中“替换”选项卡。

②单击“更多”按钮，然后单击“特殊字符”按钮，出现“特殊字符”列表，如图 4－108 所示。

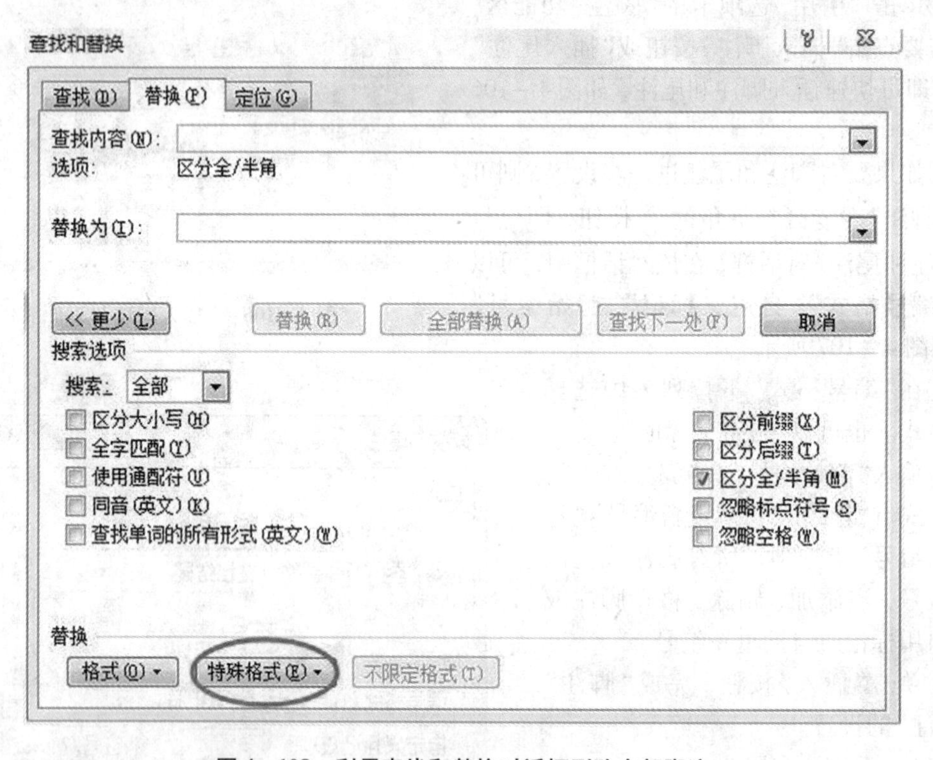

图 4－108　利用查找和替换对话框删除全部脚注

③选定“脚注标记”或者“尾注标记”。

④不要在“替换为”后面输入任何内容，然后单击“全部替换”按钮即可。

(4)脚注和尾注互相转换

如果当前文档中已经存在脚注或者尾注，单击“脚注和尾注”对话框(图 4－107 所示)中的“转换”按钮可以将脚注和尾注互相转换，也可以统一转换为一种注释。如图 4－109 所示的“转换注释”对话框。设置完毕后，单击“确定”按钮即可。

有时为了只将个别的注释转换为脚注或尾注，可以按如下步骤进行：

①移动到注释编辑区。

②将鼠标指针指向选定的注释，然后单击鼠标右键，从弹出的快捷菜单中选择“转换为

脚注”或者“转换为尾注”命令即可。

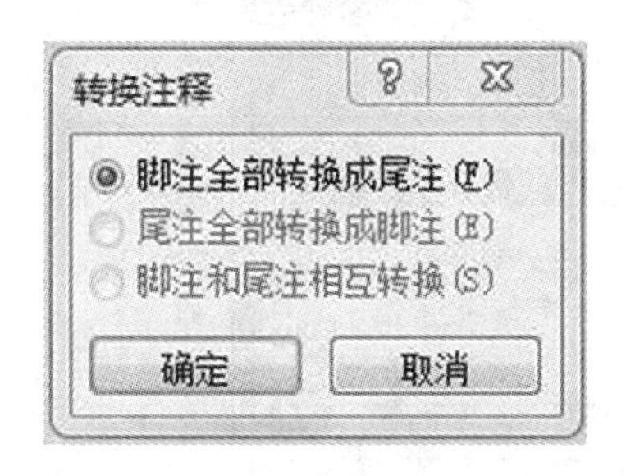

图4-109　“转换注释”对话框

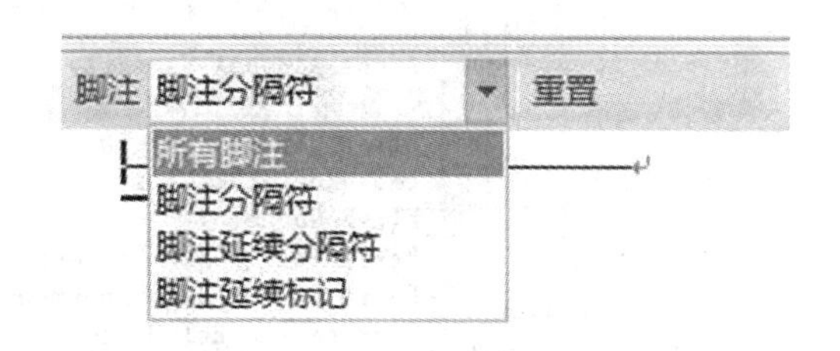

图4-110　注释编辑区窗口

(5)自定义注释分隔符

一般情况下，Word 用一条水平线段将文档正文与脚注或尾注分开，这就是注释分隔符。如果注释太长或者太多，一页的底部放不下，Word 将自动把放不下的部分放到下一页。为了说明两页中的这些注释是连续的，Word 将水平线加长。修改注释分隔符类型的步骤如下：

①切换到“草稿视图”。

②单击“引用”选项卡“脚注”功能区的“显示备注”命令，打开注释编辑区窗口。

③在注释区窗口顶部的下拉列表框中包含了4个可以改变的分隔符，如图4-110所示。用户可以根据需要选定合适的分隔符，如果不需要分隔符，可以选中该分隔符，按【Delete】键删除即可。

④选择分隔符后，出现“重置”按钮，如果单击“重置”按钮，可以将选项的分隔符设定为默认的分隔符。

⑤单击“关闭”按钮，即可以返回文档正文编辑状态。

3. 题注和交叉引用

题注是可以添加到表格、图表、公式或其他项目上的编号标签，可以让 Word 自动添加题注，也可以手动添加更改题注。添加、删除或移动题注，可方便地更新所有题注的编号。

(1)自动添加题注

①单击【引用】→【题注】→【插入题注】，弹出“题注”对话框，如图4-111所示。

②单击“自动插入题注”按钮，弹出“自动插入题注”对话框，如图4-112所示，在“插入时添加题注”列表中，选择要插入题注的对象。

③在“使用标签”列表中，选择一个现有的标签。如果列表末提供正确的标签，单击“新建标签”，在“标签”框中键入新的标签，例如“图”，如图4-113所示。

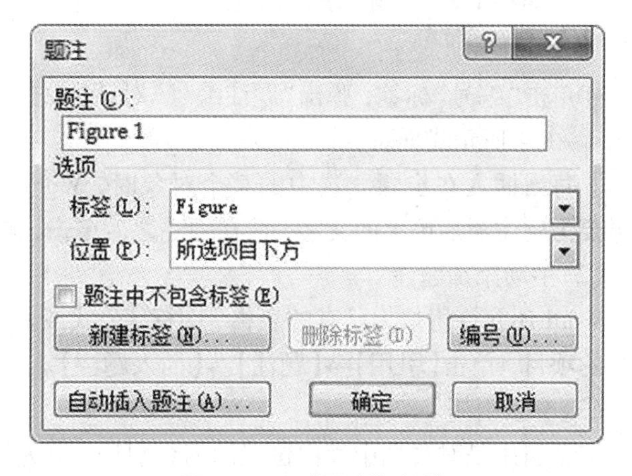

图4-111　“题注”对话框

图 4-112 “自动插入题注”对话框

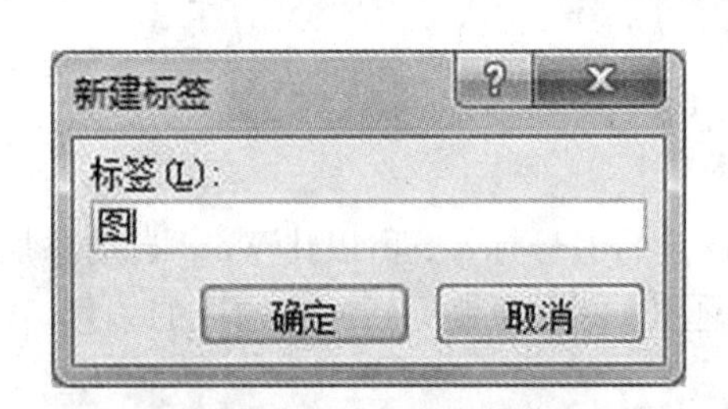

图 4-113 “新建标签”对话框

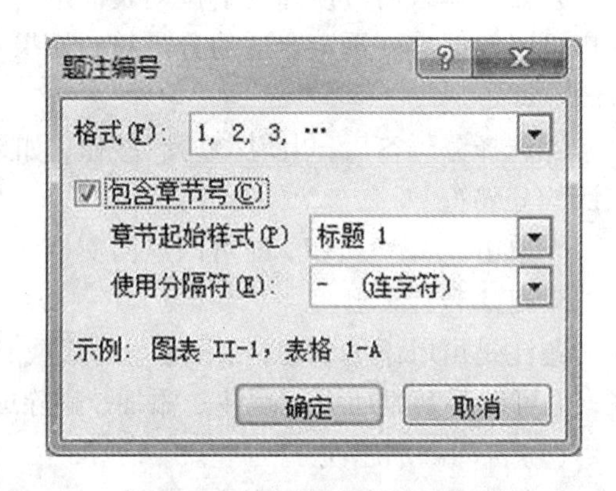

图 4-114 “题注编号”对话框

④单击“编号”标签，弹出“题注编号”对话框，选择“包含章节号”，则产生的题注编号为如图 4-114 所示式样。

⑤每当插入在步骤③选中的某个对象时，Word 将自动添加适当的题注和连续的编号。如果要为题注添加更多的文字，请在题注之后单击，然后键入所需文字。

(2)手动添加题注

Word 还允许用户为已有的表格、图标、公式或其他对象手动添加题注。选择要为其添加题注的项目，单击【引用】→【题注】→【插入题注】。

(3)交叉引用

交叉引用是对文档中其他位置的内容引用，可为标题、脚注、书签、题注、编号段落等创建交叉引用。

创建的交叉引用仅可引用同一文档中的项目。若要交叉引用其他文档中的项目，首先要将文档合并到主控文档中。交叉引用的项目必须已经存在。

①定位插入点。

②点击“插入”选项卡，在“链接”功能区中选择“交叉引用”命令项，弹出“交叉引用”对话框；或者点击“引用”选项卡，在“题注”功能区中选择“交叉引用”命令项，如图4－115所示。

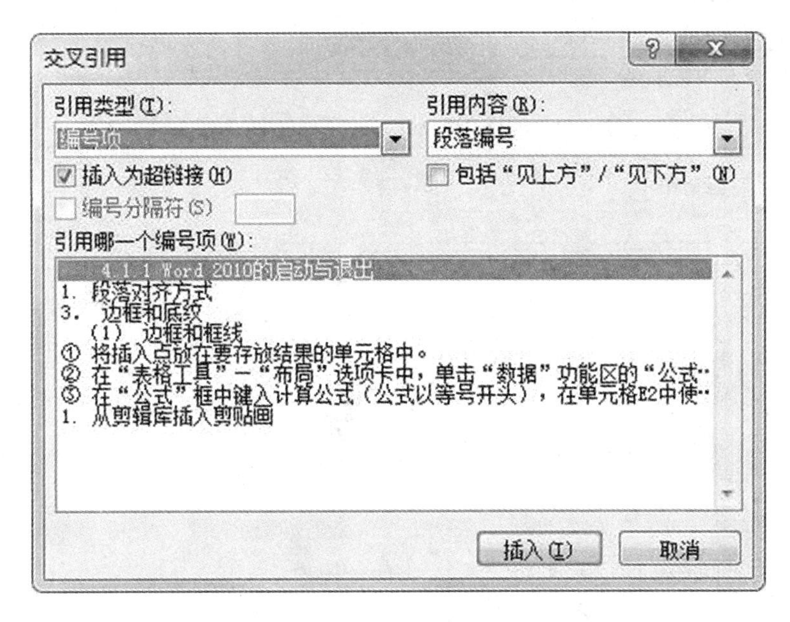

图4－115　“交叉引用”对话框

③在“引用类型”框中，单击要引用的特定项目；在“引用内容”框中，单击引用内容的选择；若要使用户可以跳转到所引用的项目，请选中“插入为超链接”复选框；在“引用哪一个编号项”列表中，选择要引用的题注。

④单击“插入”按钮。

4. 创建自动目录

当编辑好一篇长文档时，为了便于查阅和管理，还需要为该文档编制目录。使用 Word 中的自动生成目录功能，可以快速完成一篇文档的目录。

(1)使用样式自动生成目录

当为文档标题应用了内建的样式或自定义的样式后，可以自动生成目录页，操作步骤如下：

①定位要插入目录的位置。

②点击“引用”选项卡，在“目录”功能区中选择“目录”命令项，弹出内置目录样式列表，如图4－116所示，在列表中选择所需样式，即可快速创建目录。如果在列表中没有找到想要的样式，可以点击“插入目录”选项，则会打开“目录”对话框，在该对话框中，可以进一步设置目录的格式和属性，如图4－117所示。

③若要使用现有的设计，请在“格式”框中进行选择。

图 4-116 快速目录命令

④根据需要，单击“选项”或“修改”按钮，修改其他与目录有关的选项。

(2)更新域

本章所讲的引用对象与交叉引用都是通过 Word 的域功能实现的。域的英文意思是范围，它是 Word 文档中的一些字段。每个 Word 域都有一个唯一的名字，但有不同的取值。

使用 Word 域可以实现许多复杂的工作。最为常用的有自动编号、自动编页码、插入日期和时间、图表的题注、脚注、尾注、自动创建目录等，其他还有关键词索引、图表目录；插入文档属性信息；实现邮件的自动合并与打印；执行加、减及其他数学运算；创建数学公式等。更新域主要有以下三种方法。

方法一：使用快捷键更新域。

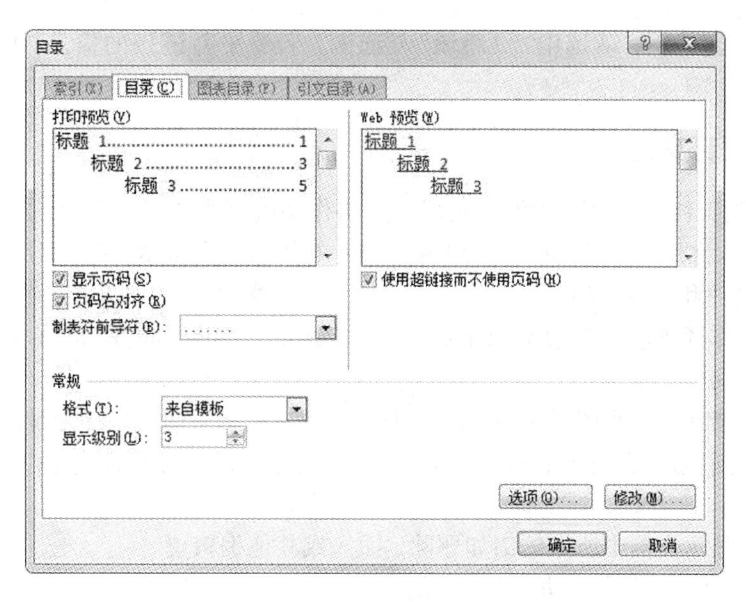

图 4 –117　“目录”对话框

若要更新个别的域，单击域，然后按【F9】。若要更新文档中全部的域，按【Ctrl】+ A 全选文档，然后按功能键【F9】。

方法二：使用右键菜单更新域。

若要更新个别的域，右键单击域，然后选择“更新域”命令。若要更新文档中全部的域，先全选，再右键单击，选择“更新域”命令。

方法三：打印前更新域或链接的信息。

①单击“文件”菜单→“选项”命令→“显示”选项卡，如图 4 –118 所示。

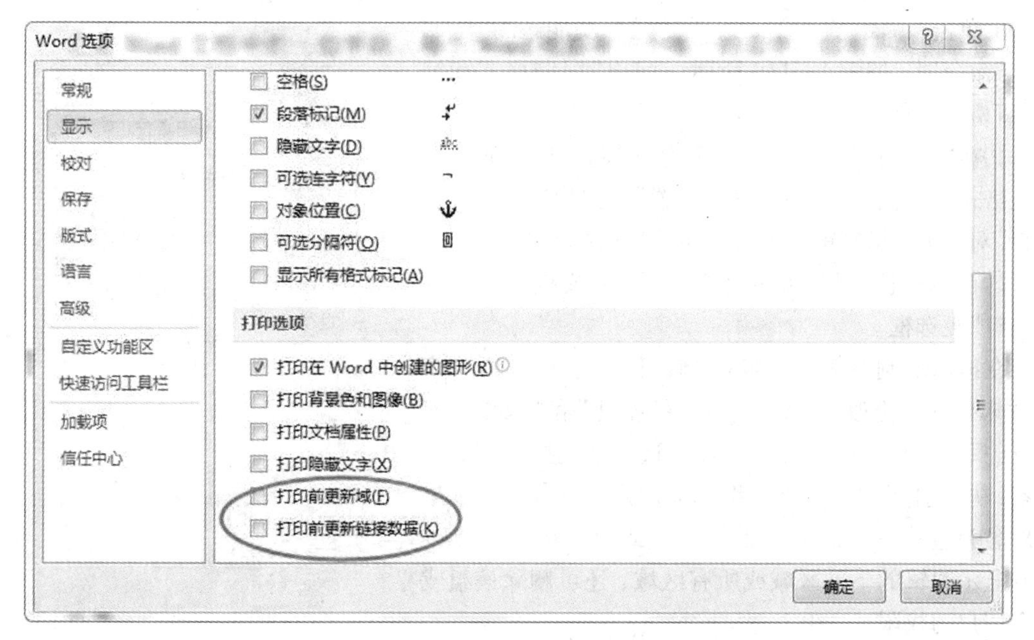

图 4 –118　在“选项”对话框中设置“更新域”

②在“打印选项”下，请选中“更新域”复选框。若要更新链接的信息，请选中“更新链接”复选框。

4.8.4 审阅修订文档

Word 提供的批注和修订功能可以实现多人协作办公。当电子文稿文件需要审阅时，通过在 Word 中插入批注和修订的办法可以将审阅者的信息完全显示，而又不影响原文档。下面先介绍关于批注和修订的四个概念。

批注：是指作者或审阅者为文档添加的注释或批注。Microsoft Word 在文档的页边距或“审阅窗格”中显示批注。

批注框：是指在页面视图或 Web 版式视图中，在文档的页边距中标记批注框将显示标记元素，如批注和所做修订。使用这些批注框可以方便地查看审阅者的修订和批注，并对其作出反应。

修订：是指显示文档中所做的诸如删除、插入或其他编辑更改的标志位的标记。启用修订功能时，审阅者的每一次插入、删除或者是格式更改都会被标记出来。当作者查看修订时，可以接受或者拒绝每一处修改。

图 4-119 “保护”功能区

标记：是指批注和修订，例如插入、删除和格式更改。在处理修订和批注时，可查看标记。打印带有标记的文档可记录对文档所做的更改。

1. 审阅前的设置

作者可以通过 Word 文档保护的设置来限制审阅者能够对原有文档进行修订的类型。

(1)保护文档

①单击“审阅”选项卡，选择“保护”功能区的“限制编辑”命令项，如图 4-119 所示。弹出“限制格式和编辑”窗格，如图 4-120 所示。

②在“格式设置限制”下，选中“限制对选定的样式设置格式”复选框，然后单击“设置”，弹出“格式设置限制”对话框，指定审阅者可应用或更改哪些样式。

③在“编辑限制”下，选中“仅允许在文档中进行此类编辑”复选框。

在编辑限制列表中，包括“修订”“批注”“填写窗体”“未作任何更改(只读)”。选择“批注”和“未作任何更改(只读)”时，可选“例外项(可选)”，选择部分文档内容，并选择可以对其进行编辑的用户，单击组或单个用户名旁边的下拉箭头可查找该组或单个用户可以查找或显示编辑的下一区域或所有区域，还可删除该组或单个用户的权限。

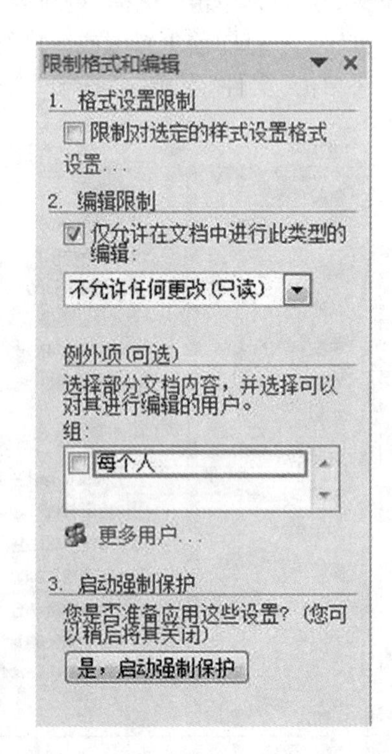

图 4-120 “限制格式和编辑”窗格

④在“启动强制保护”下，单击“是，启动强制保

护”。弹出“启动强制保护”对话框，如图 4－121 所示，可设置密码，知道密码的用户可以删除文档保护，或不使用密码，则所有审阅者均可以更改编辑限制。也可设置用户验证，已验证的所有者可以删除文档保护，且文档被加密并启用“不能分发”。

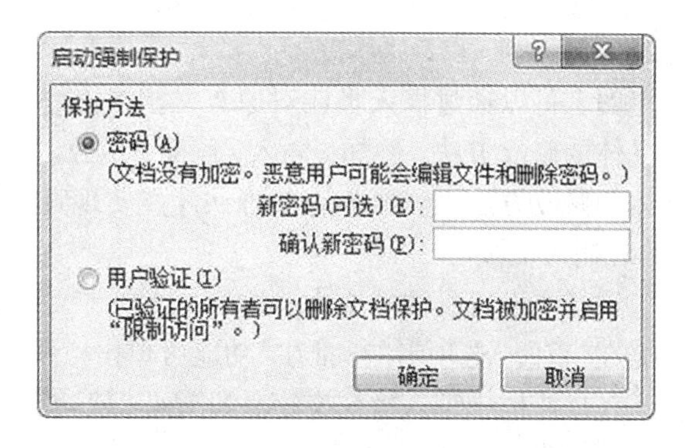

图 4－121　“启动强制保护”对话框

（2）修改修订标记和审阅者信息

审阅者可以自定义批注框的颜色等格式，也可以设置审阅者的用户信息。单击“审阅”选项卡的“修订”功能区中的“修订”下拉按钮，在弹出的下拉列表中选择“修订选项”命令项，打开“修订选项”对话框，如图 4－122 所示。在“标记”区，可以设置“插入内容”“删除内容”“格式”和“批注颜色”等标记。在“批注框”区可以设置批注框的“宽度”“边距”等格式。

修订选项
标记
插入内容(I): 单下划线　颜色(C): 按作者
删除内容(D): 删除线　颜色(C): 按作者
修订行(A): 外侧框线　颜色(C): 自动设置
批注: 按作者
移动
跟踪移动(K)
源位置(O): 双删除线　颜色(C): 绿色
目标位置(V): 双下划线　颜色(C): 绿色
表单元格突出显示
插入的单元格(L): 浅蓝色　合并的单元格(L): 浅黄色
删除的单元格(L): 粉红　拆分单元格(L): 浅橙色
格式
跟踪格式设置(T)
格式(F): (无)　颜色(C): 按作者
批注框
使用“批注框”(打印视图和 Web 版式视图)(B): 仅用于批注/格式
指定宽度(W): 6.5 厘米　度量单位(E): 厘米
边距(M): 靠右
显示与文字的连线(S)
打印时的纸张方向(P): 保留
确定　取消

图 4－122　“修订选项”对话框

2. 审阅

审阅者可以通过插入批注对原有文档提出修改建议，或者通过启动修订功能对原有文档给出具体的修改方法，例如，插入、删除、更改。批注只是原则性地提出建议，即使是修订这种具体的修改方法也需要作者的确认才能实现真正意义上的修改。

(1)插入批注

①选择要设置批注的文本或内容，或单击文本的尾部。

②在“审阅”选项卡的“批注”功能区单击“新建批注”命令项。

③在批注框中键入批注文字，如图 4－123 所示。

(2)修订

如果需要删除原文中的某些文字，插入一些新的内容，或者是对文档的格式进行修改，又希望能让原作者很快看出来，审阅者就可以使用 Word 提供的“修订”功能。

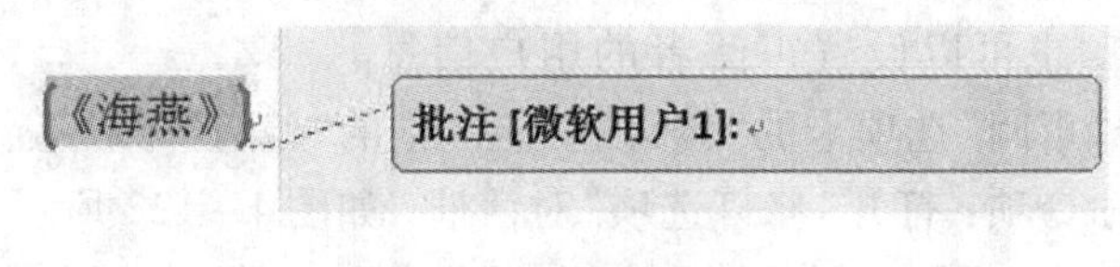

图 4－123 新建批注

①单击“审阅”选项卡，在“修订”功能区中单击“修订”图标。

②直接对文档进行增删操作。当审阅状态为“显示标记的最终状态”时，删除的内容，Word 会插入一个批注框，将删除内容显示在批注框中，而对于新插入的内容，Word 会以红色突出显示，同时添加下划线。

3. 审阅后的处理

当作者收到别人审阅后的文档，可以利用“审阅”选项卡进行审阅，以决定是否接受修改。

(1)接受、拒绝修订

在“审阅”选项卡的“更改”功能区，单击“上一条”按钮或“下一条”按钮，可以审阅文档中的每一处修订或批注，如图 4－124 所示。

单击“接受”按钮或“拒绝”按钮可以接受或拒绝当前修订。也可以在选中修订的状态下，单击右键快捷菜单中的“接受插入”“接受删除”或“拒绝插入”“拒绝删除”等命令。

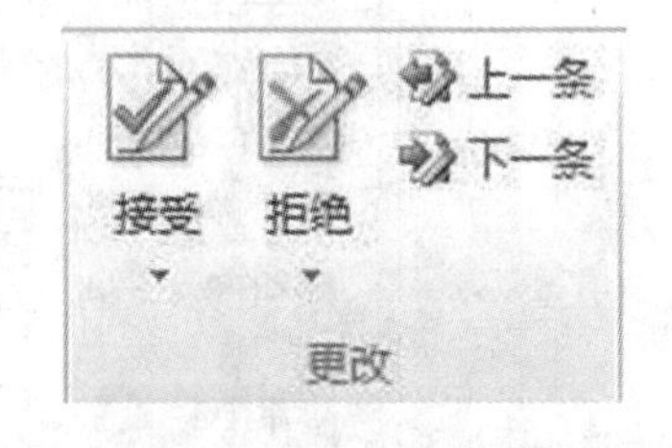

图 4－124 “更改”功能区

如果要一次性接受所有的修订，单击“接受”按钮下方三角形按钮→“接受对文档的所有修订”命令。如果要一次性拒绝所有修订，则单击“拒绝所选修订”按钮下方的三角形按钮→“拒绝对文档的所有修订”命令。

(2)删除批注

“审阅”选项卡中“批注”功能区的“删除”命令可以删除当前批注。也可以在选中批注的状态下，单击右键快捷菜单中的“删除批注”命令。

如果要一次删除所有批注，请单击“删除”按钮下方的三角形按钮→“删除文档中的所有批注”命令。

第 5 章

电子表格处理软件 Excel 2010

Excel 2010 是微软办公软件套装 Office 2010 中的重要组件之一。本章主要介绍 Excel 2010 的基本界面、工作簿的管理、工作表的编辑、公式与函数的运用、图表的运用、数据管理、工作表的打印等。

通过本章的学习，可以熟练掌握使用 Excel 2010 进行电子表格制作与处理的一些基础知识和基本操作方法。

5.1　Excel 2010 概述

Word 2010 虽然可以制作表格，但 Word 2010 主打的还是文字编辑与排版，对于表格的操作也更多地倾向于格式的整齐和美观，而诸如数据管理、数据计算、数据分析功能较弱。Excel 2010 是 Office 2010 中的常用组件之一，是 Microsoft 公司推出的电子表格软件。它功能强大、操作简单，可以使用户方便地制作各种复杂的电子表格，具有强大的表格制作、数据处理、数据分析、创建图表等功能，广泛应用于金融、财务、统计、审计、行政领域。所以，人们制作表格时，特别是制作需要对数据进行计算和分析的表格时，常常使用 Excel 电子表格处理软件。

5.1.1　Excel 2010 的启动与退出

1. Excel 2010 的启动

启动 Excel 2010 的方法有很多种，常用的方法有以下四种：

①使用“开始”菜单启动 Excel。选择“开始”→“所有程序”→“Microsoft Office”→“Microsoft Office Excel 2010”命令，即可启动 Excel，如图 5－1。

启动 Excel，系统将会自动新建一个名为“工作簿 1”的工作簿。

②使用快捷方式图标启动 Excel。如果已经在 Windows 桌面上建立了 Excel 的快捷方式图标，双击 Excel 快捷图标也可以启动 Excel。

③使用打开工作簿的方法启动 Excel。在 Windows 环境中，打开一个 Excel 文件，可以启动 Excel，同时打开该文件。

④使用快捷菜单启动 Excel。在需要建立工作簿的空白位置，点击右键→“新建”→“Microsoft Excel 工作表”，启动 Excel，并建立一个默认名字为“新建 Microsoft Excel 工作表. xlsx”工作簿，如图 5－2 所示。

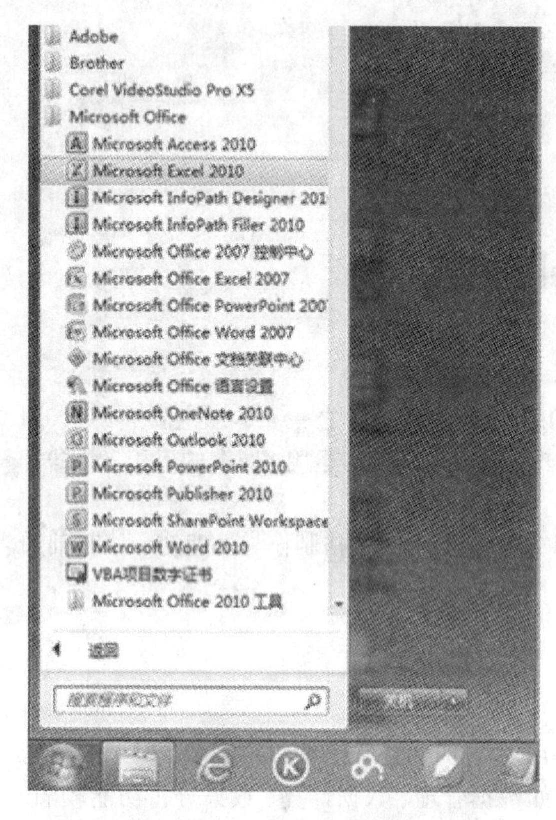

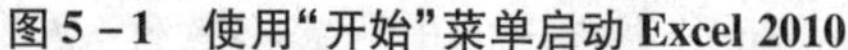
图 5 – 1 使用"开始"菜单启动 Excel 2010

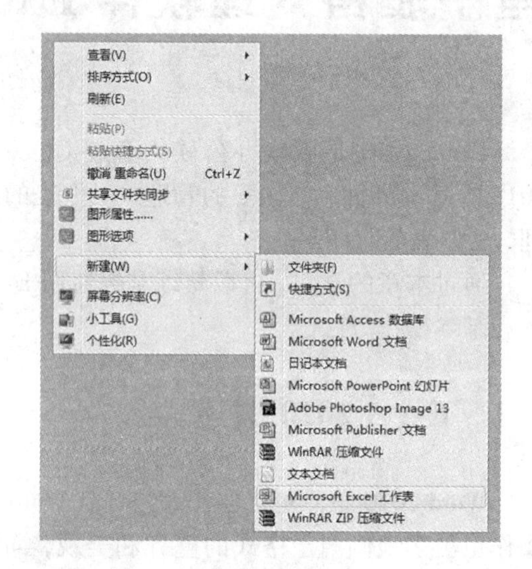

图 5 – 2 使用快捷菜单启动 Excel

2. 退出 Excel 2010

退出 Excel 2010 的常用方法有以下四种：

①单击窗口标题栏最右侧的控制"关闭"按钮。

②执行菜单"文件"→"退出"命令即可。

③双击标题栏最左侧的控制图标按钮。

④使用快捷键【Alt + F4】。

5.1.2 Excel 2010 的工作界面

Excel 2010 的窗口主要由标题栏、功能区、数据编辑栏、工作簿窗口、状态栏和任务窗格等部分组成，如图 5 – 3 所示。

1. 工作簿

工作簿就是一个 Excel 文件，扩展名为". xlsx"，由工作表组成。启动 Excel 文件时，系统在默认情况下会自动生成一个包含 3 个工作表的工作簿，工作表的标签名分别为 Sheet1、Sheet2 和 Sheet3。Excel 允许打开多个工作簿，但任一时刻只允许对一个工作簿进行操作。这个工作簿称为当前工作簿。

一个工作簿最多可以有 255 个工作表。执行菜单"文件"→"选项"命令，在弹出的对话框中选择"常规"选项卡，可以自行定义新工作簿内的默认工作表数，如图 5 – 4 所示。

在工作簿的左下角有四个方向控制按钮，单击中间的两个按钮每次只向左或

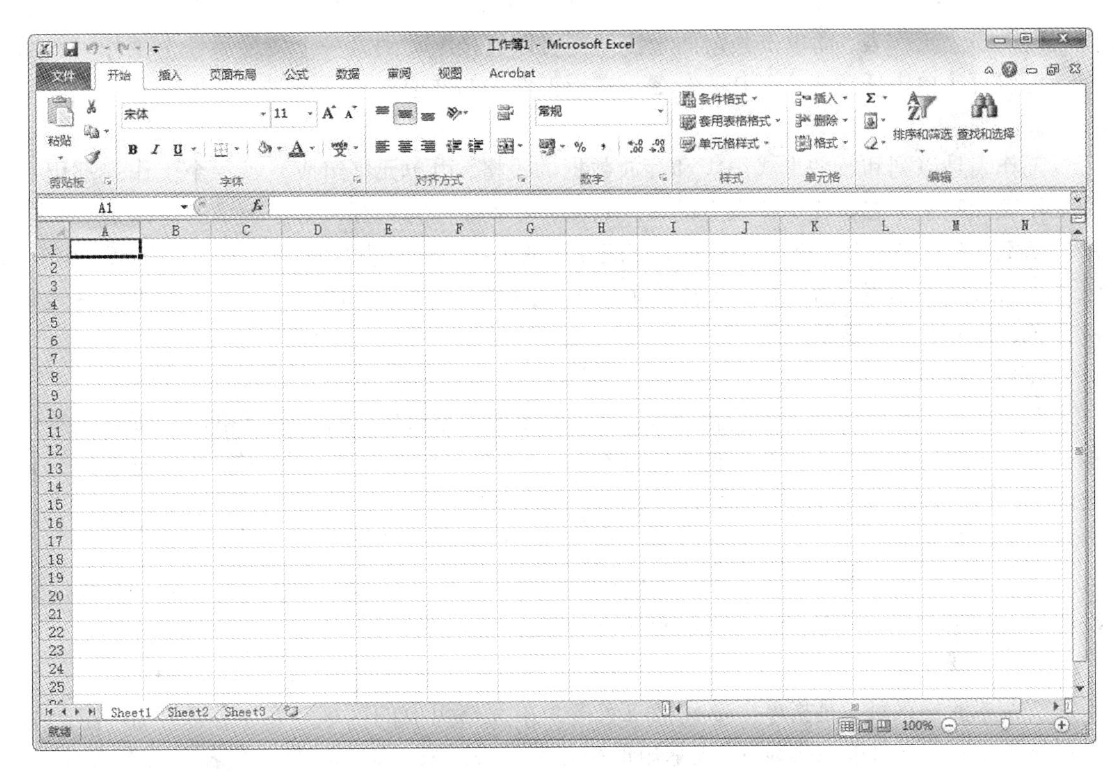

图 5 – 3　Excel 2010 工作的界面

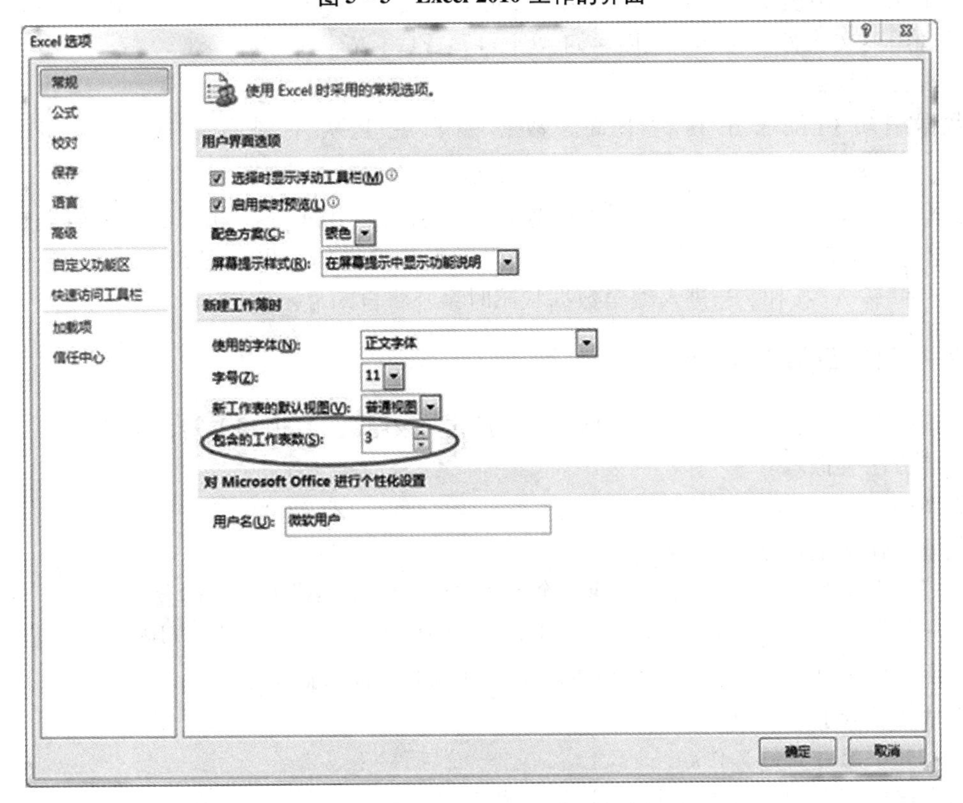

图 5 – 4　设置工作表个数

向右滚动一个工作表，而单击其余两个按钮则可以直接滚动到第一个或最后一个工作表。用户还可以直接单击任意一个工作表标签，进行工作表的选取。

2. 工作表

工作表是以列和行的形式组织和存放数据的表格，由单元格组成。每一个工作表都用一个工作表标签来标志。在工作表上的A、B、C、…字母称为列标，能够表示的范围是A~Z、AA~AZ、BA~IV，共256列；而在工作表左边的1、2、3、…数字称为行号，共有65536行。

单击某个工作表标签，可以选择该工作表为活动工作表。活动工作表在工作表标签处显示白色，其余工作表显示灰色。

3. 单元格

单元格是工作表中行和列的相交点，是工作表的最小单位。每个单元格以它所处在的列标和行号来进行命名的。列标在前，行号在后。例如，A5表示工作表中第A列与第5行交叉的单元格，也可以称为单元格的地址。

4. 活动单元格

活动单元格指当前正在操作的、被黑线框住的单元格。活动单元格的地址显示在数据编辑栏的“名称框”，活动单元格的数据显示在数据编辑栏的“编辑栏”中。

5. 单元格区域

所谓单元格区域，是指单个单元格或者多个单元格组成的区域。在工作表中用“左上角单元格地址：右下角单元格地址”表示矩形相邻单元格区域。如A3：F6，它表示以A3为最左上角的单元格，F6为最右下角的单元格形成的矩形相邻区域；不相邻区域是将单元格或单元格区域间用英文状态下的逗号连接。如：E4，F7：F12，A2：A30，C2：C30等。

6. 数据编辑栏

数据编辑栏位于工具栏下面。数据编辑栏上从左到右依次显示“名称框” A1 、“取消”按钮 ✕ 、“输入”按钮 ✓ 、“插入函数”按钮 fx 、“编辑栏”。其中，“名称框”用于显示和编辑当前单元格的地址，“编辑栏”用于显示和编辑数据或公式，“取消”按钮用于取消编辑的结果、“输入”按钮用于确认编辑的结果。图5-3中没有显示“取消”按钮和“输入”按钮，当进入编辑数据状态时系统将自动显示它们。

5.1.3 工作簿的基本操作

Excel 2010 工作簿的基本操作，即创建、打开、保存、另存为和关闭，都与Word 2010文档的操作方法类似。

1. 工作簿的创建

创建工作簿主要有以下三种方法：

①启动Excel，系统将会自动新建一个名为“工作簿1.xlsx”的工作簿。

②执行菜单“文件”→“新建”命令，此时会出现如图5-5所示的“可用模板”界面，单击“空白工作簿”选项，新建工作簿。还可以选择其他的模板来新建工作簿。

③使用【Ctrl】+N快捷键。

2. 打开已经存在的工作簿

打开已经存在的工作簿，主要有以下三种方法：

①在“计算机”或“资源管理器”中按指定的路径找到相应的文件，直接双击即可。

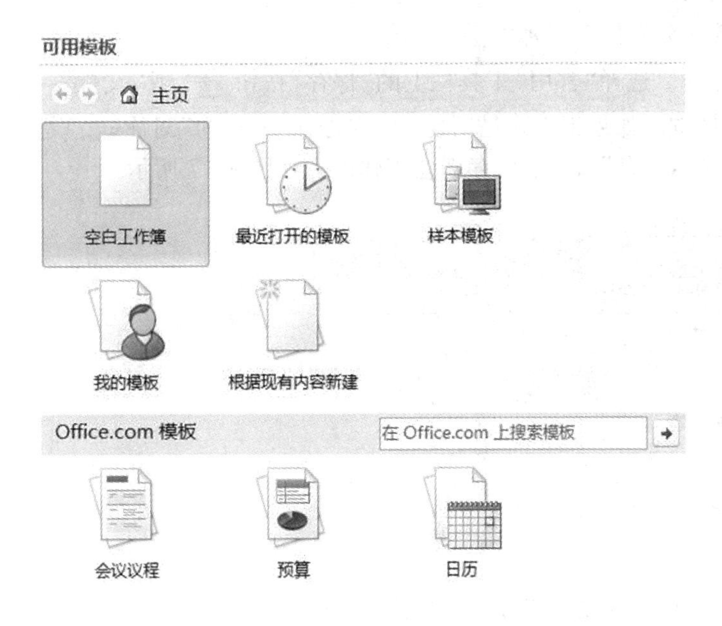

图 5－5　"可用模板"任务窗格

②在打开的 Excel 软件中，执行菜单"文件"→"打开"命令，系统会弹出如图 5－6 所示的"打开"对话框，再选择要打开的 Excel 文件即可。

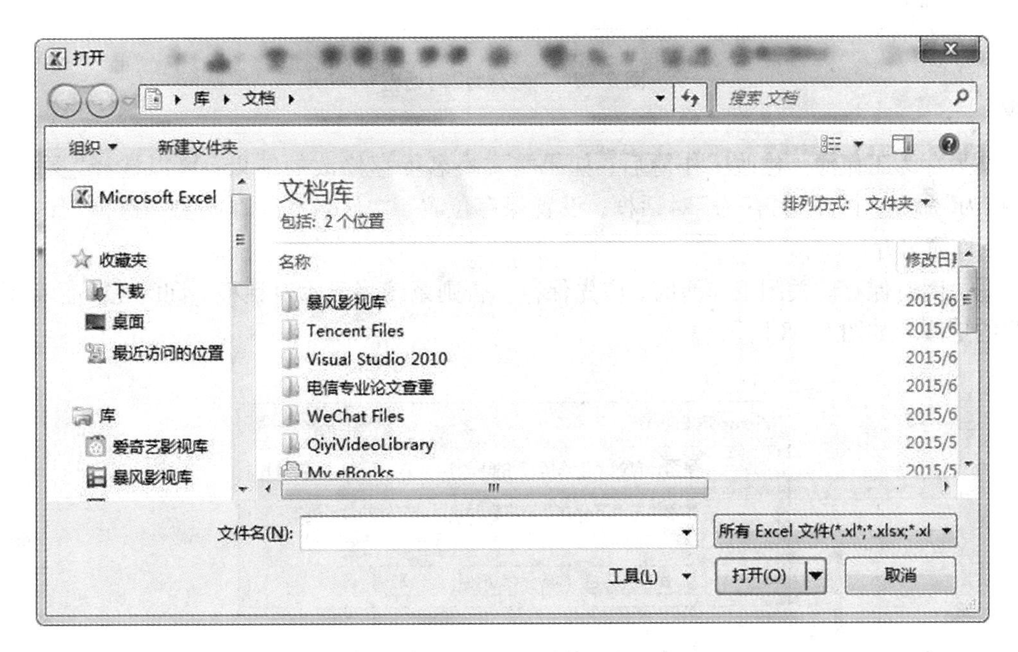

图 5－6　"打开"对话框

③使用【Ctrl】+ O 快捷键。

3. 工作簿的保存

保存工作簿主要有以下三种方法：

①保存工作簿。选择“常用”工具栏上的“保存”按钮，或“文件”→“保存”命令，或使用【Ctrl】+S 快捷键。如果工作簿是新建，则需打开“另存为”对话框，设置保存位置、文件名和保存类型，选择“保存”按钮，保存新建工作簿。如图 5－7 所示。

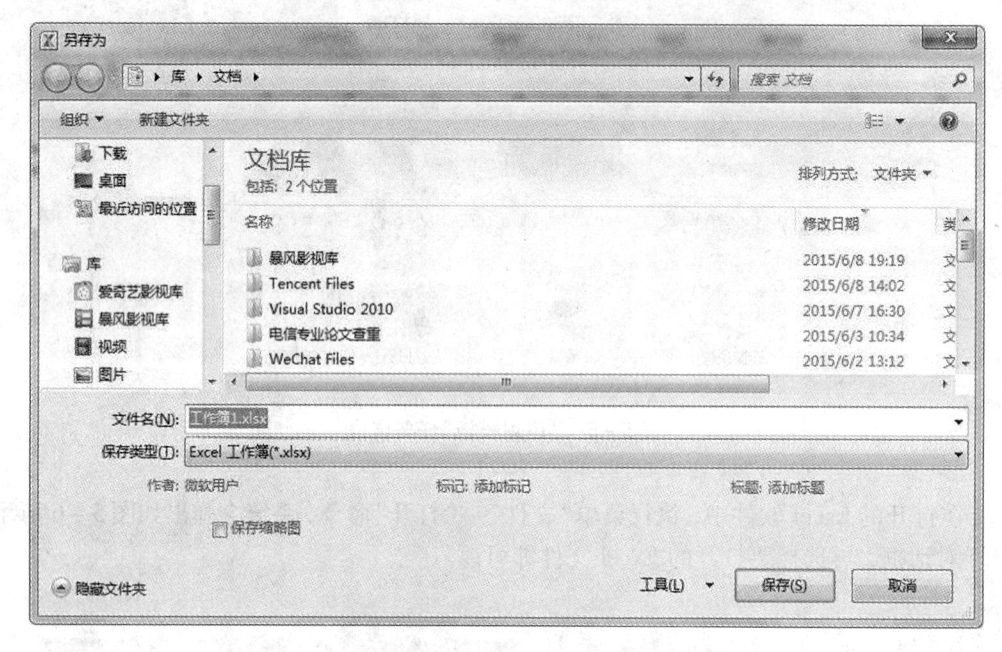

图 5－7 “另存为”对话框

②另存为工作簿。修改工作簿后，如果需要换名保存修改的结果，可以选择“文件”→“另存为”命令，打开“另存为”对话框，设置保存位置、文件名和保存类型，选择“保存”按钮，工作簿另存。

③关闭时保存。关闭工作簿时，应先保存。否则系统将显示对话框，询问是否保存对工作簿的更改。如图 5－8 所示。

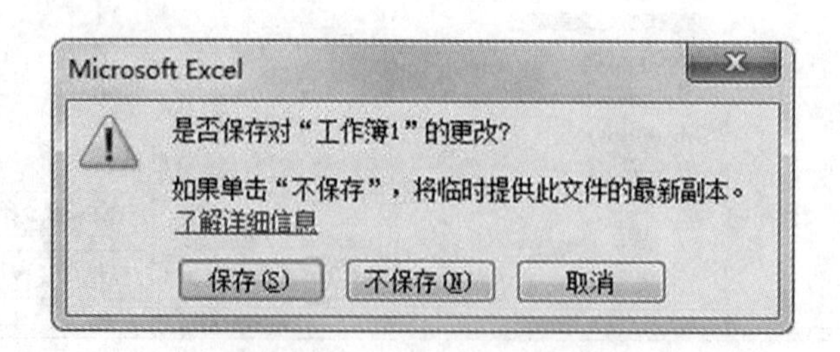

图 5－8 关闭时的“保存”对话框

4. 工作簿的关闭

当不再对某个工作簿编辑时，可以将其关闭。需要注意的是，关闭工作簿和退出 Excel

是不一样的，关闭工作簿不一定要退出 Excel，但退出 Excel 时则一定关闭了所有的工作簿。

关闭工作簿主要有以下六种方法：

①单击文件窗口右上角的“关闭”按钮。

②执行菜单“文件”→“关闭”命令。

③执行菜单“文件”→“退出”命令，既关闭了文件又退出了该应用程序。

④使用【Ctrl】+W 快捷键(关闭工作簿)。

⑤使用【Ctrl】+F4 快捷键(关闭工作簿)。

⑥使用【Alt】+F4 快捷键(退出 Excel)。

【小贴士】【Ctrl】+W 和【Ctrl】+【F4】一般而言是关闭窗口，而【Alt】+【F4】是退出程序，它不仅适用于窗口，也适用于其他的程序，当所有打开的程序都关闭后，【Alt】+【F4】还可以表示关闭计算机。

5.1.4　工作表的基本操作

1. 工作表的插入、重命名、删除、复制和移动

在已经打开的工作簿中，选择当前工作表的标签，单击鼠标右键，将会弹出图 5 - 9 所示的快捷菜单，根据快捷菜单可以对工作表进行相应的设置。

(1)插入

单击“插入”命令，弹出如图 5 - 10 所示的“插入”对话框，选择“工作表”单击“确定”按钮即可；也可以在“开始”选项卡的“单元格”功能区点击“插入”下方的三角形下拉按钮，在弹出的菜单中选择“插入工作表”，如图 5 - 11 所示。

(2)删除

单击“删除”命令，则删除所选取的工作表。

(3)重命名

单击“重命名”命令，可以对所选取的工作表进行重命名；也可直接双击工作表标签进行重命名。

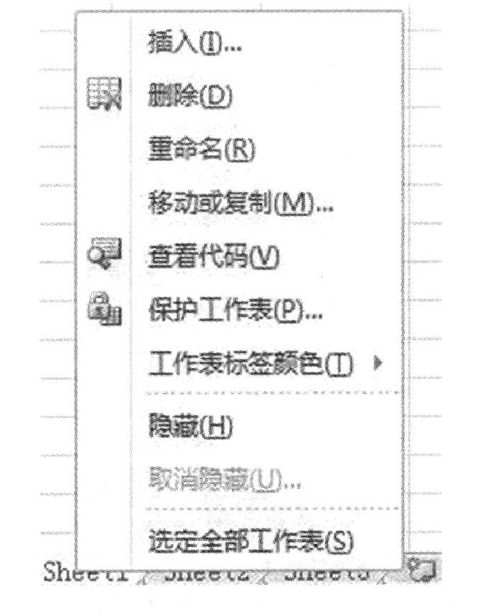

图 5 - 9　工作表快捷菜单

(4)移动或复制工作表

单击“移动或复制”命令，弹出如图 5 - 12 所示的“移动或复制工作表”对话框，在“工作簿”列表中选择需要移动或复制的目标工作簿(目标工作簿必须打开)；在“下列选定工作表之前”列表中选择要移动或复制的目的位置(所选工作表之前)，若选中“建立副本”复选框，则为“复制”操作，否则为“移动”操作。也可按住【Ctrl】键不放拖动工作表至目标位置，松开鼠标即可复制所选取的工作表；或者直接拖动工作表移动至目标位置。

2. 工作表、单元格区域及行与列的选定

(1)整个工作表的选定

整个工作表的选定有如下两种方法：

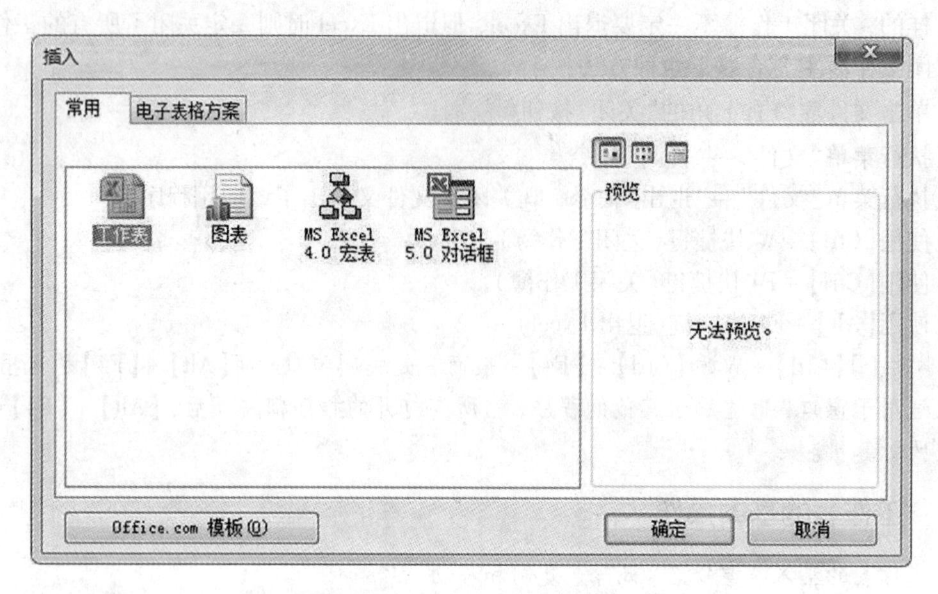

图 5－10　插入工作表对话框

图 5－11　“插入”按钮

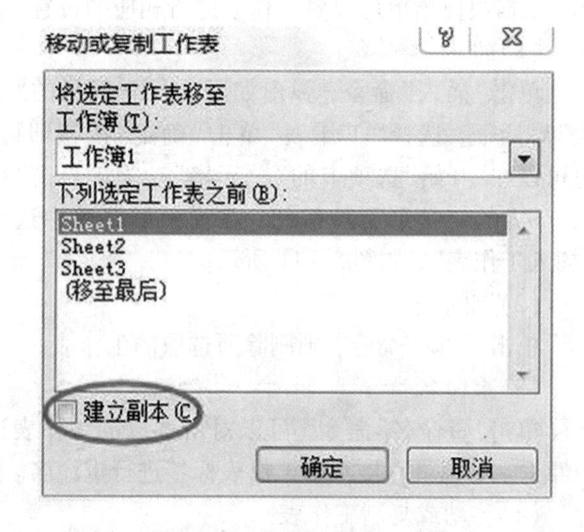

图 5－12　移动或复制工作表

①用鼠标单击工作表最左上角行号和列标交叉的灰色全选按钮。

②使用【Ctrl】+ A 快捷键。

(2)单元格区域的选定

①单个单元格的选定：单击所要选取的单元格，则此单元格被选为活动单元格或当前单元格。

②矩形相邻单元格区域的选定：将当前单元格放在开始单元格，按住鼠标左键开始拖动至结束单元格，松开鼠标即可；或用鼠标左键单击起始单元格，并按住【Shift】键不放，用鼠

标单击结束单元格，被选取的矩形区域以蓝色显示。

③不连续的单元格或单元格区域的选定：按下【Ctrl】键的同时用鼠标左键单击要选择的单元格或单元格区域。

(3)行、列的选定

①整行(或整列)的选定：用鼠标左键单击要选取的行号(或列标)。

②连续行(或连续列)的选定：用鼠标左键选取第一行(或列)，并按住鼠标左键不放，拖动鼠标至要选取的最后一行(或列)即可。

表5－1　单元格的选择

选择单个单元格	单击指定单元格
选择连续多个单元格	单击开始单元格，Shift＋单击结束单元格
选择不连续多个单元格	单击第一个单元格，Ctrl＋单击其他单元格
选择整行或整列	单击行号或列标
选择全部单元格	单击全选按钮
清除选定的单元格	在工作表任意处单击鼠标

3. 行、列的插入与删除

(1)插入

选定所要插入位置后面的行号(或者列标)，单击鼠标右键，从弹出的快捷菜单中选择"插入"命令。

(2)删除

选定所要删除的行号(或者列标)，单击鼠标右键，右击单元格，从弹出的快捷菜单中选择"删除"命令。

5.2　编辑工作表

5.2.1　数据的输入

1. 数据的输入

Excel 可以在单元格直接编辑数据，也可以在数据编辑栏编辑数据。单击某个单元格，将进入改写方式编辑数据。双击某个单元格，将进入插入方式编辑数据，输入完成后，确认。Excel 的活动单元格的确认输入方式见表5－2。

表5－2　单元格确认方式

确认方式	功能
Enter	活动单元格下移
Tab	活动单元格右移

续表 5-2

确认方式	功能
Shift + Tab	活动单元格左移
Shift + Enter	活动单元格上移
单击编辑栏✓按钮	活动单元格不动
按“Esc”键或单击编辑栏✕按钮	取消输入

2. 数据类型

Excel 的数据类型分为数值型、字符型和日期时间型三种。

①字符型数据(文本数据):包括汉字、英文字母、数字、空格及键盘能输入的其他符号。在单元格中的默认对齐方式为“左对齐”。

②数值型数据(数字):包括:数字(0~9)组成的字符串,也包括+、-、E、e、$、%、小数点、千分位符号等。在单元格中的默认对齐方式为“右对齐”。

③日期和时间的输入:日期时间型数据本质上是整型数据,表示从1900-1-1至指定日期或从00:00到指定时间经过的秒数。常用的日期格式有:“mm/dd/yy”“dd-mm-yy”;时间格式有:“hh:mm(am/pm)”,am/pm 与时间之间应有空格,否则,Excel 将当作字符型数据来处理。日期时间型数据可作加减运算,也可作大小比较的关系运算。日期时间在单元格中的默认对齐方式为“右对齐”。

3. 在 Excel 中输入数据的特殊规定

①输入数字时,如果数字较小,单元格按照常规方式显示数字。如果数字较大,单元格按照浮点计数法显示数字。例如,输入123456789012,单元格默认显示1.23457E+11。

②在输入负数时,先键入负号再输入数字或输入括号再在括号内输入数字,如-9的输入法为:-9或(9);在输入分数时,先键入0和空格再输入分数,否则为日期,如:1/6的输入法为:0 1/6。

③输入纯数字组成的字符型数据,输入前加西文单引号('),Excel 将自动把它当作字符型数据处理。

④按【Ctrl+;】组合键,可输入当天的日期;按【Ctrl+Shift+:】组合键,可输入当前的时间。

⑤在不同单元格快速输入同一内容。首先要选定输入同一内容的单元格区域,然后输入内容,最后按 Ctrl+回车键,即可实现在选定单元格区域中一次性输入相同内容。

	A	B	C	D
1	Excel			
2				
3		Excel		
4				
5			Excel	
6				

图 5-13 数据的同时输入效果

5.2.2 数据的自动填充

对于输入有规律的数据,可以使用 Excel 的数据自动输入功能,即填充数据功能。此功能可以方便快捷地输入等差、等比或其他有序序列。

(1)使用鼠标填充数据

① 在需要填充数据的第一个单元格输入作为填充基础的数据，或选择作为填充基础的数据所在的单元格。

② 使用鼠标拖动填充柄填充数据。填充柄显示为活动单元格边框右下角的矩形块，将鼠标定位到单元格右下角的填充柄处，当鼠标指针变成黑色十字状时，按住鼠标左键不放，向下拖动，拖到目标位置后松开鼠标左键，Excel 将根据作为填充基础的第一个单元格的数据，填充一个序列或相同的数据。若是等差序列，应先在序列的前两个单元格输入数字，再选择这两个单元格，最后拖动填充柄填充数据。

	A	B	C	D	E
1	12	12			
2	12	13			
3	12	14			
4	12	15			
5	12	16			
6	12	17			
7	12	18			
8	12	19			
9					
10					
11					

图 5－14　自动填充效果

(2)使用菜单填充相同的数据

①选择填充区域，其中作为填充基础的数据单元格作为起始单元格。

②选择“开始”选项卡的“编辑”→“填充”命令，并在其子菜单选择“向上”“向下”“向左”“向右”命令填充数据。

(3)使用菜单填充序列

①输入或选择序列的第一个数据。

②选择“开始”选项卡的“编辑”→“填充”→“系列”命令，弹出如图 5－15 所示的“序列”对话框。

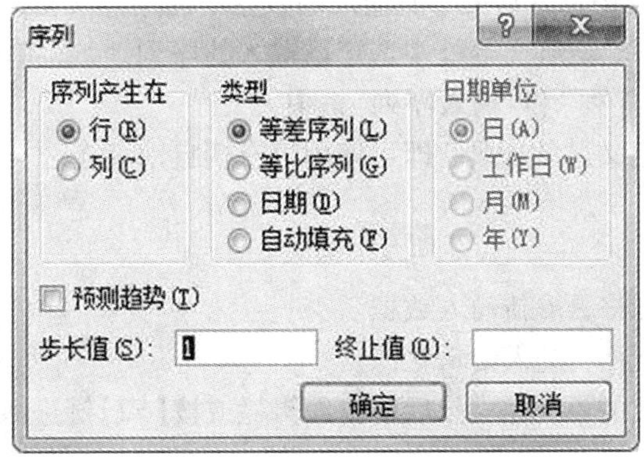

图 5－15　序列对话框

(4)使用自定义序列

Excel 2010 预设了 11 组自动填充序列供使用。若某个单元格的内容为 Excel 预设的自动填充序列中的一员，可按预设的序列填充。如星期一，星期二，星期三，……；一月，二月，三月，……

设置“自定义序列”的操作步骤如下：

① 选择“文件”→“选项”菜单命令，在弹出的“选项”对话框中打开“高级”选项卡，在“高级”选项卡中点击“编辑自定义列表”命令，如图 5－16 所示。然后会弹出如图 5－17 所示对话框。

图 5－16 “编辑自定义列表”命令项

②可在“输入序列”框中输入序列，所输入的数据中间用英文格式的逗号或空格分隔；若工作表中已存在序列内容，则从文本框中选定已输入的序列地址，单击“导入”按钮，自定义的序列将出现在“自定义序列”和“输入序列”框中。

③在自定义序列中定义过的序列，即可使用填充柄自动填充。

5.2.3 数据的修改

①单击要修改的单元格，重新输入数据。

②双击要修改的单元格，进入编辑状态。

③光标定位于要修改的单元格，然后单击编辑栏或按【F2】键进入编辑状态，编辑数据。

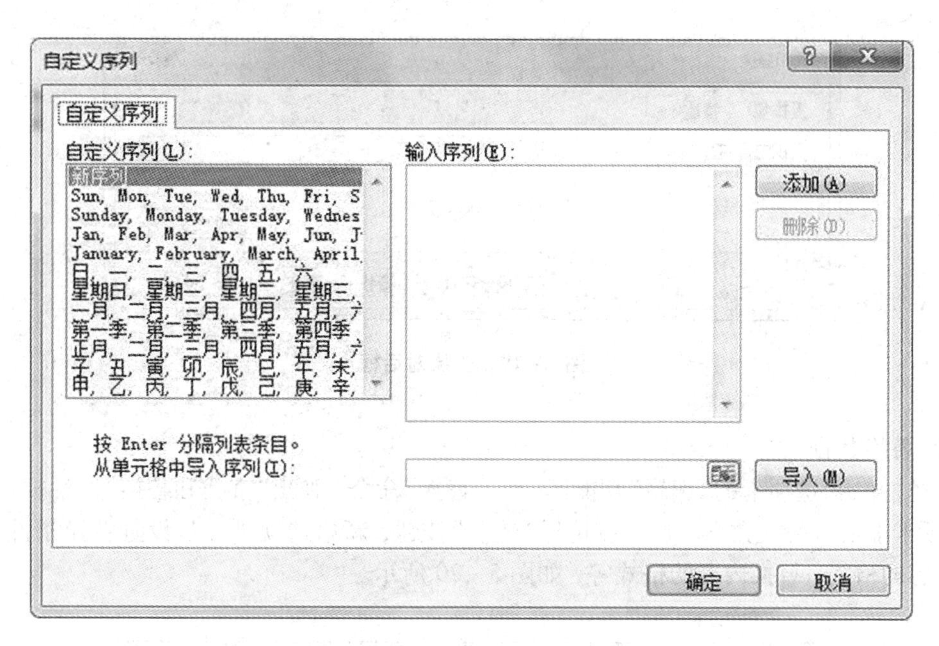

图 5-17　“自定义序列”对话框

5.2.4　数据的删除

删除数据，单击右键，在弹出的快捷菜单中选择“删除”命令，系统弹出如图 5-18 所示的对话框，然后根据所需作相应的选择。

图 5-18　删除对话框

5.2.5　撤销与恢复操作

Excel 的“常用”工具栏上有一个“撤销”按钮 和一个“恢复”按钮 ，它们与 Word 的“常用”工具栏上的对应按钮形状相同，功能也相同。

【注意】并不是所有的操作都能撤销。例如删除工作表的操作就不能撤销。

5.2.6　查找与替换数据

在 Excel 中查找数据的方法与 Word 查找文本与替换文本的方法相似。

(1)查找数据

选择“开始”选项卡的“编辑”功能区——“查找”命令，弹出“查找和替换”对话框，在“查找”选项卡“查找内容”组合框输入查找数据，选择“查找全部”或“查找下一个”按钮查找数据。

查找数据时，还可以使用通配符“?”和“＊”，其中，“?”匹配一个字符，“＊”匹配一个或多个字符。还可以选择“选项”按钮，使用“查找和替换”对话框中的新增选项进一步设置查找条件，如图 5-19 所示。

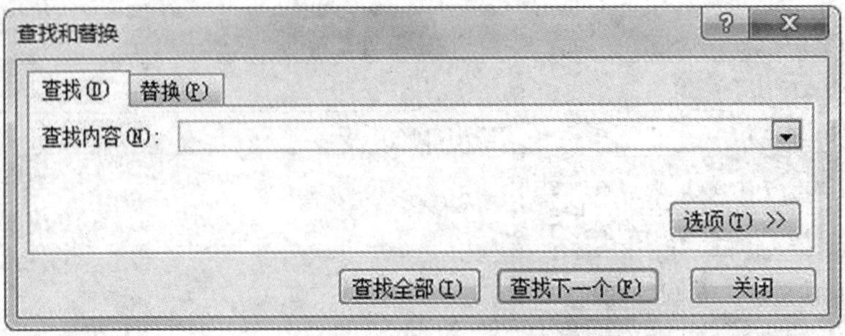

图 5 – 19 查找对话框

(2)替换数据

选择“开始”选项卡的“编辑”功能区——“替换”命令，弹出“查找和替换”对话框，在“替换”选项卡上实现替换数据。还可以选择“选项”按钮，新增选项进一步设置替换条件，比如查找内容的格式、替换内容的格式等，如图 5 – 20 所示。

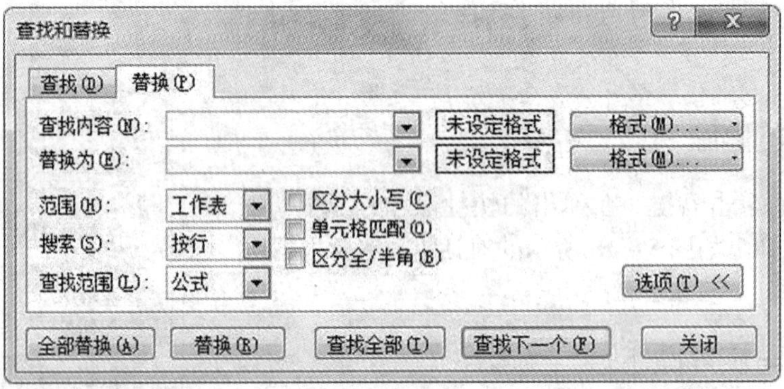

图 5 – 20 查找和替换对话框

5.3 工作表的格式化

对于建立好的表格，经常需要对其进行美化加工，如对表格设置对齐方式、为表格添加边框与底纹、设置表格内的数据格式、调整列宽与行高等设置。Excel 2010 为工作表提供了丰富的格式化命令，利用这些命令可以将整个工作表设置得更加美观、实用。

5.3.1 单元格格式的设置

设置单元格格式的步骤如下：

①选择要设置的单元格。

②选择“开始”选项卡的“格式”→“单元格”→“设置单元格格式”命令，或者右击单元格，在弹出的快捷菜单中选择“设置单元格格式命令”，系统将弹出“单元格格式”对话框。

③根据所需选择相应标签，进行设置即可。

(1)设置数字格式

在“单元格格式”对话框中选择“数字”选项卡，如图5－21所示，在对话框左侧的“分类”列表中列出了所有的数据类型，选择任一分类格式。如在“分类”列表中选择“数值”项，还可以进一步设置“小数位数”“使用千位分隔符”“负数”的表示方式等。

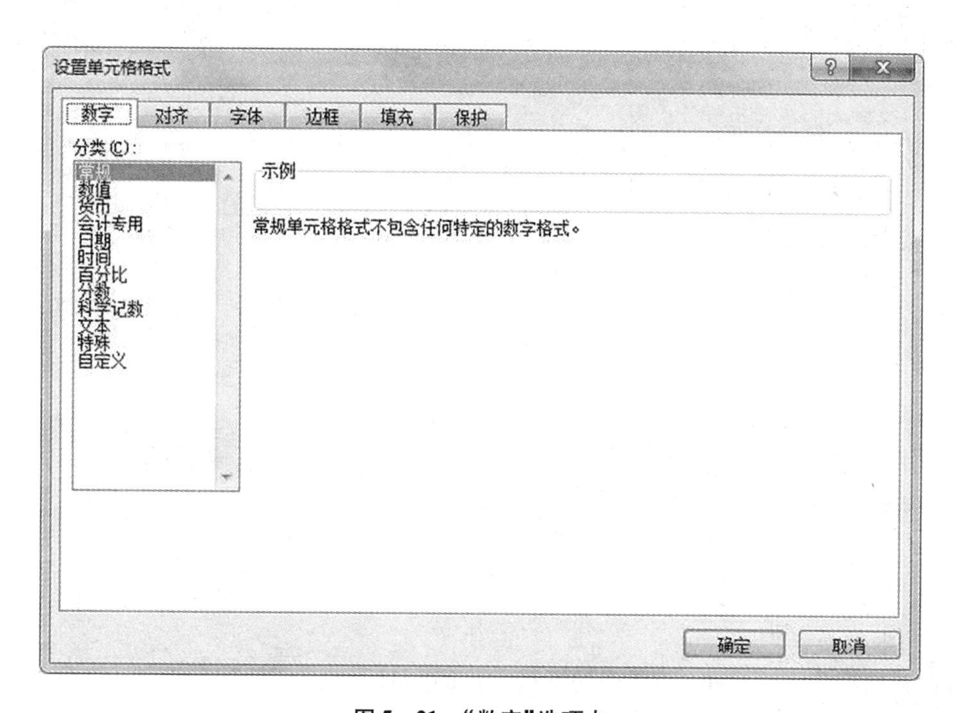

图5－21　“数字”选项卡

(2)设置对齐格式

在“单元格格式”对话框中选择“对齐”选项卡，如图5－22所示，在对话框中可以设置单元格的水平方向和垂直方向的对齐方式、文本控制、文字方向等。

①水平对齐：包括“常规”“靠左(缩进)”“居中”“靠右(缩进)”“填充”“两端对齐”“跨列居中”和“分散对齐”共有8种对齐方式。

②垂直对齐：包括“靠上”“居中”“靠下”“两端对齐”和“分散对齐”共5种对齐方式。

③文本控制：包括“自动填充”“缩小字体填充”和“合并单元格”三种功能。

④文字方向：包括垂直、水平及任意角度方向。

“开始”选项卡的“对齐方式”功能区里也有多种对齐方式的快捷按钮，如图5－23所示，选择不同的按钮会有相应的对齐方式。其中，“合并后居中”按钮可以同时实现合并单元格和数据水平居中对齐的功能。

(3)设置字体格式

在“单元格格式”对话框中选择“字体”选项卡，如图5－24所示，在对话框中可以对“字体”“字形”“字号”“下划线”“颜色”以及“特殊效果”进行设置。

也可以使用“开始”选项卡的“字体”功能区中的各个按钮进行字体的设置，如图5－25

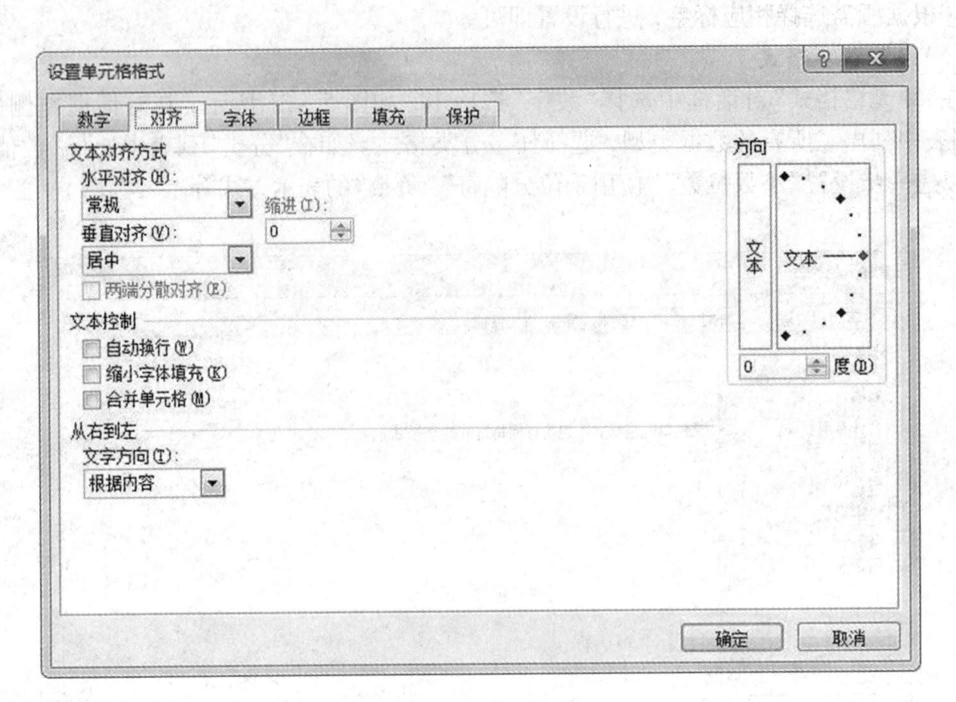

图 5－22 “对齐”选项卡

所示。

(4)边框的设置

在默认情况下 Excel 的工作表中的网格线打印的时候是无效的，只是为了方便用户区分单元格而设，因此，若想打印边框效果，必须设置边框。

在“单元格格式”对话框中选择“边框”选项卡，如图 5－26 所示，可以对边框、线条样式、颜色进行设置。

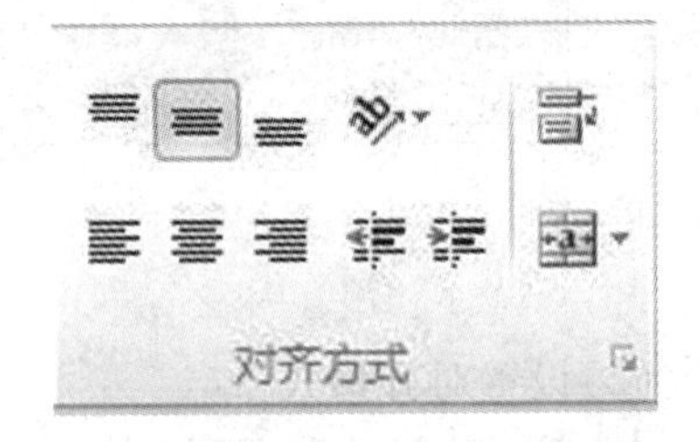

图 5－23 “对齐方式”功能区

(5)图案的设置

在“单元格格式”对话框中选择“填充”选项卡，如图 5－27 所示，在对话框中可以对单元格底纹颜色和图案进行设置。

(6)保护单元格

在“单元格格式”对话框中选择“保护”选项卡，如图 5－28 所示，在对话框中可以选择对单元格进行锁定或隐藏。锁定：防止单元格被移动、改动、更改大小或删除；隐藏：隐藏公式。单元格中的计算公式将不显示在编辑栏中。

【注意】只有工作表被保护时，锁定单元格或隐藏公式才有效。执行“审阅”选项卡的“更改”功能区的“保护工作表”命令（如图 5－29 所示），在弹出的对话框（图 5－30）中点击确定即可。若要取消锁定或公式的隐藏，执行“审阅”→“更改”→“撤销工作表保护” 撤消工作表保护 命令即可。

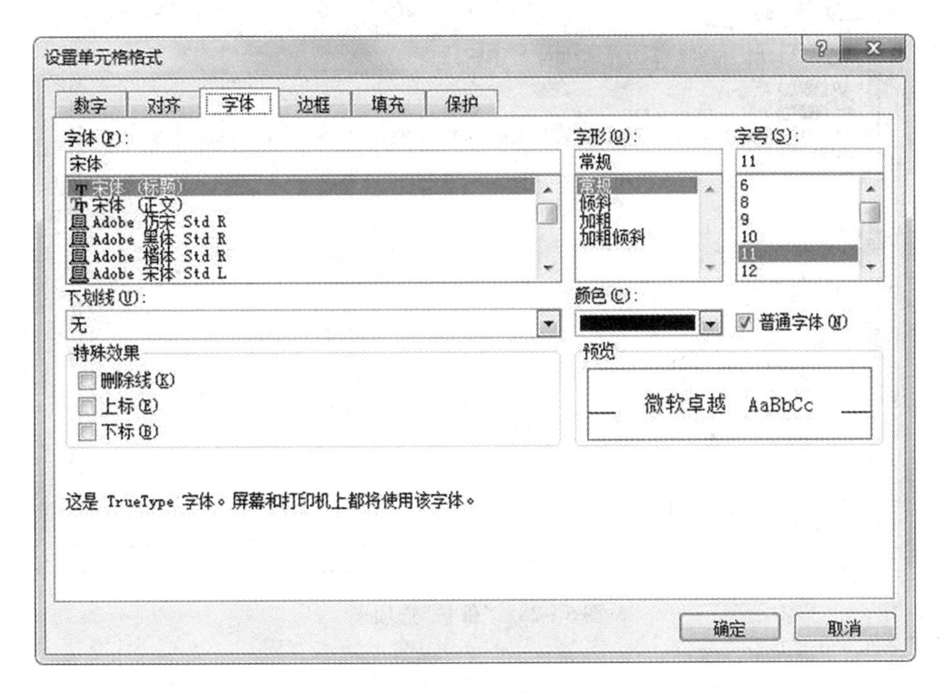

图 5－24　“字体”选项卡

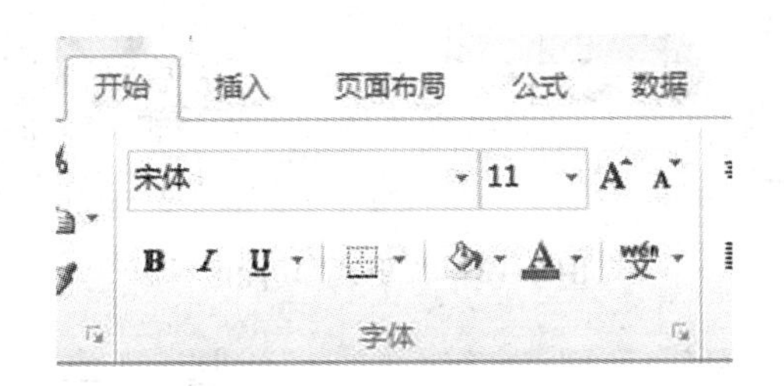

图 5－25　“字体”功能区

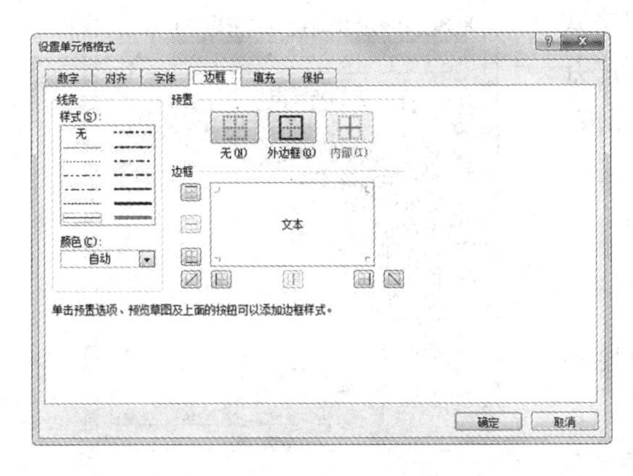

图 5－26　“边框”选项卡

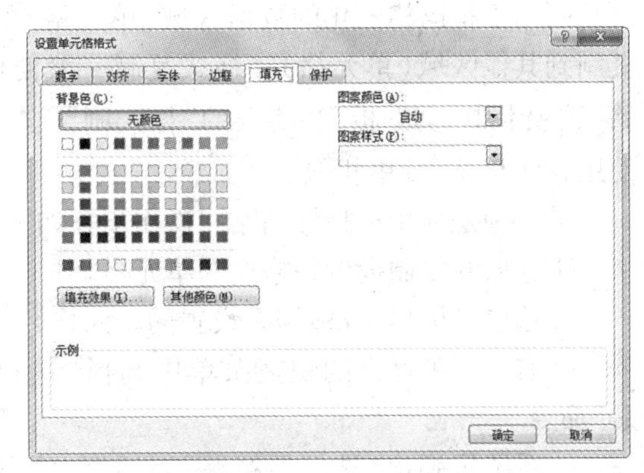

图 5－27　“填充”选项卡

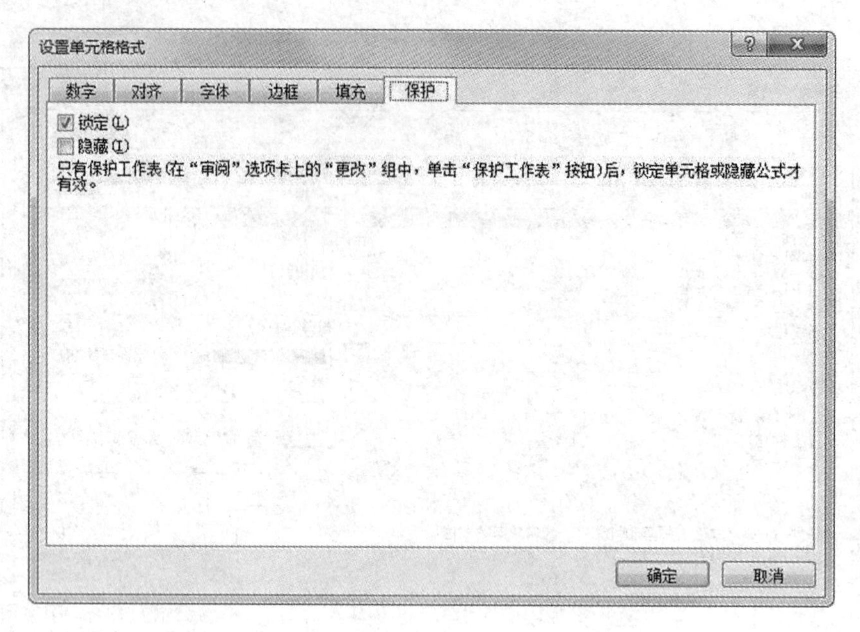

图 5－28 “保护”选项卡

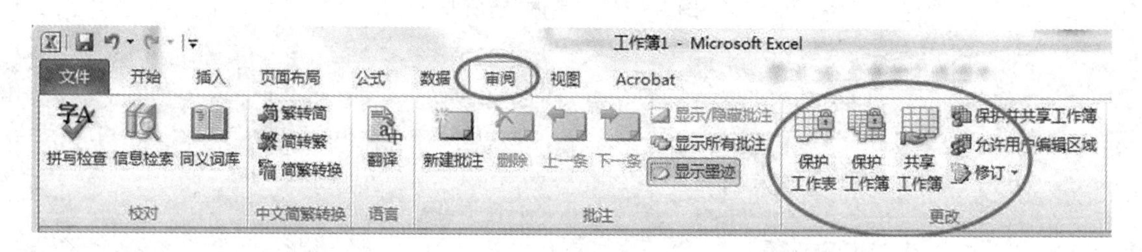

图 5－29 “更改”功能区

(7)格式的复制

当格式化表格时，往往有些操作是重复的。格式复制用于将已格式化的数据区域(单元格)的格式复制到其他区域(单元格)。格式复制一般使用“开始”选项卡中“剪贴板”功能区的“格式刷” 完成。使用方法与 Word 中相似。

另一种是使用选择性粘贴。操作步骤如下：

①选取并复制设置好格式的单元格。

②选取目标单元格(即要设置的单元格)。

③右击，在弹出的快捷菜单中选择“选择性粘贴”命令。

④系统将弹出“选择性粘贴”对话框，如图 5－31 所示，选择“格式”单选按钮确定即可。

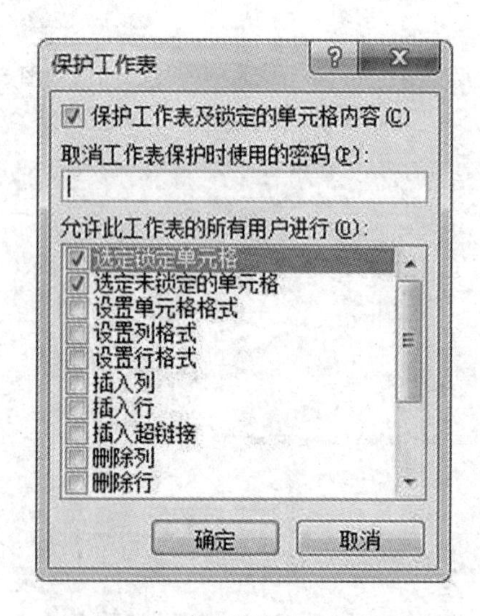

图 5－30 “保护工作表”对话框

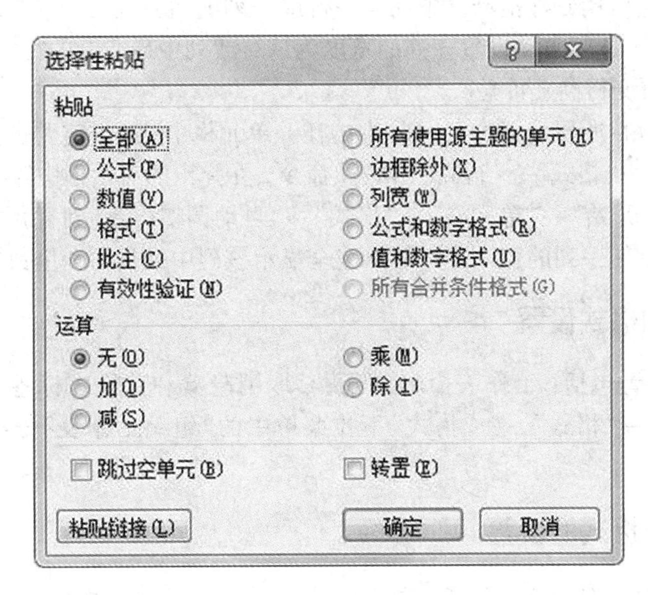

图 5－31　选择性粘贴对话框

(8)格式的清除

在 Excel 中，单元格的格式与单元格内的数据是相互独立的。修改数据不会影响格式，改变或清除格式也不会影响数据。

清除单元格格式的一般操作步骤如下：

①选择需要清除格式的单元格。

②选择“开始”→“编辑”→“清除”按钮，打开对应的子菜单，如图 5－32 所示。

③如果选择子菜单的“清除格式”命令，则只清除单元格的格式，而保留单元格的数据。如果选择子菜单的“全部清除”命令，则把单元格的格式和内容全都清除。

图 5－32　“清除”命令

5.3.2　行高、列宽的设置

当用户建立工作表时，Excel 中所有单元格具有相同的宽度和高度。在单元格宽度固定的情况下，当单元格中输入的字符长度超过单元格的列宽时，超长的部分将被截去，数字则用“#######”表示，完整的数据还在单元格中，只不过没有显示出来而已。适当调整单元格的行高、列宽，才能完整的显示单元格中的数据

(1)通过鼠标拖动改变行高与列宽

将鼠标置于行(列)标的边界处，当鼠标变为左右(上下)箭头时，按住鼠标左键进行拖动即可。若要一次改变多行或多列的高度或宽度，只需

要将它们都选中，然后用鼠标拖动其中任何一行或一列的边界就可以了；或在行或列的边线上双击鼠标左键，Excel 将自动设置该列的宽度为该行或列中最适合的行高或列宽。

(2)通过菜单改变行高、列宽

方法一：光标放在所要设置的行(列)中的任一单元格中，或选定要设置的行(列)，执行“开始”→“单元格”→“格式”→“行高”(列宽)命令，在弹出的对话框中输入数值确定。

方法二：使用“开始”→“单元格”→“格式”→“自动调整行高(列宽)”命令来调整整个工作表中行高与列宽，使一列的宽度刚好能够完全显示该列中最长的一个数据。

5.3.3 工作表的格式设置

Excel 工作表设置包括：工作表命名、隐藏、取消隐藏和工作表标签颜色设置等，选择“开始”→“单元格”→“格式”，在“格式”下拉菜单中的“组织工作表”分组中选择相关操作即可。

5.3.4 自动套用格式的设置

格式化表格的操作有时要花费大量时间，为了加快格式化表格的操作，Excel 预定义了多种格式，在格式化表格时自动套用这些格式，可快速方便地对工作表格式化，提高工作效率。

在 Excel 中设置表格自动套用格式的方法与在 Word 中表格自动套用格式的方法相似。一般操作步骤如下：

①选择需要套用格式的单元格区域。

②选择“开始”选项卡的“样式”功能区，点击“套用表格格式”按钮旁的下拉按钮，如图 5－33 所示。

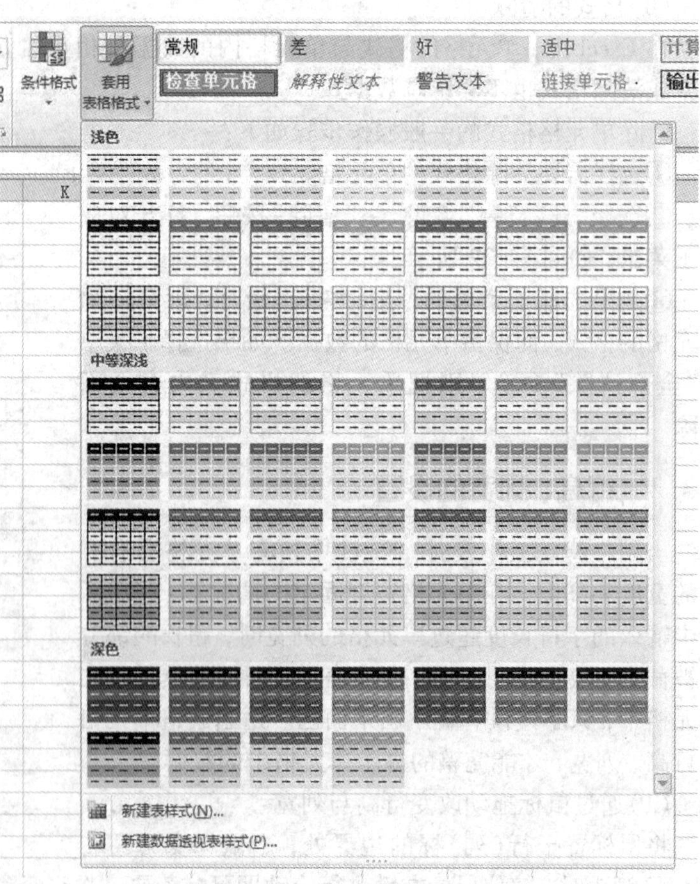

图 5－33 “套用表格格式”下拉列表

5.3.5 条件格式的设置

条件格式可以根据设置的条件动态地为单元格设置格式。

条件格式操作步骤如下：

①选择“开始”选项卡的“样式”功能区，点击“条件格式”按钮旁的下拉按钮，如图 5－34 所示。

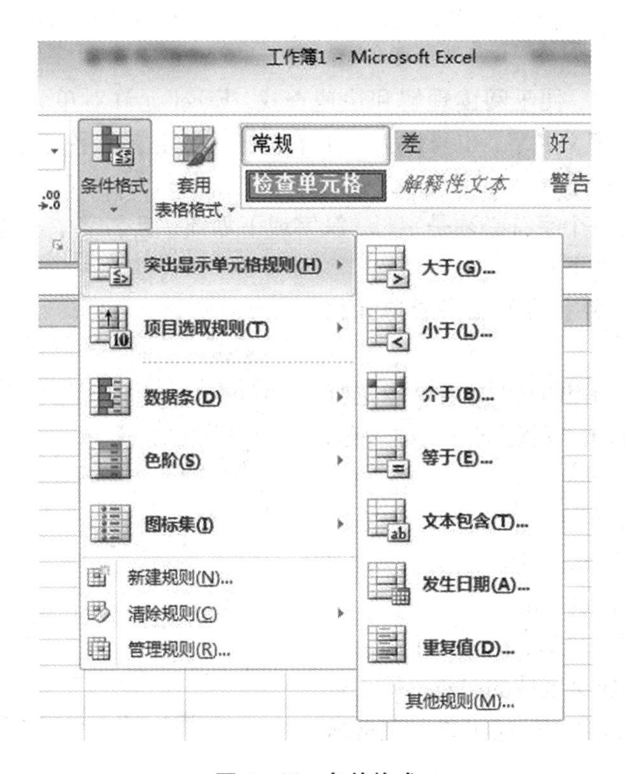

图5－34　条件格式

②选择规则，或者新建规则。打开相应的对话框，例如，选择"突出显示单元格规则"—"小于"，则弹出如图5－35所示对话框。

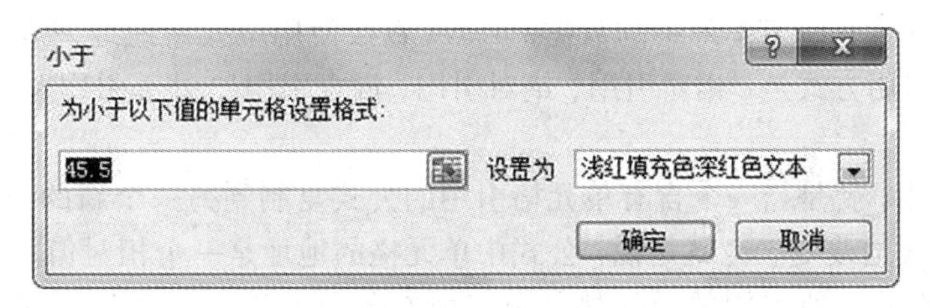

图5－35　"小于"条件格式设置

③设置完成后，单击"确定"按钮完成操作。

5.4　公式与函数

Excel除了具有强大的表格处理能力外，最重要的功能是数据计算处理能力。用户可以使用公式和函数完成多种复杂的计算。

5.4.1 名称的定义

为了提高工作效率，便于阅读理解和快速查找，Excel 允许对单元格区域进行命名。我们可以为一个单元格定义名字，也可以为一个单元格区域定义名字。为单元格命名后，就可以在公式或函数中使用单元格名字直观地进行计算。

单元格名字的第一个字符必须是字母、汉字或下划线，且名字中不能使用空格。定义单元格名字的一般方法如下：

①选择需要定义名字的单元格或单元格区域。

②单击右键，在弹出的快捷菜单中选择“定义名称”命令，打开“新建名称”对话框，如图 5 - 36 所示。

③在“名称”框输入单元格名字。

④选择“确定”按钮，关闭“定义名称”对话框，结束定义单元格名字的操作。

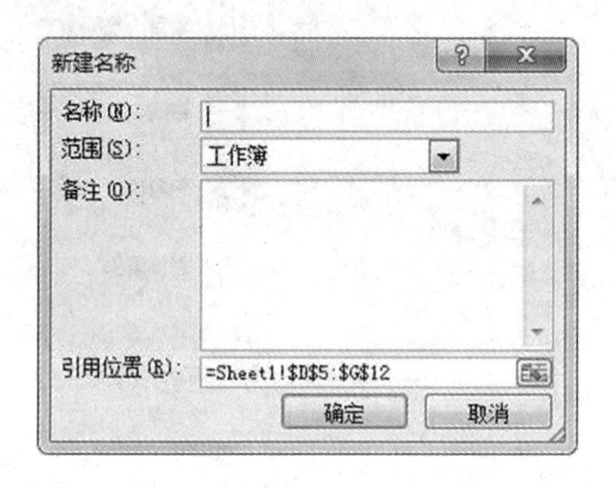

图 5 - 36 名称作为函数参数

将区域定义好名称之后，在公式中引用当前区域时，参数显示成该区域的名称，便于理解和查错；另外，通过名称框还可以实现区域内容的快速选定。

5.4.2 单元格的引用

在公式和函数中可以对单元格或单元格区域进行引用，一个引用位置代表工作表上的一个或者一组单元格。可以引用同一工作表中不同部分的数据，还可以引用同一工作薄其他工作表中的数据，甚至其他工作薄中的数据。Excel 直接使用单元格地址来表示对单元格的引用，常见的四种引用方式是：相对引用、绝对引用、混合引用 、外部引用。

1. 相对引用

所谓相对引用，就是当一个含有单元格引用的公式复制到另一个新的位置时，公式中的单元格地址会相应地改变。也就是说，公式中单元格的地址是一个相对值。不管将公式复制到哪个单元格，公式中所引用的单元格与公式所在的单元格的相对位置保持不变。表示方法：列坐标行坐标，如 B6，A2：C3。

2. 绝对引用

在一般情况下，复制单元格地址时，是使用相对引用方式，但在某种情况下，可能需要单元格的地址不变，那么就需要使用绝对引用。所谓绝对引用，是指在公式复制时，该地址不随目标单元格的变化而变化。绝对引用地址的表示方法是在引用地址的列号和行号前分别加上一个“＄”符号，表示方法：＄列＄行，如：＄B＄6，＄A＄1，＄A＄2：＄C＄3。

快速操作法：按【F4】键可以在单元格名称任意位置添加“＄”；连续按【F4】键可以改变单元格的引用方式。

3. 混合引用

混合引用是相对引用和绝对引用的混合使用。在进行公式的复制时，公式中相对引用的部分按相对引用的定义而变化，而绝对引用的部分则保持不变。表示方法：$列行(列不变行变)或列$行(列变行不变)。如果"$"符号放在列号前，如$A1，则表示列的位置是"绝对不变"的，而行的位置将随目标单元格的变化而变化。反之，如果"$"符号放在行号前，如A$1，则表示行的位置是"绝对不变"的，而列的位置将随目标单元格的变化而变化。如：B$6，$A1，A$2：C$3。

相对、绝对、混合引用间可相互转换，方法：选定单元格中的引用部分反复按【F4】键。

4. 外部引用

同一工作表中的单元格之间的引用称为内部引用。在 Excel 中还可以引用同一工作簿中不同工作表中的单元格，也可以引用不同工作簿中的工作表的单元格，这种引用称之为外部引用。

引用同一工作簿内不同工作表中的单元格格式为："=工作表名！单元格地址"。如"=Sheet2！A1"。

引用不同工作簿工作表中的单元格格式为："=[工作簿名]工作表名！单元格地址"。例如"=[Book1]Sheet1！A1"。

5.4.3　公式

Excel 公式是由操作数和运算符按一定的规则组成的表达式，以"="为首字符，等号后面是参与运算的元素(即操作数)和运算符。操作数可以是常量、单元格引用、标志名称或者是工作表函数。

1. 公式中的运算符

(1)算术运算符

常用的算术运算符有：+(加)、-(减)、×(乘)、/(除)、^(乘幂)、%(求百分数)，见表5-3。

表5-3　算术运算符

算术运算符	含义	示例
+(加号)	加法运算	3+3
-(减号)	减法运算	3-1
-(负号)	取负值	-1
*(星号)	乘法运算	3*3
/(正斜线)	除法运算	3/5
%(百分号)	百分比	20%
^(插入符号)	乘幂运算	3^2

(2)比较运算符

常用的比较运算符有：=(等于)、>(大于)、<(小于)、>=(大于等于)、<=(小于等于)、< >(不等于)。比较运算的结果是逻辑值，即 TRUE(真)和 FALSE(假)，见表5-4。

表 5-4 比较运算符

比较运算符	含义	示例
=(等号)	等于	A1 = B1
>(大于号)	大于	A1 > B1
<(小于号)	小于	A1 < B1
> =(大于等于号)	大于或等于	A1 > = B1
< =(小于等于号)	小于或等于	A1 < = B1
< >(不等号)	不相等	A1 < > B13

西文字符串比较时，采用内部 ASCII 码进行比较；中文字符比较时，采用汉字内码进行比较；日期时间型数据进行比较时，采用先后顺序(后者为大)。

(3)文本运算符

常用的文本运算符有：&(字符连接符)，将两个字符串连接起来生成一个新的字符串。如："计算"&"机"的运算结果是"计算机"，见表 5-5。

表 5-5 文本运算符

文本运算符	含义	示例
&(和号)	将两个字符串连接或串起来产生一个新的字符串	"计算"&"机"

(4)引用运算符

常用的引用运算符有以下三种，见表 5-6。

①:(冒号)：区域运算符，表示包括在两个单元格之间的所有单元格的引用。如：A2:C5，表示引用 A2 到 C5 单元格之间的区域。

②,(逗号)：联合运算符，将多个引用合并为一个引用。如：SUM(A2:E2,A4:E4)，表示两块不同的单元格区域的并集。

③ (空格)：交叉运算符，代表多个区域求交集。如：SUM(B3:B12 A5:D5)，表示在本例中单元格 B5 同时隶属于两个区域。

表 5-6 引用运算符

引用运算符	含义
:(冒号)	区域运算符，产生对包括在两个引用之间的所有单元格的引用
,(逗号)	联合运算符，将多个引用合并为一个引用
(空格)	交叉运算符产生对两个引用共有的单元格的引用

2. 运算符的优先级

Excel 运算符的优先级由高到低依次为：引用运算符之冒号、逗号、空格、算术运算符之负号、百分比、乘幂、乘除同级、加减同级、文本运算符、比较运算符同级。同级运算时，优先级按照从左到右的顺序计算。

3. 公式的输入

选择要输入公式的单元格，单击公式编辑栏的“ = ”按钮，输入公式内容；单击编辑栏的“√”按钮或“Enter”键。也可以直接在单元格中以“ = ”为首字符输入公式。

5.4.4 公式的复制和显示

在 Excel 中会经常使用公式和函数进行计算，如果所有公式都逐一输入是很麻烦，且容易出错的。Excel 2010 提供了公式的复制和移动功能，可以很方便地实现公式快速输入。公式的复制与移动和单元格数据的复制与移动类似，经常使用填充柄复制公式。

在 Excel 中，通常在用户输入公式后，在单元格中显示的不是公式的本身，而是公式所计算出的一个结果值，而公式本身则在编辑栏的输入框中显示。有时公式在复制过程中，得到错误结果，用户可以查看公式表达式，使用组合键【Ctrl】+“ ~ ”进行数据和公式的切换，还可以执行“公式”选项卡的“公式审核”功能区的“显示公式”命令，如图 5 – 37 所示。

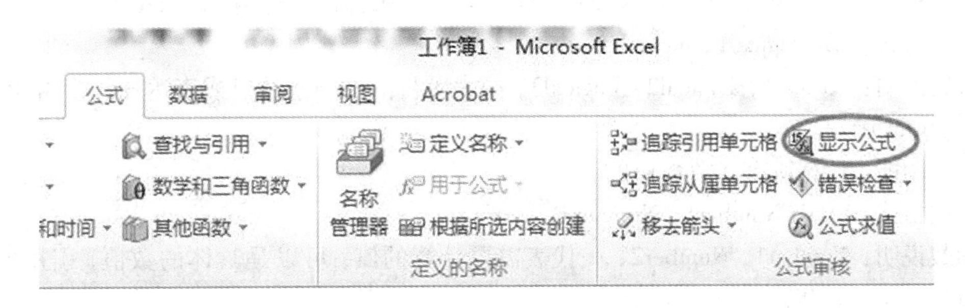

图 5 – 37 “显示公式”命令项

5.4.5 函数

Excel 之所以具有强大的数据计算功能，主要在于 Excel 提供了很多工作表函数，大量复杂计算都是通过工作表函数完成的。在 Excel 中内置了 9 类共 240 多个函数(数字、日期、文字等)，它们是一些预先定义的公式，利用函数不仅能够提高工作的效率，同时也能够减少用户的错误以及工作表所占的内存空间，并提高 Excel 的工作速度。

1. 函数的格式

函数的一般格式：〈函数名〉(参数 1，参数 2，……)

①函数名：函数必有函数名，这是函数的标志，如 SUM、AVERAGE 等。

②参数的个数和数据类型：在一个函数中，每个参数的数据类型都有明确规定，参数本身也可以是函数，也就是说函数可以嵌套，最多可嵌套 7 层。

③返回值：即函数的运算结果，在函数的嵌套中尤其要注意函数的返回值。

2. 函数的输入方法

①单击编辑栏中的“ = ”按钮后，在编辑栏最左边的函数名列表中选择函数名(或输入函数名及左右括号)，则会弹出“函数参数”对话框，在对话框中设置参数。

②单击编辑栏左侧的“插入函数”按钮，在“插入函数”对话框中选择相应的函数后单击“确定”按钮，然后在相应的“函数参数”对话框中设置参数。

③直接输入“=”号后再输入函数名和所有参数。

3. Excel 中常用的函数

(1) AND 函数

主要功能：返回逻辑值，仅当所有参数值均为逻辑“真(TRUE)”时返回函数结果逻辑“真(TRUE)”，否则都返回逻辑“假(FALSE)”。

使用格式：AND(logical1, logical2, …)

参数说明：Logical1, Logical2, Logical3, …表示待测试的条件值或表达式，最多30个。

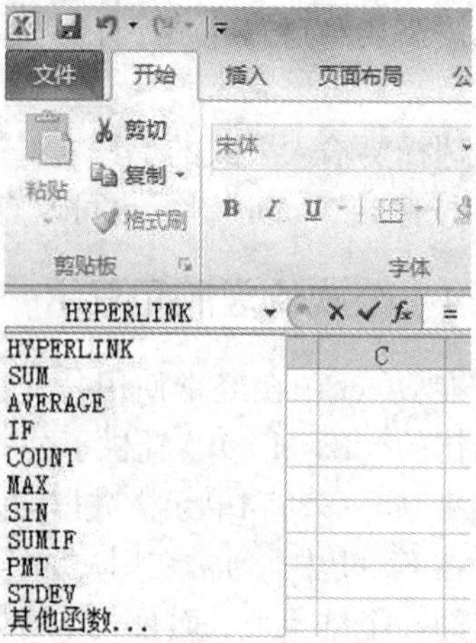

图5-38　函数名列表

(2) OR 函数

主要功能：返回逻辑值，仅当所有参数值均为逻辑“假(FALSE)”时返回函数结果逻辑“假(FALSE)”，否则都返回逻辑“真(TRUE)”。

使用格式：OR(logical1, logical2, …)

参数说明：Logical1, Logical2, Logical3, …表示待测试的条件值或表达式，最多30个。

(3) SUM 函数

主要功能：计算所有参数数值的和。

使用格式：SUM(Number1, Number2, …)

参数说明：Number1, Number2, …代表需要计算的值，可以是具体的数值、引用的单元格(区域)、逻辑值等。

注意：如果参数为数组或引用，只有其中的数字将被计算。数组或引用中的空白单元格、逻辑值、文本或错误值将被忽略。

(4) AVERAGE 函数

主要功能：求出所有参数的算术平均值。

使用格式：AVERAGE(number1, number2, …)

参数说明：number1, number2, …代表需要求平均值的数值或引用单元格(区域)，参数不超过30个。

注意：如果引用区域中包含“0”值单元格，则计算在内；如果引用区域中包含空白或字符单元格，则不计算在内。

(5) MAX 函数

主要功能：求出一组数中的最大值。

使用格式：MAX(number1, number2, …)

参数说明：number1, number2, …代表需要求最大值的数值或引用单元格(区域)，参数不超过30个。

注意：如果参数中有文本或逻辑值，则忽略。

(6) MIN 函数

主要功能：求出一组数中的最小值。

使用格式：MIN(number1, number2, …)

参数说明：number1, number2, …代表需要求最小值的数值或引用单元格(区域)，参数不超过 30 个。

注意：如果参数中有文本或逻辑值，则忽略。

(7)IF 函数

主要功能：根据对指定条件的逻辑判断的真假结果，返回相对应的内容。

使用格式：IF(Logical, Value_if_true, Value_if_false)

参数说明：Logical 代表逻辑判断表达式；Value_if_true 表示当判断条件为逻辑“真(TRUE)”时的显示内容，如果忽略返回“TRUE”；Value_if_false 表示当判断条件为逻辑“假(FALSE)”时的显示内容，如果忽略返回“FALSE”。

(8)SUMIF 函数

主要功能：计算符合指定条件的单元格区域内的数值和。

使用格式：SUMIF(Range, Criteria, Sum_Range)

参数说明：Range 代表条件判断的单元格区域；Criteria 为指定条件表达式；Sum_Range 代表需要计算的数值所在的单元格区域。

(9)COUNTIF 函数

主要功能：统计某个单元格区域中符合指定条件的单元格数目。

使用格式：COUNTIF(Range, Criteria)

参数说明：Range 代表要统计的单元格区域；Criteria 表示指定的条件表达式。

注意：允许引用的单元格区域中有空白单元格出现。

(10)RANK 函数

主要功能：返回某一数值在一列数值中的相对于其他数值的排位。

使用格式：RANK(Number, ref, order)

参数说明：Number 代表需要排序的数值；ref 代表排序数值所处的单元格区域；order 代表排序方式参数(如果为“0”或者忽略，则按降序排名，即数值越大，排名结果数值越小；如果为非“0”值，则按升序排名，即数值越大，排名结果数值越大)。

【注意】在上述公式中，ref 参数采取了单元格区域绝对引用，这样设置后，拖拉填充柄，即可完成其他同学平均成绩的排名统计。

5.4.6 常见的出错信息

如果单元格的公式或函数使用不当，Excel 就不能正确地计算出相应的结果，而在该单元格中会给出以“#”开头的出错信息，常见的出错信息见表 5-7 所示。

表 5-7　常见的出错信息

错误值	意义
#####	单元格的数据长度超过了列宽
#DIV/0!	公式、函数中出现被零除的情况
#REF!	公式、函数中引用了无效的单元格

续表 5-7

错误值	意义
#VALUE!	公式、函数中操作数的数据类型不对
#NAME?	公式中使用了未经定义的文字内容
#NULL!	公式、函数中使用了没有相交的区域
#NUM!	公式、函数中某个数字有问题
#N/A	公式引用的区域中没有一个可用的数据，或者在所引用的函数中缺少参数

5.5 图表的制作

Excel 的图表功能可以将工作表中的抽象数据以图形的形式表现出来，极大地增强了数据的直观效果，易于理解，便于查看数据的差异、分布并进行趋势预测和数据的分析。Excel 所创建的图表与工作表中的有关数据密切相关，当工作表中数据源发生变化时，图表中对应项的数据也能够自动更新。

5.5.1 图表的组成

图表主要由图表标题、数值轴、分类轴、数据系列、图例等项组成，如图 5-39 所示。

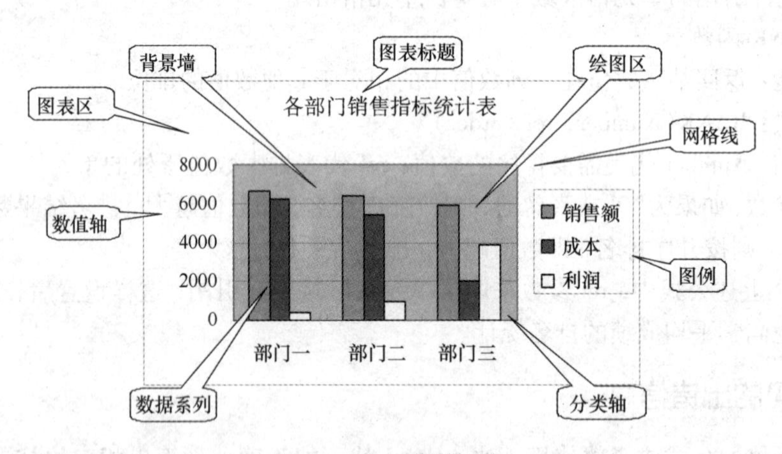

图 5-39 图表的组成

5.5.2 图表创建方法

以绘制 $y = \lg(x)$ 的曲线图为例。

1. 使用“图表”功能区创建图表

①创建工作表，其中 A 列为自变量，B 列为函数式，如图 5-40 所示。

先选定要创建图表的数据区域。

②执行菜单“插入”选项卡“图表”功能区的“散点图”命令按钮，如图 5-41 所示。

③选择“散点图”下拉列表中的“带平滑线的散点图”按钮，如图5－42所示。即得到如图5－43所示的图表。

④Excel 2010在生成图表后，产生“图表工具”选项卡，“图表工具”选项卡又分成“设计”“布局”和“格式”三个选项卡，如图5－44、图5－45和图5－46所示。在这三个选项卡中，可以进一步对图表进行修改、编辑和美化。

“图表工具—设计”选项卡有“类型”“数据”“图表布局”“图表样式”和“位置”功能区，主要对图表进行总体设计，例如，图表采用哪种类型，数据产生在哪个区域，图表的大致布局等。

“图表工具—布局”选项卡有“插入”“标签”“坐标轴”“背景”和“分析”功能区，主要对图表的细节进行设置，如标题的修改，图例的更改，坐标轴的刻度等。

“图表工具—格式”选项卡有“形状格式”“艺术字样式”“排列”和“大小”功能区，主要是对图表的外观进行美化。

	A	B
1	x=	y=lg(x)
2	1/10	-1
3	1/9	-0.95424
4	1/8	-0.90309
5	1/7	-0.8451
6	1/6	-0.77815
7	1/5	-0.69897
8	1/4	-0.60206
9	1/3	-0.47712
10	1/2	-0.30103
11	1	0
12	2	0.30103
13	3	0.477121
14	4	0.60206
15	5	0.69897
16	6	0.778151
17	7	0.845098
18	8	0.90309
19	9	0.954243
20	10	1

图5－40　输入函数式

2. 使用【F11】键创建简单的图表

选定创建图表的数据区域后，点击【F11】键可以自动创建一个独立的簇状柱形图工作表Char1。

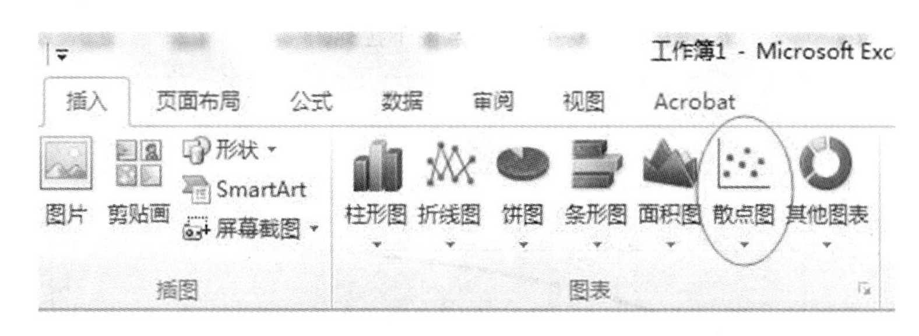

图5－41　插入“图表”

5.5.3　图表的编辑

新建的图表如果不能满足排版的要求，可以对图表进行重新编辑。

1. 编辑图表的基本方法

选择图表、移动图表的位置、改变图表的大小、复制删除图表等基本方法与在Word中编辑图片的方法相似。如要调整位置到其他工作表的操作方法如下：

①选定要移动的图表。

②选择“图表工具—设计”选项卡里的“移动图表”命令，或者单击鼠标右键，在弹出的快捷菜单中选择“移动图表”，弹出如图5－47所示“移动图表”对话框。

③选择相应的工作表。

④单击“确定”按钮，完成操作。

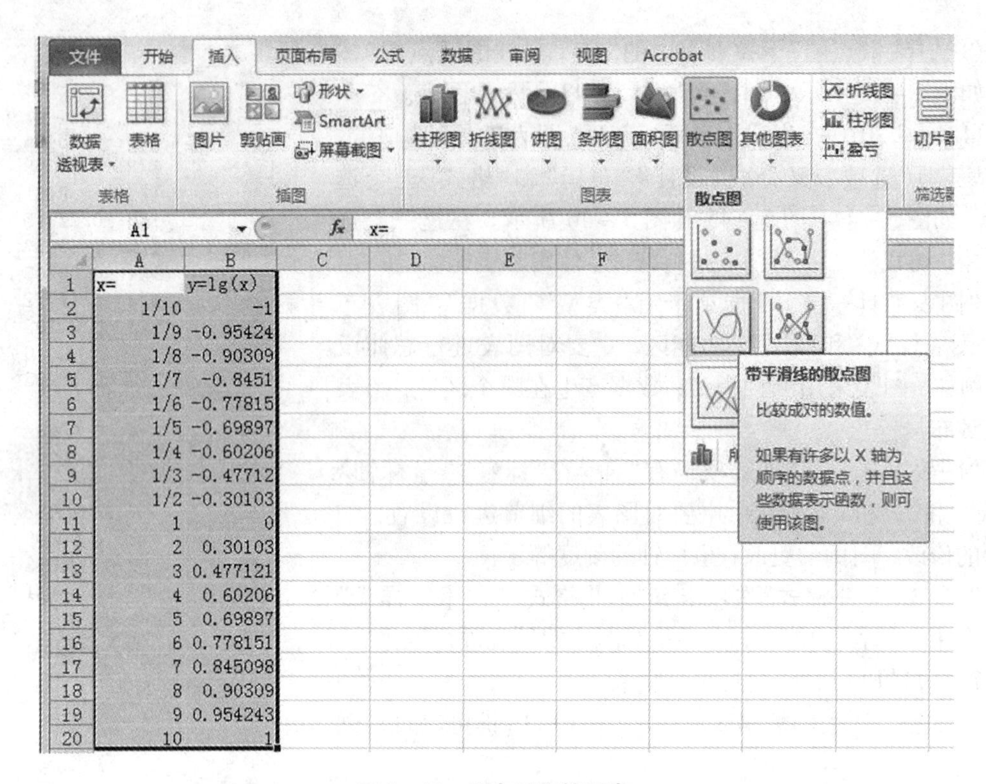

图 5－42 散点图下拉列表

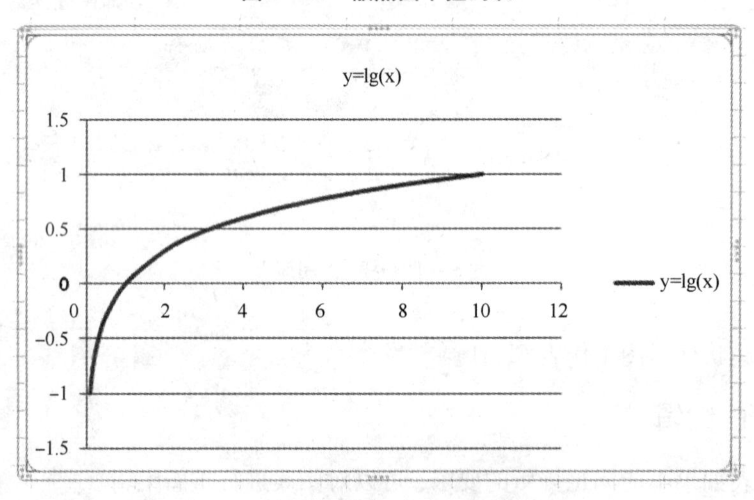

图 5－43 带平滑线的散点图

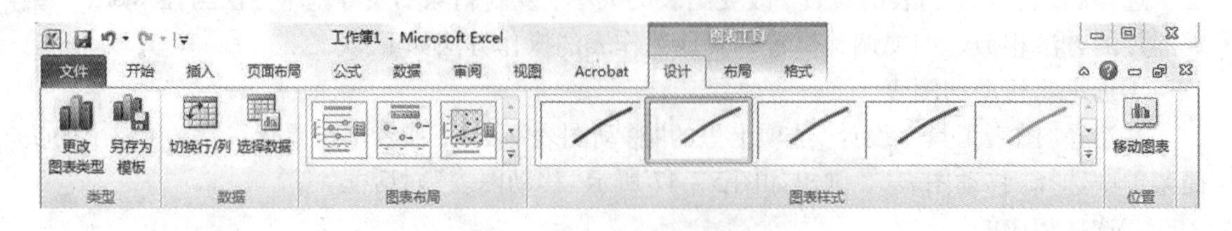

图 5－44 “图表工具—设计”选项卡

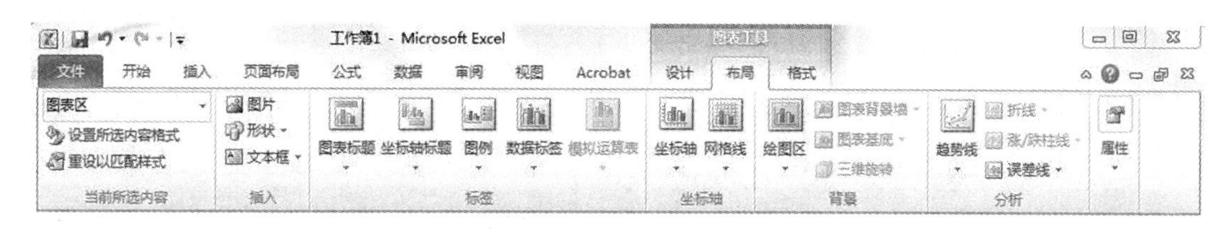

图 5 - 45　“图表工具—布局”选项卡

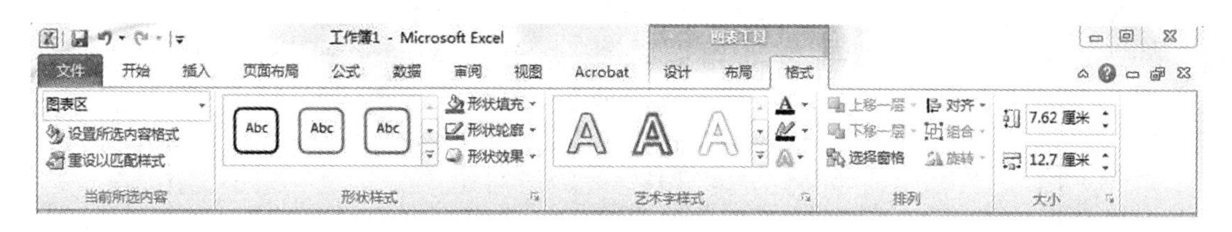

图 5 - 46　“图表工具—格式”选项卡

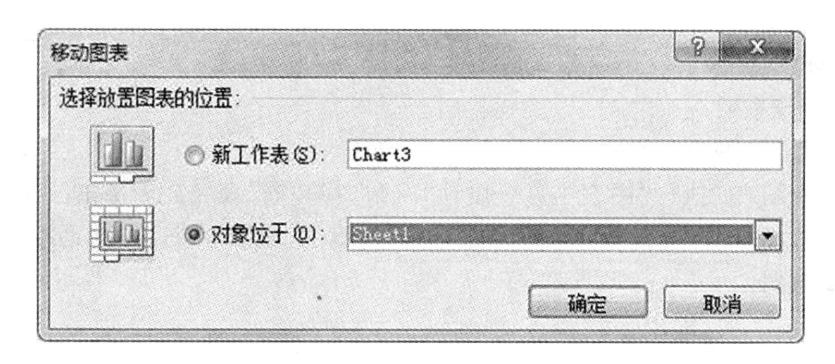

图 5 - 47　“移动图表”对话框

2. 更改图表类型

具体操作步骤如下：

①打开需要更新图表类型的工作表。

②选定图表，选择“图表工具—设计”选项卡的“更改图表类型”选项，如图 5 - 44 所示。或者单击鼠标右键，在弹出的快捷菜单中选择“更改图表类型”，弹出如图 5 - 48 所示“更改图表类型”对话框。

③选择所需要的类型，单击“确定”按钮，完成操作。

3. 设置各种图表选项

具体操作步骤如下：

①打开需要设置图表选项的工作表。

②选定图表，选择 “图表工具—布局”选项卡。

③根据需要对图表进行设置，单击“确定”按钮，完成操作。

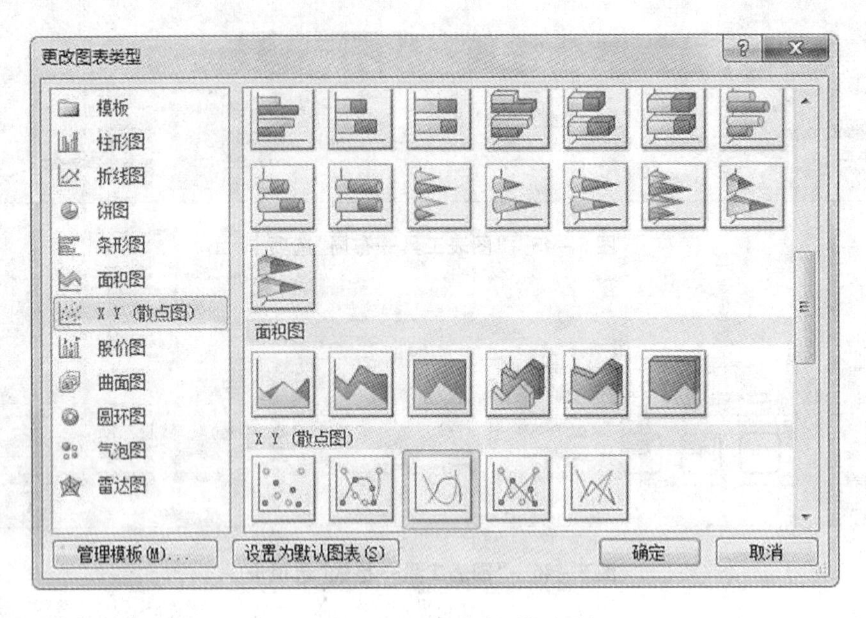

图5-48 "更改图表类型"对话框

4. 添加和删除数据系列

(1)添加数据系列

添加数据系列有两种方法:

①选定整个图表,执行"图表工具—设计"→"选择数据"命令或者单击鼠标右键,在弹出的快捷菜单中选择"选择数据",打开如图5-49所示的"选择数据源"对话框。在该对话框中为图表添加数据。

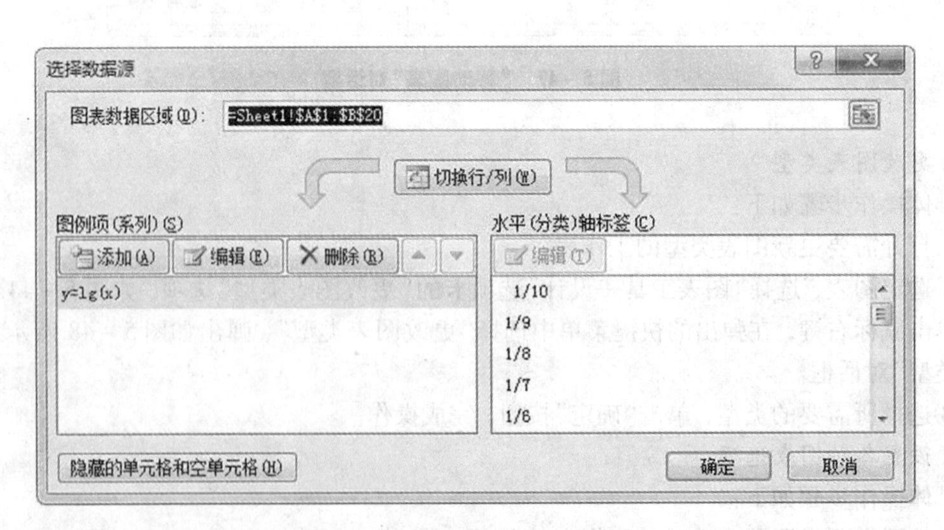

图5-49 "选择数据源"对话框

②先选择添加数据的单元格区域,在"开始"选项卡上选择"剪贴板"→"复制"命令把选

定内容复制到剪贴板上。再选择图表，选择“剪贴板”→“粘贴”命令。

(2)删除数据系列

删除数据系列操作比较简单，如果仅删除图表中的某数据系列，则在图表中选定要删除的数据系列，按【Delete】键即可；如果要将工作表中的某数据系列与图表中的数据系列一起删除，则选定工作表中的数据系列所在的单元格区域，按【Delete】键。

(3)数据系列次序的调整

具体操作步骤如下：

①在图表中选定需要调整次序的数据系列。

②执行“图表工具—设计”→“选择数据”命令或者单击鼠标右键，在弹出的快捷菜单中选择“选择数据”，打开如图 5 - 49 所示的“选择数据源”对话框。在“图例项(系列)”列表框中选中要调整的系列，点击▲|▼按钮，就可以上移或下移该系列的顺序，如图 5 - 50 中黑圈所示。

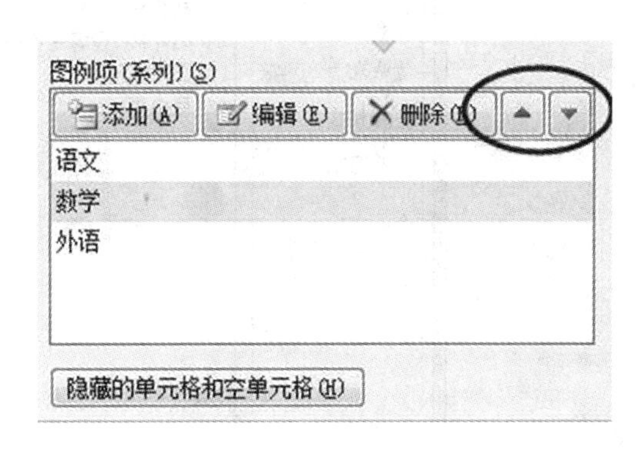

图 5 - 50　调整系列的顺序

5.5.4　图表的格式化

图表的格式化包括图案、刻度、字体、数字、对齐设置等。通过格式的设置，使图表更加美观。

1. 设置图表标题格式

具体操作步骤如下：

①打开要设置图表标题格式的工作表。

②选定图表标题，执行“图表工具—布局”选项卡的“标签”功能区的→“图表标题”命令，在弹出的下拉列表中选择标题的位置，或者选择“其他标题选项”，如图 5 - 51 所示。然后在图表区会生成一个文本框，在此处键入标题。

图 5 - 51　图表标题

③如果选择“其他标题选项”，则会弹出如图 5 - 52 所示的“设置图表标题格式”对话框，可以对“填充”“边框”“对齐方式”等选项卡进行相应的设置。

④单击“关闭”按钮，完成标题设置操作。

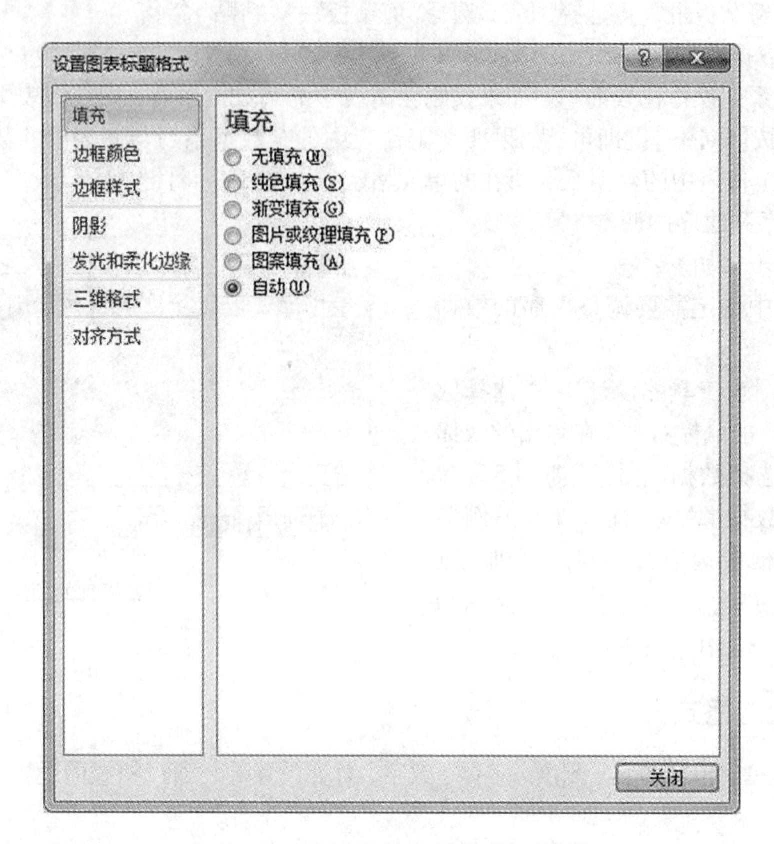

图 5－52 “设置图表标题格式”对话框

2. 设置坐标轴格式

具体操作步骤如下：

①打开要设置图表坐标轴格式的工作表。

②选中图表，在“图表工具—布局”选项卡中，选择“坐标轴”—“主要横坐标轴/主要纵坐标轴”—“其他主要横/纵坐标轴选项”命令；或双击坐标轴。弹出如图 5－53 所示“设置坐标轴格式”对话框。

③可以对“填充”“刻度”“数字”“对齐”等选项卡进行相应的设置。

④单击“关闭”按钮，完成坐标轴设置操作。

3. 设置网格线格式

绘图区中的网格线可以反映数据的具体大小。网格线越多显示得越精确。具体操作步骤如下：

①打开要设置图表网格线格式的工作表。

②在图表绘图区的网格线上单击鼠标右键，从弹出的快捷菜单中选择“网格线格式”，或双击任一网格线，弹出如图 5－54 所示“设置主要网格线格式”对话框。

③对“线条颜色”“线性”等选项卡进行相应的设置。

④单击“关闭”按钮，完成网格线设置操作。

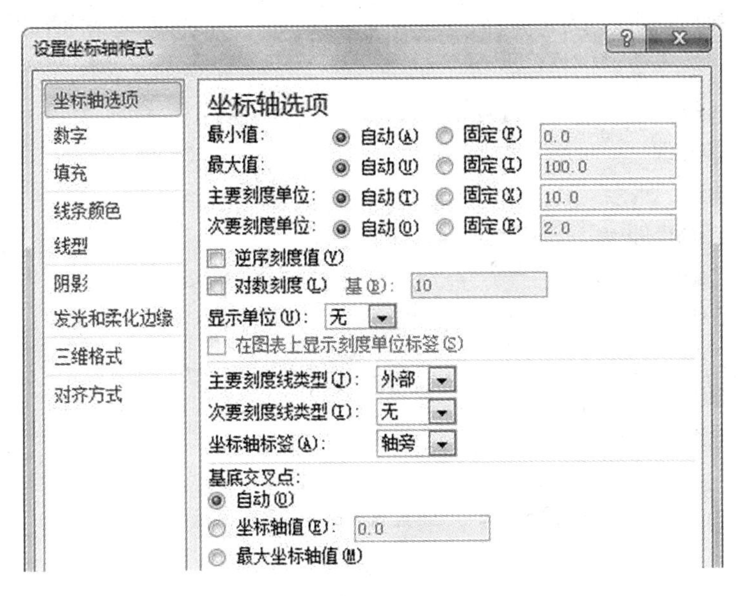

图5-53 “设置坐标轴格式”对话框

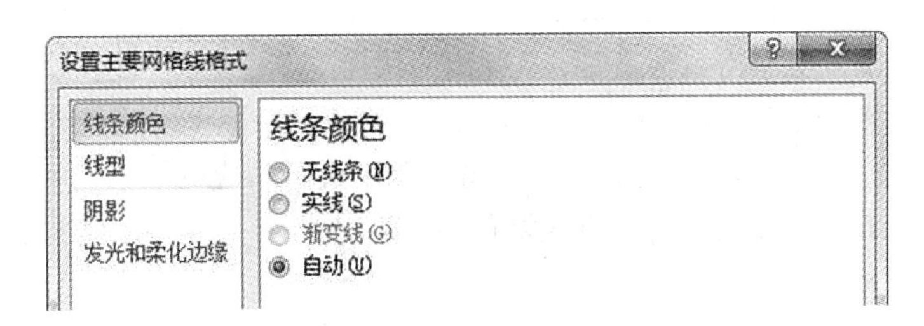

图5-54 “设置主要网格线格式”对话框

4. 设置图例格式

具体操作步骤如下:

①打开要设置图表图例格式的工作表。

②在图表的图例上单击鼠标右键，从弹出的快捷菜单中选择“设置图例格式”，或双击图例，在弹出的“设置图例格式”对话框中对“图例选项”“填充”“边框颜色”等选项卡进行相应的设置。

③单击“关闭”按钮，完成图例设置操作。

5. 设置图表区格式

具体操作步骤如下:

①打开要设置图表区格式的工作表。

②在图表区上单击鼠标右键，弹出菜单快捷中选择“设置图表区域格式”，或双击图表区，弹出如图5-55所示“设置图表区格式”对话框。

③可以对“填充”“边框颜色”“边框样式”“大小”“属性”等选项卡进行相应的设置。

④单击“关闭”按钮，完成图表区格式设置操作。

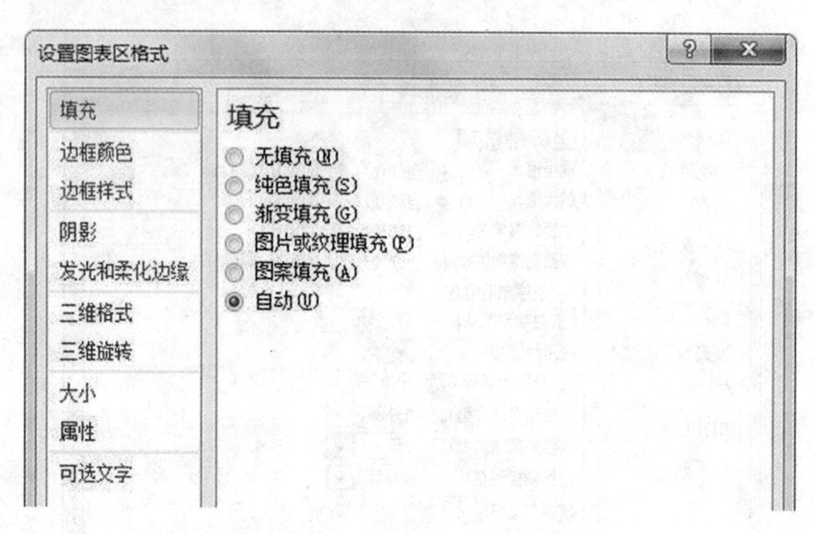

图 5－55 “设置图表区格式”对话框

6. 设置绘图区格式

具体操作步骤如下：

①打开要设置绘图区格式的工作表。

②在图表的绘图区上单击鼠标右键，从弹出的快捷菜单中选择“设置绘图区格式”，或双击绘图区，弹出“设置绘图区格式”对话框。

③可以对“填充”“边框颜色”“边框样式”等选项卡进行相应的设置。

④单击“关闭”按钮，完成绘图区格式设置操作。

7. 设置数据系列格式

具体操作步骤如下：

①打开要设置数据系列格式的工作表。

②在图表的绘图区上选定需要设置格式的数据系列，单击鼠标右键，从弹出的快捷菜单中选择“设置数据系列格式”，或双击某一数据系列，弹出如图 5－56 所示的“设置数据系列格式”对话框。

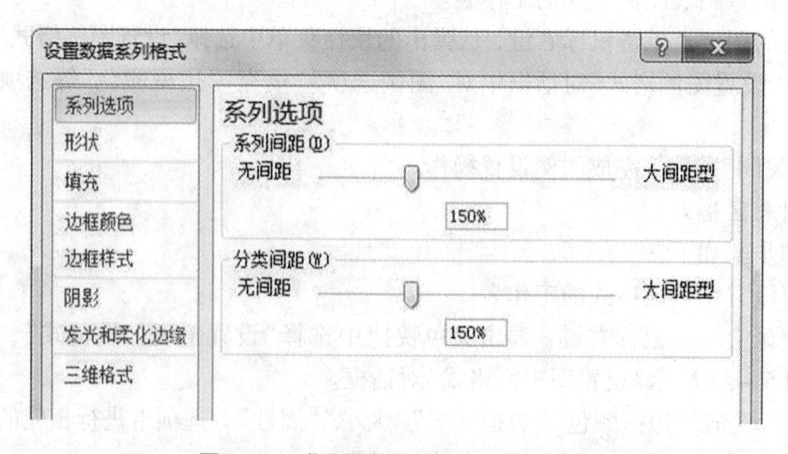

图 5－56 “设置数据系列格式”对话框

③在对话框中可以对“系列选项”“形状”“填充”“边框颜色”等选项卡进行相应的设置。

④单击“关闭”按钮，完成数据系列格式设置操作。

5.6　Excel 的数据管理功能

Excel 2010 提供了强大的数据库管理功能，运用它可以进行简单的数据组织管理工作，对工作表中的数据进行排序、筛选、分类汇总、建立数据透视表等操作。

5.6.1　数据排序

创建工作表时，输入的数据常常是没有规律的，有时需要按照某种规律使用数据。Excel 可以使用一列或多列数据作为关键字按升序(从小到大)或降序(从大到小)进行排序。

1. 简单排序

(1)使用升序/降序按钮排序

打开需要进行排序的工作表，将光标定位在需要进行排序操作的数据区域任意单元格。单击“开始”选项卡“编辑”功能区“排序和筛选”下方的下拉按钮，在弹出的下拉菜单中选择“升序排序”按钮 或“降序排序”按钮 ；也可以在“数据”选项卡“排序和筛选”功能区点击“升序排序”按钮 或“降序排序”按钮 。

(2)使用“排序”命令排序

①打开需要进行排序的工作表，将光标定位在需要进行排序操作的任意单元格。

②执行“数据”选项卡“排序和筛选”功能区的“排序”命令 ；或者点击“开始”选项卡“编辑”功能区“排序和筛选”下方的下拉按钮，在弹出的下拉菜单中选择“自定义排序”命令，弹出如图 5－57 所示的“排序”对话框。

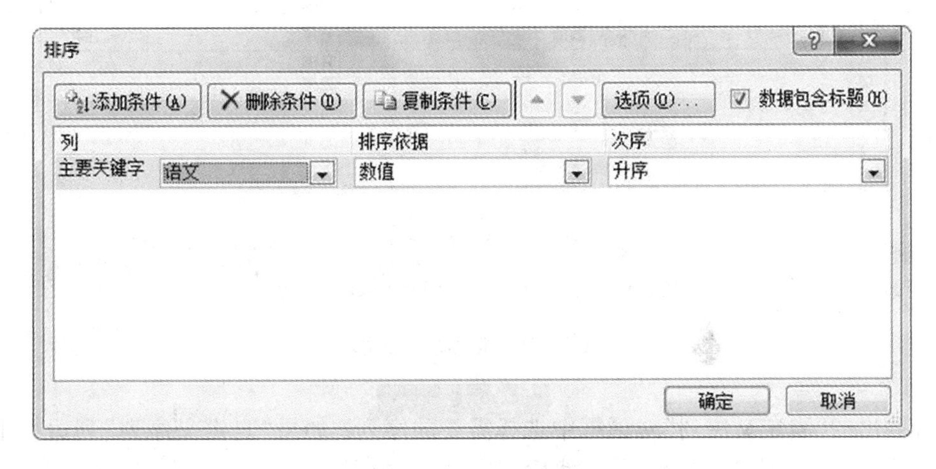

图 5－57　“排序”对话框

③在“主要关键字”下拉列表框中选择排序的依据，在右侧选择排序方式。

④如果有“次要关键字”，则点击“添加条件”按钮，在“次要关键字”下拉列表框中选择

相应的字段名，并选择排序方式。Excel 2010 允许添加多个次要关键字。

⑤如果有某个条件不想要了，选中该条件，点击“删除条件”按钮，即可删除该排序条件。

如果有多个排序关键字时，Excel 2010 按从上到下的顺序选择关键字排序。

如果数据区域中第一行的内容不参加排序，可选中“数据包含标题”复选框；如果标题行也要参加排序，可取消数据包含标题”复选框。

⑥可以单击“选项”按钮，打开如图 5－58 所示的“排序选项”对话框，选择排序方向和排序方法。

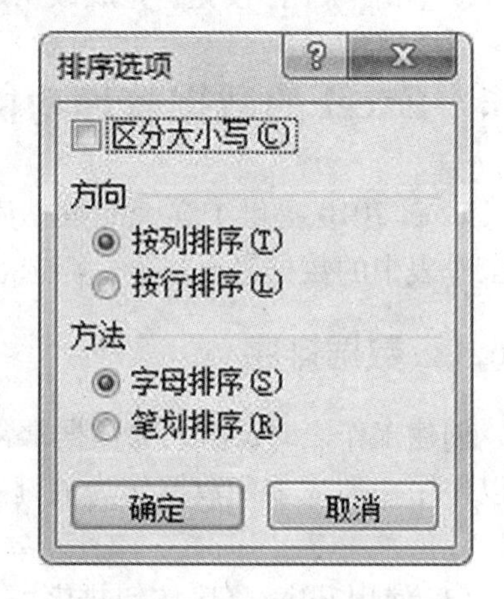

图 5－58 “排序选项”对话框

2. 自定义排序

有时需要按照一些特殊的次序进行排序，这时简单排序无法满足实际的需要，可以利用 Excel 的自定义排序功能。具体操作步骤如下：

①打开需要进行排序的工作表，将光标定位在需要进行排序操作的任意单元格。

②执行“数据”选项卡“排序和筛选”功能区的“排序”命令；或者点击“开始”选项卡“编辑”功能区“排序和筛选”下方的下拉按钮，在弹出的下拉菜单中选择“自定义排序”命令，弹出如图 5－57 所示“排序”对话框。

③选中某个排序条件，点击“次序”下拉按钮，在弹出的下拉菜单中选择“自定义序列”选项，如图 5－59 所示。

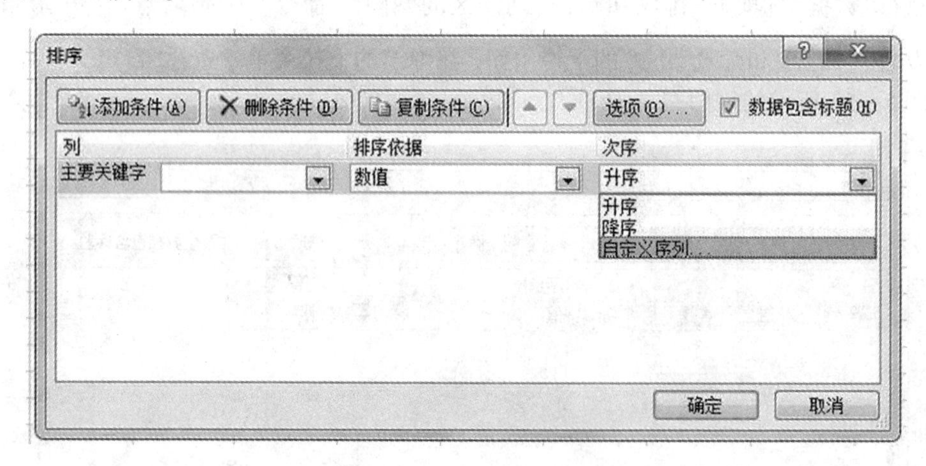

图 5－59 排序次序选项

④在弹出的“自定义序列”对话框中选择需要的序列，如果“自定义序列”列边框中没有想要的序列，也可以选择“新序列”，然后在右边文本框输入新序列，点击“添加”按钮，如图 5－60 所示。

⑤单击“确定”按钮，返回“排序”对话框，再次单击“确定”按钮，完成排序操作。

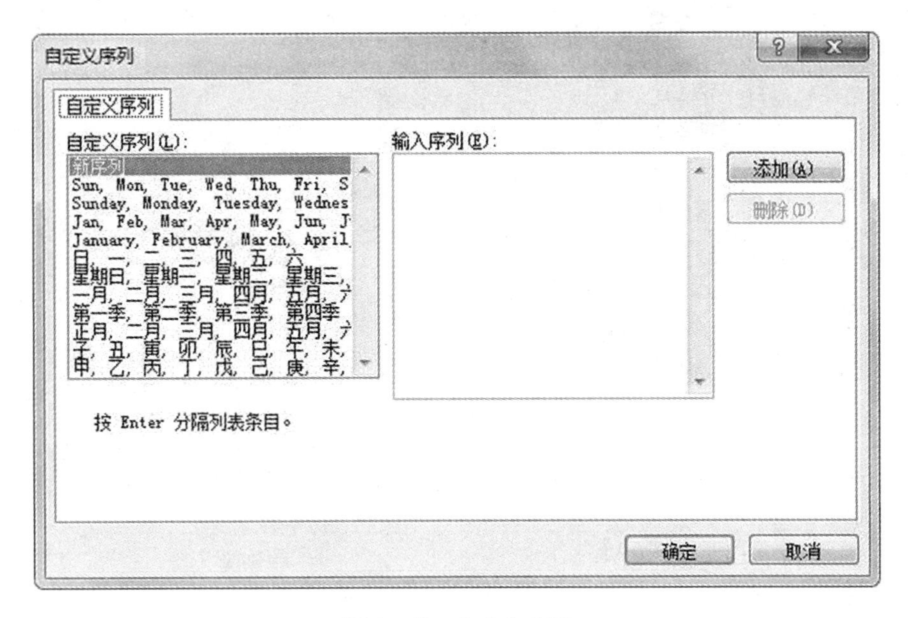

图 5－60　自定义序列

5.6.2　数据筛选

数据筛选是在工作表中选择满足条件的记录，将不满足条件的记录隐藏起来。Excel 2010 的数据筛选功能包括筛选和高级筛选两种方式。

1. 筛选

使用自动筛选功能筛选数据的一般方法如下：

①选择数据区域的任一单元格。

②选择“数据”选项卡→“排序和筛选”→“筛选”命令，则在数据区域中的每个字段都有一个下拉箭头按钮，如图 5－61 所示。

姓名	语文	数学	外语
张三	89	87	67
李四	76	88	98
王五	67	65	98
赵六	57	87	79
田七	98	56	98
许八	77	86	54
孙九	89	76	98

图 5－61　自动筛选样例

③单击字段名右侧的下拉箭头，选择自动筛选数据的条件，如图 5－62 所示。各项功能如下：

a. 升序：以此列为主关键字进行升序排列。

b. 降序：以此列为主关键字进行降序排列。

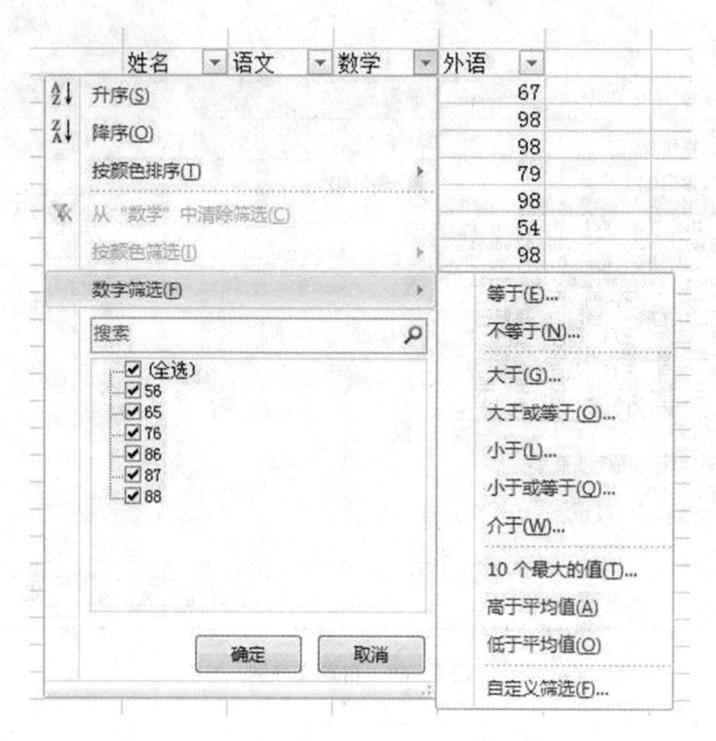

图 5－62 筛选的条件

c. 数字筛选：依据数值进行筛选，如“等于”“不等于”“大于”“大于或等于”“小于”“介于”“高于平均值”等。如果选中的字段是文本，则会出现“文本筛选”命令，如图 5－63 所示。

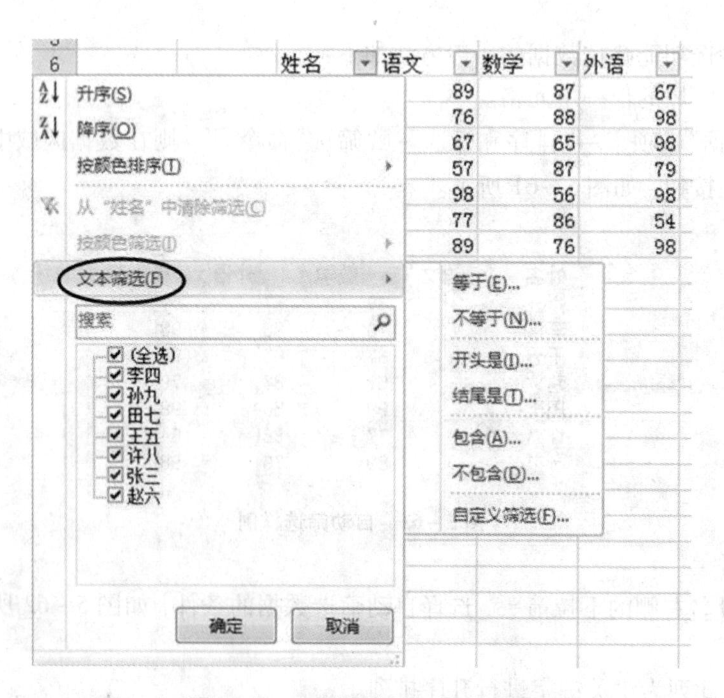

图 5－63 下拉菜单选择筛选项目

d. 直接勾选。在“筛选”列表框中直接勾选要选择的各项前的复选框，然后点击“确定”，就可以直接选择已勾选各项。

进行了筛选以后，标题旁会出现图案，这时，不符合条件的就会隐藏起来，这个时候进行打印，就不会打印隐藏的内容。

再次点击按钮，就可以取消刚才所做的筛选，又会显示出全部内容。

2. 高级筛选

高级筛选可以筛选出同时满足多个条件的记录。使用高级筛选，必须先建立条件区域。条件区域的建立必须与原有数据区域中的数据分隔开，进行高级筛选时，系统能够自动识别列表区域，不会误把条件区域包括其中。实现高级筛选的一般步骤如下：

①打开需要进行高级筛选的工作表，创建条件区域并在条件区域中设置筛选条件。条件区域的特征：由至少两行和若干列组成的一个数据区域，其中第一行为字段名，其他行为对应的具体字段值。建立条件区域的方法如下：

a. 在工作表中选取一空白区域，第一行为字段名；第二行为每个字段名所对应的具体字段值。注意数据类型必须与字段名所对应的数据类型一致。

b. 条件若在同一行，则为“与”(AND)关系，要求同时满足；若条件不在同一行，则为“或”(OR)关系，满足其中一个即可。条件区域中允许使用通配符“?”(表示一个字符)和“ * ”(表示任意个字符)，如图 5 -64 所示。

	A	B	C	D	E
1					
2		姓名	语文	数学	外语
3		张三	89	87	67
4		李四	76	88	98
5		王五	67	65	98
6		赵六	57	87	79
7		田七	98	56	98
8		许八	77	86	54
9		孙九	89	76	98
10					
11				语文	数学
12				>80	>80

图 5 -64　高级筛选的条件区域

②将光标定位在要进行筛选操作的数据区域任意单元格。

③执行“数据”→“排序和筛选”→“高级”命令 高级，弹出如图 5 -65 所示对话框。

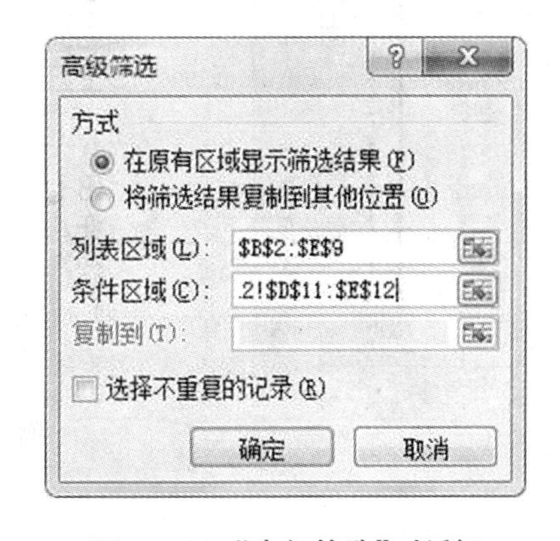

图 5 -65　“高级筛选”对话框

在高级筛选中还可以把筛选结果复制到工作表的其他位置，选择“将筛选结果复制到其他位置”单选按钮，并在“复制到”文本框中选择工作表数据区和条件区域外的任意空白单元格即可。

④单击“列表区域”下拉列表框右侧的按钮，

选择需要进行筛选的单元格区域(通常情况下,系统都可以自动识别进行筛选的数据区域)。

⑤再次单击按钮返回“高级筛选”对话框,单击“条件区域”下拉列表框右侧的按钮,选择设置好的条件区域。

⑥再次单击按钮,返回“高级筛选”对话框,单击“确定”按钮。

5.6.3 分类汇总

分类汇总是指按照某一字段记录的分类,对某个或某些数值字段以某种汇总方式进行统计。要正确地完成分类汇总操作,首先,一定要先按分类字段排序“分类”后才能“汇总”。

1. 创建简单分类汇总

分类汇总的具体操作步骤如下:

①单击工作表中数据区域中的任意一个单元格。

②首先对要分类的字段进行排序,升序或降序均可。

③选择“数据”选项卡→“分级显示”→“分类汇总”命令,打开“分类汇总”对话框,如图 5－66 所示。

④在“分类汇总”对话框中设置分类字段、汇总项和汇总方式。分类字段是指需要用来分类汇总的数据列,一般为数据清单中的列标题;汇总方式是指所需的用于计算分类汇总的函数,如求和、平均、计数等;汇总项是指需要对其汇总计算的数值列。

完成分类汇总后,Excel 2010 可以自动地分级显示工作簿上的信息,如图 5－67 所示。

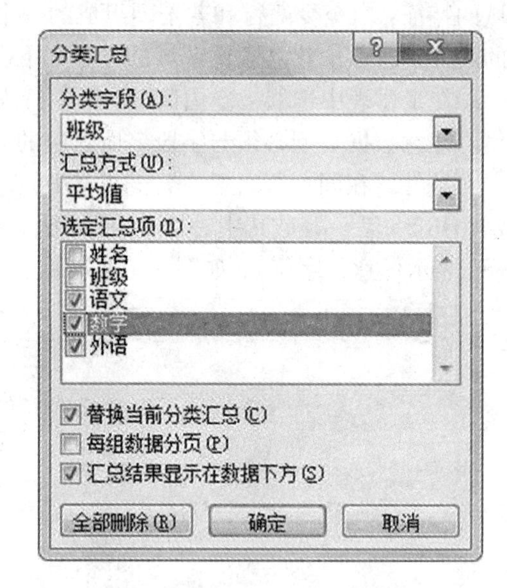

图 5－66 分类汇总设置

	A	B	C	D	E	F
1						
2		姓名	班级	语文	数学	外语
3		张三	1班	89	87	67
4		李四	1班	76	88	98
5		王五	1班	67	65	98
6			**1班 平均**	77.33333	80	87.66667
7		赵六	2班	57	87	79
8		田七	2班	98	56	98
9		许八	2班	77	86	54
10		孙九	2班	89	76	98
11			**2班 平均**	80.25	76.25	82.25
12			**总计平均**	79	77.85714	84.57143

图 5－67 分类汇总样例

在分类汇总的工作表中，数据是分级显示的。利用分级显示可以快速地查看汇总信息。其中一级数据按钮 1 显示一级数据，二级数据按钮 2 显示一级和二级数据，三级数据按钮 3 显示前三级数据，显示明细数据按钮 + 显示明细数据，隐藏明细数据按钮 - 隐藏明细数据。

2. 清除分类汇总

将光标定位在创建分类汇总后的数据区域任意单元格中。选择"数据"选项卡→"分级显示"→"分类汇总"命令，打开"分类汇总"对话框。在"分类汇总"对话框中，单击"全部删除"按钮，即可清除分类汇总。

5.7　工作表的打印设置

实际中，制作的表格常常需要打印成文本。在 Excel 中打印表格的操作流程与在 Word 中打印文档的操作流程相同，即打印表格之前通常先进行页面设置，再打印预览，制作的表格满足要求后才使用打印机输出表格。

5.7.1　页面设置

1. 设置页面

Excel 的页面设置功能可以设置纸张大小、页边距、打印标题、打印区域、页眉、页脚、插入分页符等。具体操作步骤如下：

①打开需要进行页面设置的工作表。

②执行菜单"页面布局"选项卡→"页面设置"按钮，如图 5－68 黑圈所示位置，弹出如图 5－69 所示"页面设置"对话框。

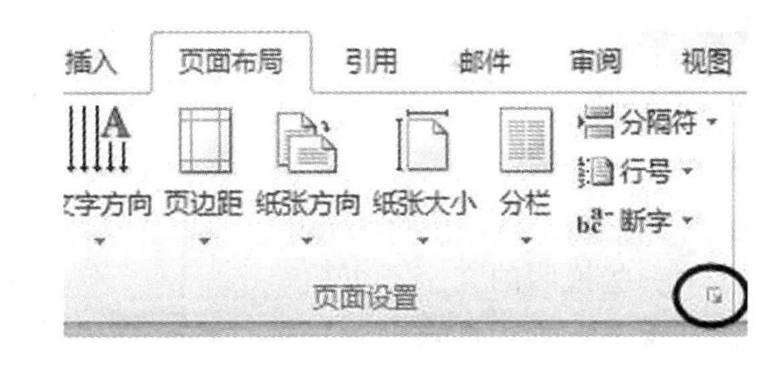

图 5－68　"页面设置"按钮

"页面"选项卡中各选项功能如下：

方向：设置打印内容是"纵向"还是"横向"打印到纸张上。

缩放：选择缩放比例。可以选择从 10% 到 400% 的尺寸效果打印，100% 是正常打印尺寸；选择"调整为"单选按钮，可以分别设置"页宽"和"页高"的比例。

纸张大小：在下拉列表框中选择纸张的类型。

打印质量：根据实际需要，从下拉列表框中选择。

起始页码：可以为首页设置页码，这对打印内容有连续页号的文件很有意义。如果要使首页页号为 1 或者在"打印内容"对话框中已选择了"页"，可选择"自动"选项。如果不想在页眉或者页脚上打印页号，此设置则无效。

2. 设置页边距

页边距是指打印内容与打印纸边界之间的距离。在"页面设置"对话框的"页边距"选项卡中，"上""下""左""右"选值框可以设置页边距。具体的操作步骤如下：

①打开需要进行设置页边距的工作表。

②执行菜单“页面布局”选项卡→“页面设置”按钮，如图 5－68 黑圈所示位置，弹出如图 5－69 所示“页面设置”对话框。

③选择“页边距”选项卡，弹出如图 5－70 所示“页面设置”对话框。

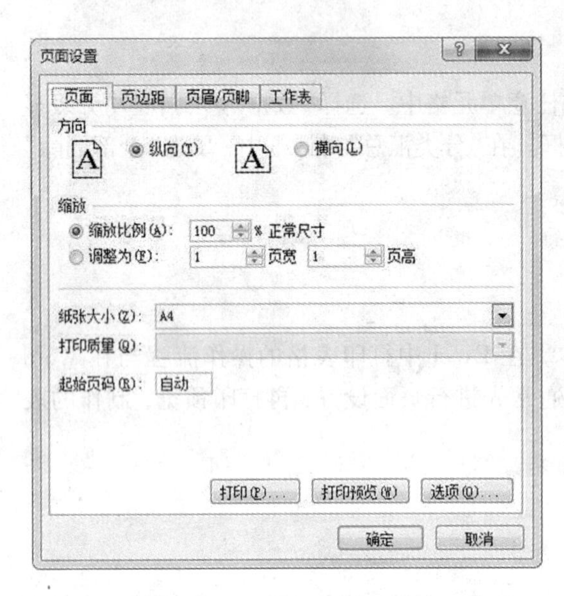

图 5－69 “页面设置”对话框

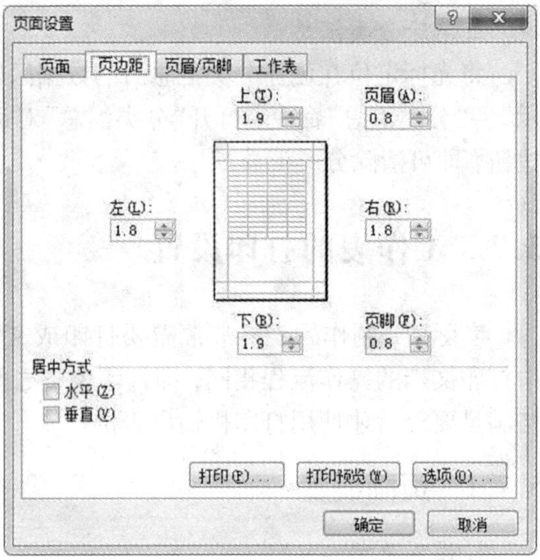

图 5－70 “页边距”选项卡

④设置“上”“下”“左”“右”“页眉”和“页脚”的具体数值。

⑤在“居中方式”区域，选择对齐方式。

⑥单击“确定”按钮，完成页边距的设置操作。

3. 设置页眉和页脚

页眉和页脚是打印工作表时用于显示一些说明的文字。页眉和页脚并不是实际工作表中的一部分，而属于打印页上的一部分。页眉和页脚设置的操作步骤如下：

①打开需要进行设置页眉和页脚的工作表。

②执行菜单“页面布局”选项卡→“页面设置”按钮，如图 5－68 黑圈所示位置，弹出如图 5－69 所示“页面设置”对话框。

③选择“页眉/页脚”选项卡，弹出如图 5－71 所示“页面设置”对话框。

图 5－71 “页眉/页脚”选项卡

④在“页眉”下拉列表框中选择一种页眉的样式，在“页脚”下拉列表框中选择一种页脚的样式。如果系统自带的页眉和页脚格式不能满足用户的要求，可以自定义页眉和页脚。单击“自定义页眉”按钮，弹出如图 5－72 所示“页眉”对话框，选择需要设置页眉的文本框，输入文本并利用对话框中的各项按钮进行设置，单击“确定”按钮，返回“页面设置”对话框，再次单击“确定”按钮。

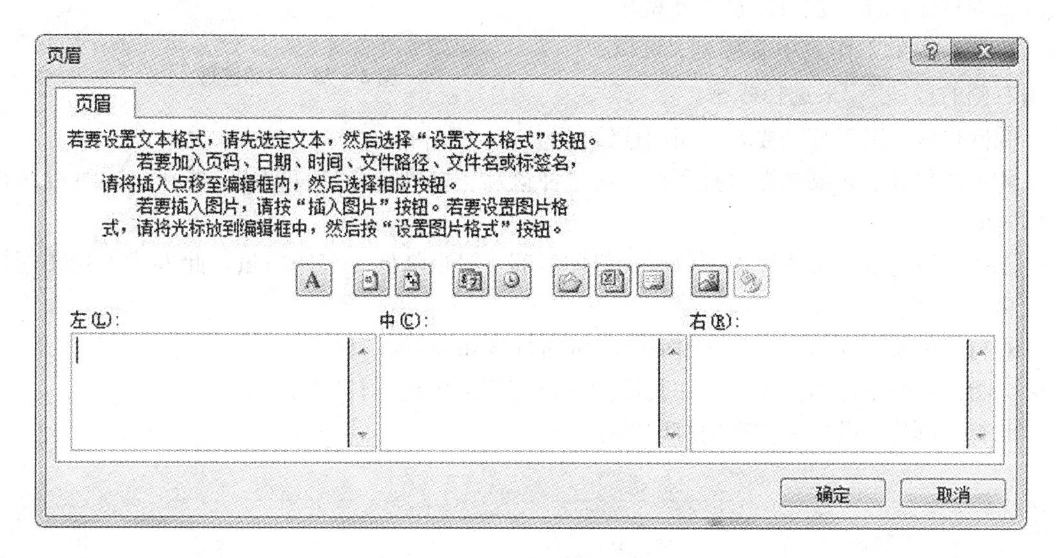

图 5－72　“页眉”对话框

⑤单击“确定”按钮，完成页眉和页脚的设置操作。

4. 设置工作表

“工作表”选项主要用来设置“打印区域”“打印标题”“打印”“打印顺序”等。

执行菜单“页面布局”选项卡→“页面设置”按钮，如图 5－68 黑圈所示位置，弹出如图5－69所示“页面设置”对话框。选择“工作表”选项卡，弹出如图 5－73 所示“页面设置”对话框。

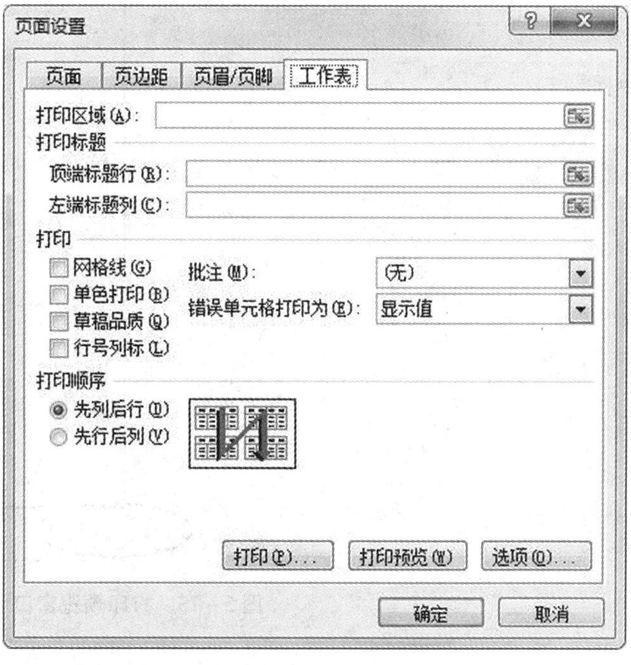

图 5－73　“工作表”选项卡

①打印区域：设置工作表中要打印的区域。单击右侧的按钮，用鼠标选取要打印的区域，再单击该按钮返回到选项卡窗口，也可以直接输入选定区域的引用。还可以直接

在工作表中选择某个数据区域后，选择“页面布局”选项卡→“页面设置”功能区→“打印区域”按钮来设置打印区域，如图5－74所示。

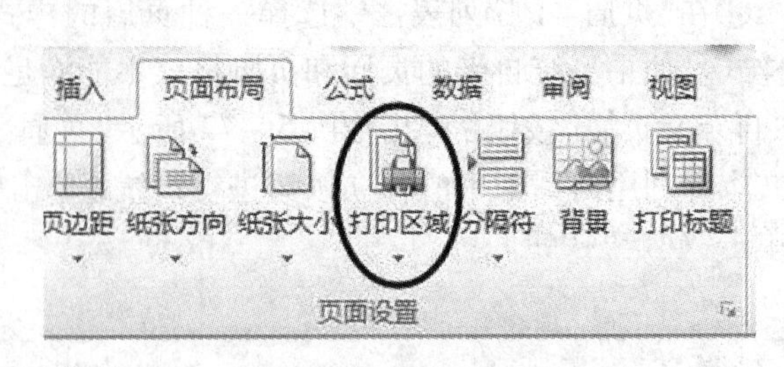

图5－74 打印区域

②打印标题：设置在工作表的左端或者顶端打印标题。也可以在文本框中输入标题，如果工作表中有标题，可以单击右侧的按钮来选择标题。

③网格线：用于打开或者关闭网格线。

④单色打印：如果是黑白打印机，则选择该项；如果是彩色打印机，选择该项可以减少打印时间。

⑤按草稿方式：选择该项可以减少打印时间，但是降低了打印质量。此方式不打印网格的大多数图表。

⑥行号列标：选择该项，打印页中将包括行号和列标。

⑦批注：用于打印批注。可在其后的下拉列表框中选择打印的方式。

⑧打印顺序：设置工作表的打印顺序。

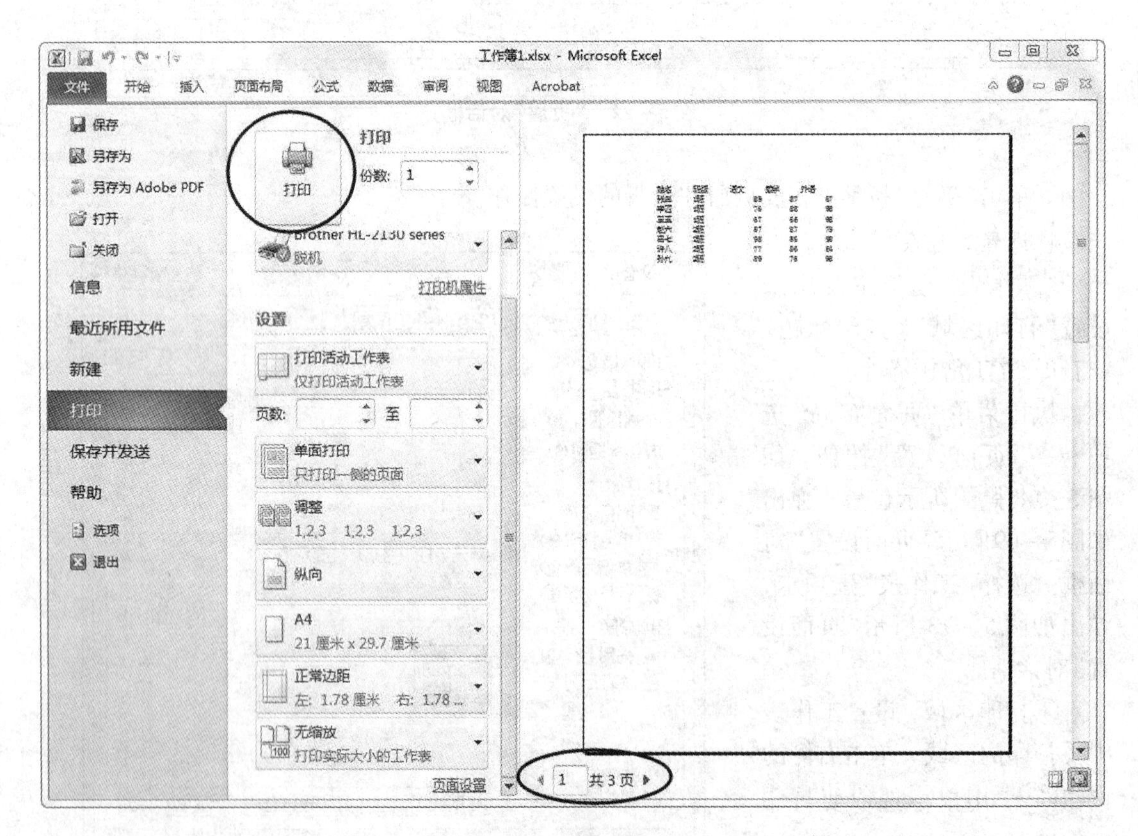

图5－75 打印预览窗口

5.7.2　打印设置

1. 打印预览

在打印预览状态下，可以快速查看打印页的效果，还可以调整页边距、页面设置等，以达到理想的打印效果。打印预览具体的操作方法如下：

①打开需要进行打印预览的工作表。

②执行菜单“文件”→“打印”命令，在打印任务窗格的右部出现当前工作表的打印预览，如图 5 – 75 所示，通过 ◂ 1 共3页 ▸ 按钮可以翻页，查看各页的打印预览。

2. 打印

进入打印任务窗格后，可以对打印进行设置，如设置打印内容，打印页数，是否单面打印，打印份数，缩放等，如图 5 – 76 所示。

完成打印设置以后，点击“打印”按钮即开始打印。

图 5 – 76　打印设置

第 6 章

电子演示软件 PowerPoint 2010

PowerPoint 2010 是微软办公软件套装 Office 2010 重要组件之一。本章主要介绍制作 PowerPoint 2010 演示文稿的一般方法和基本操作等内容，如 PowerPoint 2010 的工作界面、演示文稿的创建、编辑、修饰、放映和发布等。

通过本章的学习，可以掌握制作 PowerPoint 2010 演示文稿的一般方法和基本操作等内容。

6.1 PowerPoint 2010 概述

PowerPoint 2010 是微软公司开发的办公软件包之一，简称 PPT，可以方便地进行文字、表格、图表、图形的处理，同时还可以添加声音、视频等来制作多媒体文件。

6.1.1 PowerPoint 2010 的启动和窗口组成

1. *启动 PowerPoint 2010*

启动 PowerPoint 的方法与启动 Word 的方法相似。

①使用“开始”菜单启动。选择【开始】—【所有程序】—【Microsoft Office】—【Microsoft PowerPoint 2010】命令，可以启动 PowerPoint 2010。

②使用桌面上的快捷方式图标启动。在 Windows 桌面双击 PowerPoint 快捷方式图标，即可启动。

③使用打开已有演示文稿启动。在 Windows 环境中双击某个演示文稿，可以启动 PowerPoint 2010，同时打开该演示文稿。

2. *PowerPoint 2010 的窗口组成*

如图 6－1 所示，PowerPoint 2010 窗口包括标题栏、功能区、幻灯片编辑窗格、视图窗格、备注窗格、任务窗格等。

任务窗格位于窗口的右侧，将常用对话框中的命令及参数设置以窗格的形式长时间显示在屏幕的右侧，可以进行快速操作，从而提高工作效率。不同的操作所显示的任务窗格的内容不一样，单击每一个任务窗格右侧黑色三角箭头，可以显示出 PowerPoint 2010 所有的任务窗格。

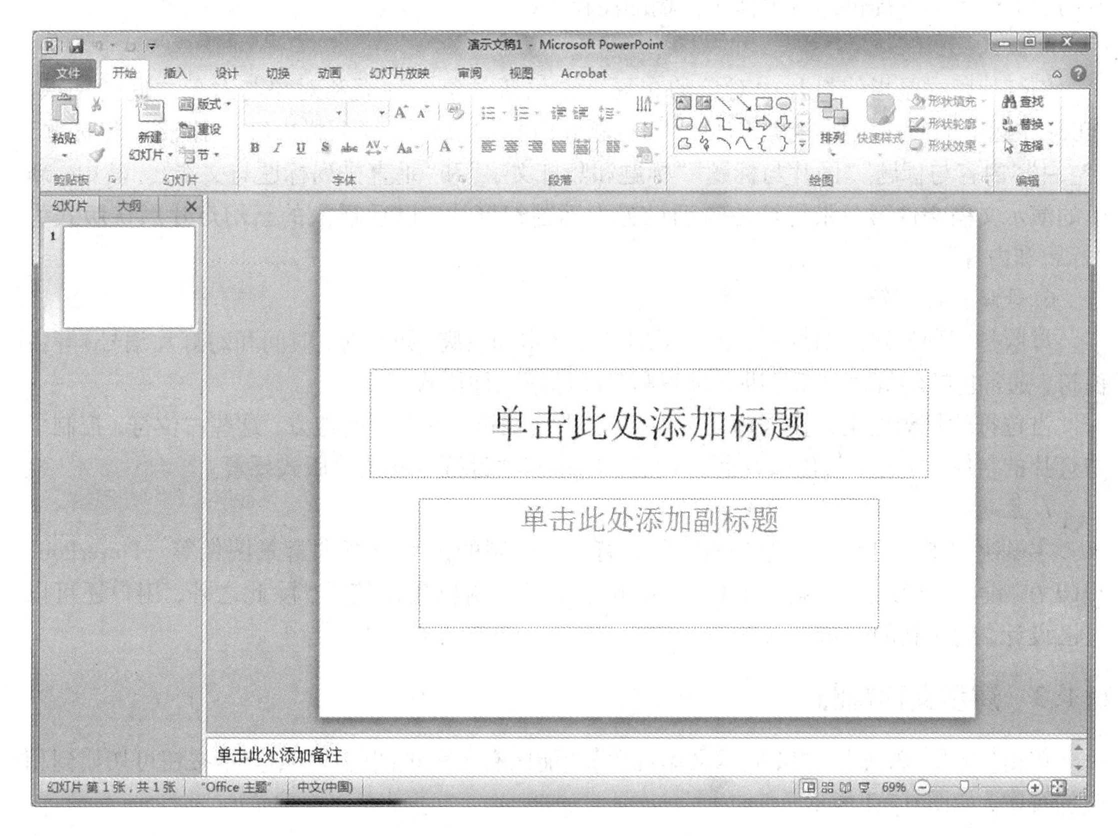

图 6-1　PowerPoint 2010 窗口

6.1.2　PowerPoint 2010 的基本概念

1. 演示文稿

一份演示文稿就是一个 PowerPoint 文件，由若干张幻灯片组成，其扩展名为. pptx。这些幻灯片相互关联，共同演示了该演示文稿要表达的内容。

2. 幻灯片

幻灯片可以包含文字、图形、表格等各种可以输入和编辑的对象。制作演示文稿，实际上就是创建一张张幻灯片。

3. PowerPoint 视图

视图是 PowerPoint 2010 中加工演示文稿的工作环境，包括普通视图、幻灯片浏览视图、备注页视图、阅读视图。每种视图都包含特定的功能区、命令按钮等组件，可以对幻灯片进行不同方面的加工。在一种视图中进行的修改，会自动反映到其他的视图中。其实，不同的视图只不过是同一演示文稿的不同表现形式而已。此外，为了表示幻灯片在单色输出设备（如黑白打印机等）上的效果，PowerPoint 2010 提供了“颜色/灰度”的选项，可以将幻灯片设置成灰度模式。

4. 备注页

备注页一般用来建立、修改和编辑演讲者备注，可以记录演讲者演示所需的提示重点，专门为演讲者本人提供的有关演示文稿的注释资料。

5. 版式

幻灯片版式是指幻灯片中对象的布局。它包括对象的种类和对象与对象之间的关系。Office 主题下的版式包括“标题幻灯片”“标题和内容”“节标题”“两栏内容”“比较”“仅标题”“空白”“内容与标题”“图片与标题”“标题和竖排文字”和“垂直排列标题与文本”。其中，新建的演示文稿文件第一张幻灯片自动设置为标题幻灯片，以后插入的新幻灯片默认版式为“标题和内容”。

6. 母版和占位符

母版是一种特殊的幻灯片，包含了幻灯片文本和页脚(如日期、时间和幻灯片编号)等占位符，通常包括幻灯片母版、讲义母版和备注母版三种形式。

占位符就是预先定义输入标题、文本、图片、表格、图表等的地方，这些占位符，控制了幻灯片的字体、字号、颜色(包括背景色)、阴影和项目符号样式等版式要素。

7. 主题

主题决定了幻灯片的主要外观，包括背景、预制的配色方案和背景图像等。PowerPoint 2010 在“设计”选项卡“主题”功能区中提供了多种模板供用户使用，除此之外，用户还可以自己设计、创建新的主题。

6.1.3 演示文稿视图

单击【视图】选项卡，在【演示文稿视图】功能区有各种视图的按钮，点击按钮可切换到相应的视图，如图 6-2 所示。

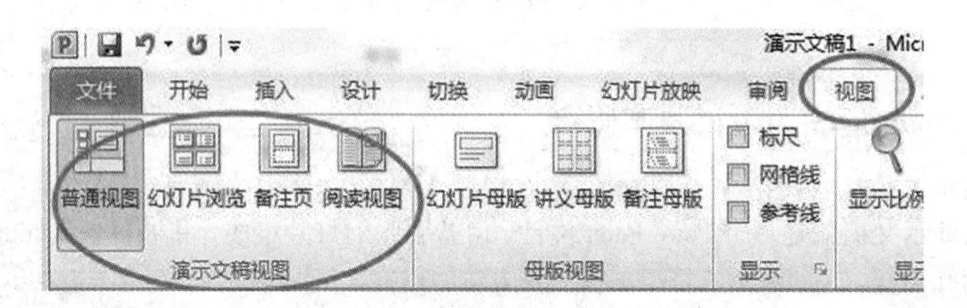

图 6-2 演示文稿视图

1. 普通视图

普通视图是进入 PowerPoint 2010 的默认视图，是主要的编辑视图，可用于撰写或设计演示文稿。普通视图主要分为三个窗格：左侧为视图窗格，分“大纲”视图和“幻灯片”视图，右侧为编辑窗格，底部为备注窗格，如图 6-1 所示。

2. 幻灯片浏览视图

幻灯片浏览视图，如图 6-3 所示。在幻灯片视图中，不仅可以看到整个演示文稿的全貌，还可以方便地进行幻灯片的组织，可以轻松地移动、复制和删除幻灯片，设置幻灯片的放映方式、动画特效和进行排练计时。

3. 阅读视图

当视图切换到阅读视图时，幻灯片在计算机上呈现全屏外观，用户可以在全屏状态下审

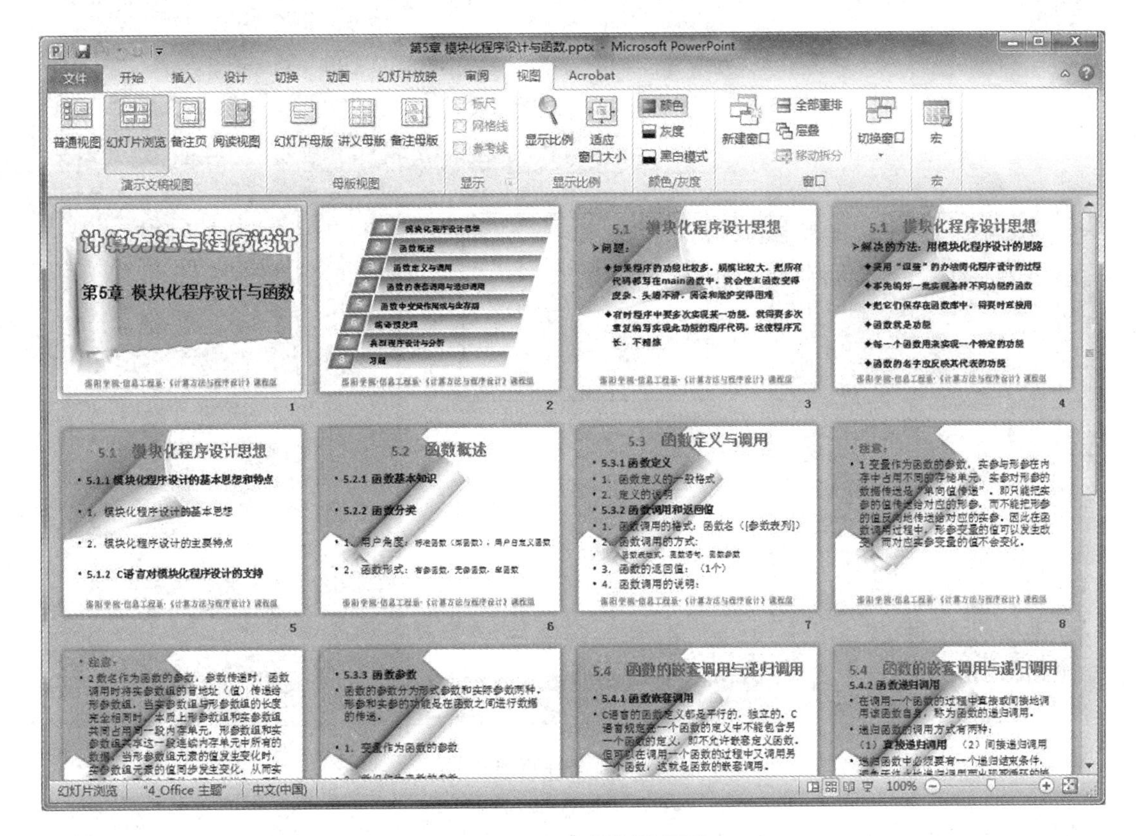

图 6-3　幻灯片浏览视图

阅所有的幻灯片。

4. 备注页视图

备注的文本内容虽然可通过普通视图的备注窗格输入，但是在备注页视图中编辑备注文字更方便一些。在备注页视图中，幻灯片和该幻灯片的备注页视图同时出现，备注页出现在下方，尺寸也比较大，用户可以拖动滚动条显示不同的幻灯片，以编辑不同幻灯片的备注页，如图 6-4 所示。

5. 黑白效果

为了预先观看幻灯片打印为单色的效果，可以使用 PowerPoint 2010 提供的黑白视图命令，即【视图】—【颜色/灰度】—【灰度】命令。

6.2　PowerPoint 2010 基本操作

创建演示文稿的基本操作如下：

启动 PowerPoint 后，系统自动新建一个演示文稿。它的默认文件名是"演示文稿1. pptx"。

单击"常用"工具栏上的"新建"按钮，可以新建一个演示文稿。

选择【文件】—【新建】菜单命令，打开"新建演示文稿"任务窗格，如图 6-5 所示。

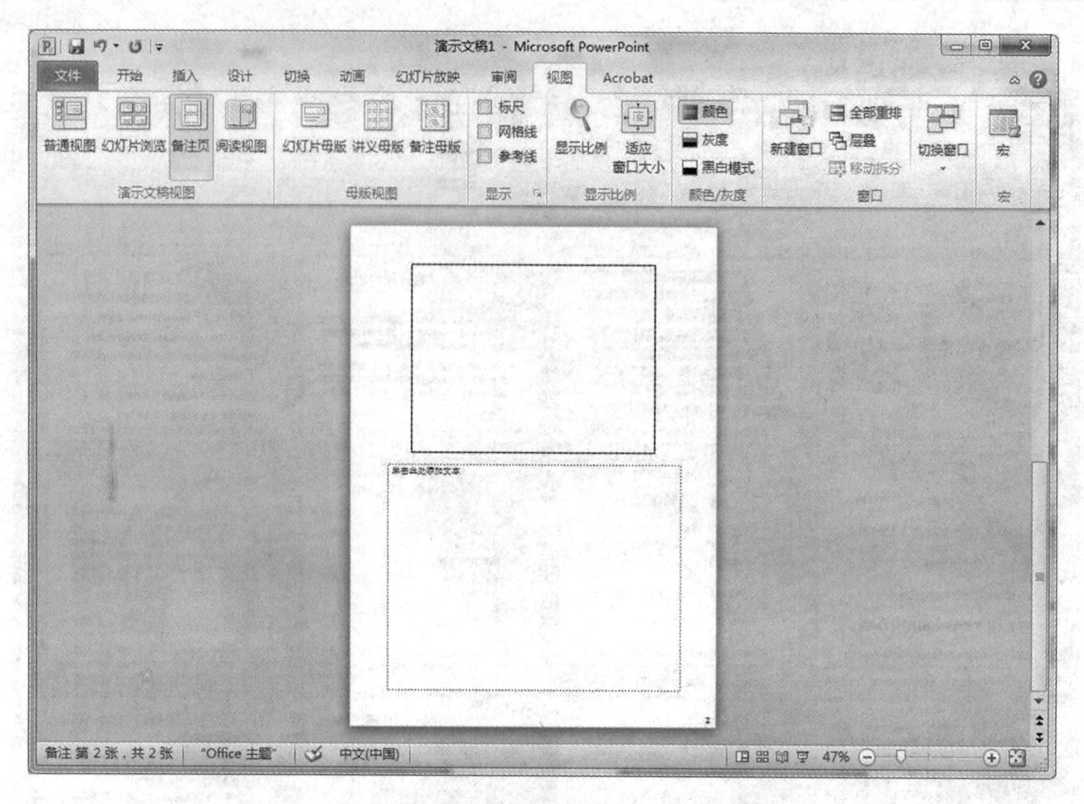

图 6－4　备注页视图

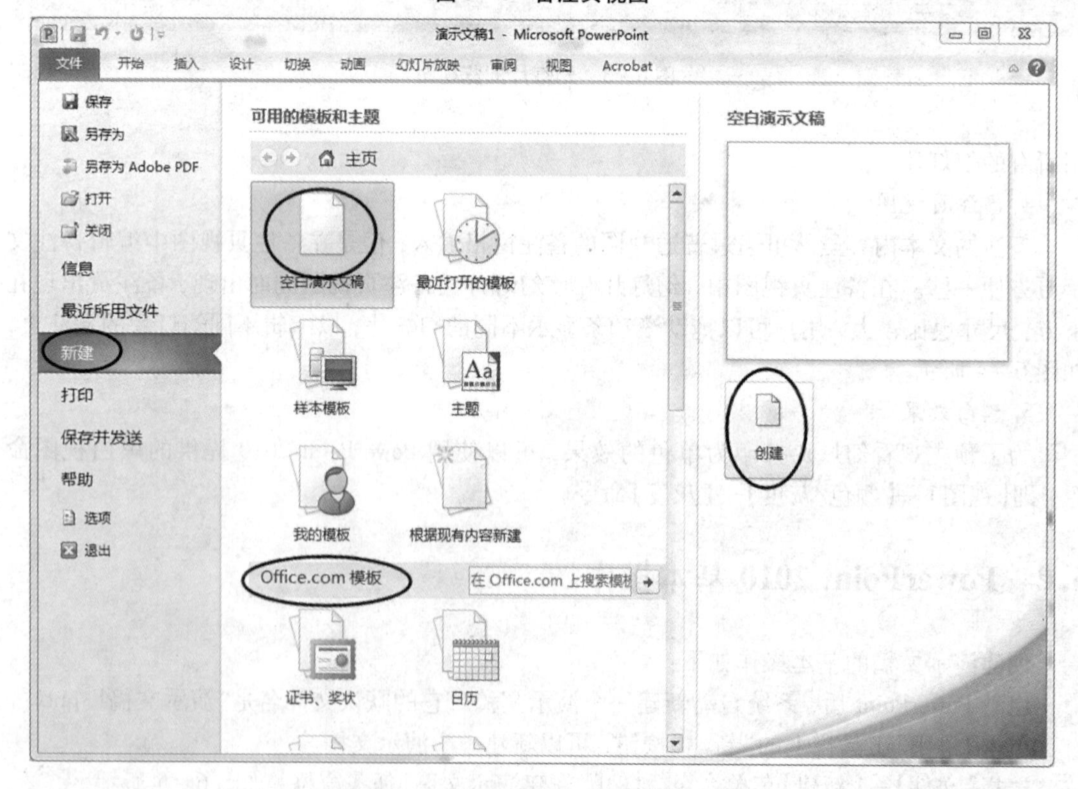

图 6－5　“新建演示文稿”任务窗格

PowerPoint 2010 中的“新建演示文稿”任务窗格提供了一系列创建演示文稿的方法。包括：

①空白演示文稿：使用默认模板新建空演示文稿。

②根据模板：选择某个模板新建演示文稿，在已经具备设计概念、字体和颜色方案的 PowerPoint 模板的基础上创建演示文稿。除了使用 PowerPoint 提供的 Office. com 模板外，还可使用自己创建的“我的模板”。

③根据主题：使用“主题”创建演示文稿，如图 6－6 所示。

图 6－6　根据“主题”创建演示文稿

④根据现有内容：选择已经存在的演示文稿后，即可根据该演示文稿新建演示文稿。使用此命令创建现有演示文稿的副本，以对新演示文稿进行设计或内容更改。

选择了相应的创建方式后，点击【创建】按钮，即产生了新的演示文稿。在演示文稿的编辑过程中，注意随时保存正在编辑的演示文稿。

6.3　幻灯片的编辑和管理

6.3.1　幻灯片的编辑

1. 文本输入及格式

文本对象是演示文稿幻灯片中的基本要素之一，合理地组织文本对象可以使幻灯片更能清楚地说明问题，恰当地设置文本对象的格式可以使幻灯片更具吸引力。

(1)利用占位符输入文本

通常，在幻灯片上添加文本的最简易的方式是直接将文本输入到幻灯片的任何占位符中。例如，应用“标题幻灯片”版式，幻灯片上占位符会提示“单击此处添加标题(文本)”，单击之后即可输入文本，如图6－7所示。

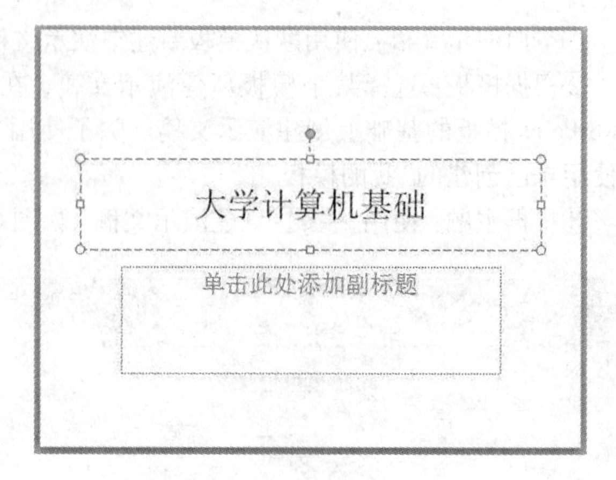

图6－7 在占位符中添加文本

(2)利用文本框输入文本

如果要在占位符以外的地方输入文本，可以先在幻灯片中插入文本框，再向文本框中输入文本，如图6－8所示。

①如果要添加不自动换行的文本，选择【插入】选项卡的【文本】功能区，

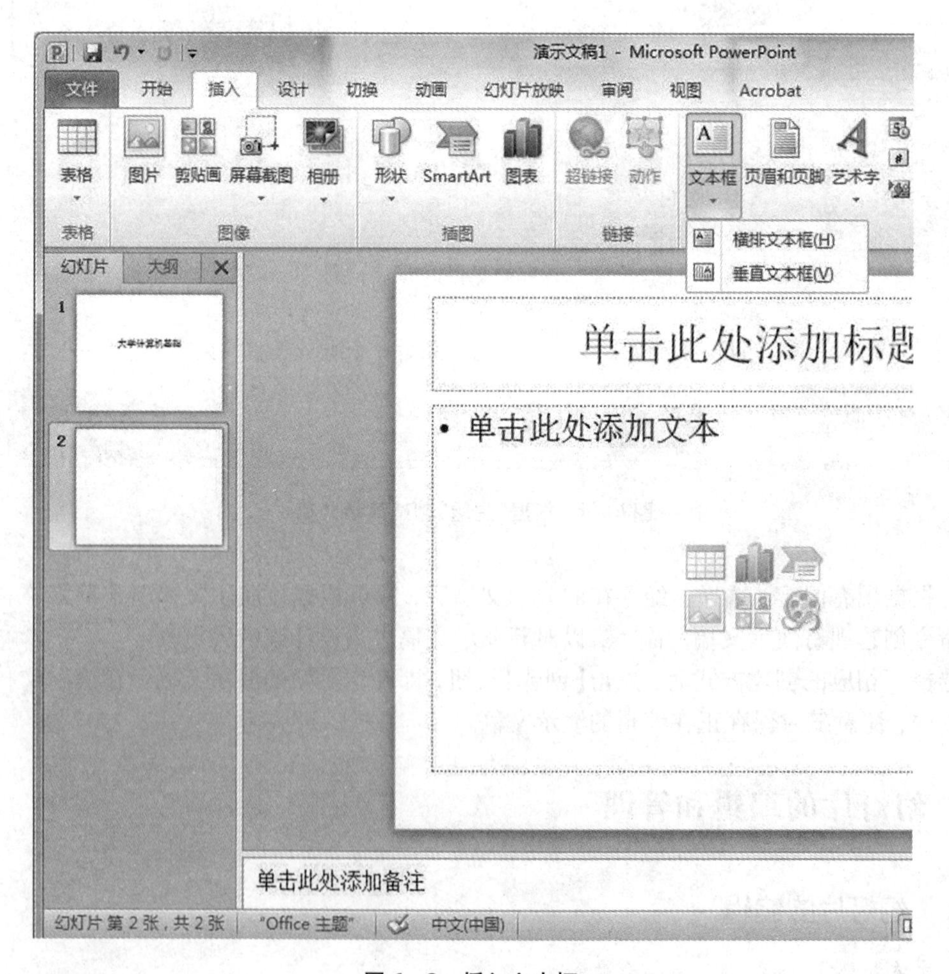

图6－8 插入文本框

点击【文本框】按钮，在下拉菜单中选择【横排文本框】或【垂直文本框】命令，单击幻灯片上要添加文本框的位置，即可开始输入文本，输入文本时文本框的宽度将增大自动适应输入文本的长度，但是不会自动换行。

②如果要添加自动换行的文本，选择【插入】选项卡的【文本】功能区，点击【文本框】按钮，在下拉菜单中选择【横排文本框】或【垂直文本框】命令，并拖动鼠标在幻灯片中插入一个文本框，再向文本框输入文本即可，这时文本框的宽度不变，但会自动换行。

(3)在大纲视图下输入文本

先选定"大纲"选项卡，定位插入点，直接通过键盘输入文本内容即可，按回车键新建一张幻灯片；如果在同一张幻灯片上继续输入下一级的文本内容，按回车键后，再按 Tab 键产生降级。相同级别的用回车键换行，不同级别的可以使用 Tab 键降级和 Shift Tab 键升级进行切换。如同 Word 2010 一样，在【开始】选项卡的【字体】和【段落】功能区中，可设置文本格式，设置段落格式的项目符号、编号、行距，段落间距等。

2. 图片的插入及编辑

图片是 PowerPoint 演示文稿最常用的对象之一，图片可以是剪贴画也可以是来自文件，使用图片可以使幻灯片更加生动形象。可直接向幻灯片中插入图片，也可使用图片占位符插入图片。

(1)在带有图片版式的幻灯片中插入图片

将要插入图片的幻灯片切换为当前幻灯片，插入一张带有图片占位符版式的幻灯片，然后单击"单击图标添加内容"占位符中"插入图片"按钮，弹出"插入图片"对话框，选择要插入的图片，单击"插入"按钮即可插入，如图 6－9 所示。

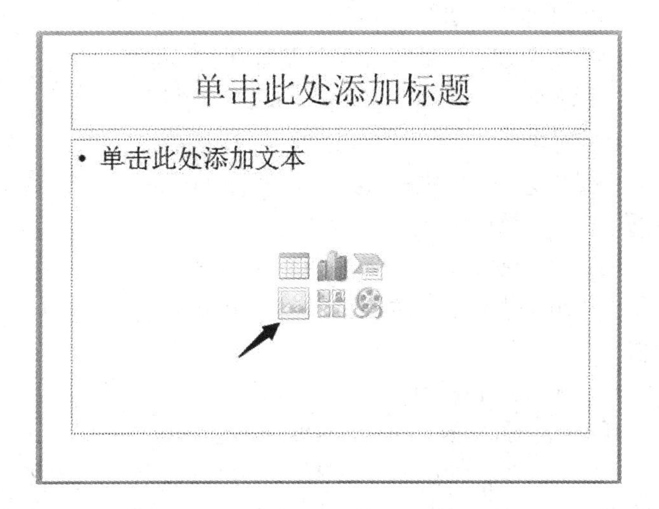

图 6－9　带图片占位符版式的幻灯片

(2)在带有图片占位符版式的幻灯片中插入剪贴画

利用带剪贴画占位符的幻灯片，单击"插入剪贴画"按钮，弹出如图 6－10 所示"选择图片"对话框，在"搜索文字"文本框中输入要搜索的主题，如输入"人物"，然后点击【搜索】按钮，选择要插入的剪贴画，单击该剪贴画即可插入。

如同 Word 2010 一样，可对插入的图片进行编辑。

3. 插入表格

在 PowerPoint 中，可直接向幻灯片中插入表格，也可在带有表格占位符版式的幻灯片中插入表格。

在选择了包含有表格占位符版式的幻灯片中插入表格，只需单击"插入表格"按钮，弹出"插入表格"对话框，根据需要插入表格。

4. 插入图表

图表能比文字更直观地描述数据，而且它几乎能用以描述任何数据信息。所以，当需要用数据来说明一个问题时，就可以利用图表直观明了地表达信息特点。可直接向幻灯片中插入图表，也可在带有图表占位符版式的幻灯片中插入图表。

在选择了包含有图表占位符版式的幻灯片中插入图表，只需单击“插入图表”按钮。弹出默认样式的图表和数据表，如图 6 - 11 所示。

在图 6 - 11 所示对话框中，选择一种图形，点击【确定】按钮，就会自动弹出“Microsoft PowerPoint 中的图表”Excel 电子表格，如图 6 - 12 所示。

在该电子表格中输入相应的数据，再关闭该电子表格，即可将根据这些数据生成的图表插入到幻灯片中，如图 6 - 13 所示。

要编辑图表，只要双击该图表即可。即可弹出“设置绘图区格式”对话框，在该对话框中，可以对填充、边框颜色、边框样式、阴影、发光和柔化边缘、三维格式进行修改，修改完成后，点击【关闭】按钮关闭对话框。

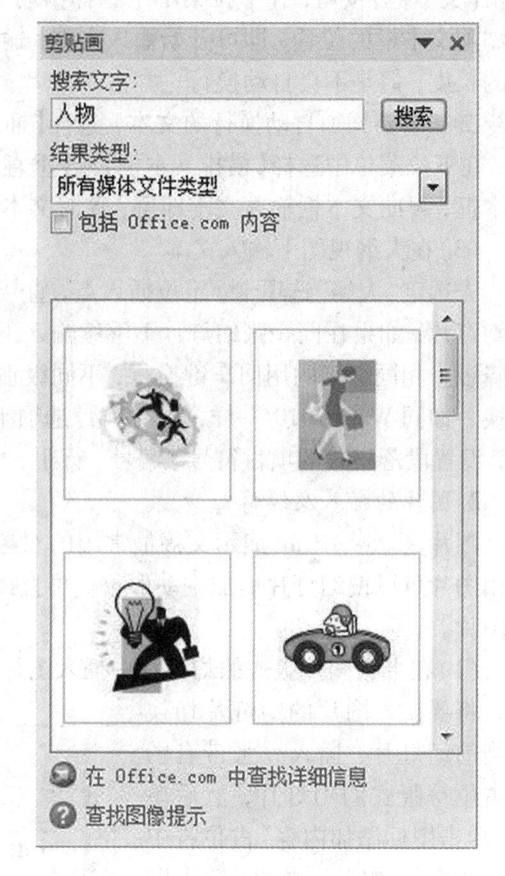

图 6 - 10 “选择图片”对话框

如果要更改图表的类型，重新编辑数据，在图表中单击右键，在弹出的快捷菜单中选择相应的命令。具体的操作过程与 Excel 2010 类似。

5. 插入 SmartArt 图形

从 Office 2007 开始，包括 Office 2010、Office 2012 等，Office 提供了一种全新的 SmartArt 图形，用来取代以前的组织结构图。SmartArt 图形是信息和观点的视觉表示形式。可以通过从多种不同布局中进行选择来创建 SmartArt 图形，从而快速、轻松、有效地传达信息。创建 SmartArt 图形时，系统将提示您选择一种 SmartArt 图形类型，如“流程”“层次结构”“循环”或“关系”等。

在 PowerPoint 2010 中，可直接向幻灯片中插入 SmartArt 图形，也可在带有表格占位符版式的幻灯片中插入 SmartArt 图形。在选择了包含有表格占位符版式的幻灯片中插入 SmartArt 图形，只需单击“插入 SmartArt 图形”按钮，弹出“选择 SmartArt 图形”对话框，如图 6 - 16 所示。

在“选择 SmartArt 图形”对话框列表中选择一种图示类型，单击“确定”按钮完成插入，接下来可以在插入的 SmartArt 图形中键入文字，如图 6 - 17 所示。

如同 Word 2010 一样，PowerPoint 2010 还可插入自选图形、艺术字、公式等，如图 6 - 18 所示。

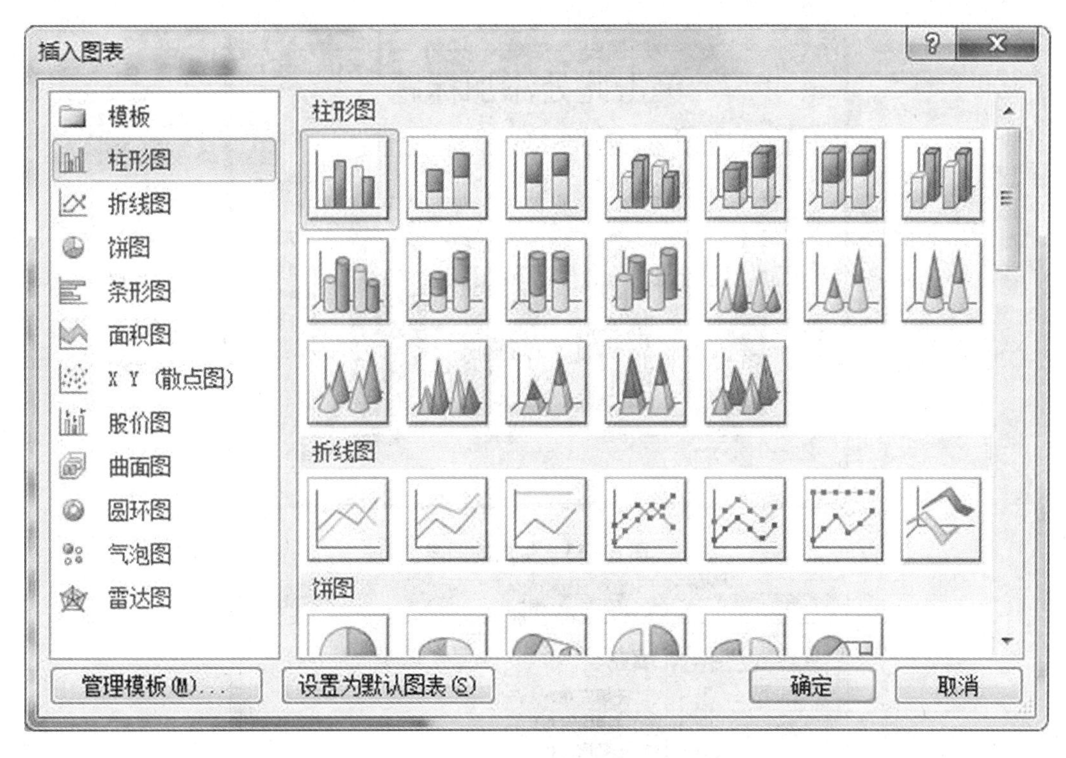

图 6-11　插入图表

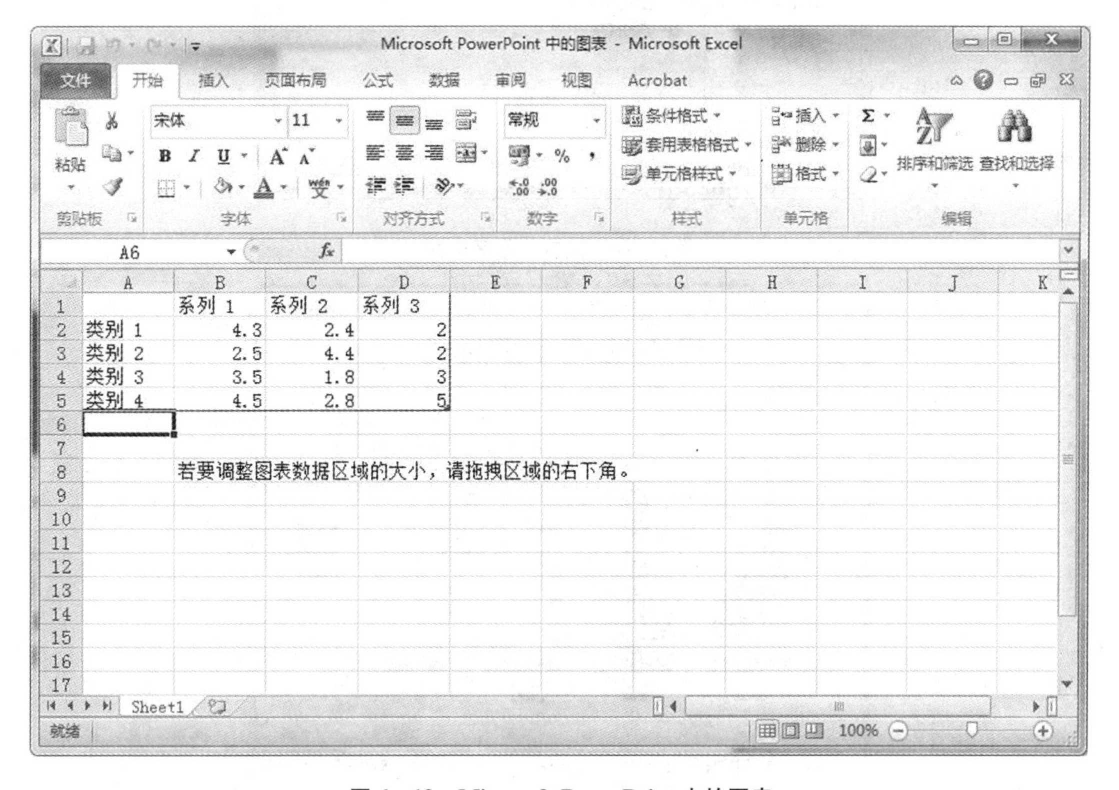

图 6-12　Microsoft PowerPoint 中的图表

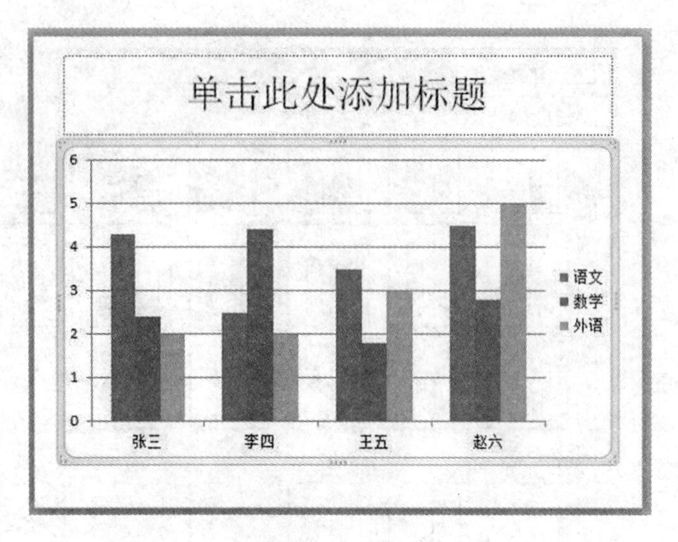

图 6-13 生成的图表

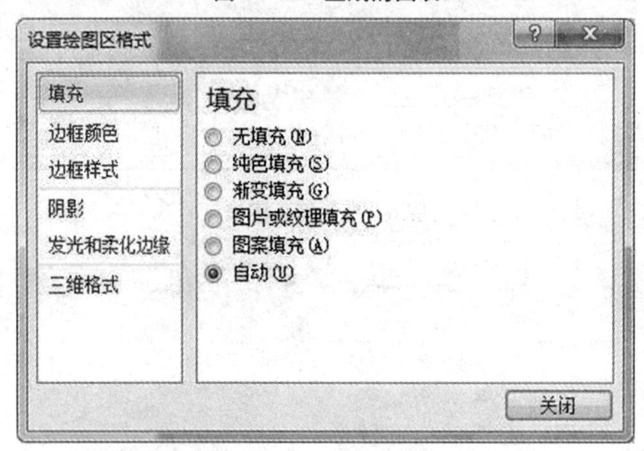

图 6-14 设置绘图区格式

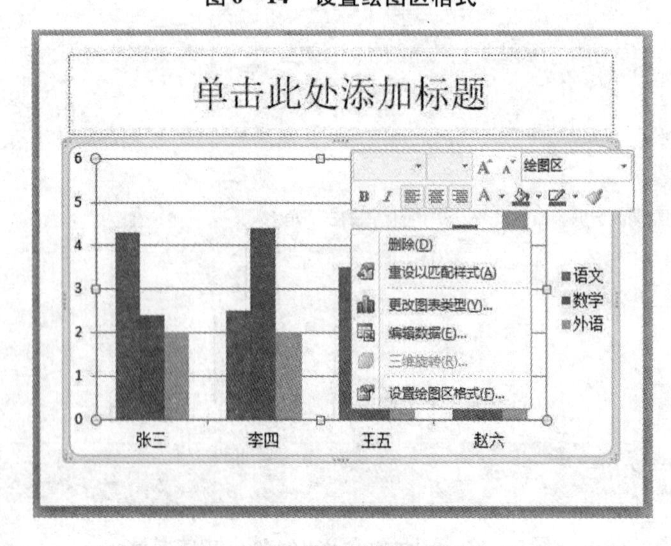

图 6-15 图表的快捷菜单

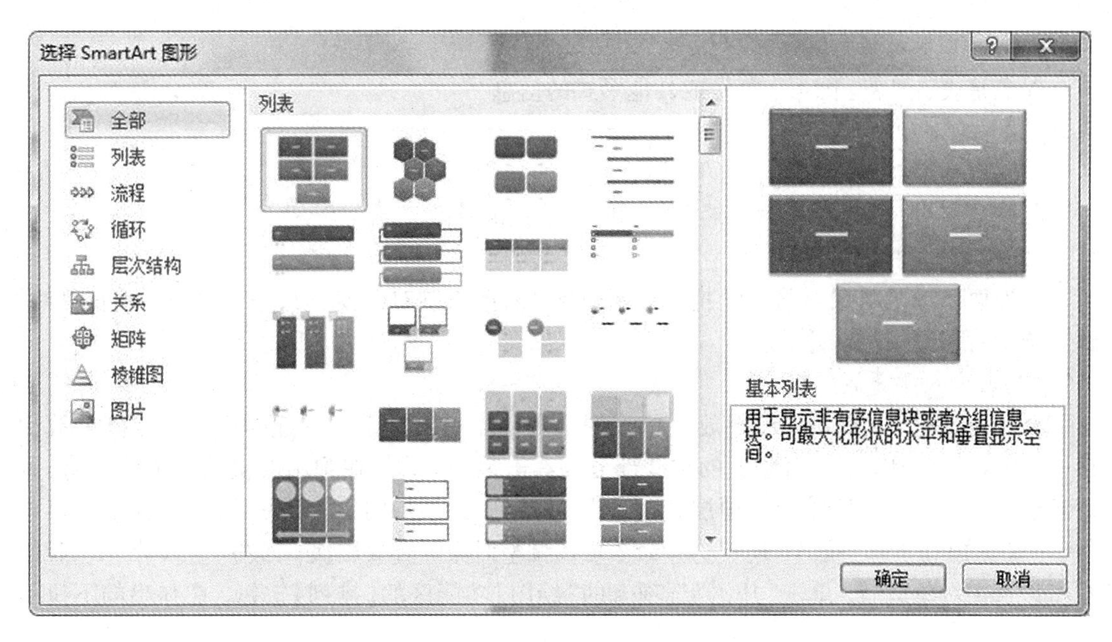

图 6－16　“选择 SmartArt 图形”对话框

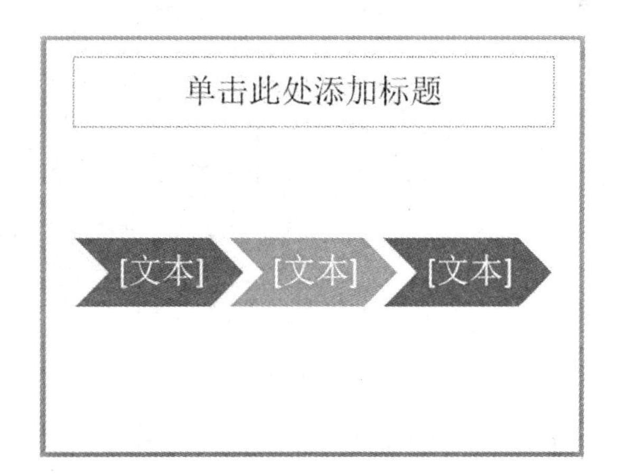

图 6－17　SmartArt 图形

图 6－18　插入选项卡的各种对象

6. 幻灯片中对象的定位与调整

对象是表、图表、图形、等号或其他形式的信息。

(1)选取对象

①选取一个对象：单击对象的选择边框。

②选取多个对象：单击每个对象的同时按下【Shift】键。

(2)移动对象

选取要移动的对象→将对象拖动到新位置，若要限制对象使其只进行水平或垂直移动，请在拖动对象时按【Shift】键。

(3)改变对象叠放层次

添加对象时，它们将自动叠放在单独的层中。当对象重叠在一起时用户将看到叠放次序，上层对象会覆盖下层对象上的重叠部分。右击某一对象，在弹出的快捷菜单中指向【置于顶层】，会弹出子菜单【置于顶层】和【上移一层】；如果指向【置于底层】则会弹出子菜单【置于底层】和【下移一层】，通过这些命令可以调整对象的叠放层次，如图 6－19 所示。我们也可以选中对象以后，单击“开始”选项卡的“绘图”功能区的【排列】按钮，在弹出的下拉菜单中选择相应的命令，如图 6－20 所示。

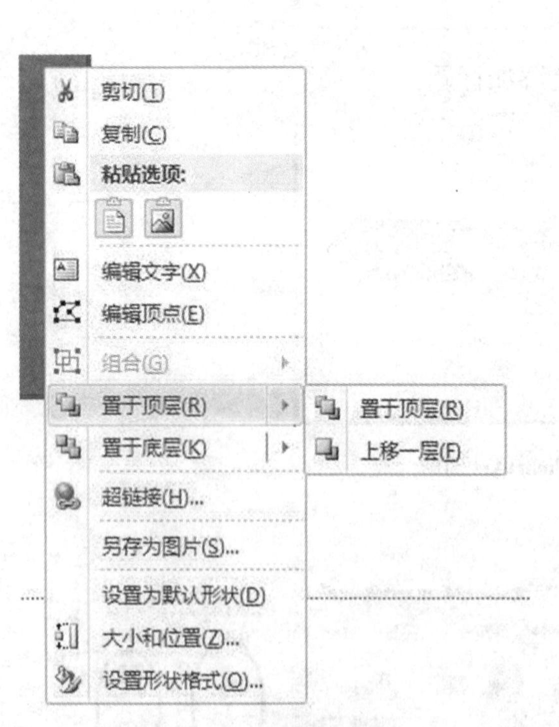

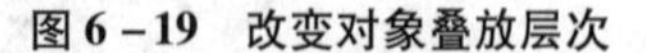

图 6－19 改变对象叠放层次

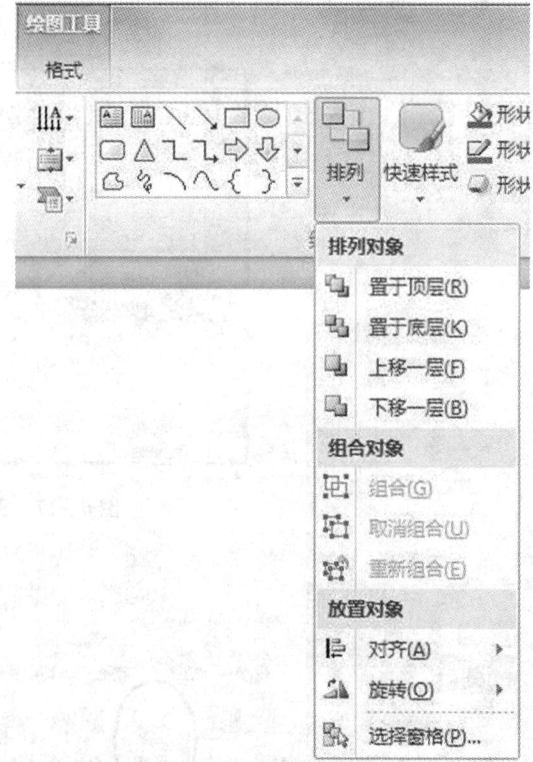

图 6－20 绘图功能区

(4)等距离排列对象

选取至少三个要排列的对象，单击“开始”选项卡的“绘图”功能区的【排列】按钮，如图

6－20所示。然后指向【对齐】命令，在弹出的子菜单中进行相应的选择，如图 6－21 所示。

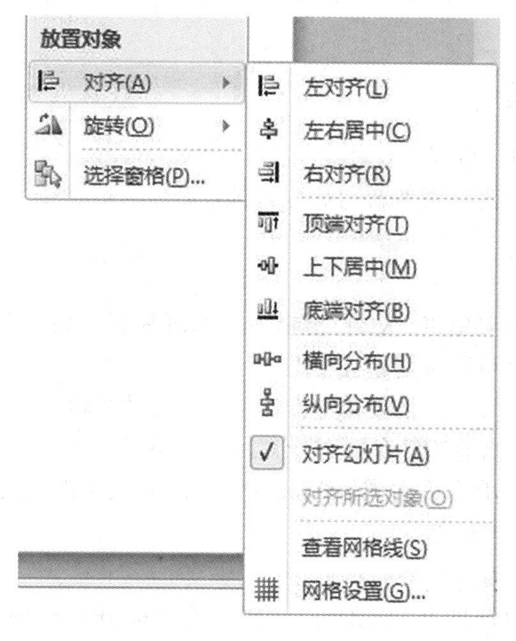

图 6－21　“对齐”命令

(5)组合和取消组合对象

用户可以将几个对象组合在一起，以便能够像使用一个对象一样地使用它们，用户可以将组合中的所有对象作为一个单元来进行翻转、旋转、调整大小或缩放等操作，还可以同时更改组合中所有对象的属性。

①组合对象：选择要组合的对象(按住 Ctrl 键依次单击要选择的对象)→单击“格式”选项卡的“排列”功能区上的【组合】命令，如图 6－22 所示。

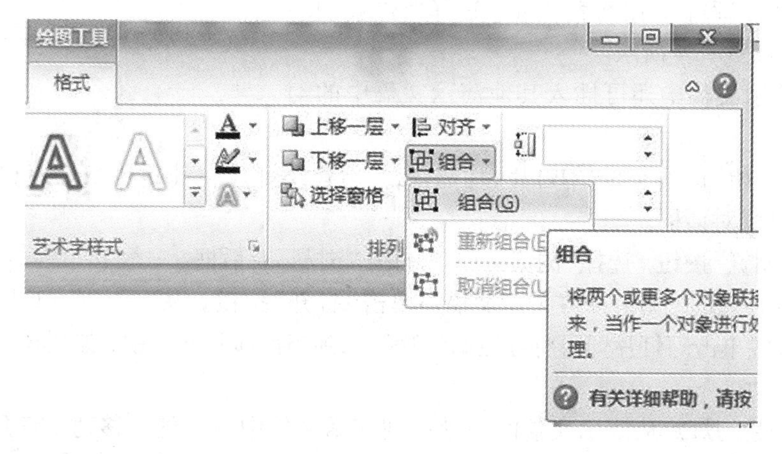

图 6－22　组合命令

②取消组合对象：选择要取消组合的组→单击“格式”选项卡的“排列”功能区上的【取消

组合】命令。

③重新组合对象：选择先前组合的任意一个对象→单击“格式”选项卡的“排列”功能区上的【重新组合】命令。

6.3.2 幻灯片的管理

在演示文稿中，不仅可以对幻灯片中的文本、占位符等对象进行编辑，还可以对演示文稿中的幻灯片进行管理，比如添加新幻灯片，删除无用的幻灯片，复制幻灯片、移动幻灯片的位置等。

1. 选择幻灯片

在“普通”视图下，只要单击“大纲”窗格中的幻灯片编号后的图标，或者单击“幻灯片”窗格中的幻灯片缩略图就可以选定相应的幻灯片。

在“幻灯片浏览视图”下，只需要单击窗口中的幻灯片缩略图即可选中相应的幻灯片。

在备注页视图中，若当前活动窗格为“幻灯片”窗格时，要转到上一张幻灯片，可按 PageUp 键；要转到下一张幻灯片，可按 PageDown 键；要转到第一张幻灯片，可按 Home 键；要转到最后一张幻灯片，可按 End 键。

2. 插入幻灯片

一般情况下演示文稿都是由多张幻灯片构成，在 PowerPoint 2010 中用户可以根据需要在任意位置手动插入新的幻灯片，具体操作如下：

选定当前幻灯片→单击【开始】—【新键幻灯片】命令，或者右击幻灯片缩略图在弹出的快捷菜单上单击【新幻灯片】命令，将会在当前幻灯片的后面快速插入一张版式为“标题和内容”的新幻灯片，如图 6－23 所示。

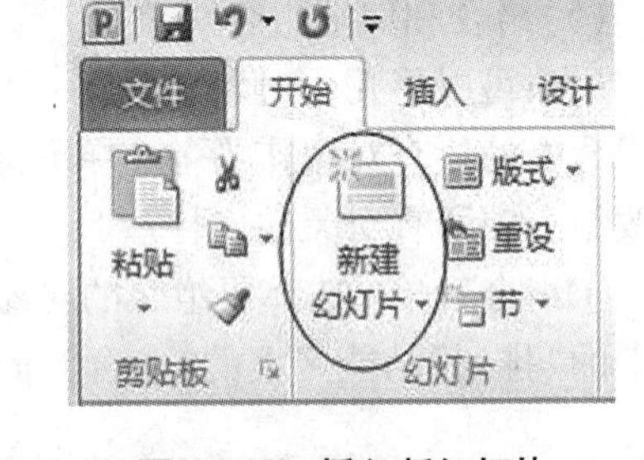

图 6－23 插入新幻灯片

如果要在插入新幻灯片的同时选择幻灯片的版式，可以点击【新建幻灯片】下方的三角形按钮，则会弹出 Office 主题的版式列表，在列表中可以选择所需要的幻灯片版式，如图 6－24 所示。

在当前演示文稿中还可插入其他演示文稿中的幻灯片。

①选择“开始”选项卡的“幻灯片”功能区，【新建幻灯片】—【重用幻灯片】菜单命令，打开“重用幻灯片”对话框。

②单击“浏览”按钮，选择“浏览文件”，打开“浏览”对话框。

③选择要插入的幻灯片所在演示文稿→单击“打开”按钮。从“重用幻灯片”列表框中选择幻灯片，直接单击幻灯片即可将选定幻灯片插入到当前演示文稿中，如图 6－25 所示。

3. 移动幻灯片

移动就是将幻灯片从演示文稿的一处移到演示文稿中另一处。移动幻灯片的操作步骤如下：

(1) 利用菜单命令或工具按钮移动

选定要移动的幻灯片→选择“开始”选项卡【剪贴板】功能区的【剪切】命令，或者右击选

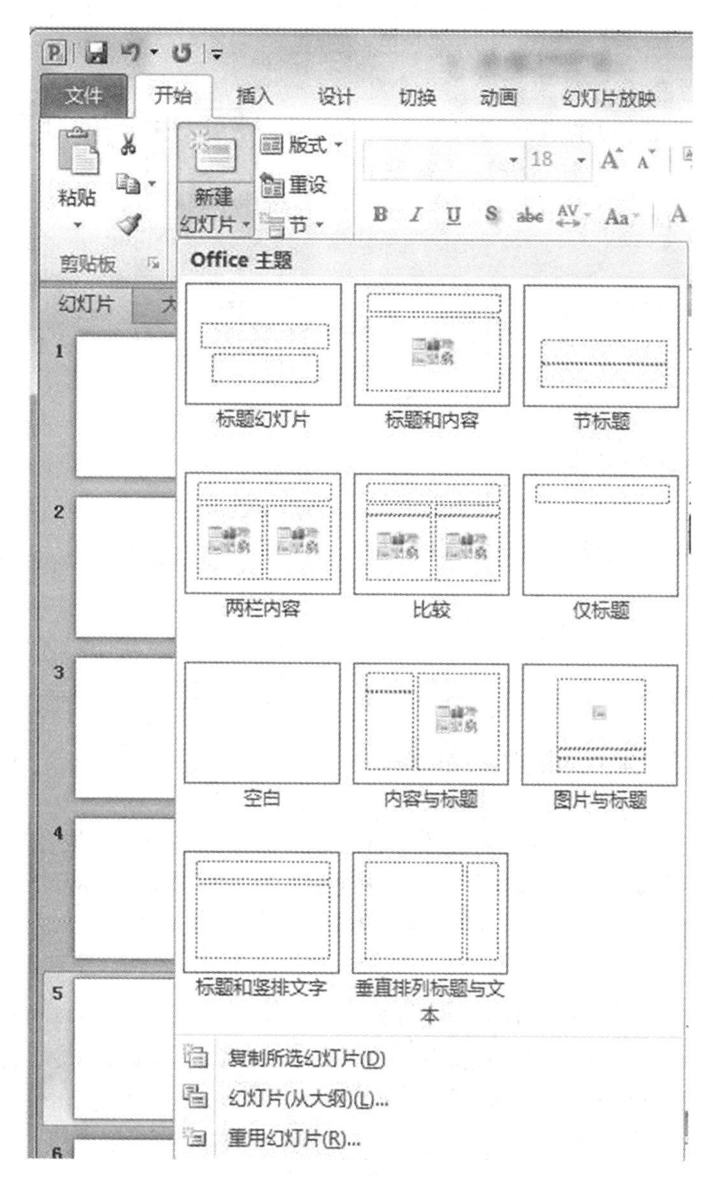

图6－24　新建幻灯片版式选择

择快捷菜单的【剪切】命令→选择目的点(目的点和幻灯片的插入点的选择相同)→选择【剪贴板】—【粘贴】命令，或者选择右击快捷菜单的【粘贴】命令。

(2)利用鼠标拖拽

选定要移动的幻灯片，按住鼠标左键进行拖动，这时窗格上会出现一条插入线，当插入线出现在目的点时，松开鼠标左键完成移动。

【注意】如果要同时移动、复制或删除多张幻灯片，按下【Shift】键单击选定多张位置相邻的要执行操作的幻灯片，或者按下【Ctrl】键单击选定多张位置不相邻的要执行操作的幻灯片，然后执行相应的操作即可。

4. 复制幻灯片

选择“开始”选项卡【剪贴板】功能区的【复制】命令，或者右击选择快捷菜单的【复制】命令→选择目的点（目的点和幻灯片的插入点的选择相同）→选择【剪贴板】—【粘贴】命令，或者选择右击快捷菜单的【粘贴】命令。

5. 删除幻灯片

选定要删除的幻灯片→选择右击快捷菜单中的【删除幻灯片】命令，或者按【Delete】键删除。

6.4 幻灯片的版面设计

幻灯片的编辑和管理解决了幻灯片中最基本的内容输入问题和管理问题，幻灯片的版面设计能够使幻灯片更加美观。

6.4.1 幻灯片背景

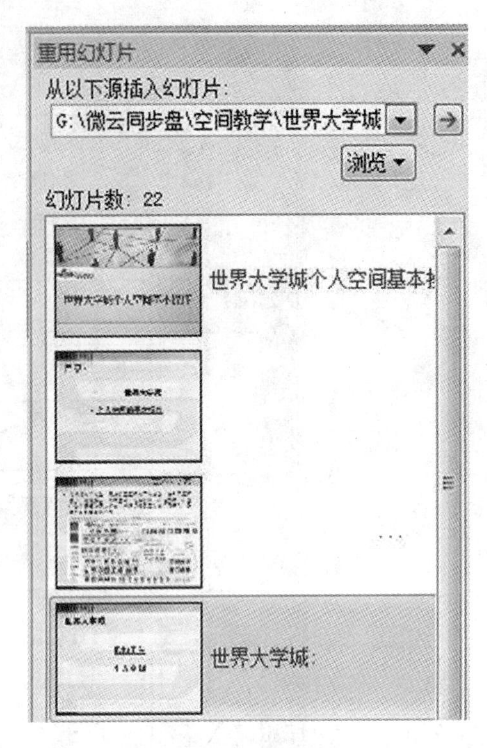

图 6-25 重用幻灯片

在 PowerPoint 中，没有应用设计模版的幻灯片背景默认是白色的，为了丰富演示文稿的视觉效果，用户可以根据需要为幻灯片添加合适的背景颜色，设置不同的填充效果，也可以在已经应用了设计模板的演示文稿中修改其中个别幻灯片的背景。PowerPoint 2010 提供了多种幻灯片的填充效果，包括渐变、纹理、图案和图片。

1. 设置幻灯片的背景颜色

①选择菜单“设计”选项卡的【背景】功能区，点击功能区右下角的弹出按钮；或者在幻灯片空白处单击右键，在弹出的快捷菜单中选择【设置背景格式】命令，打开“设置背景格式”对话框→选择“填充”选项卡，如图 6-26 所示。

②选择“纯色填充”选项，点击【填充颜色】—【颜色】右边的下拉按钮，弹出下拉列表，选择所需要的颜色。

2. 设置幻灯片背景的填充效果

①渐变填充：打开如图 6-26 所示的“设置背景格式”对话框，选择“渐变填充”选项卡，在该选项卡上进行颜色、类型、方向、角度、渐变光圈的设置，如图 6-27 所示。

②图片或纹理填充：打开如图 6-26 所示的“设置背景格式”对话框，选择“图片或纹理填充”选项卡，在该选项卡中可以选择纹理来填充幻灯片。点击“插入自：”【文件】按钮，则可以插入文件作为填充图案，如图 6-28 所示。

在设置完成后，单击“关闭”按钮，确认所做的设置并返回到幻灯片视图。如果要将设置的背景应用于演示文稿中所有的幻灯片，则单击“全部应用”按钮。

图6-26　“设置背景格式”对话框

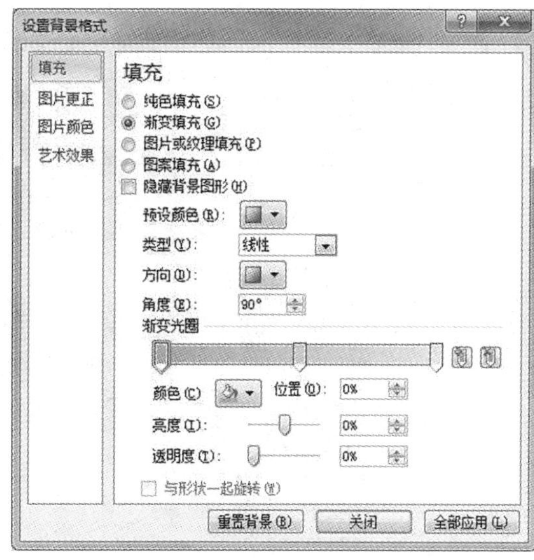

图6-27　渐变填充

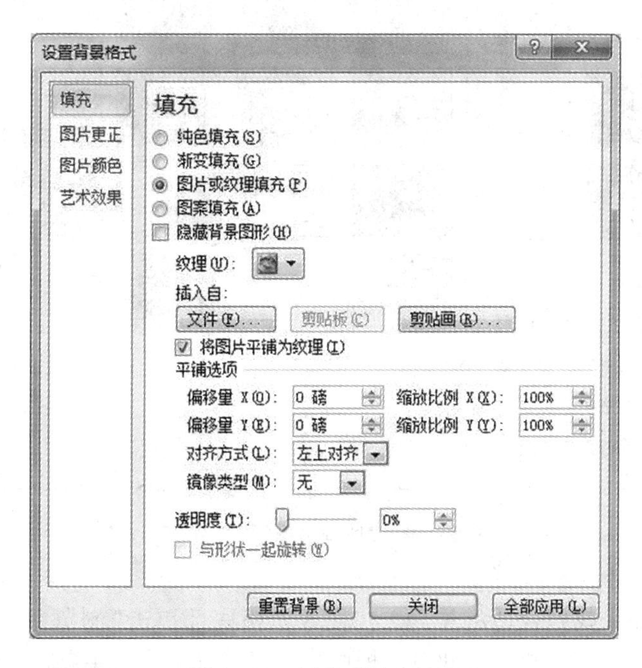

图6-28　图片或纹理填充

6.4.2　应用主题

1. 应用已有模板

选择“设计”选项卡中【主题】功能区，在列表框中选择所需要的主题。如果列表中没有需要的主题，则点击下拉按钮，图6-29黑圈所示，弹出“所有主题”下拉列表，在其中选择我们所需要的主题，如图6-30所示。

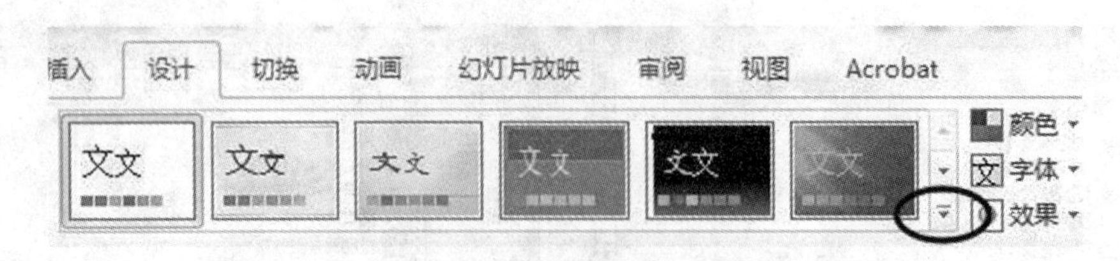

图 6－29 “主题”功能区

图 6－30 “所有主题”下拉列表

如果在列表中还未找到合适的主题，在任务窗格底部单击“浏览主题”按钮，则可打开“选择主题或主题文档”对话框，在此对话框中用户可选择更多的主题。

2. 创建新主题

打开现有或新建一个演示文稿，作为新建主题的基础，更改演示文稿的设置以符合要求。然后点击“所有主题”下拉列表中最后一个命令项【保存当前主题】，如图 6－30 所示。

6.4.3 母版

1. 幻灯片母版

幻灯片母版是所有母版的基础，通常用来统一整个演示文稿的幻灯片格式。它控制除标题幻灯片之外演示文稿的所有默认外观，包括讲义和备注中的幻灯片外观。幻灯片母版控制文字格式、位置、项目符号的字符、配色方案以及图形项目。

选择【视图】—【母版视图】—【幻灯片母版】菜单命令，打开“幻灯片母版”视图，同时屏幕上显示出“幻灯片母版视图”功能区，如图 6－31 和图 6－32 所示。

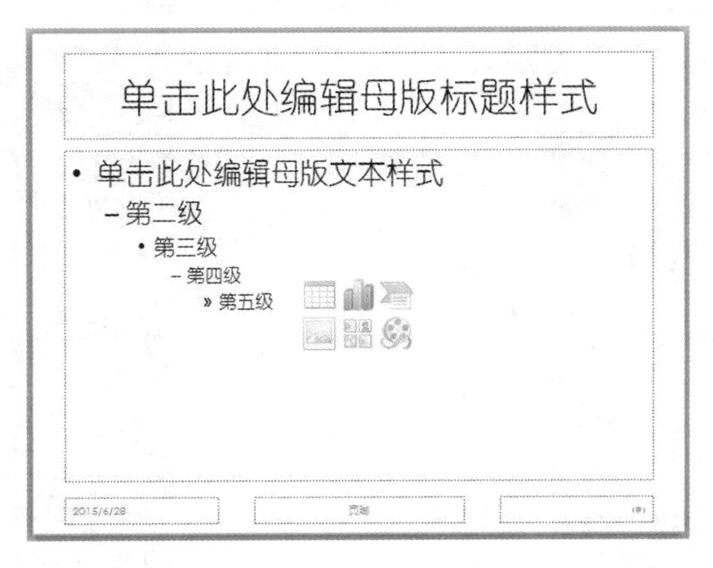

图 6－31　幻灯片母版

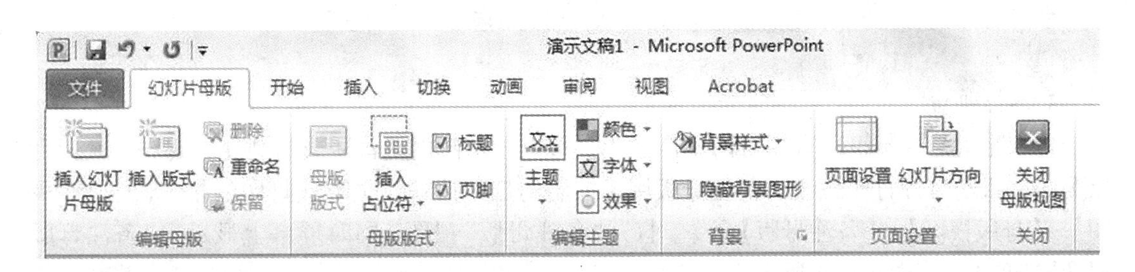

图 6－32　“幻灯片母版”选项卡

默认的幻灯片母版有 5 个占位符，即标题区、对象区、日期区、页脚区和数字区。在“标题区”“对象区”中添加的文本不在幻灯片中显示，在“日期区”“页脚区”和“数字区”添加文本会给基于此母版的所有幻灯片添加这些文本。全部修改完成后，单击“幻灯片母版视图”工具条上的“关闭母版视图”按钮退出，制作“幻灯片母版”完成。

2. 讲义母版

讲义母版用于控制幻灯片按讲义形式打印的格式，可设置一页中的幻灯片数量、页眉格式等。讲义只显示幻灯片而不包括相应的备注。

显示讲义母版有两种方法：选择【视图】—【母版视图】—【讲义母版】菜单命令，打开“讲义母版”视图同时显示出“讲义母版视图”选项卡。可以设置每页讲义容纳的幻灯片数目，如图 6－33 所示设置为 6 页。

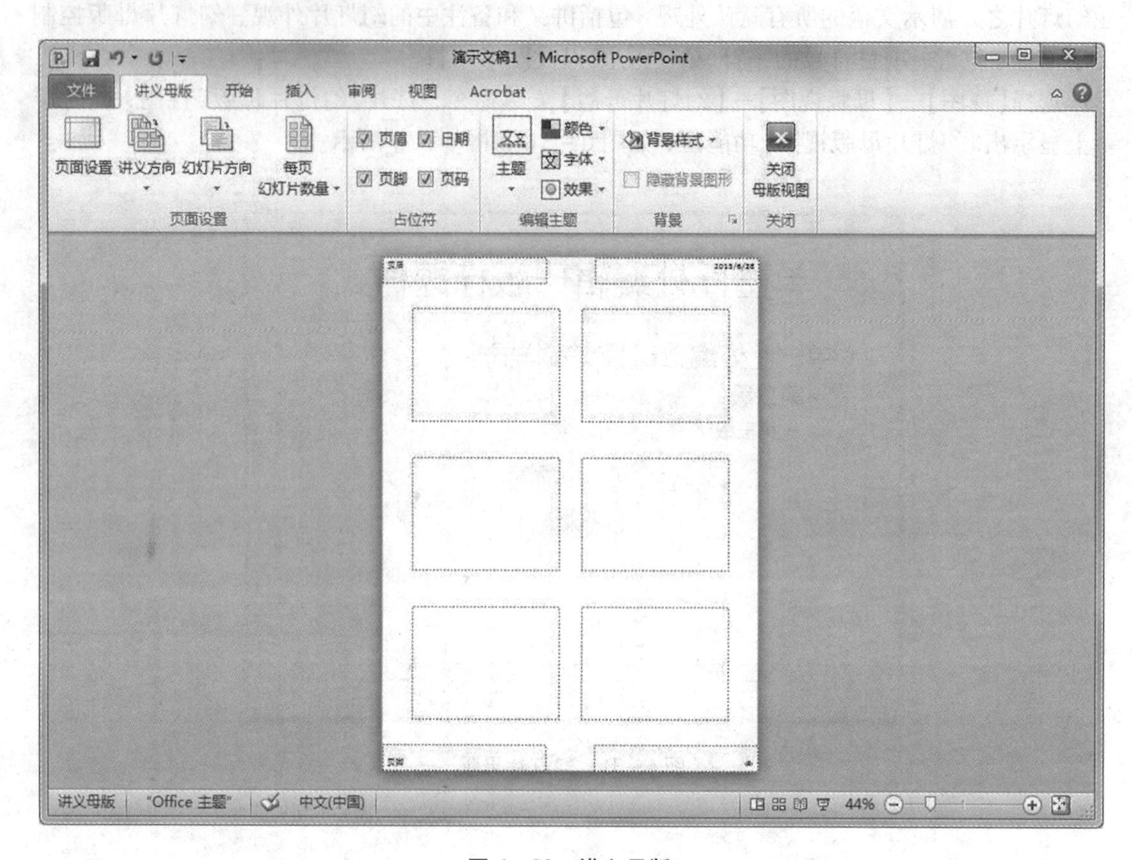

图 6－33 讲义母版

3. 备注母版

每一张幻灯片都可以有相应的备注。用户可以为自己创建备注或为观众创建备注，还可以为每一张幻灯片打印备注。备注母版用于控制幻灯片按备注页形式打印的格式。选择【视图】—【母版视图】—【备注母版】命令，打开“备注母版”视图，同时屏幕上显示出“备注母版视图”选项卡，如图 6－34 所示。

6.4.4 设置页眉、页脚、编号和页码

选择【插入】—【文本】—【页眉和页脚】菜单命令，弹出如图 6－35 所示的“页眉和页脚”对话框。

1.“幻灯片”选项卡

如图 6－35 所示，“幻灯片包含内容”选项组用来定义每张幻灯片下方显示的日期和时间、幻灯片编号和页脚，其中“日期和时间”复选框下包含两个按钮，如果选中“自动更新”单选按钮，则显示在幻灯片下方的时间随计算机当前时间自动变化，如果选中“固定”单选按钮，则可以输入一个固定的日期和时间。

“标题幻灯片中不显示”复选框可以控制是否在标题幻灯片中显示其上方所定义的内容。

选择完毕，可单击“全部应用”按钮或“应用”按钮。

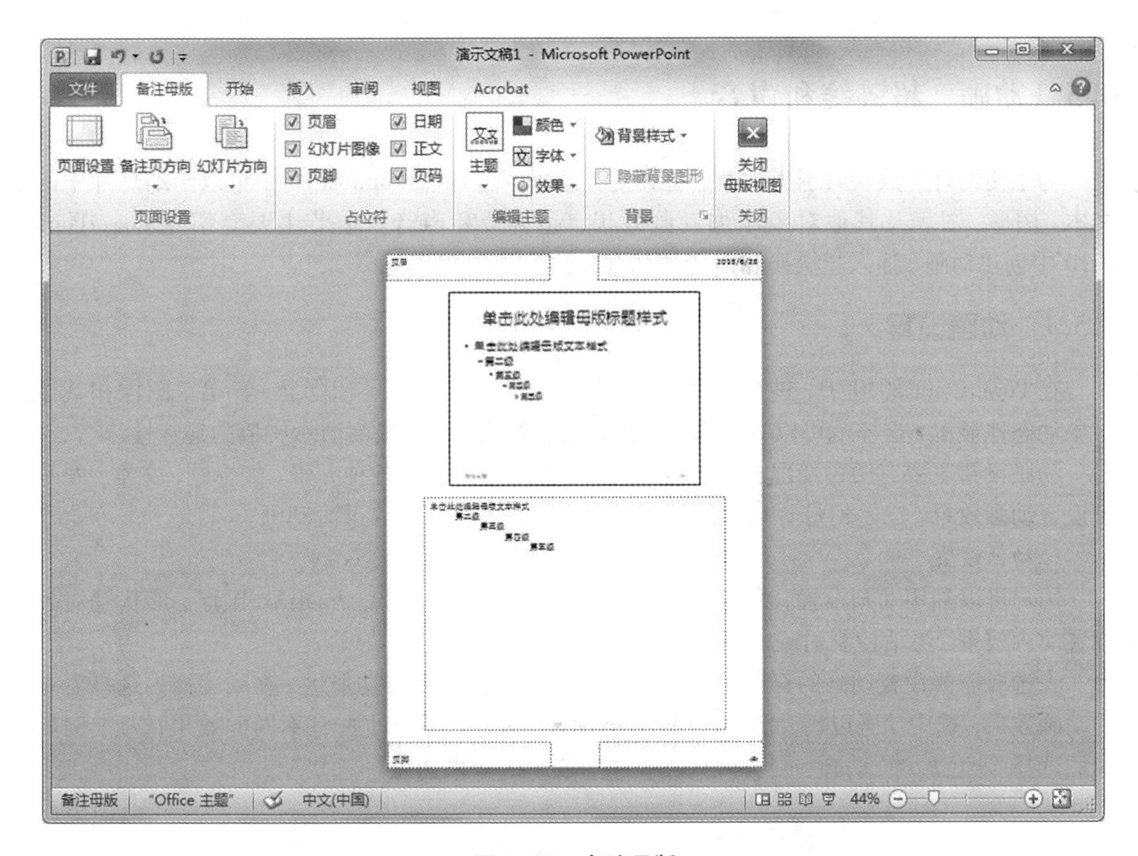

图6－34　备注母版

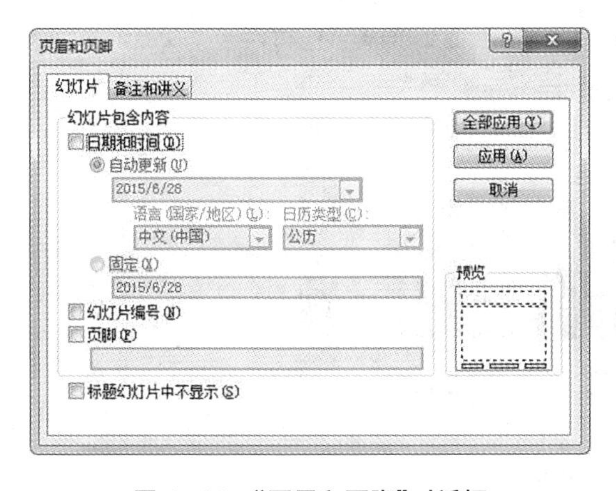

图6－35　"页眉和页脚"对话框

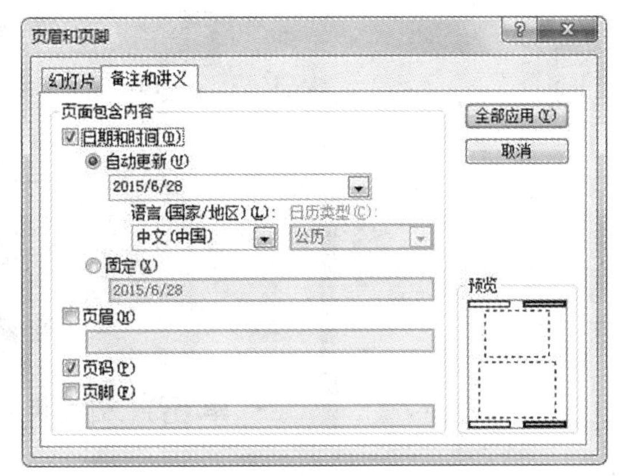

图6－36　"备注和讲义"选项卡

2."备注和讲义"选项卡

"备注和讲义"选项卡主要用于设置供演讲者备注使用的页面包含内容，如图6－36所示。在此选项卡设置的内容只有在幻灯片以备注和讲义的形式进行打印时才有效。

选择完毕，单击"全部应用"按钮将设置的信息应用于当前演示文稿中的所有备注和讲义。

6.5 动画、超链接和声音

为了使幻灯片放映时引人注意、更具视觉效果，在 PowerPoint 2010 中可以给幻灯片中的文本、图形、图表及其他对象添加动画效果、超链接和声音。本节主要介绍在 PowerPoint 2010 中创建动画、插入超链接和声音的基本方法。

6.5.1 动画设置

在 PowerPoint 2010 中，进行动画设置可以使幻灯片上的文本、形状、声音、图像和其他对象动态地显示，这样就可以突出重点，控制信息的流程，并提高演示文稿的趣味性。

动画设置主要有两种情况：一是动画设置，为幻灯片内的各种元素，如标题、文本、图片等设置动画效果；二是幻灯片切换动画，可以设置幻灯片之间的过渡动画。

1. 动画设置

用户可以利用动画设置，为幻灯片内的文本、图片、艺术字、SmartArt 图形、形状等对象设置动画效果，灵活控制对象的播放。

先选取需要设置动画的对象，选择【动画】选项卡的【动画】功能区，在列表框内选择需要的动画效果，选中动画以后，再点击【效果选项】，不同类型的动画有不同的效果选项，例如我们选择“彩色脉冲”动画，则会有如图 6－37 所示的效果选项。

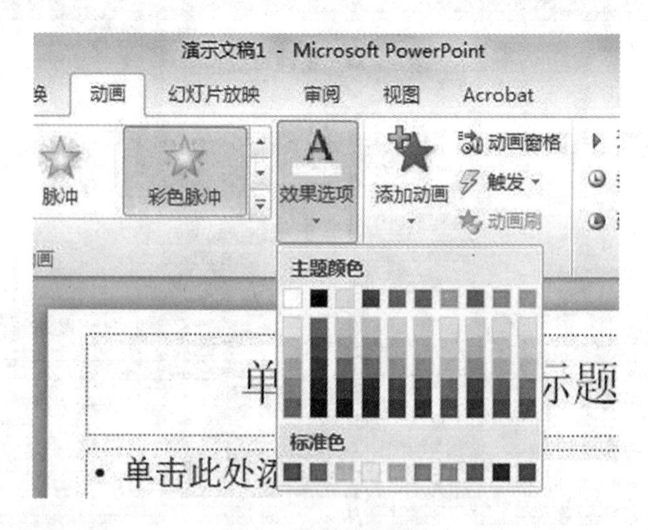

图 6－37 效果选项

点击动画列表框右下角的“展开”按钮，会弹出如图 6－38 所示的更多动画效果列表，各种动画分成“进入”“强调”和“退出”三大类，同时还能设置动作路径。如果在列表中没有找到需要的动画效果，可以点击“更多进入效果”“更多强调效果”“更多退出效果”命令。

【小贴士】动画设置中“进入”“强调”“退出”表示什么意思呢？进入某一张幻灯片后，原来本没有那个对象，单击鼠标(或者其他操作)后对象以某种动画形式出现了，这叫做“进入”；我们再单击一下鼠标，对象再一次以某种动画形式变换一次，这叫做“强调”；再单击鼠

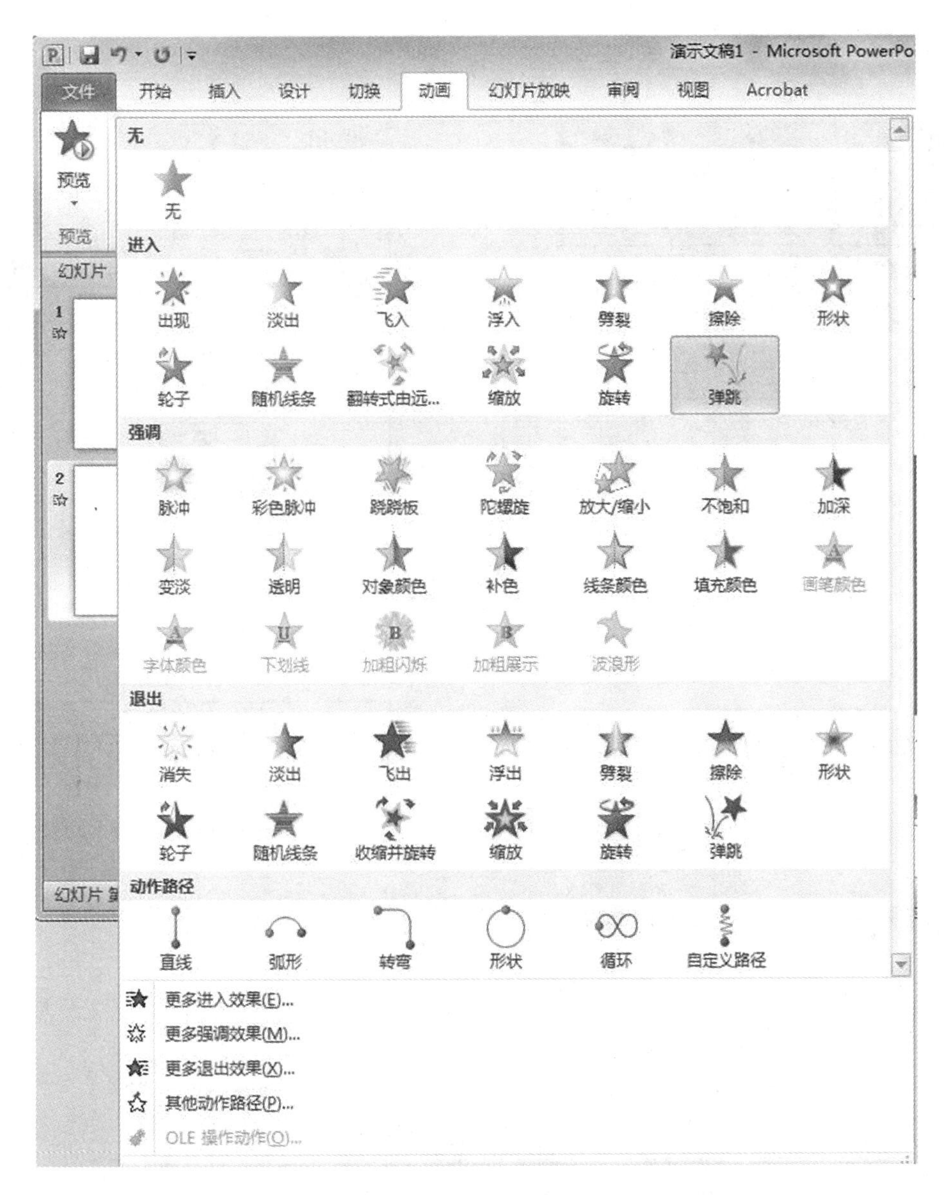

图 6－38　更多动画效果

标，对象以某种动画形式从幻灯片中消失，这叫做“退出”。

2. 动画顺序的设置

进行动画设置后，每个添加了效果的对象左上角都有一个编号，代表着幻灯片中各对象出现的顺序。如果要改变各动画的出场顺序，在“动画”选项卡“高级动画”功能区点击【动画窗格】按钮，如图 6－39 所示，会弹出“动画窗格”，如图 6－40 所示。在窗格中选中动画，单击“重新排序”左侧的上箭头或右侧的下箭头进行调整。还可选择要修改动画效果的对象，单击右侧的下拉箭头，打开如

图 6－39　“高级动画”功能区

图 6－41 所示的下拉菜单。

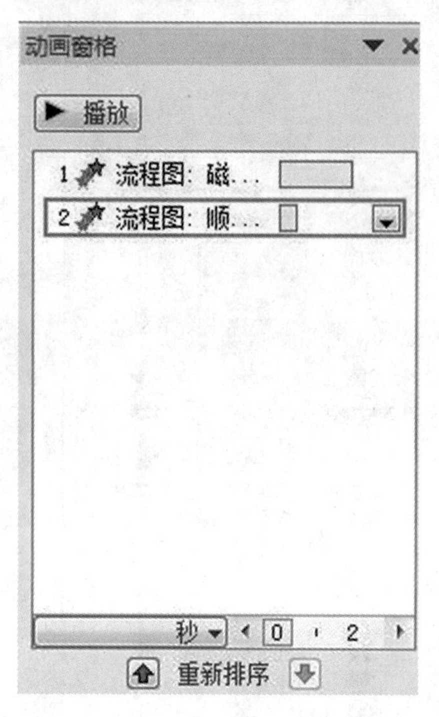

图 6－40　动画窗格

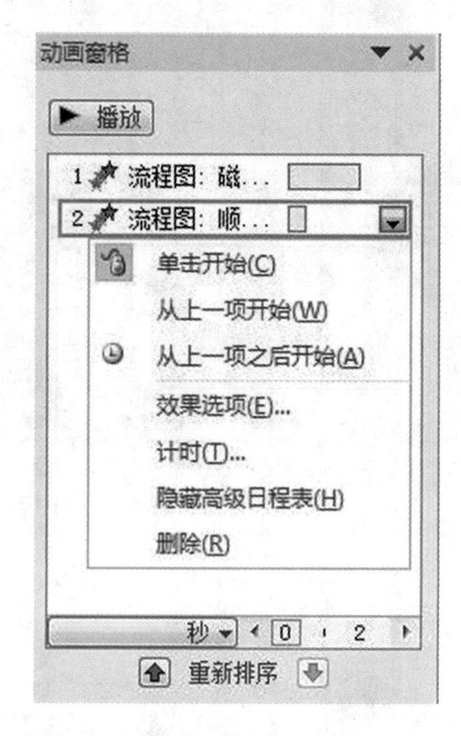

图 6－41　“动画顺序”列表下拉菜单

单击“效果选项”命令，打开“效果选项”对话框，如图 6－42 所示。

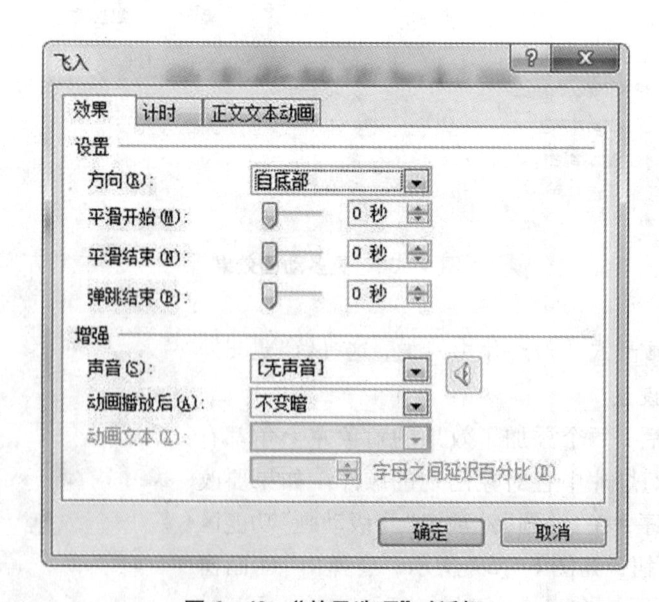

图 6－42　“效果选项”对话框

其中“效果”选项卡，可对“声音”“动画播放后”等进行设置。

3. 幻灯片切换

切换效果是指幻灯片放映时切换幻灯片的特殊效果。在 PowerPoint 2010 中，可以为每一张幻灯片设置不同的切换效果使幻灯片放映更加生动形象，也可以为多张幻灯片设置相同的切换效果。

在幻灯片浏览视图或其他视图中，选择要添加切换效果的幻灯片，如果要选中多张幻灯片，可以按住【Ctrl】键进行选择。单击【切换】—【切换到此幻灯片】，在列表框中选择需要的切换效果，如图 6－43 所示。

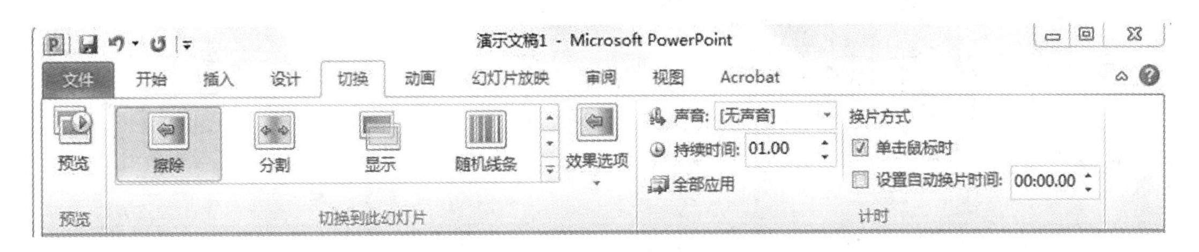

图 6－43　设置幻灯片切换效果

可以点击列表框右下角的下拉按钮，在弹出的下拉列表中单击选择需要的切换效果即可将其设置为当前幻灯片的切换效果。如要进行进一步的设置，可以点击【效果选项】按钮。

在“声音”下拉列表中选择合适的奇幻声音，如果要在幻灯片演示的过程中始终有声音，可以选中“播放下一段声音之前一直循环”复选框。在“换片方式”选项组中，选择“单击鼠标时”换片，还是在上一幻灯片结束多长时间后自动换片。如果选择自动换片，则需要设置自动换片时间，如图 6－43 所示。

如果希望以上设置对所有幻灯片有效，单击“全部应用”按钮即可，如图 6－43 所示。

6.5.2　超链接和动作按钮

在 PowerPoint 2010 中，用户可以为幻灯片中的文本、图形和图片等可视对象添加动作或超链接，从而在幻灯片放映时单击该对象跳转到指定的幻灯片，增加演示文稿的交互性。

1. 超链接

(1)创建超链接

先选定要插入超链接的位置，选择【插入】—【链接】—【超链接】命令，如图 6－44 中黑圈所示，也可以在对象上右击，在弹出的快捷菜单中选择【超链接】命令，打开“插入超链接”对话框，如图 6－45 所示。

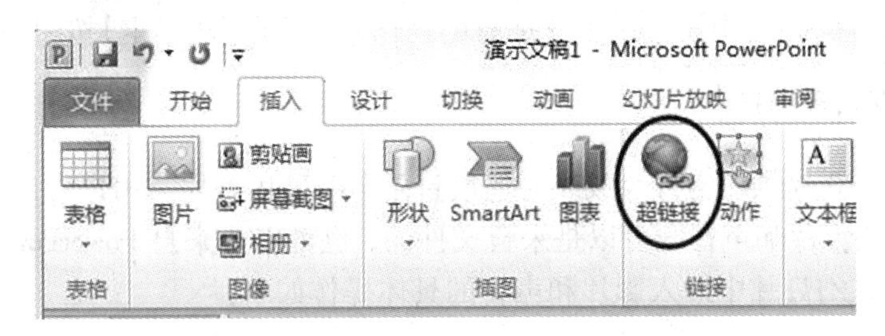

图 6－44　“超链接”命令按钮

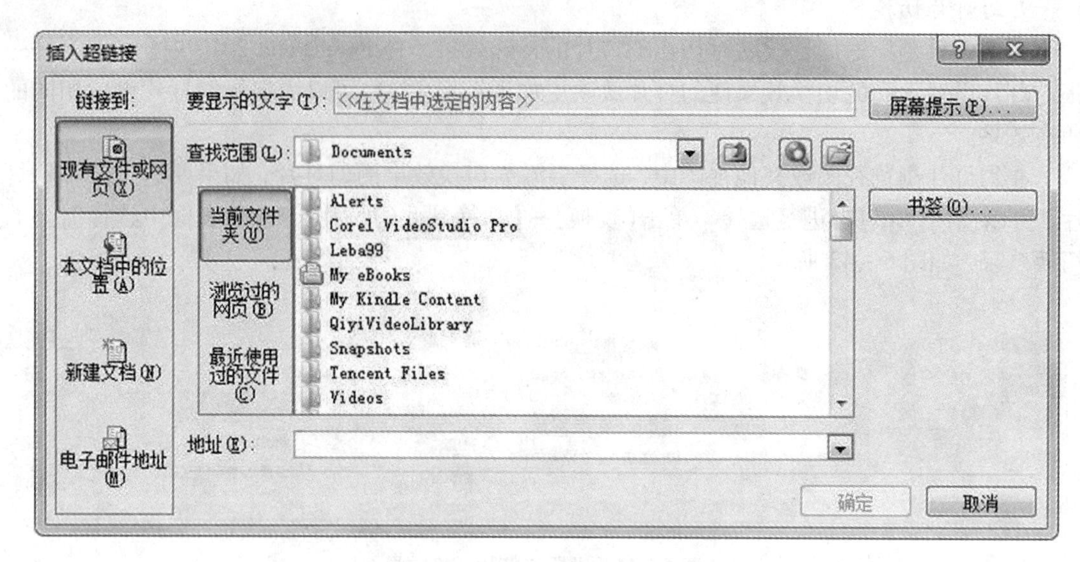

图 6-45 "插入超链接"对话框

在左侧的"链接到"取向中选择链接的目标。

①现有文件或网页(X):超链接到本文档以外的文件或者链接打开某个网页。

②本文档中的位置(A):超链接到"请选择文档中的位置"列表中所选定的幻灯片。

③新建文档(N):超链接到新建演示文稿。

④电子邮件地址(M):超链接到某个邮箱地址:xiebing_3@163.com 等。

在超链接对话框中单击"屏幕提示"按钮,输入提示文字内容,放映演示文稿时,在链接位置旁显示提示文字。

(2)编辑、取消超链接

当用户对设置的超链接不满意时,可以通过编辑、取消超链接来修改或更新。选中超链接对象,单击鼠标右键,在弹出的快捷菜单中,选择"编辑超链接"或"取消超链接"命令,进行编辑和取消,如图 6-46 所示。

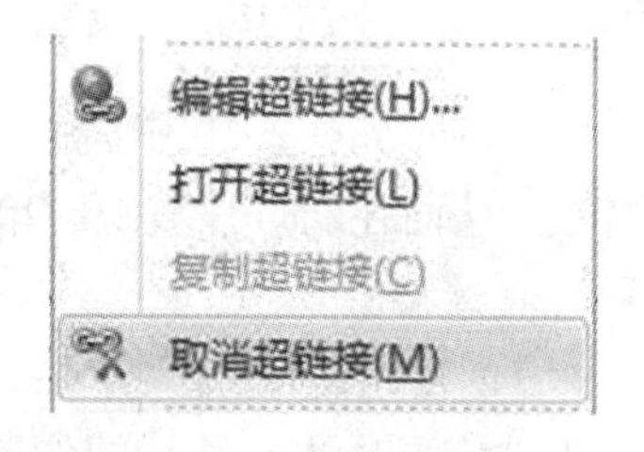

图 6-46 超链接快捷菜单

2. 动作按钮

先选中要插入动作按钮的幻灯片,单击【插入】—【插图】—【形状】—【动作按钮】图形,如图 6-47 所示。这时鼠标变为"+",拖动鼠标画出动作按钮。同时弹出"动作设置"对话框,如图 6-48 所示。

在"动作设置"对话框中设置单击鼠标时的动作,然后点击【确定】按钮关闭对话框。

6.5.3 插入影片和声音

PowerPoint 2010 提供在幻灯片放映时播放音乐、声音和影片。用户可以将声音和影片置于幻灯片中,这些影片和声音既可以是来自文件的,也可以是来自 PowerPoint 2010 系统自带的剪辑管理器。在幻灯片中插入影片和声音的具体操作如下:

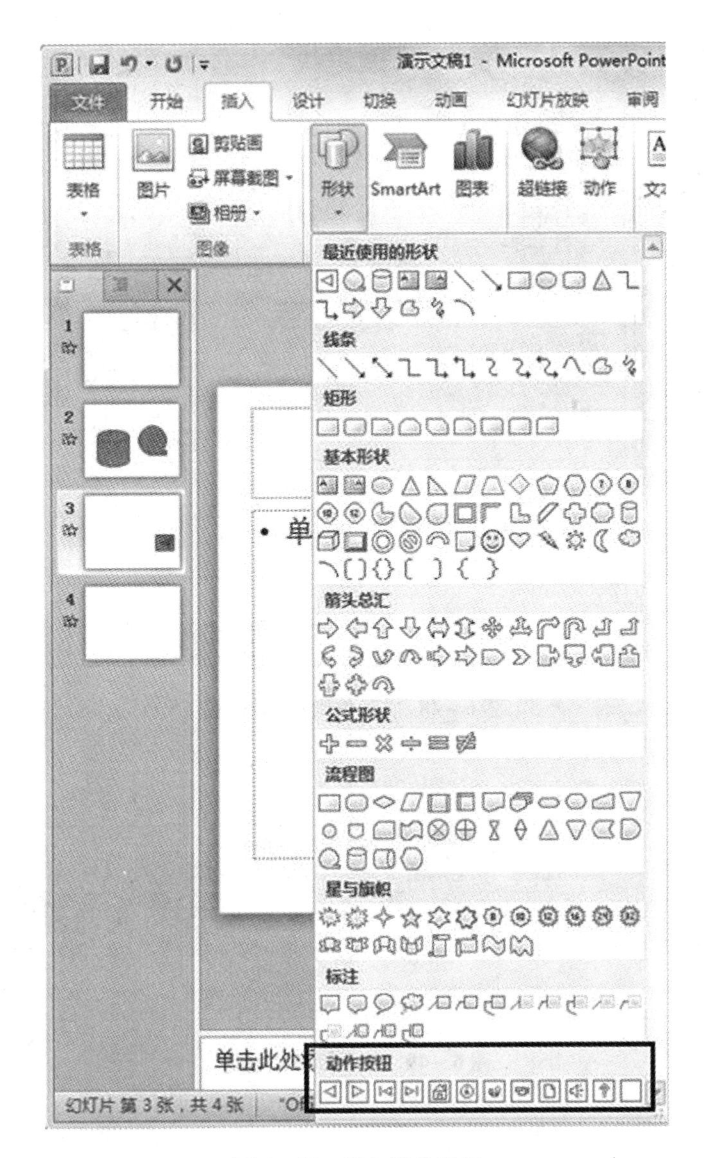

图 6－47 插入动作按钮

1. 插入声音文件

准备好＊. mid、＊. wav 等具有 PowerPoint 2010 能够支持格式的声音文件。在普通视图中，选中要插入声音文件的幻灯片。选择【插入】—【媒体】—【音频】命令，如图 6－49 所示。弹出“插入音频”对话框，在对话框中找到所需声音文件，点击【插入】按钮即可，如图 6－50 所示。

此时，幻灯片中显示出一个小喇叭符号，如图 6－51 所示，表示在此处已经插入一个音频。点中小喇叭图标，功能区出现【音频工具】选项卡，点击其中的【播放】选项卡，即可以对播放的时间、循环、淡入淡出效果等进行设置，如图 6－52 所示。

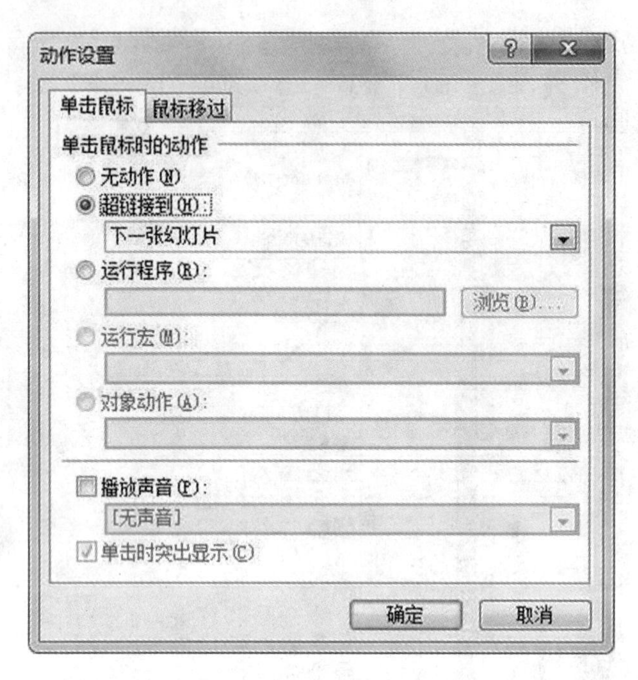

图 6-48 “动作设置”对话框

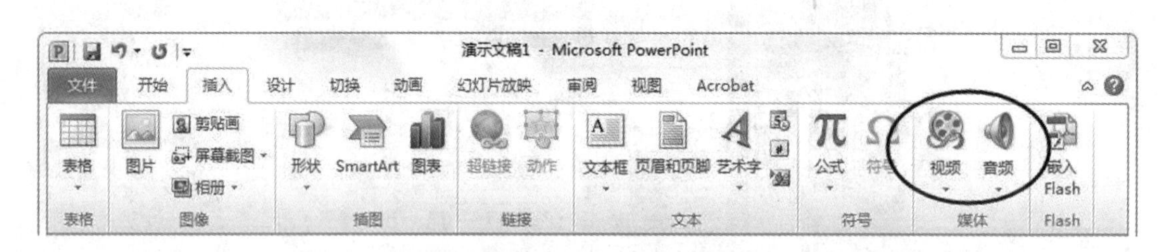

图 6-49 插入媒体功能区

2. 录音

在 PowerPoint 2010 中，用户可以记录声音到单张幻灯片。

在普通视图中，选择要添加声音的幻灯片。点击【插入】—【媒体】—【音频】命令下方的下拉按钮，在弹出的菜单中选择【录制音频】，如图 6-53 所示，出现“录音”对话框，如图 6-54所示。

单击“录音”按钮录音，完成时，单击“停止”按钮。在“名称”文本框中键入录下的声音文件名称，单击“确定”按钮，幻灯片上会出现一个声音图标。

3. 插入影片

在幻灯片中插入影片的方法与插入声音文件类似。选择【插入】—【媒体】—【视频】命令，如图 6-49 所示。弹出“插入视频文件”对话框，在对话框中找到所需视频文件，点击【插入】按钮即可。

此时，系统会将影片文件以静态图片的形式插入到幻灯片中，只有在进行幻灯片放映

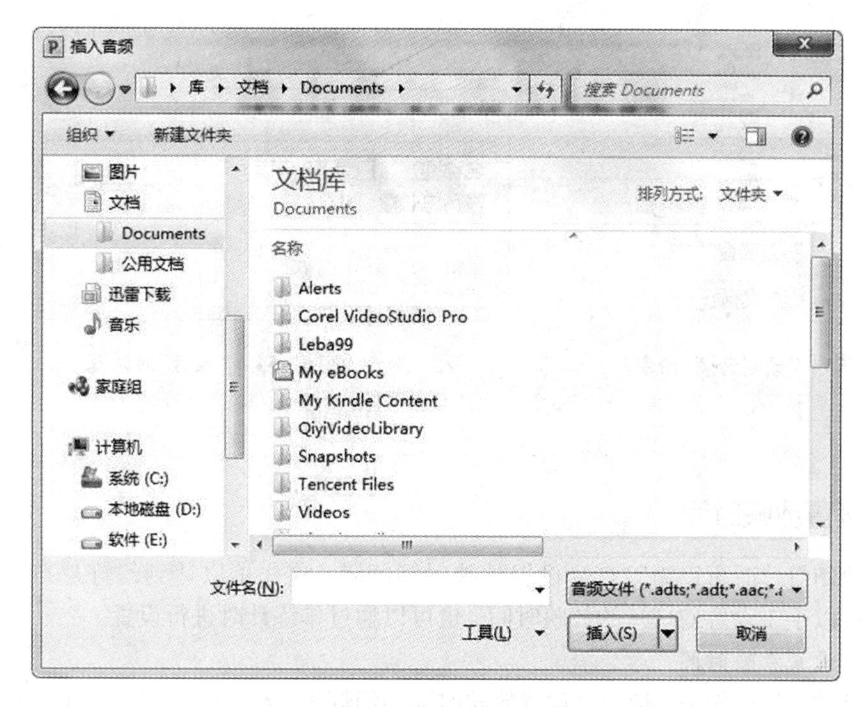

图 6 – 50　“插入音频”对话框

图 6 – 51　幻灯片中的图标

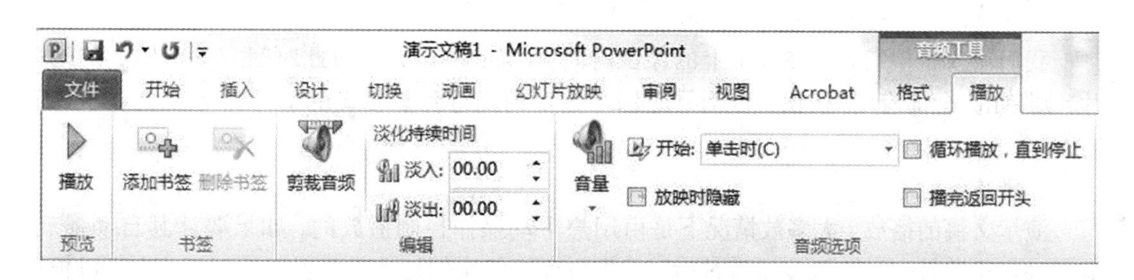

图 6 – 52　音频工具的“播放”选项卡

时，才能看到影片真实的动态效果。

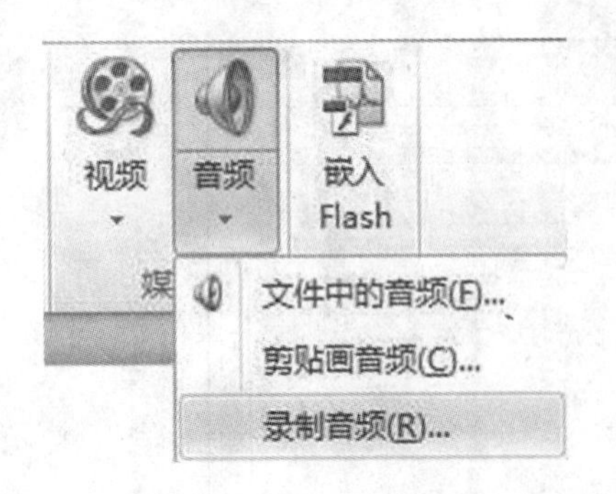

图 6－53 “录制音频”命令

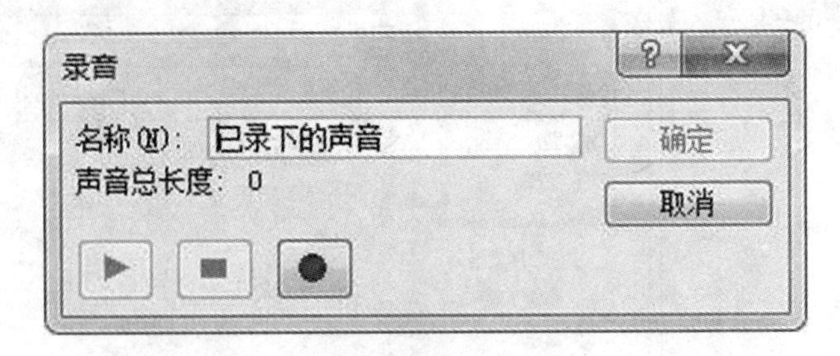

图 6－54 “录音”对话框

6.5.4 设置放映时间

在放映幻灯片时可以为幻灯片设置放映时间间隔，这样可以达到幻灯片自动播放的目的。用户可以手工设置幻灯片的放映时间，也可以通过排练计时进行设置。

1. 手工设置放映时间

在幻灯片浏览视图下，选中要设置放映时间的幻灯片，选择【切换】选项卡，在【计时】功能区中，选中“设置自动换片时间”复选框，在其后的文本框中设置好自动换片时间，如图 6－55中黑圈所示。

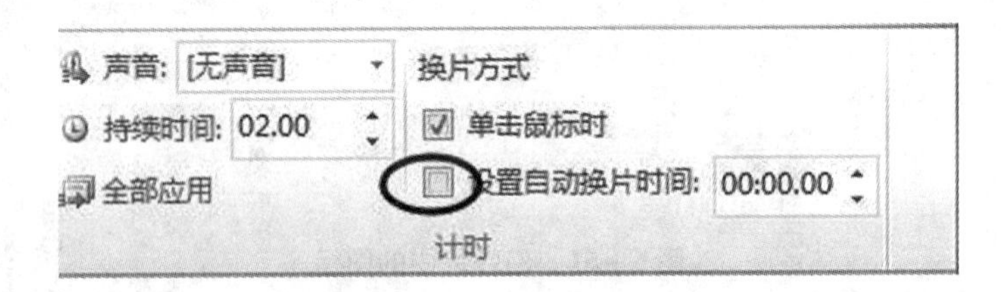

图 6－55 设置自动换片时间

我们输入希望幻灯片在屏幕上的停留时间，比如 1 s。如果将此时间应用于所有的幻灯片，则单击“全部应用”按钮，否则只应用于选定的幻灯片。相应的幻灯片下方会显示播放时间。

2. 排练计时

演示文稿的播放，大多数情况下是由用户手动操作控制播放的，如果要让其自动播放，需要进行排练计时。为设置排练计时，首先应确定每张幻灯片需要停留的时间，它可以根据演讲内容的长短来确定，然后进行以下操作来设置排练计时。

切换到演示文稿的第一张幻灯片，选择【幻灯片放映】—【设置】—【排练计时】命令，进入演示文稿的放映视图中，同时弹出“录制”工具栏，如图 6－56 所示。在该工具栏中，幻灯片放映时间框将会显示该幻灯片已经滞留的时间。如果对当前的幻灯片播放不满意，则单击“重复”按钮，重新播放和计时。单击“下一步”按钮，播放下一张幻灯片。当放映到最后一张幻灯片后，系统会弹出“排练时间”提示框，如图6－57所示。该提示框显示整个演示文稿的总播放时间，并询问用户是否要使用这个时间。单击“是”按钮完成排练计时设置，则在幻灯片浏览视图下，会看到每张幻灯片下显示了播放时间；单击“否”按钮取消所设置的时间。

图6－56 “录制”工具栏

图6－57 “排练时间”提示框

进行了排练计时后，如果播放时，选中【幻灯片放映】—【设置】功能区的“使用计时”复选框，如图6－58所示，则会按照排练好的计时自动播放幻灯片。

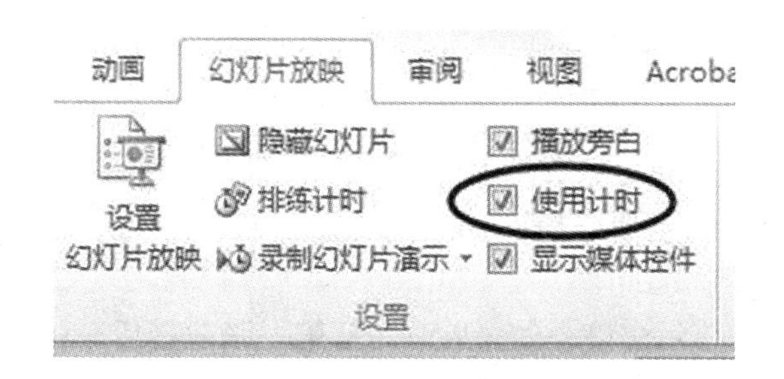

图6－58 使用计时

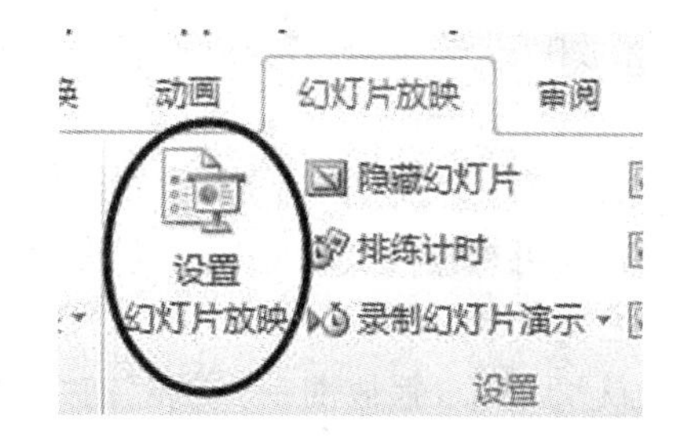

图6－59 设置“幻灯片放映”命令按钮

6.6 幻灯片的放映和输出

6.6.1 幻灯片的放映

制作演示文稿的最终目的是为了放映，因此设置演示文稿的放映是很关键的步骤。用户可以根据不同的需要采用不同的方式放映演示文稿，如果有必要还可以自定义放映。

1. 设置放映方式

点击【幻灯片放映】—【设置】—【设置幻灯片放映】命令，如图6－59中黑圈所示。弹出“设置放映方式”对话框，如图6－60所示。PowerPoint 2010为用户提供了三种放映类型：“演讲者放映”用于演讲者自行播放演示文稿，这是系统默认的放映方式；“观众自行浏览”是指幻灯片显示在小窗口中，用户可在放映时移动、编辑、复制和打印幻灯片；“在展台浏览（全屏幕）”适用于使用了排练计时的情况下，此时鼠标不起作用，按Esc键才能结束放映。

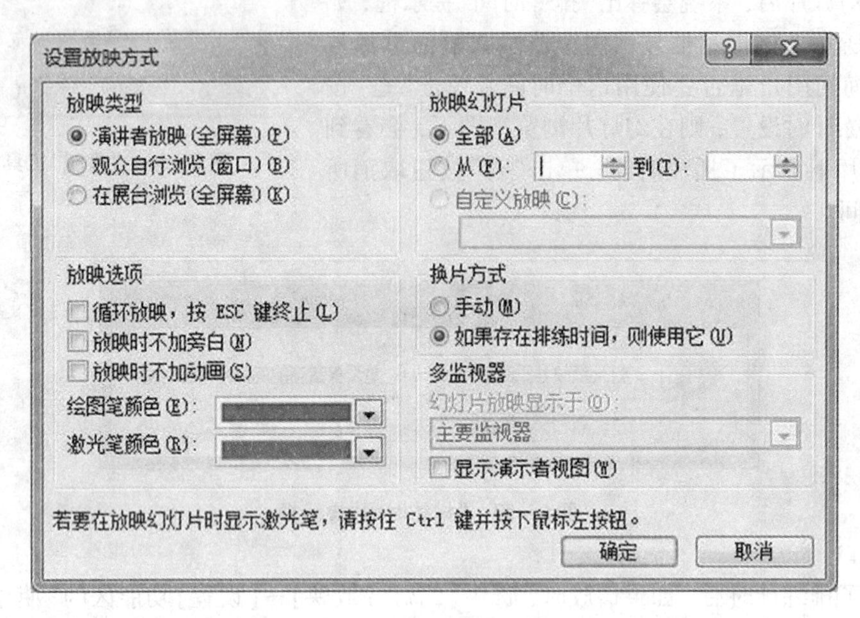

图 6－60 “设置放映方式”对话框

在“放映选项”选项组中能够设置“循环放映，按 Esc 键结束”“放映时不加旁白”和“放映时不加动画”等选项。

“放映幻灯片”选项组可以设置幻灯片的放映范围，缺省时为“全部”。

用户还可根据需要设置换片方式为手动或“排练计时”播放。

2. 自定义放映

默认情况下，播放演示文稿时幻灯片按照在演示文稿中的先后顺序从第一张向最后一张进行播放。PowerPoint 2010 提供了自定义放映的功能，使用户可以从演示文稿中挑选出若干幻灯片进行放映，并自己定义幻灯片的播放顺序。

选择【幻灯片放映】—【开始放映幻灯片】—【自定义幻灯片放映】命令，打开“自定义放映”对话框，如图 6－61 所示。

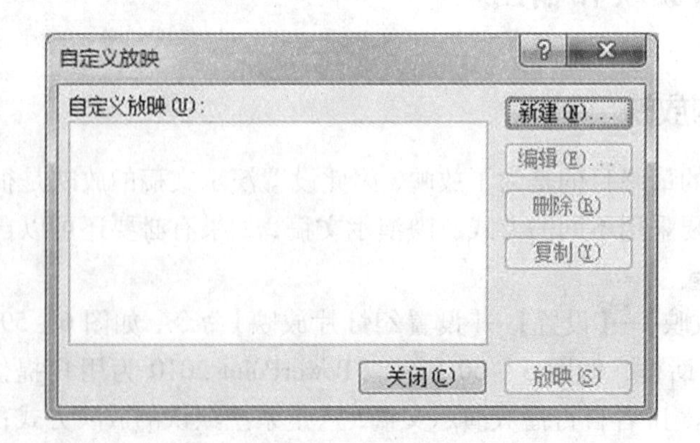

图 6－61 “自定义放映”对话框

在该对话框中单击“新建”按钮，打开“定义自定义放映”对话框，如图 6－62 所示。

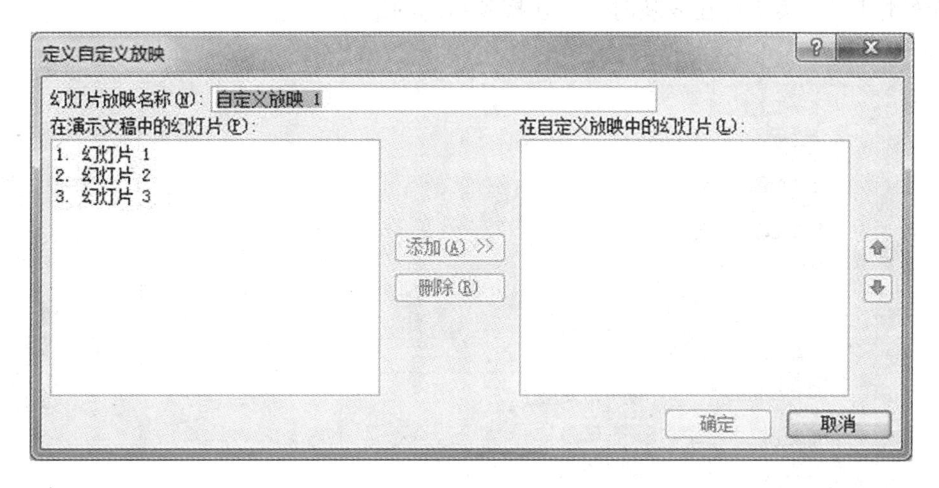

图 6－62　“定义自定义放映”对话框

在“幻灯片放映名称”文本框中输入自定义放映的名称。“在演示文稿中的幻灯片”列表框中列出了当前演示文稿中的所有幻灯片的名称，选择其中要放映的幻灯片，单击“添加”按钮，将其添加到“在自定义放映中的幻灯片”列表框中。

利用列表框右侧的上箭头、下箭头按钮可以调整幻灯片播放的先后顺序。要将幻灯片从“在自定义放映中的幻灯片”列表框中删除，先选中该幻灯片的名称，然后单击“删除”按钮即可。完成所有设置后，单击“确定”按钮，返回“自定义放映”对话框，此时新建的自定义放映的名称将出现在其列表中。用户可以同时定义多个自定义放映，并利用此对话框上按钮对已有的自定义放映进行编辑、复制或修改。单击“放映”按钮，即可放映。

3. 隐藏部分幻灯片

如果文稿中某些幻灯片只提供给特定的对象，我们不妨先将其隐藏起来。

切换到“幻灯片浏览”视图下，选中需要隐藏的幻灯片，右击鼠标，弹出快捷菜单，选择“隐藏幻灯片”选项，或者选择【幻灯片放映】—【设置】—【隐藏幻灯片】命令，播放时，该幻灯片将不显示。如果要取消隐藏，只需要再执行一次上述操作。

4. 放映演示文稿

当演示文稿中所需幻灯片的各项播放设置完成后，就可以放映幻灯片观看其放映效果。

(1)启动演示文稿放映

启动演示文稿放映的方法有：

①选择【幻灯片放映】—【开始放映幻灯片】—【从头开始】命令。

②单击 PowerPoint 窗口底部状态栏的“幻灯片放映”按钮。

③按下快捷键【F5】。

如果将幻灯片的切换方式设置为自动，则幻灯片按照事先设置好的自动顺序切换；如果将切换方式设置为手动，则需要用户单击鼠标或使用键盘上的相应键切换到下一张幻灯片。

(2)控制演示文稿放映

在放映演示文稿时，右击幻灯片，打开“幻灯片放映”快捷菜单，如图 6－63 所示。“指针选项”子菜单设置演示过程中标记，如设置绘图笔、墨迹颜色、橡皮擦和有关箭头选项。“定位至幻灯片”子菜单可在放映时快速切换到指定的幻灯片。

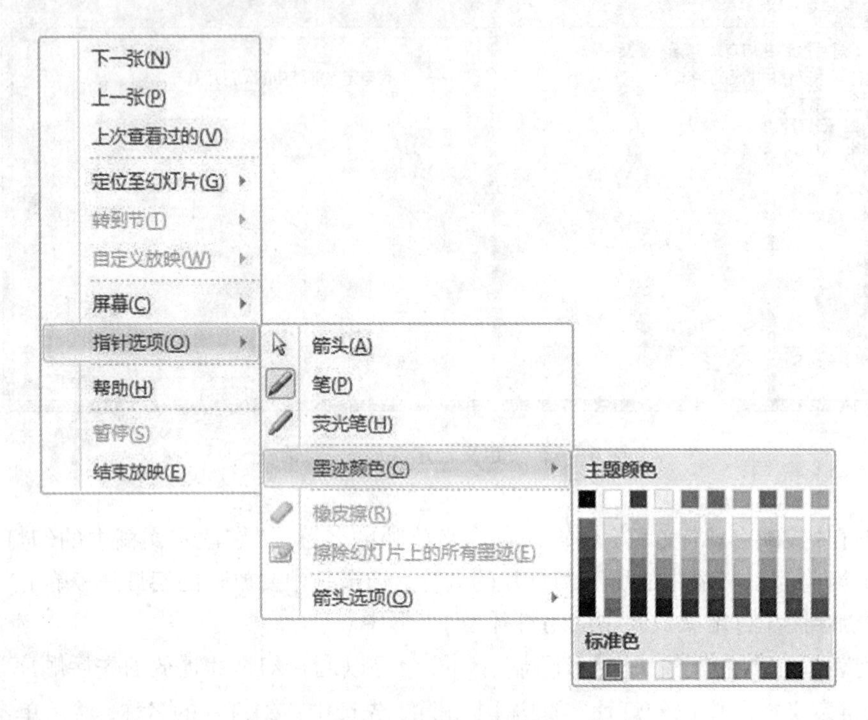

图 6－63 “幻灯片放映”快捷菜单

(3)停止演示文稿放映

演示文稿播放完后，会自动退出放映状态，返回 PowerPoint 2010 的编辑窗口。如果希望在演示文稿放映过程中停止播放，有两种方法：

①在幻灯片放映过程中单击鼠标右键，在快捷菜单中选择“结束放映”命令。

②如果幻灯片的放映方式设置为“循环放映”，按 Esc 键退出放映。

6.6.2 幻灯片的输出

1. 打印演示文稿

在 PowerPoint 2010 中，演示文稿制作好以后，不仅可以在计算机上展示最终效果，还可以将演示文稿打印出来长期保存。PowerPoint 的打印功能非常强大，它可以将幻灯片打印到纸上，也可以打印到投影胶片上通过投影仪来放映，还可以制作成 35 mm 的幻灯片通过幻灯机来放映。演示文稿可以打印成幻灯片、讲义、备注页或大纲等形式。

在打印演示文稿之前，应先进行打印机的设置和页面设置工作。

图 6－64 页面设置命令

(1)页面设置

在打印演示文稿之前，需要先进行页面设置。选择【设计】选项卡的【页面设置】功能区的【页面设置】命令，如图 6－64 中黑圈所示。弹出“页面设置”对话框，如图 6－65 所示。

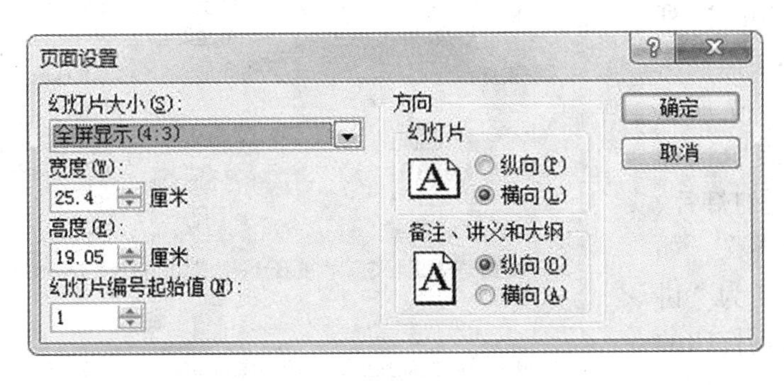

图 6－65　“页面设置”对话框

在对话框中，可设置幻灯片大小，分别针对幻灯片和备注、讲义和大纲设置打印方向，单击“确定”按钮，设置完毕。

(2)打印设置

在打印之前，如果需要对打印范围、打印内容进行设置，选择【文件】—【打印】，出现“打印”任务窗格，如图 6－66 所示。

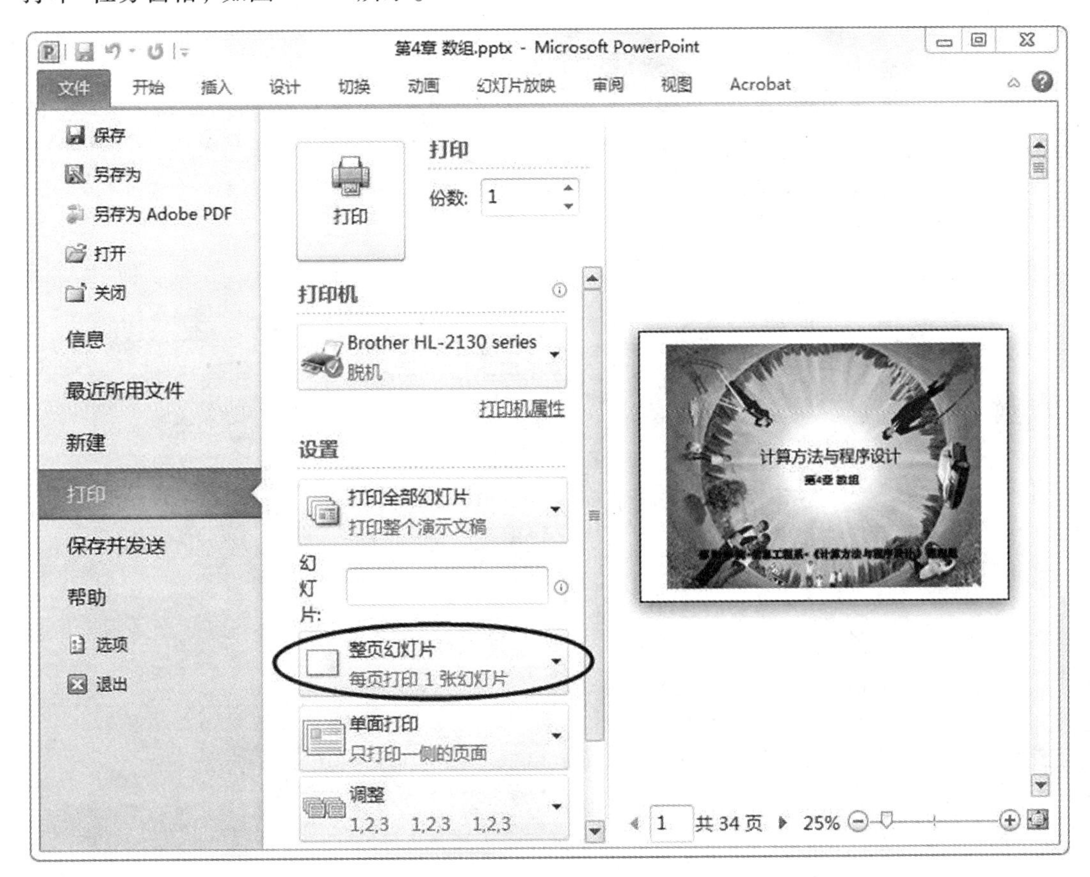

图 6－66　“打印”任务窗格

选择要使用的打印机名称，设置打印范围、打印份数，点击“打印版式”列表栏（如图 6－66 中黑圈所示），出现如图 6－67 所示的列表框，在列表中选择打印的内容：整页幻灯片、备注页、大纲和讲义。如果选择打印内容为“讲义”，需要设置每页打印的幻灯片数及幻灯片的顺序。

点击【打印】按钮即可开始打印。

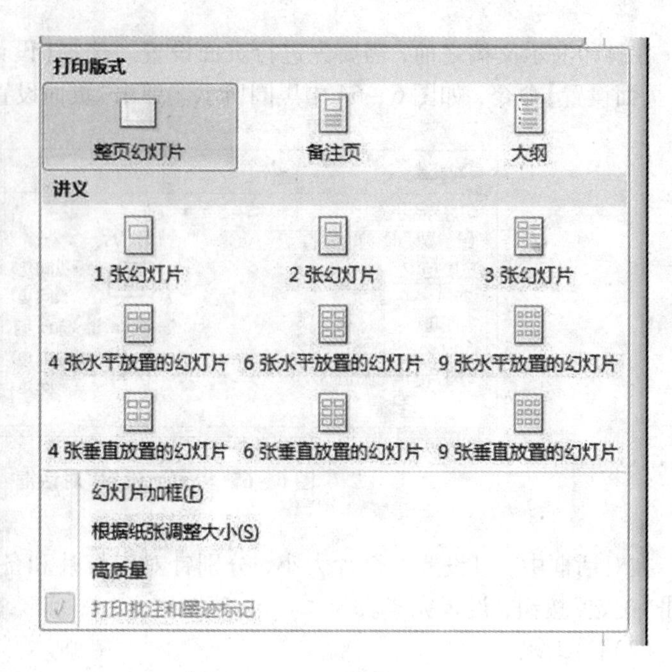

图 6－67 打印版式设置

第 7 章

常用工具软件的使用

Windows 7 自带了丰富的小工具，Microsoft Office 2010 也内置了相当数量的工具和插件，但我们在平常的使用中，还会碰到一些特殊的情况，比如说在网络操作时，经常会碰到文件过大，无法传送；从中国知网(www. cnki. net)下载了一篇论文，结果用 Word 2010 无法打开。为解决以上问题，本章介绍文件压缩软件 WinRAR 和 PDF 阅读软件 Adobe Reader。

通过本章的学习，熟练掌握常用工具软件 WinRAR 和 Adobe Reader 的使用。

7.1　压缩软件

7.1.1 数据压缩技术

由于数字化的多媒体信息尤其是数字视频、音频信号的数据量特别庞大；如果不对其进行有效的压缩就难以得到实际的应用。因此，数据压缩技术已成为当今数字通信、广播、存储和多媒体娱乐中的一项关键的共性技术。

数据中常存在一些多余成分，即冗余度。如在一份计算机文件中，某些符号会重复出现、某些符号比其他符号出现得更频繁、某些字符总是在各数据块中可预见的位置上出现等，这些冗余部分便可在数据编码中除去或减少。其次，数据中尤其是相邻的数据之间，常存在着相关性。例如，图片中常常有色彩均匀的背影，电视信号的相邻两帧之间可能只有少量的变化是不同的，声音信号有时具有一定的规律性和周期性等。因此，可以利用某些变换来尽可能地去掉这些相关性。此外，人们在欣赏音像节目时，由于耳、目对信号的时间变化和幅度变化的感受能力都有一定的极限，如人眼对影视节目有视觉暂留效应，人眼或人耳对低于某一极限的幅度变化已无法感知等，故可将信号中这部分感觉不出的分量压缩掉或“掩蔽掉”。

数字音频压缩技术标准分为电话语音压缩、调幅广播语音压缩和调频广播及 CD 音质的宽带有频压缩 3 种。

视频压缩技术标准主要有如下几种。

①ITUH. 261 视频压缩标准：用于 ISDN 信道的 PC 电视电话、桌面视频会议和音像邮件等通信终端。

②MPEG－1 视频压缩标准：用于 VCD，MPC. PC/TV 一体机、交互电视(ITV)和电视点播（VOD)。

③MPEG－2/ITUH. 262 视频标准：主要用于数字存储、视频广播和通信，如 HDTV，

CATV，DVD，VOD 和电影点播（MOD）等。

④ITUH.263 视频压缩标准：用于网上的可视电话、移动多媒体终端、多媒体可视图文、遥感、电子报纸和交互式计算机成像等。

另外，还有 MPEG-4 和 ITU H.VLC/L 等视频压缩标准。

7.1.2 WinRAR 简介

压缩软件的作用是将一个或若干个文件夹(文件)压缩成一个压缩包文件，这样能节省存储空间，提高数据的安全性，方便文件进行转存和网络传输。从算法上来说，压缩文件的基本原理是查找文件内的重复字节，并建立一个相同字节的“词典”文件，并用一个代码表示，比如在文件里有几处有一个相同的词“中华人民共和国”，用一个代码表示并写入“词典”文件，这样就可以达到缩小文件的目的。由于计算机处理的信息是以二进制数的形式表示的，因此压缩软件就是把二进制信息中相同的字符串以特殊字符标记来达到压缩的目的。在本节中，我们将以最广泛使用的压缩软件 WinRAR 为例来介绍压缩与解压缩的方法。

WinRAR 是一个强大的压缩文件管理工具。它能备份数据，减少 E-mail 附件的大小，解压缩从 Internet 上下载的 RAR、ZIP 和其他格式的压缩文件，并能创建 RAR 和 ZIP 格式的压缩文件。WinRAR 是流行的压缩工具，界面友好，使用方便，在压缩率和速度方面都有很好的表现。WinRAR 5.x 版本采用了更先进的压缩算法，是压缩率较大、压缩速度较快的格式之一。

WinRAR 具有如下的特点：

①WinRAR 采用独创的压缩算法。这使得该软件比其他同类 PC 压缩工具拥有更高的压缩率，尤其是可执行文件、对象链接库、大型文本文件等。

②WinRAR 支持的文件及压缩包大小达到 9，223，372，036，854，775，807 字节，约合 9000 PB。事实上，对于压缩包而言，文件数量是没有限制的。

③WinRAR 完全支持 RAR 及 ZIP 压缩包，并且可以解压缩 CAB、ARJ、LZH、TAR、GZ、ACE、UUE、BZ2.JAR、ISO、Z、7Z 、RAR5 格式的压缩包。

④WinRAR 支持 NTFS 文件安全及数据流。

⑤WinRAR 仍支持类似于 DOS 版本的命令行模式，格式为：

WinRAR <命令> -<开关> <压缩包> <文件...> <解压缩路径\>

a 压缩，e、x 解压等常用参数基本无异于 DOS 版本，可以在批文件中方便地加以引用。

⑥WinRAR 提供了创建“固实”压缩包的功能，与常规压缩方式相比，压缩率提高了 10%～50%，尤其是在压缩许多小文件时更为显著。

⑦WinRAR 具备使用默认及外部自解压模块来创建并更改自解压压缩包的能力。

⑧WinRAR 具备创建多卷自解压压缩包的能力。

⑨能建立多种方式的全中文界面的全功能(带密码)多卷自解包。我们知道不能建立多卷自解包是 WinZIP 的一大缺陷，而 WinRAR 处理这种工作却是游刃有余，而且对自解包文件还可加上密码加以保护。即使压缩包因物理原因损坏也能修复，并且可以通过锁定压缩包来防止修改。身份认证信息可以作为安全保证来添加，WinRAR 会储存最后更新的压缩包名称的信息。

⑩WinRAR 可防止人为的添加、删除等操作，保持压缩包的原始状态。

7.1.3　WinRAR的安装

WinRAR是一个共享软件，可以很方便地在Internet上获得安装资源。直接在百度里搜索“WinRAR”，即可获得WinRAR在百度软件中心的下载链接，如图7－1所示。

图7－1　WinRAR下载网址

我们也可以到WinRAR的官方网站去下载，其网址是http：//www.winrar.com.cn。下载好安装文件后，双击安装文件就可以开始自动安装。安装过程可能会有几个选项，若不熟悉计算机软件配置，一律选择默认（推荐）就可以了。

7.1.4　WinRAR的使用

1. 快速创建压缩文件

如图7－2所示，“我的书屋”文件夹下有3个Word文档，它们的大小分别为31 kB、90 kB和58 kB，总大小为179 kB。

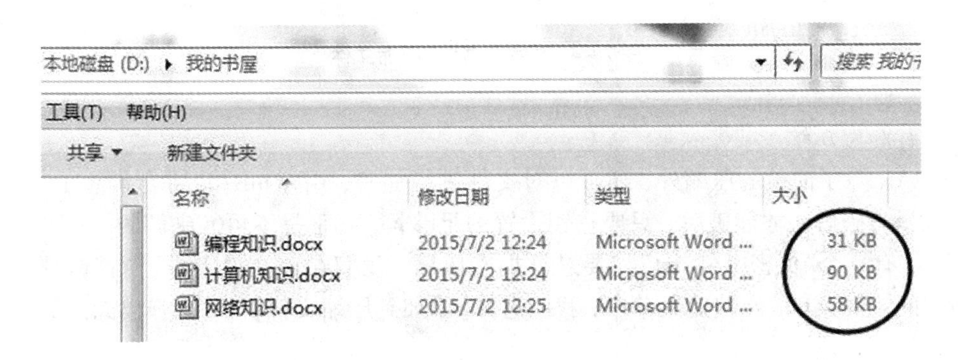

图7－2　三个文件的原始大小

现在我们选定这三个文件，单击右击，在弹出的快捷菜单中选择添加到“我的书屋.rar”

命令项，如图 7－3 所示，其中“我的书屋”是这三个文件所在的文件夹的名字。

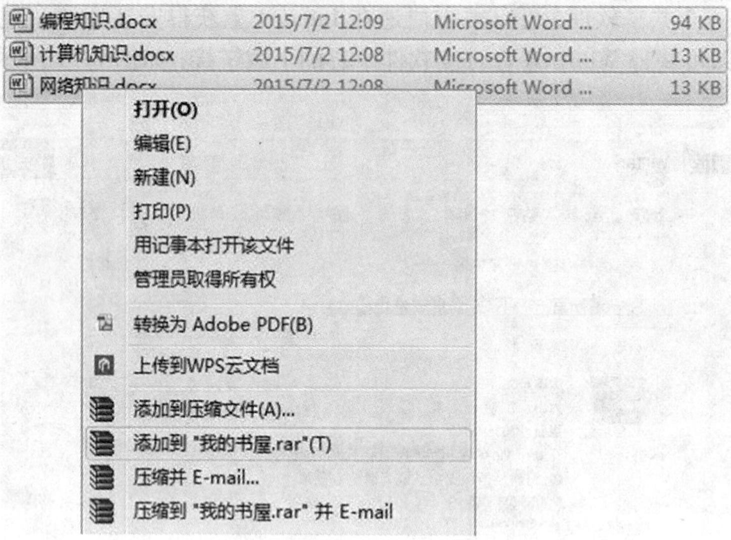

编程知识.docx	2015/7/2 12:09	Microsoft Word ...	94 KB
计算机知识.docx	2015/7/2 12:08	Microsoft Word ...	13 KB
网络知识.docx	2015/7/2 12:08	Microsoft Word ...	13 KB

打开(O)
编辑(E)
新建(N)
打印(P)
用记事本打开该文件
管理员取得所有权
转换为 Adobe PDF(B)
上传到WPS云文档
添加到压缩文件(A)...
添加到 "我的书屋.rar"(T)
压缩并 E-mail...
压缩到 "我的书屋.rar" 并 E-mail

图 7－3 添加到“我的书屋. rar”

执行完该命令后，在同一个文件夹下即出现了一个名为“我的书屋. rar”的压缩文件，如图 7－4 所示。我们可以看到，“我的书屋. rar”压缩文件的大小是 165 kB，比原来 3 个文件的总大小 179 kB 要小，这就是压缩的效果。不同压缩算法对不同类型的文件的压缩率是不同的，一般来说，文本文件、数据文件，重复率越高的文件，压缩率也高。而图像、音频、视频文件等，压缩效果不明显。

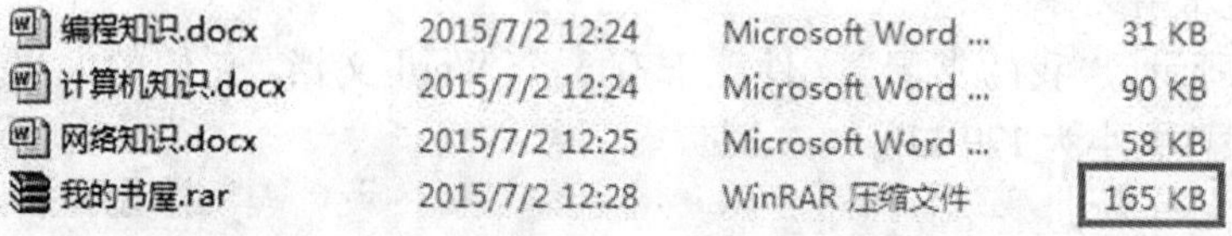

编程知识.docx	2015/7/2 12:24	Microsoft Word ...	31 KB
计算机知识.docx	2015/7/2 12:24	Microsoft Word ...	90 KB
网络知识.docx	2015/7/2 12:25	Microsoft Word ...	58 KB
我的书屋.rar	2015/7/2 12:28	WinRAR 压缩文件	165 KB

图 7－4 “我的书屋”压缩文件

2. 进行加密压缩

WinRAR 除了简单的压缩外，还可以对文件进行加密，用 WinRAR 进行加密的文件，一般只有用暴力破解法才能破解，只要秘钥设置的足够长，几乎是不可能破解的。

例如，有一个“保密文件. txt”需要进行加密压缩，我们在该文件上单击右键，弹出如图 7－5所示的快捷菜单，在快捷菜单中，我们选择【添加到压缩文件】命令，弹出如图 7－6 所示的对话框。

点击【设置密码】命令按钮，弹出如图 7－7 所示的“输入密码”对话框，在“输入密码”和“再次输入密码以确认”文本框中输入两次一致的密码，再点击【确定】按钮，就开始加密压缩。加密压缩以后的文件，在解压缩时需要输入密码才能正常解压缩。

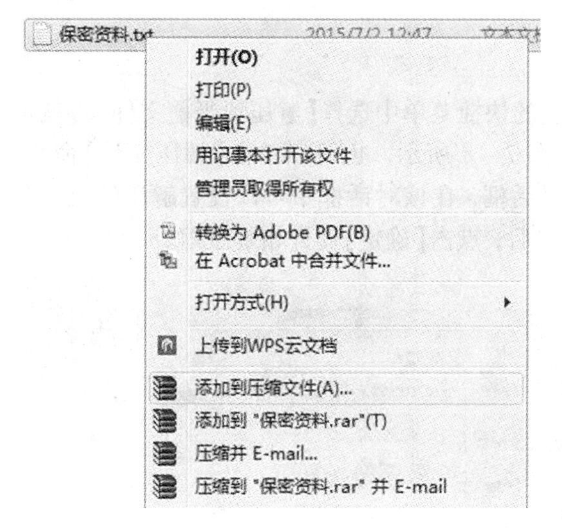

图7－5　压缩的快捷菜单

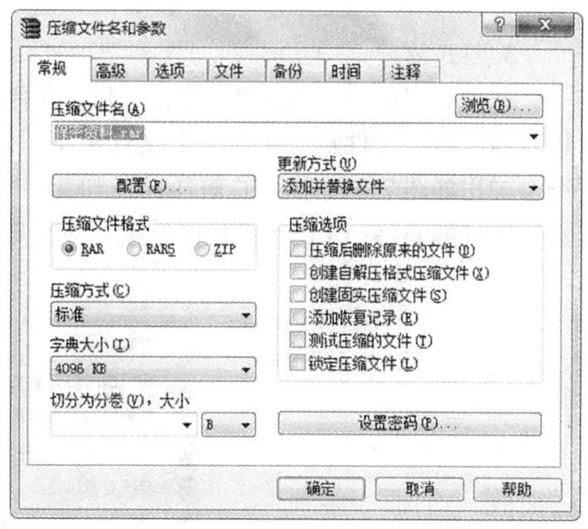

图7－6　“压缩文件名和参数”对话框

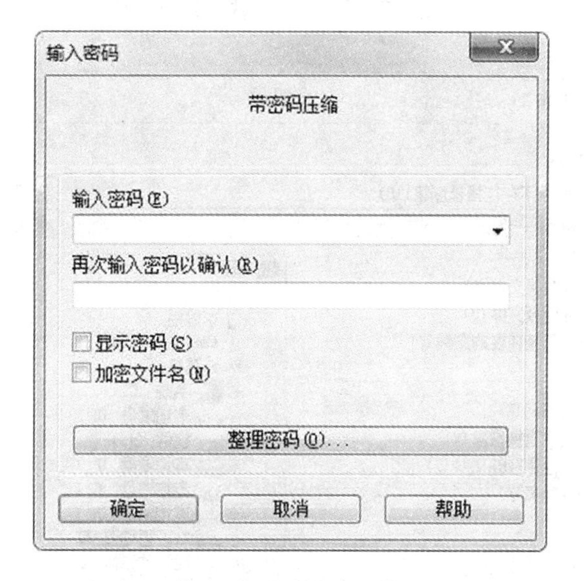

图7－7　带密码压缩的“输入密码”对话框

【小贴士】什么叫做暴力破解？暴力破解一般指的就是穷举法。穷举法是一种针对于密码的破译方法。这种方法很像数学上的“完全归纳法”并在密码破译方面得到了广泛的应用。简单来说就是将密码进行逐个推算直到找出真正的密码为止。比如一个四位并且全部由数字组成的密码共有10000种组合，也就是说最多我们尝试9999次就能找到真正的密码。利用这种方法我们可以运用计算机来进行逐个推算，也就是说用我们破解任何一个密码也都只是一个时间问题。因为暴力破解法理论上可以破解任何密码，所以我们所说的不可破解，是指在规定的、可以承受的时间内不可破解。比如说，有个密码非常复杂，当采用暴力破解法，即使使用最快的计算机也要运行1个月才能破解，那么我们就可以认为该加密方法是不可破解的。

3. 解压缩

选中要解压的压缩文件，单击右键，在弹出的快捷菜单中选择【解压到当前文件夹】就可以快速将压缩文件解压在同一个文件夹下，如图7－8所示。也可以单击【解压文件】命令，则会弹出如图7－9所示的“解压路径和选项“对话框，在该对话框中可以设置解压的目录和解压文件的名称，并还有其他的选项。设置好以后，点击【确定】便开始解压缩。

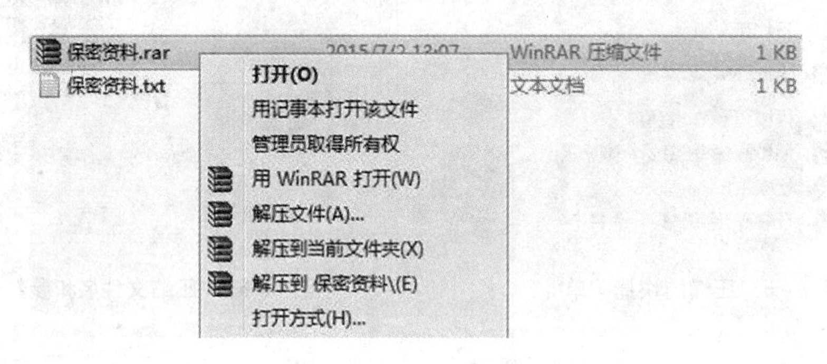

图7－8 解压的快捷菜单

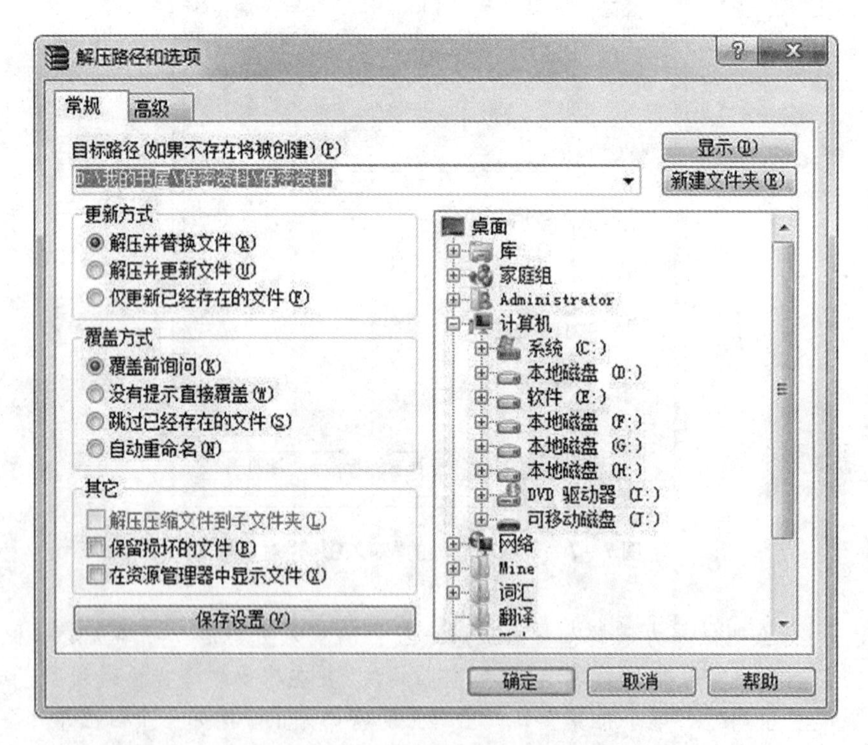

图7－9 “解压路径和选项”对话框

如果压缩文件是加密的，则选择解压命令以后，会弹出“输入密码”对话框，如图7－10所示。在此对话框中输入正确的密码才能继续，否则自动退出解压过程。

7.2 PDF阅读软件

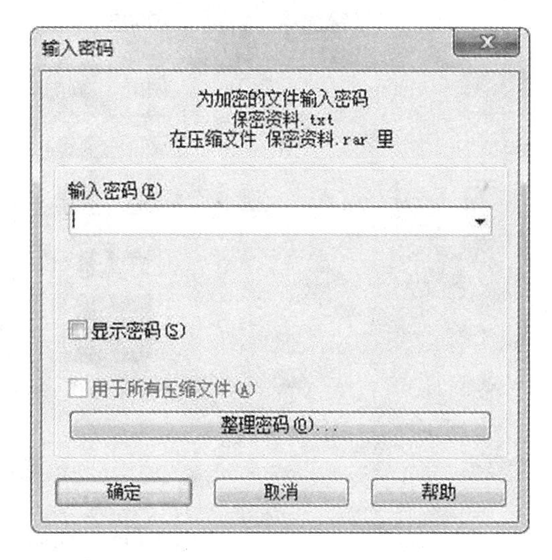

图7-10 解压时的"输入密码"对话框

PDF(portable document format的简称，意为"便携式文档格式")，是由Adobe Systems用于与应用程序、操作系统、硬件无关的方式进行文件交换所发展出的文件格式。PDF文件以PostScript语言图像模型为基础，无论在哪种打印机上都可保证精确的颜色和准确的打印效果，即PDF会真实地再现原稿的每一个字符、颜色以及图像。

可移植文档格式是一种电子文件格式。这种文件格式与操作系统平台无关，也就是说，PDF文件不管是在Windows，Unix还是在苹果公司的Mac OS操作系统中都是通用的。这一特点使它成为在Internet上进行电子文档发行和数字化信息传播的理想文档格式。越来越多的电子图书、产品说明、公司文告、网络资料、电子邮件都开始使用PDF格式文件。

Adobe公司设计PDF文件格式的目的是为了支持跨平台上的、多媒体集成的信息出版和发布，尤其是提供对网络信息发布的支持。为了达到此目的，PDF具有许多其他电子文档格式无法相比的优点。PDF文件格式可以将文字、字型、格式、颜色及独立于设备和分辨率的图形图像等封装在一个文件中。该格式文件还可以包含超文本链接、声音和动态影像等电子信息，支持特长文件，集成度和安全可靠性都较高。

对普通读者而言，用PDF制作的电子书具有纸版书的质感和阅读效果，可以逼真地展现原书的原貌，而显示大小可任意调节，给读者提供了个性化的阅读方式。

Adobe Reader(也被称为Acrobat Reader)是美国Adobe公司开发的一款优秀的PDF文件阅读软件。文档的撰写者可以向任何人分发自己制作(通过Adobe Acrobat制作)的PDF文档而不用担心被恶意篡改。下面将介绍Adobe Reader的有关知识。

7.2.1 Adobe Reader的下载与安装

Adobe Reader是一款免费软件，所以很容易在Internet上获得安装资源，我们在百度中输入"Adobe Reader"，就可以获得Adobe Reader XI最新官方版下载的链接，如图7-11所示。我们也可以到Adobe的官网去下载，其网址为http://www.adobe.com/cn/。

下载好安装文件后，双击安装文件就可以开始自动安装。安装过程可能会有几个选项，若不熟悉计算机软件配置，一律选择默认(推荐)就可以了。

7.2.2 Adobe Reader XI的使用

安装好Adobe Reader以后，Adobe Reader自动会成为PDF文件的默认打开工具，我们找到要查看的PDF文件，直接双击即可打开。如果电脑安装了多个可以打开PDF文件的软件，

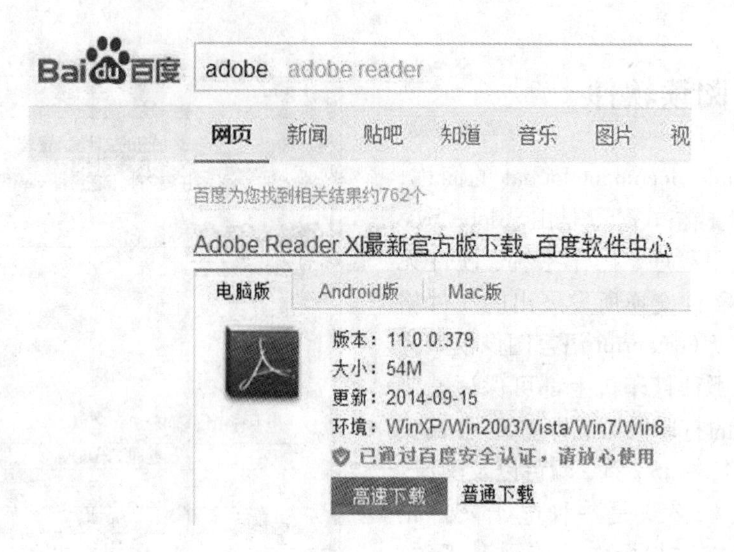

图 7 – 11 Adobe Reader 下载链接

则可以在 PDF 文件上单击右键，在弹出的快捷菜单中选择【使用 Adobe Reader XI】打开，如图 7 – 12 所示。

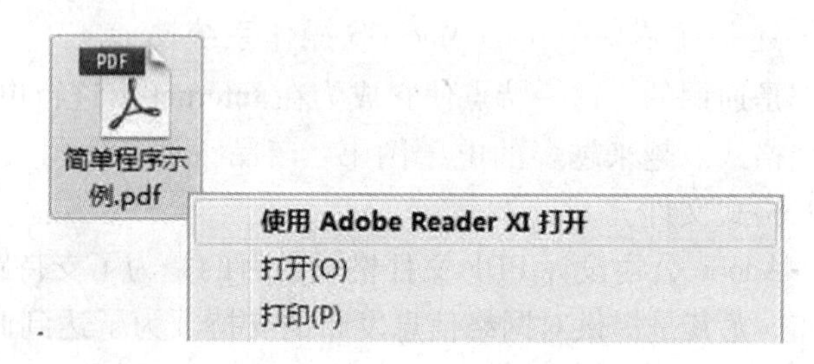

图 7 – 12 Adobe Reader 快捷菜单

打开 PDF 文档以后，出现如图 7 – 13所示的窗口。在该窗口中，我们可以查看、打印 PDF 文档，还能将 PDF 文档中我们感兴趣的内容提取复制出来，甚至还可以将整个 PDF 文档另存为一个文本文件，以达到提取其整篇文字的目的。

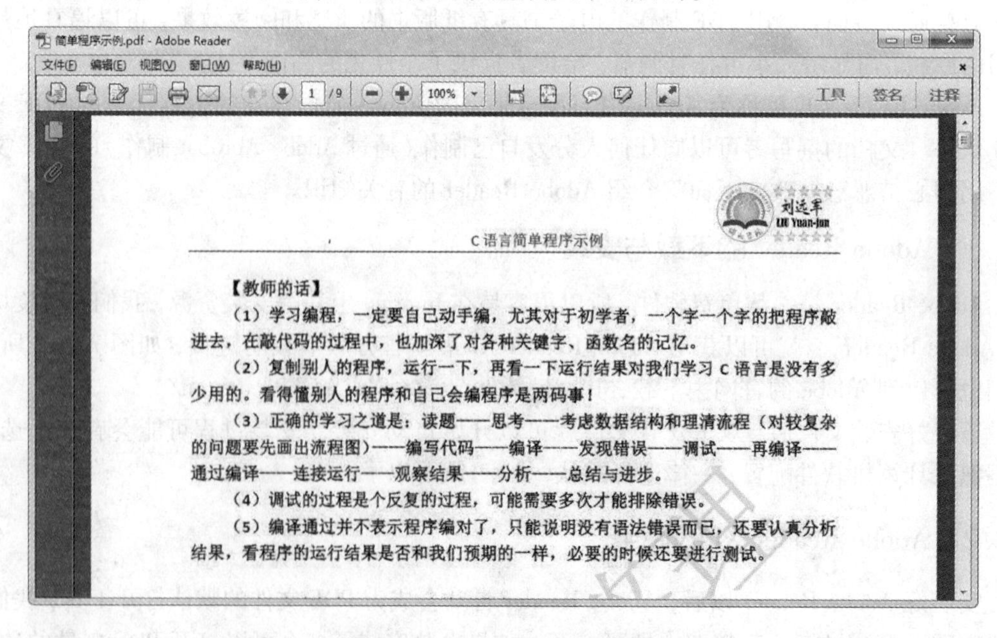

图 7 – 13 Adobe Reader 窗口

我们选定需要复制的文字，单击右键，在弹出的快捷菜单中选择【复制】就可以将所选文字复制出来，如图7-14所示。

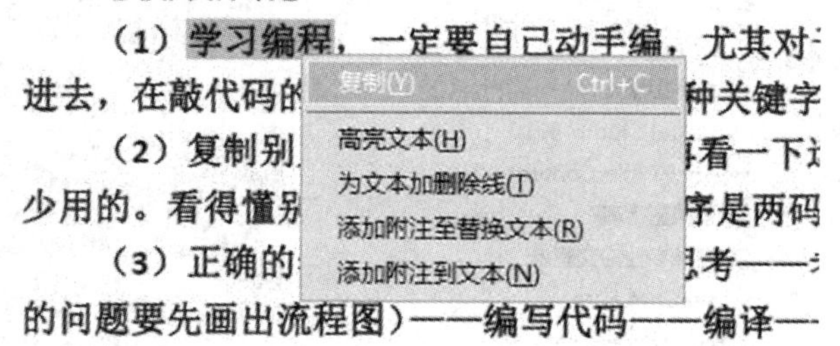

图7-14 复制文字

有时候需要把整篇PDF文档的文字都提取出来，这时可以点击【文件】—【另存为其它】—【文本】，如图7-15所示，即可弹出另存为对话框，在此对话框中选择保存位置，设置好文件名，点击【保存】命令即可将PDF文档存为txt文本文件，如图7-16所示。

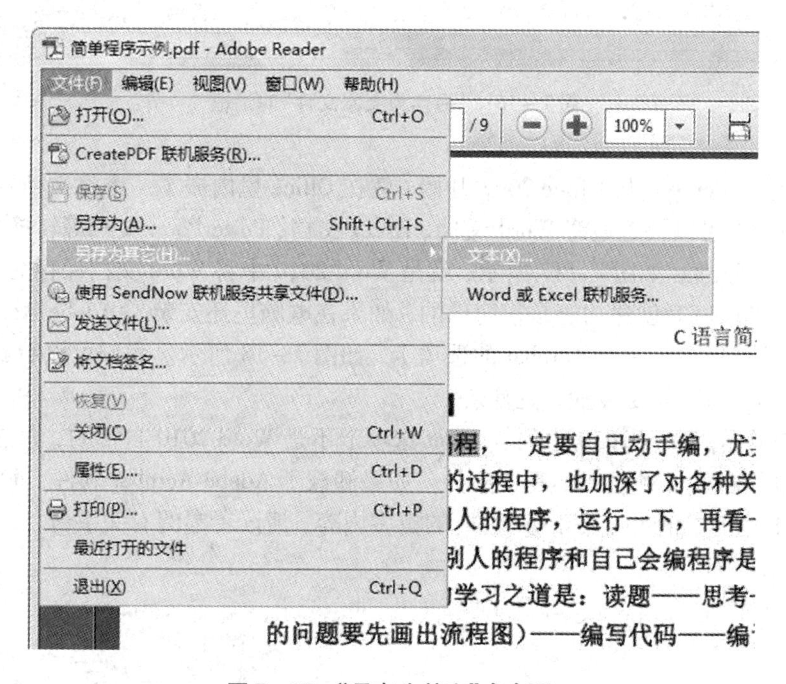

图7-15 “另存为其它”命令项

【小贴士】Adobe Reader XI只是一个PDF文本阅读软件，并不具备编辑的功能，如果想要对PDF文档里的内容进行编辑、加密，或者要把PDF文本转换成带格式的Word文档等，则要用到Adobe公司的另一个强大的PDF编辑软件：Adobe Acrobat。需要说明的是，和免费的Adobe Reader不同，Adobe Acrobat是收费软件，如有需要，可以到Adobe公司官网下载并购买该产品。

图 7－16 “另存为文本文件”对话框

【衍生阅读】Microsoft 从 Office 2007 开始，就在 Office 里内嵌了一个将文档发布为 PDF 的插件，利用该功能可以快速地将 Word 文档、Excel 文档、PowerPoint 文档等转换成 PDF 发布，以保持文档的一致性。如图 7－17 所示，就是 Word 2010 中将 Word 文档保存为 PDF 的命令。当然 Office 自带的 PDF 创建功能是很简单的，如果在电脑里还安装了 Adobe Acrobat，那么在 Office 软件的功能区会多一个 Acrobat 的选项卡，如图 7－18 所示。我们可以看到，在 Acrobat 选项卡中，选项更多，也更专业、更复杂。

需要说明的是，Word 2010 中的 Acrobat 选项卡不是 Word 2010 自带的，而是安装了 Adobe Acrobat 以后在 Word 中生成的一个插件。如果卸载了 Adobe Acrobat 软件，那么 Word 中的 Acrobat 选项卡也随之消失。关于 Acrobat 的更多内容，请读者参阅有关手册。

图 7－17　Word 2010 的"创建 Adobe PDF"命令

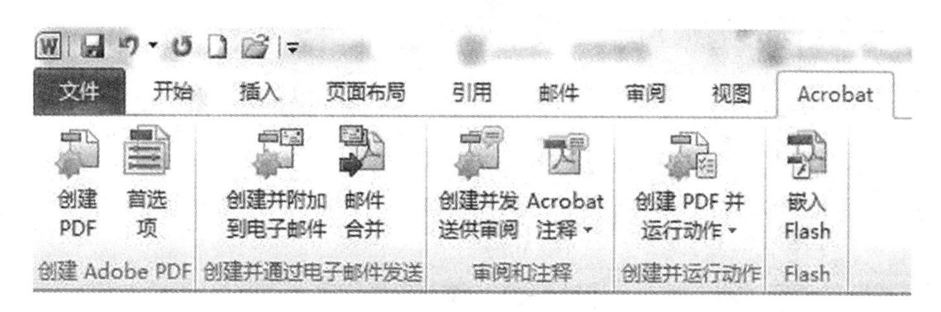

图 7－18　Word 2010 中的 Acrobat 选项卡

第 8 章

计算机网络基础及其应用

本章主要讲解计算机网络的概念、形成与发展，网络传输介质与网络设备，然后基于广域网基础知识，带领大家一同走进 Internet 广袤的世界，最后介绍了电子商务、电子政务基础。

通过本章的学习，可以掌握计算机网络的基本概念、形成与发展，掌握 Internet 基本理论，了解电子商务基础和电子政务基础。

8.1 计算机网络概述

8.1.1 计算机网络的概念及其形成发展

1. 计算机网络的概念

一群具有独立功能的计算机通过通信设备及传输媒介被互联起来，在通信软件的支持下，实现计算机间资源共享、信息交换或协同工作的系统，称之为计算机网络，如图 8－1 所示，连接在网络中的计算机、外部设备、通信控制设备等称为网络结点。

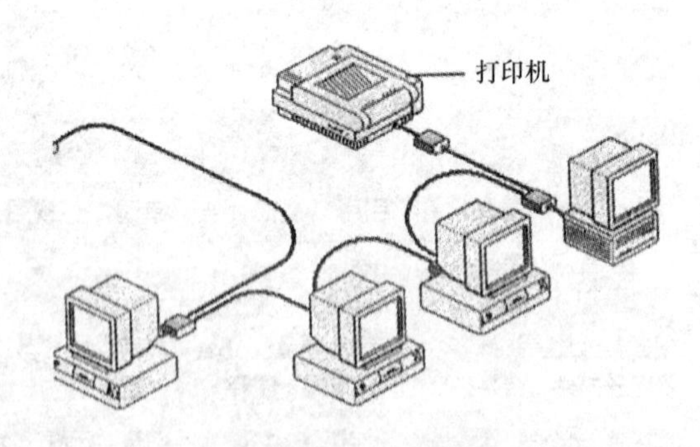

图 8－1 计算机网络

2. 计算机网络的发展史

计算机网络源于计算机与通信技术的结合，始于 20 世纪 50 年代，其发展主要经历了 4 个阶段。

(1)“主机—终端”网络

这一阶段可以追溯到 20 世纪 50 年代中期至 60 年代末期。1954 年，美国麻省理工学院林肯实验室为美国军方设计半自动地面防空系统(SAGE)将远距离的雷达和测控仪器所探测到的信息，通过线路汇集到某个基地的一台 IBM 计算机上进行集中的信息处理，再将处理好的数据通过通信线路送回到各自的终端设备(terminal)。

这种以单个主机为中心、面向终端设备的网络结构称为第一代计算机网络。第一代计算机网络系统中除主计算机(host)具有独立的数据处理能力外，系统中所连接的终端设备均无独立处理数据的能力，因此终端设备与中心计算机之间不提供相互的资源共享，网络功能以数据通信为主。

面向终端的计算机网络有如下缺点：

①主机负荷较重，既要承担通信工作，又要承担数据处理工作，主机的效率低。

②通信线路的利用率低，尤其在远距离时，分散的终端都要单独占用一条通信线路，费用贵。

(2)初期计算机网络阶段

这一阶段是从 20 世纪 60 年代末期至 70 年代中后期，美国出现了将若干台计算机互联起来的系统，这些计算机之间不但可以彼此通信，还可以实现与其他计算机之间的资源共享。如美国国防部高级研究计划署(advanced research project agency ，ARPA)于 1969 年将分散在不同地区的计算机组建成 ARPA 网，它也是 Internet 的最早发源地，最初的 ARPA 网只连接了 4 台计算机。ARPA 网在网络的概念、结构、实现和设计方面奠定了计算机网络的基础，它标志着计算机网络的发展进入了第二代。

第二代计算机网络是以分组交换网为中心的计算机网络。各用户之间通过交换机(通信控制处理机 CCP：communication control processor)连接，分组交换是一种存储—转发交换方式，它将到达交换机的数据先送到交换机存储器内暂时存储和处理，等到相应的输出电路有空闲时再送出。第二代计算机网络与第一代计算机网络的主要区别：

①网络中的通信双方都是具有自主处理能力的计算机，而不是终端到计算机。

②计算机网络功能以资源共享为主，而不是以数据通信为主。

(3)开放式的标准化计算机网络

这一阶段是从 20 世纪 70 年代后期至 90 年代初期，由于 ARPA 网的成功，不少公司推出了自己的网络体系结构。最著名的就是 IBM 公司的 SNA(systcm network architecture)和 DEC 公司的 DNA (digital network architecture)。同一体系结构的网络设备互联是非常容易的，但对不同体系结构的网络设备互联十分困难，因此，国际标准化组织(international standard organization，ISO)在 1977 年设立了一个分委员会，专门研究网络通信的体系结构，于 1983 年提出了著名的开放系统互联参考模型(open system interconnection basic reference model，OSI)，给网络的发展提供了一个可以遵循的规则，我们把开放式的标准化计算机网络称为第三代计算机网络。

(4)综合性智能化宽带高速网络

这一阶段是从 20 世纪 90 年代开始到现在，又称为 Internet 时代。1993 年，美国宣布了国家信息基础设施 NII(national information infrastructure)建设计划，其预期目标是提供采用光纤及宽带传输媒介和高于 3 GB/s 的传输速率的“信息高速公路”。高速局域网 FDDI、快速以太网得到广泛普及，多广域网如 DDN、帧中继、综合业务数字网 ISDN 快速发展，为网络互联及多媒体信息的传输提供了良好的条件，使得 Internet 迅速扩展和广泛应用，同时更高性能的 Internet 2 正在发展中，其最终目的是形成下一代 Internet 的技术与标准，Internet 2 在网络层运行的是 IPv4，同时支持 IPv6 业务。

8.1.2 计算机网络的功能与应用

1. 数据通信

数据通信是计算机网络最基本的功能，该功能使地理位置分散的企业单位和业务部分通过计算机网络连接在一起，进行集中控制和管理，也可以通过计算机网络传送电子邮件、发布新闻和进行电子数据交换，极大地提高了工作效率。

2. 资源共享

资源共享功能是组建计算机网络的目标之一，资源指的是网络中所有的软件、硬件和数据。共享指的是网络中的用户都能够部分或全部地使用这些资源。

3. 提高系统的可靠性和可用性

提高系统的可靠性是指在计算机网络系统中，应通过结构化和模块化分析、加工来将大的、复杂的任务分别交给几台计算机处理，使用多台计算机提供冗余，以使其可靠性大大提高。提高可用性是指当网络中的某台计算机负担过重时，网络可将新的任务转交给网络中空闲的计算机完成，这样均衡各台计算机的负载，提高了每台计算机的工作效率。

4. 综合信息服务功能

计算机网络支持文字、图像、声音、视频信息的采集、存储和处理。视频点播、网络游戏、网络学校、网上购物、网上电视直播、网上医院、电子商务正逐步走进大众的生活、学习和工作当中。

8.1.3 计算机网络的分类

计算机网络有多种分类，常见的分类方法包括按地理范围、按拓扑结构和按通信传播方式等。

1. 按地理范围分类

(1) 局域网

局域网(local area network, LAN)是在一个较小的范围(一个办公室、一幢楼、一家工厂等)内，利用通信线路将众多计算机(一般为微机)及外设连接起来，达到数据通信和资源共享目的的网络，也是因特网的重要组成部分，应用最广泛的局域网是以太网。

与广域网(wide area network, WAN)相比，局域网具有以下特点：

①较小的地域范围，仅用于办公室、机关、工厂、学校等内部联网，其范围没有严格的定义，但一般认为距离为 0.1 ~ 2.5 km。

②高传输速率，低误差率。传输局域网的传输速率为 10 ~ 100 MB/s，新型局域网的传输速率达到数百 MB/s 甚至更高局域网传输速率一般为 10^{-8} ~ 10^{-11} 之间。

③局域网通常由一个单位自行建立，由其内部控制管理和使用。局域网一般采用双绞线、光纤等建立单位内部专用线路，而广域网则较多租用公用线路，如公用电话线、DDN、ADSL 等。

(2) 城域网

城域网(metropolitan area network, MAN)是在一个城市范围内建立的计算机通信网，传输距离一般在 150 km 之内，传输媒介主要采用光缆，传输速率在 100 MB/s 以上。所有联网设备均通过专用连接装置与媒介相连，但对媒介访问控制在实现方法上与 LAN 不同。当前，城域网的一个重要用途是用作骨干网，通过它将位于同一城市内不同地点的主机、数据库，以及 LAN 等互相连接起来。

(3)广域网

广域网(wide area network，WAN)又称远程网。广域网一般是在不同城市之间的 LAN 或者 MAN 网络互联，地理范围通常为几十千米到几千千米，广域网的通信子网主要使用分组交换技术，由于广域网常常借用传统的公共传输网(如电话网)进行通信，这就使广域网的数据传输率比局域网系统慢，传输误码率也较高。随着新的光纤标准和能够提供更宽带宽、更快传输率的全球光纤通信网络的引入，广域网的速度也将大大提高。

互联网(Internet)又称为因特网，是一个基于 TCP/IP 协议的，由各种不同类型和规模的且能够独立运行和管理的计算机网络组成的世界范围的开放系统互联网络。

2. 按计算机网络的拓扑结构来分类

按计算机网络的拓扑结构来分类，把网络中的计算机等设备抽象为点，把网络中的通信媒体抽象为线，就形成了由点和线组成的几何图形，从而抽象出网络系统的具体结构，这种采用拓扑学方法描述各个节点机之间的连接方式称为网络的拓扑结构。网络的基本拓扑结构有总线结构、星状结构、环状结构、树状结构和网状结构，在实际构造网络时，大量的网络是这些基本拓扑形状的结合。

(1)总线拓扑结构

总线拓扑结构采用单根数据传输线作为通信介质，所有的节点都通过相应的硬件接口直接连接到通信介质，而且能被所有其他的节点接受，如图 8 -2 所示。

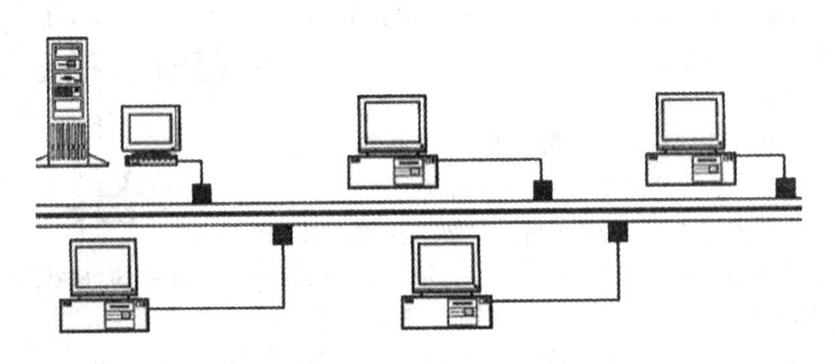

图 8 -2　总线拓扑结构

总线拓扑结构的优点是布线容易，电缆用量小。缺点是总线的传输距离有限，通信范围受到限制；故障诊断和隔离困难。以太网等常采用总线拓扑结构。

(2)星状拓扑结构

星状拓扑结构以一台计算机为中心，把若干外围的节点机连接而成，如图 8 -3 所示，整个网络由中心节点实现交换和控制功能。

星状拓扑结构的优点是结构简单，可靠性高。缺点是扩展困难、安装费用高。

【小贴士】目前，大部分高校机房的网络采用的就是星状拓扑结构。

(3)环状拓扑结构

环状拓扑结构是一个像环一样的闭合链路，在链路上有许多中继器和通过中继器连接到链路上的节点，单条环路只能进行单向通信，如图 8－4 所示。

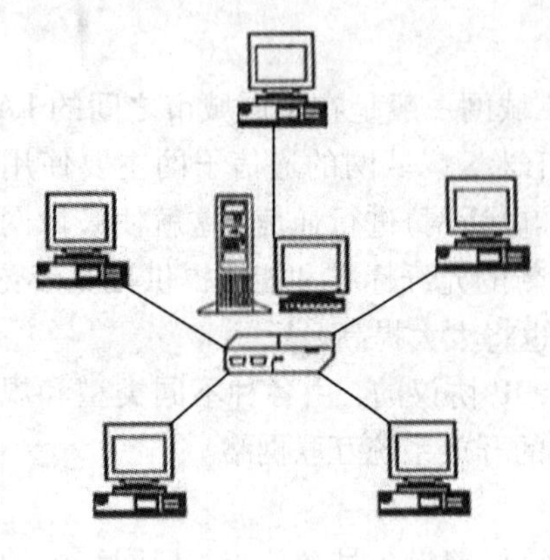

图 8－3　星状拓扑结构

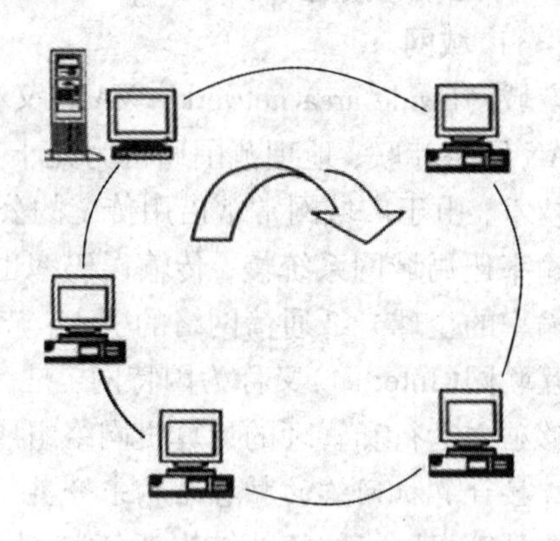

图 8－4　环状拓扑结构

环状拓扑结构的优点是电缆长度短，适用于光纤。缺点是可靠性差。由于环形网络独特的优势，它被广泛应用于分布式处理中。

(4)树状拓扑结构

树状拓扑结构是一种分级结构，节点按层次进行连接，如图 8－5 所示。在树状拓扑结构中，信息交换主要在上下节点之间进行，相邻或同层之间节点一般不进行数据交换。树状结构的优点是易于扩展，故障隔离容易。缺点是各个节点对根的依赖性太大。

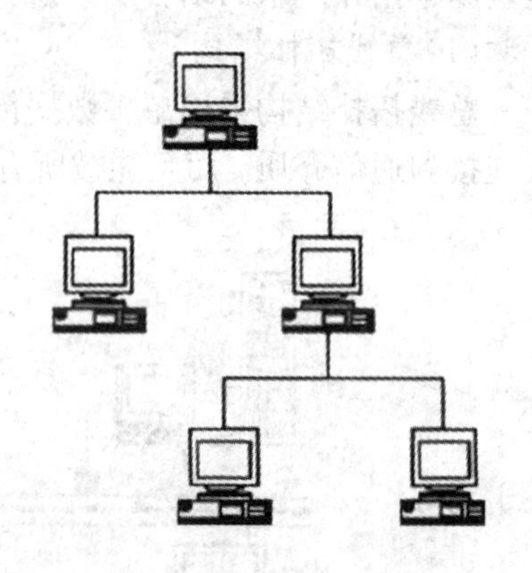

图 8－5　树状拓扑结构

(5)网状拓扑结构

网状拓扑结构的控制功能分散在网络的各个节点上，网上的每个节点都有几条路径与网络相联。

网状拓扑结构的优点是可靠性高，即使一条线路出故障，通过迂回线路，网络仍能正常工作，资源共享方便，网络响应时间短。缺点是由于节点与多个节点连接，故节点的路由选择和流量控制难度大，管理软件复杂；硬件成本高。

上述 5 种拓扑结构中，总线、星状和环状在局域网中应用较多，网状和树状结构在广域网中应用较多。

3. 按数据交换技术划分

(1)线路交换

使用线路交换(circuit switching)的通信方式，就是在数据传送开始之前，通信的双方先建立一条专用的通信线路，如电话系统；在线路释放以前，该通路将由通信的双方用户完全占有。线路交换方式的通信包括线路建立、数据传送和线路拆除三种状态。

线路交换最适合于较轻的和间歇式负载，对于两个节点间很重的和持续的负载来说，使用租用的线路交换最合算。局域网中广泛采用线路交换技术。

(2)报文交换

报文交换(message switching)中，通信的双方节点间不需要建立一条专用的通信线路。报文从源节点传送到目的节点采用存储转发的方式，在传送报文时，同时只占用一段通道。在交换节点中需要缓冲存储，这种方式不能满足实时通信的要求。

报文交换中报文采用存储转发，不能满足实时通信要求，局域网中不采用。

(3)分组交换

分组交换(packet switching)结合了线路交换和报文交换的优点。交换方式和报文交换方式类似，但报文被分组传送，并规定了最大的分组长度。在数据报分组交换中目的地需要重新组装报文。分组交换分为数据报和虚电路两种。分组交换技术是在数据通信网络中最广泛使用的一种交换技术。

当需要交换数据的量较大时，使用分组交换可提高线路利用率。现有的公共数据交换网都采用分组交换技术，X.25 协议就是由 CCITT 制定的分组交换协议。

4. 按网络的服务方式分类

(1)客户机/服务器模式

客户机/服务器模式(client/server, C/S)模式中，通过充分利用两端硬件环境的优势，将任务合理分配到客户端和服务器端来实现，降低了系统的通信开销。目前，流行的趋势是使客户端更瘦，服务器端更胖。

(2)浏览器/服务器模式

浏览器/服务器模式(browser/server, B/S)模式是随着因特网技术的发展而兴起的，对C/S 模式的一种变化或者改进的结构。在这种结构下，用户工作界面是通过 WWW 浏览器来展现的，极少部分事务逻辑在浏览器端实现，但是主要事务逻辑在服务器端实现。

(3)对等网

对等网(peer to peer)是指系统内每台计算机的“地位”是平等的，允许每台计算机共享其他计算机内部的信息资源和硬件资源。

8.1.4 计算机网络的体系结构

1. 网络协议组成

在计算机网络中，为了不同的计算机之间能正确传输信息，必须有一套关于信息传输顺序、信息格式和信息内容等的约定。这些规则、标准或约定称为网络协议。一个网络协议至少要包含三个要素：

①语法：数据与控制信息的结构或格式(即“怎么讲”)；

②语义：控制信息的含义，需要做出的动作及响应(即“讲什么”)；

③时序：规定了各种操作的执行顺序。

2. 网络系统的体系结构

由于网络协议包含的内容相当多，为了减少设计上的复杂性，近代计算机网络都采用分层的层次结构，把一个复杂的问题分解成若干个较简单又易于处理的问题，使之容易实现。在这种分层结构中，每层都是建筑在它的前一层的基础上，每层间有相应的通信协议，相邻层之间的通信约束称为接口。

计算机网络的各层和各层间的协议的集合统称为网络系统的体系结构。世界上著名的体系结构有 IBM 公司的 SNA，DEC 公司的 DNA，还有风行全球的 Internet 上使用的 TCP/IP。

由于标准化问题日益突出，国际标准化组织(ISO)制定了开放式系统互联模型，简称 OSI 七层参考模型，这是一个计算机互联的国际标准。所谓开放，就是指任何不同的计算机系统，只要遵循 OSI 标准，就可以和同样遵循这一标准的任何计算机系统通信，OSI 模型分为 7 层，如图 8-6 所示，各层功能如下：

(1)应用层

应用层是 OSI 的最高层，也是用户访问网络的接口层，是直接面向用户的。在 OSI 环境下，应用层为用户提供各种网络服务，例如，电子邮件、文件传输、远程登录等。

(2)表示层

表示层负责处理不同的数据表示上的差异及其相互转换，如 ASCII 码与 UNICODE 码之间的转换，不同格式文件的转换，不兼容终端的数据格式之间的转换以及数据加密、解密等。

(3)会话层

会话层负责建立、管理、拆除进程之间的通信连接，“进程”是指如电子邮件、文件传输等一次独立的程序执行。

(4)传输层

传输层提供端到端的通信，它从会话层接收数据，进行适当处理之后传送到网络层。在网络另一端的传输层从网络层接收对方传来的数据，进行逆向处理后提交给会话层。

(5)网络层

网络层负责提供连接和路由选择，包括处理输出报文分组的地址，解码输入报文分组的地址和维护路由信息，以及对网络变化做出适当的响应。

(6)数据链路层

数据链路层提供相邻网络结点间的可靠通信。传输以帧为单位的数据包，向网络层提供正确无误的信息包的发送和接收服务。

(7)物理层

物理层通过物理介质传送和接收原始的二进制位流。

模型中低三层归于通信子网范畴，高三层归于资源子网范畴，传输层起着衔接上三层和下三层的作用。图 8-6 中双向箭头线表示概念上的通信线路，空心箭头表示实际通信线路。

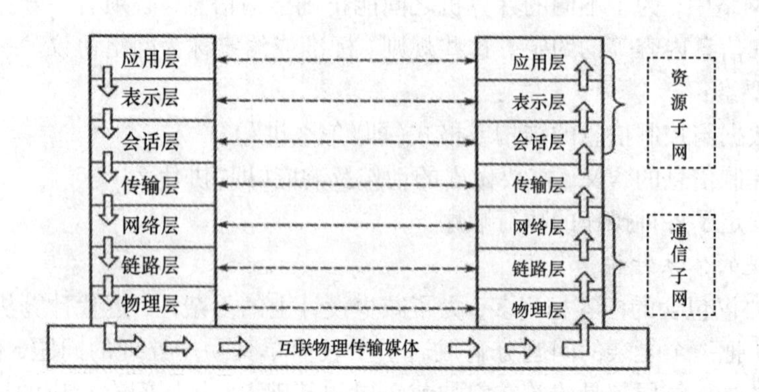

图 8-6 OSI 七层模型

3. TCP/IP 协议簇

在诸多网络互联协议中，TCP/IP(transmission control protocol/internet protocol，传输控制协议/网际协议)是一个使用非常普遍的网络互联标准协议。是美国国防部高级计划研究局(DARPA)为实现 ARPANET 互联网而开发的，是一组协议的代名词，包括了 TCP、IP、UDP、ICMP、RIP、FTP、ARP 等许多协议，它们共同组成了 TCP/IP 协议簇。目前，众多的网络产品厂家都支持 TCP/IP 协议，TCP/IP 已成为一个事实上的行业标准。

TCP/IP 协议和开放系统互联参考模型一样，是一个抽象的分层模型，是一个 4 层协议系统，包括应用层(application layer)、传输层(transport layer)、IP 层(也称网际层：internet layer)和网络接口层(network interface layer)，如图 8－7 所示。

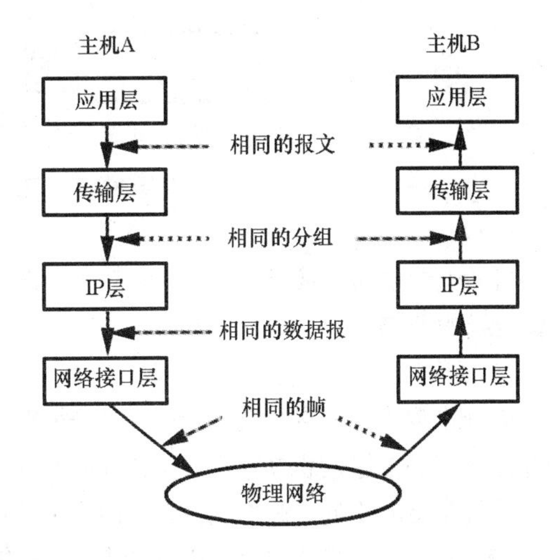

图 8－7　TCP/IP 协议分层模型

TCP/IP 协议具有如下特点：

①开放的协议标准，可以免费使用，并且独立于特定的计算机硬件与操作系统。

②独立于特定的网络硬件，可以运行在局域网、广域网中。

③统一的网络地址分配方案，使得网络中的每台主机在网络中都具有唯一的地址。

④标准化的高层协议(FTP\HTTP\SMTP 等)，可以提供多种可靠的用户服务。

8.2　传输介质与网络设备

8.2.1　传输介质

传输介质就是通信中实际传送信息的载体，在网络中是连接收发双方的物理通路。传输介质可分为有线介质和无线介质。有线介质上可传输模拟信号和数字信号，无线介质上大多传输数字信号。

1. 有线介质

目前常用的有线介质有双绞线电缆、同轴电缆、光缆等。

(1)双绞线

双绞线是两条相互绝缘的导线按一定距离绞合若干次，使外部的电磁干扰降到最低，以保护信息和数据。通常双绞线做成电缆形式，在外面套上护套，如图 8－8 所示。双绞线按特性可分为非屏蔽双绞线(UTP，又称为电话电缆)和屏蔽双绞线(STP)两种。根据国际电气(电信)工业协会 EIA/TIA 的定义，目前共有 6 类双绞线，其传输率为 4 ~ 1000 MB/s。第五类双绞线是目前最流行的双绞线，

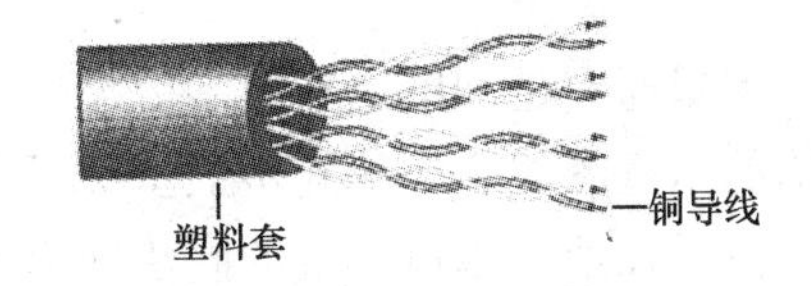

图 8－8　双绞线

主要用于实现基于以太网的局域网络，最大传输率为 100 MB/s。

双绞线的优点是组网方便，价格最便宜，应用广泛。缺点是传输距离小于 100 m。

(2)同轴电缆

同轴电缆的核心部分是一根导线，导线外有一层起绝缘作用的塑性材料，再包上一层金属网，用于屏蔽外界的干扰，最外面是起保护作用的塑性外套，同轴电缆的结构示意如图 8-9所示。

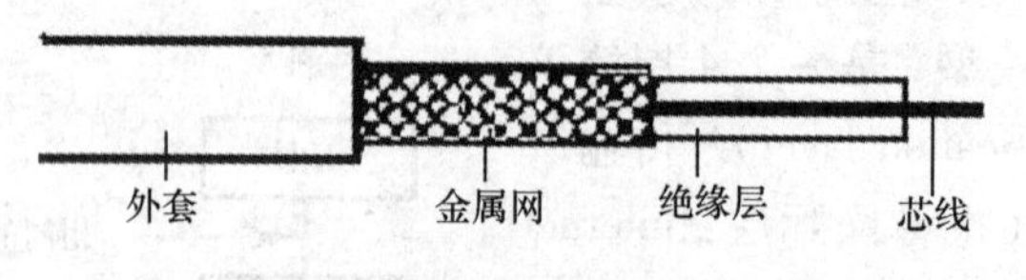

图 8-9 同轴电缆结构示意图

同轴电缆的抗电磁干扰特性强于双绞线，传输速率与双绞线类似，但它的价格高，几乎是双绞线的两倍。

(3)光缆

光缆的芯线由光导纤维做成，它传输光脉冲数字信号而不是电脉冲数字信号。包围芯线外围的是一层很厚的保护镀层，以便反射光脉冲使之继续往下传输。

根据性能的不同，光纤有单模光纤和多模光纤之分。光纤可防止传输过程中被分接偷听，也杜绝了辐射波的窃听，因而是最安全的传输媒体。

2. 无线介质

无线传输指在空间中采用无线频段、红外线、激光等进行传输。无线传输不受固定位置的限止，可以全方位实现三维立体通信和移动通信。

在电磁波频谱中，不同频率的电磁波可以分为无线电波、微波、红外、可见光、紫外线、X 射线与 N 射线等。目前，可用于通信的有无线电波、微波、红外、可见光。计算机网络系统中的无线通信主要指微波通信，微波通信分地面微波通信和卫星微波通信两种形式，对应的信号频率在 100 MHz ~ 10 GHz 之间。

(1)微波通信

微波通信就是利用地面微波进行通信。由于微波在空间是直线传播，而地球表面是个曲面，因此其传播距离受到限制，一般只有 50 km 左右。为实现远距离通信，需要建立微波中继站进行接力通信，图 8-10 所示为微波通信示意和通信中采用的几种天线。

微波线路的成本比同轴电缆和光缆低，但误码率比同轴电缆和光缆高，安全性不高，只要拥有合适无线接收设备的人就可窃取别人的通信数据；此外，大气对微波信号的吸收与反射影响较大。

(2)卫星通信

卫星通信是利用地球同步卫星作为微波中继站，实现远距离通信，图 8-11 所示为卫星通信的示意图。当地球同步卫星位于 36000 km 高空时，其发射角可以覆盖地球上 1/3 的区域。只要在地球赤道上空的同步轨道上等距离地放置三颗间隔 120°的卫星，就能实现全球的通信。

图 8－10　微波通信示意图　　　　图 8－11　卫星通信

1990 年 Motorola 公司提出铱计划，按铱原子结构发射 77 颗低轨道（高度 750 km）卫星来进行全球的个人通信服务（personal communications services，PCS）。后来修订的计划将卫星的数目减少到 66 颗。卫星轨道平面通过南北极，每个轨道上有 11 颗卫星，共 6 个这样的轨道。每颗卫星提供 48 个波束，这样可在地球上产生 1628 个覆盖小区，因而可基本覆盖整个世界。

（3）无线电波和红外通信

随着掌上型计算机和笔记本计算机的迅速发展，人们对可移动的无线数字网的需求日益增加。无线数字网类似于蜂窝电话网，人们可随时将计算机接入网内，组成无线局域网。无线局域网的结构分为点到点和主从式两种标准。点到点结构用于连接便携式计算机和 PC 机，主从式结构中的所有工作站都直接与中心天线或访问结点连接。无线局域网通常采用无线电波和红外线作为传输介质。采用无线电波的通信，速率可达 10 MB/s，传输范围为 50 km。

从网络逻辑功能角度来看，可以将计算机网络分成通信子网和资源子网两部分，如图 8－12所示。

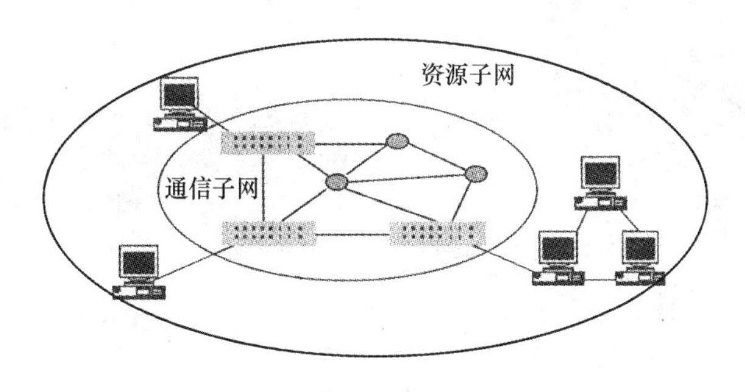

图 8－12　通信子网和资源子网

网络系统以通信子网为中心，通信子网处于网络的内层，由网络中的通信控制处理机、其他通信设备、通信线路和只用作信息交换的计算机组成，负责完成网络数据传输、转发等通信处理任务。

资源子网处于网络的外围，由主机系统、终端、终端控制器、外设、各种软件资源组成，负责全网的数据处理业务，向网络用户提供各种网络资源和网络服务。

8.2.2 网络的主体设备

计算机网中的主体设备称为主机(host)，一般可分为中心站(又称为服务器)和工作站(客户机)两类。

服务器是为网络提供共享资源的基本设备，在其上运行网络操作系统，是网络控制的核心。按功能分为文件服务器、域名服务器、打印服务器、通信服务器和数据库服务器等。

工作站是网络用户入网操作的结点，可以有自己的操作系统，用户可以通过运行工作站上的网络软件共享网络上的公共资源。在工作站上工作的客户机一般的配置要求不是很高，大多采用个人微机。

8.2.3 网络的连接设备

1. 网络适配器

网络适配器又称为网卡(network interface card, NIC)，网卡上的逻辑电路实现通信信息格式的形成，收发时拆包和打包，实现通信规程和错误管理、拓扑结构的形成等。

网卡通常插入主机的主板扩展槽中，网卡通过总线与计算机设备接口相连，另一方面又通过网卡接口与网络传输媒介相连。常见的网卡接口有 BNC 接口和 RJ－45 接口等。BNC 接口通过同轴电缆直接与其他计算机连接，RJ－45 接口使用双绞线连接集线器，再通过集线器与其他计算机连接。

目前，在 PC 机中主要使用 PCI 总线结构的网卡，PCI 网卡以 32 位传送数据，传输速率可达到 100 MB/s。如图 8－13 所示为 ETHERIJNK_A 型网卡，其接口为 RJ－45。

图 8－13 网卡

图 8－14 集线器

2. 集线器

集线器(Hub)是网络传输媒介的中间结点，具有信号再生转发功能，图 8－14 所示为集线器外观。一个 Hub 上往往有 8 个、16 个或更多的端口，可使多个用户机通过网线与网络设备相连。Hub 上的端口彼此相互独立，不会因某一端口的故障影响其他用户。

3. 网络互联设备

延伸一个局域网或两个网络的互联需要中继器、网桥、路由器、交换机或网关等连接设备。

(1)中继器

中继器用于连接拓扑结构相同的两个局域网或延伸一个局域网。这种设备较为简单，所起的作用只是信号的放大和再生，它是在OSI模型的物理层上实现互联。经过中继器，能把有效的连接距离扩大一倍。图8－15所示为中继器设备外观图及用中继器连接两段线缆的示意。

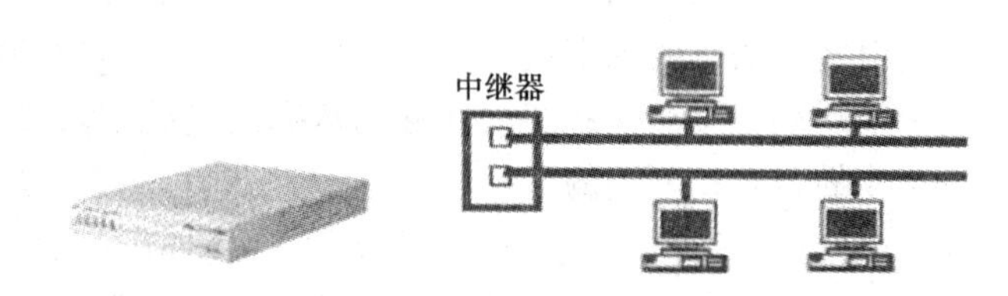

图8－15　中继器示意图

(2)网桥

网桥是在OSI模型的数据链路层上实现互联的设备。网桥也执行中继功能，但它与中继器的不同之处在于它能够解析它收发的数据，并决定是否向网络的其他段转发。如果网络的负荷很重，可以用网桥把一个网络分割成两个网络。如果数据包的目标地址与发送数据的计算机源地址位于同一段，网桥不会将数据包发送到网桥的另一侧，这就可以降低整个网络的通信负荷，这样的功能叫做帧过滤。

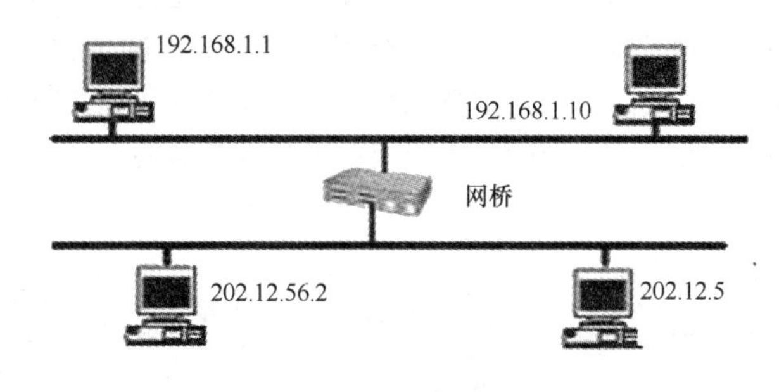

图8－16　两个局域网通过网桥互联的结构示意

网桥也可以用来互联不同物理介质的网络。例如，使用网桥一端连接光缆，另一端连接同轴电缆。而中继器只能用于互联结构相同的网段。

(3)路由器

路由器是一种连接多个网络或网段的网络设备。它在OSI模型的网络层上实现互联，比网桥具有更强的互联功能。

路由器为经过该设备的每个数据帧寻找一条最佳传输路径，并将该数据有效地转发到目的站点。转发策略称为路由选择(routing)，这也是路由器(Router)名称的由来。

一般说来，异种网络互联与多个子网互联都需要用路由器来实现。现在的路由器都是可以转换各种现存协议的多协议路由器，是网络中重要的设备之一，如图8－17所示。

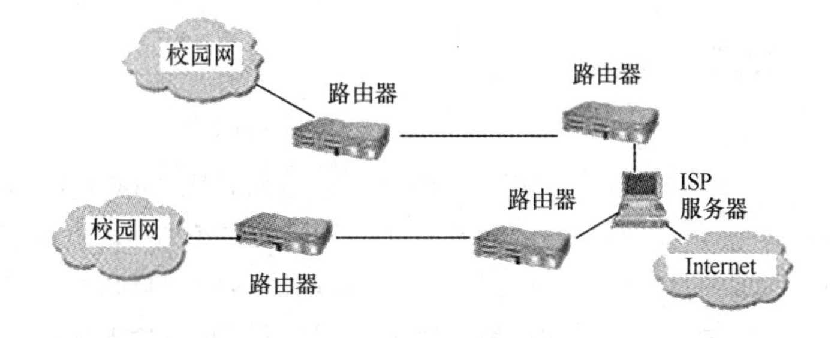

图8－17　路由器连接多个子网的示意图

(4)交换机

交换机是目前最热门的网络设备。交换机取代了集线器和网桥，增强了路由选择功能。交换和路由之间的主要区别就是交换发生在OSI参考模型的数据链路层，而路由发生在网络层。这一区别决定了交换和路由在移动数据的过程中需要使用不同的控制信息，所以两者实现各自功能的方式是不同的。

利用交换机可以很方便地实现虚拟局域网(virtual LAN)。所谓虚拟局域网，只是给用户提供的一种服务，而不是一种新型的局域网。它通过设置用户群将分布在不同实际局域网内的计算机组合成一个工作群体，而不需要改变布线。

(5)网关

网关是软件和硬件的结合产品，用于连接使用不同通信协议或结构的网络，使文件可以在这些网络之间传输。网关除传输信息外，还将这些信息转化为接收网络所用协议认可的形式。网关的连接操作是在OSI模型的七层协议的传输层以上，它是最复杂的网络互联设备，可以说网关是一个智能超群的路由器，是一个智能超群的网桥，是一个智能超群的中继器。图8-18所示为使用网关无线连接ISP服务器的示意。

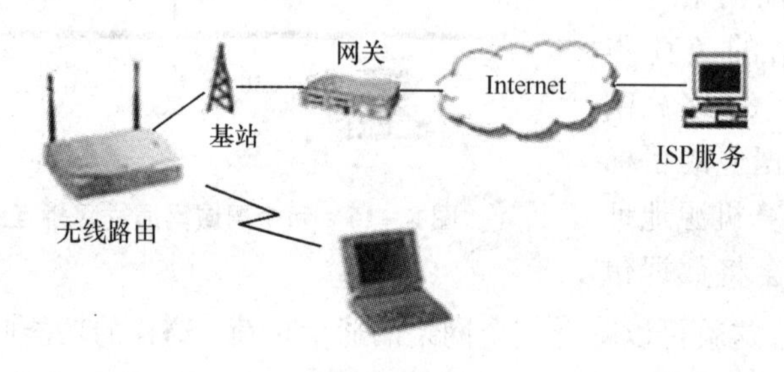

图8-18 网关

4. 网络软件系统

网络软件是实现网络功能不可或缺的软件环境，主要包括协议软件，如TCP/IP、通信软件和网络操作系统，目前较常见的网络操作系统主要包括Unix、Novell公司的NetWare和Microsoft公司的Windows NT Server、Windows 2000、Windows 2003 server、Windows 2008 server，还有目前发展势头强劲的Linux等。

8.3 Internet概述

8.3.1 Internet的起源与现状

1. Internet的发展历程

Internet是目前世界上最大的计算机互联网络，它最初是由美国国防部高级研究计划署(Advanced Research Projects Agency)于1969年资助建成的ARPANET。最初的ARPANET只连接了美国西部4所大学的计算机，使用分散在广域地区内的计算机来构成网络。1972年，有50余所大学和研究所参与了网络的连接，当时ARPANET的一个主要目标是研究用于军事目的的分布式计算机系统。

1982年，ARPANET与MILNET合并，组成了Internet雏形。作为早期的主干网，它较好地解决了异种机网络互联的一些理论与技术问题，产生了资源共享、分布控制、分组交换、使用单独的通信协议和网络通信协议分层等思想。

1985年，美国国家科学基金会(NSF, National Science Foundation)提供巨资，建立全美五大超级计算机中心，并且建立了基于TCP/IP的NSFNET，让全国的科学和工程技术人员共享超级计算机所提供的巨大计算能力。NSFNET是将全国划分为若干个计算机区域网，通过路由器把区域网上的计算机与该地区的超级计算机相连，最后再将各超级计算机中心互联。在主通信节点上采用高速数据专线，构成NSFNET主干网。这样，一个用户，只要他的计算机已与某一区域网联网，他就可以使用任一超级计算机中心的资源。由于NSFNET的成功，1986年由NSFNET取代ARPANET成为今天的Internet的基础。

20世纪80年代，随着PC联网能力的提高，大量的PC联成了众多局域网，局域网又陆续连入Internet，这样就使众多的PC用户也具有了访问Internet的能力。目前，连接到Internet上的网络超过百万，主机超过亿台，用户达数亿，遍及近180个国家和地区。

2. 谁掌管Internet

从Internet的发展历程可以看到，它由数以万计的子网自愿互联而成，因此，没有任何机构和政府完全拥有Internet。不过，为了促进全球信息交流，监督和管理Internet标准的建立、发布和更新，由相关的社会团体、政府机构、企业、个人等自愿组织成立了一个Internet学会(ISOC)。ISOC(网址为http://www.isoc.org)每年都召开一次年会，来自世界各国各地区的专家们聚集一堂，共商Internet发展大计。同时，每个连入Internet的网络一般都建立有自己的网络运行中心(NOC)和网络信息中心(NIC)，来保证各自网络的正常运行，建立和维护网上的信息资源。Internet总的NOC和NIC设在美国，称为Internet NOC和Internet NIC(网址为http://www.internic.net)，亚太地区网络信息中心APNIC总部设在日本东京大学(网址为http://www.apnic.net)。

1997年6月4日，中国互联网络中心CNNIC在北京正式宣告成立，并发布了《中国互联网络域名注册暂行管理办法》。国务院信息化工作领导小组授权中国科学院计算机网络信息中心运行及管理“中国互联网络信息中心”(http://www.cnnic.net.cn)，授权中国教育和科研计算机网络中心运行及管理中国互联网二级域名EDU。CNNIC是非盈利的管理和服务性机构，其宗旨是为我国互联网络用户服务，促进我国互联网络健康、有序地发展，CNNIC在业务上受国务院信息产业部领导。

8.3.2 Internet在我国的发展与现状

作为认识世界的一种方式，我国目前在接入Internet基础设施上已进行了大规模的投资，如中国公用分组交换数据网CHINAPAC和中国公用数字数据网CHINADDN。覆盖全国范围的数据通信网络已初具规模，为Internet在我国普及打下了良好的基础。

Internet在中国的发展可分为两个阶段：

第一阶段，1987—1993年，我国的一些科研部门开展和Internet联网的科学研究和技术合作，通过拨号(X.25协议)实现了电子邮件转发系统的连接，并在小范围内为国内单位提供Internet电子邮件服务(即E-mail功能)。

第二阶段，1994年开始，实现了和Internet的TCP/IP连接，从而开通了Internet的全功能服务。

1. 中国公用计算机互联网(CHINANET)

CHINANET是美国Internet网络在中国的延伸。原中国邮电部与美国Sprint Link公司在1994年签署Internet互联协议，开始在北京、上海两个电信局进行Internet网络互联工程。目前，CHINANET在北京、上海分别有两条专线，作为国际出口，其骨干网覆盖全国各省市、自治区，包括8个地区网络中心和31个省市网络分中心。

2. 中国国家计算机与网络设施(NCFC)

NCFC(The National Computing and Networking Facility of China)是由世界银行贷款"重点学科发展项目"中的一个高技术信息基础设施项目。NCFC网络分为两层：低层为中国科学院、北京大学、清华大学3个单位的校园网，高层为连接国内其他科研与教育单位的校园网及接入Internet的NCFC主干网。NCFC首先完成了中国科学院网，亦称中国科技网(CASNET)，1995年完成了全国"百所联网"，可以提供全方位的Internet功能。其网址为http://www.chc.ae.cn/casnet。

3. 中国教育和科研计算机网(CERNET)

1994年，由国家计委、国家教委出资的中国教育和科研计算机网络——CERNET(China Education and Research Network)开始启动，该项目的目标是建设一个全国性的教育科研基础设施，把全国大部分高校连接起来，实现资源共享。CERNET已建成由全国主干网、地区网和校园网在内的3级层次结构网络，地区网络中心分别设在：

北京(http://www.cernet.edu.cn)；广州(http://www.genet.edu.cn)；

上海(http://www.shnet.edu.cn)；武汉(http//www.whnet.edu.cn)；

南京(http://www.ninet.edu.cn)；成都(http://www.cdnet.edu.cn)；

西安(http://www.xanet.edu.cn)；沈阳(http://www.synet.edu.cn)。

这些地区的网络中心作为主干网的节点负责该地区的校园网的接入，所有主干网节点之间都采用DDN专线实现连接，CERNET建立3条国际专线和Internet相连。目前，全国已有几百所高等院校实现了CERNET联网，CERNET的潜在服务对象是全国1000多所高校和4万所中学的2.5亿名师生。

4. 中国国家公用经济信息通信网(CHINAGBNET)

国家公用经济信息通信网CHINAGBNET(China golden bridge net)即金桥信息网，自1993年开始建设，至今已建成了金桥网控制中心和首批网络分中心，在全国24个省市联网开通。中国金桥信息网是建立金桥工程的业务网，是国家认定四大互联网络之一，也是两个可在全国范围提供Internet商业服务的网络之一(另一个是CHINANET)。

除了四大互联网之外，中国科学院高能物理研究所的IHEP网和北京化工大学的BUJT网都各自建立了国际专线，经日本连入Internet，其中，中国科学院高能物理研究所是我国首家连入Internet的单位，1994年实现了TCP/IP，完成了Internet的全功能连接。

关于我国Internet的最新统计数据，请浏览http://www.cnnic.cn网页中的"中国Internet发展状况统计报告"。

8.4 IP 地址和域名系统

8.4.1 IP 地址

无论是从使用 Internet 的角度还是从运行 Internet 的角度看，IP 地址和域名都是十分重要的概念，当与 Internet 上其他用户进行通信时，或者寻找 Internet 的各种资源时，都会用到 IP 地址或者域名。IP 地址是 Internet 主机的一种数字型标识，它由两部分构成，一部分是网络标识(netid)，另一部分是主机标识(hostid)，如图 8-19 所示。

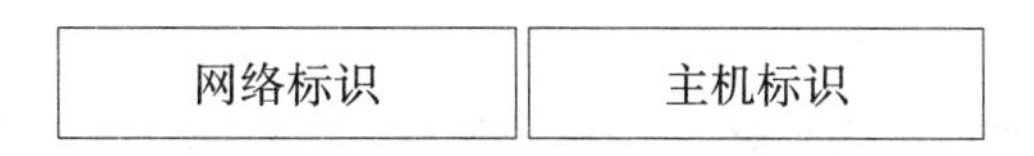

图 8-19　IP 地址组成

目前所使用的 IP 版本规定：IP 地址的长度为 32 位。Internet 的网络地址可分为 5 类(A 类至 E 类)，如图 8-20 所示，其中 A、B、C 三类由各国互联网信息中心在全球范围内统一分配，D、E 两类为特殊地址。每一类网络中 IP 地址的结构即网络标识长度和主机标识长度都有所不同。

图 8-20　A、B、C 类 IP 地址格式

1. A 类

凡是以 0 开始的 IP 地址均属于 A 类网络。A 类地址用第 1 个字节表示网络类型和网络标识号，后 3 个字节标识主机标识号。其中第 1 个字节的高 1 位设为 0，其余 7 个位标识网络地址，最多可提供 126(2^7-2)个网络标识号，3 个字节标识主机，每个网络最多可提供大约 1678 万($2^{24}-2$)个主机地址。国家级网络和大型的组织用 A 类地址，现 A 类地址早已分配完。网络标识号全为 1 用作循环测试，不能作其他用途，全为 0 代表本网络；主机地址全为 0 代表一个网络或子网，全为 1 代表一个网络或子网的广播地址。因此，主机地址中全为 0 或 1 的地址不可用。

2. B 类

凡是以 10 开始的 IP 地址都属于 B 类网络。B 类地址用前两个字节表示网络类型和网络标识号，后两个字节标识主机标识号。其中第 1 个字节的两个最高位设为 10，其余 6 位和第 2 个字节标识网络地址，最多可提供 16382($2^{14}-2$)个网络标识号，2 个字节标识主机，每个网络最多可提供 65534($2^{16}-2$)个主机地址。B 类地址适用于主机数量较大的中型网络。

3. C 类

凡是以 110 开始的 IP 地址都属于 C 类网络。C 类地址用前 3 个字节表示网络类型和网络标识号，后1个字节标识主机标识号。其中第1个字节的3个最高位设为110，其余5位和后面2个字节标识网络地址，最多可提供约200万($2^{21}-2$)个网络标识号，每个网络最多可提供254(2^8-2)个主机地址。C类地址适用于小型网络，如公司、院校等。

4. 特殊的IP地址(D、E类)

D类为组播地址，E类为地址预留。

由于二进制不容易记忆，通常用4组等效十进制数表示，中间用小数点分开，每组十进制数代表8位二进制数，其范围为0～255，但是0和255这两个地址在Internet有特殊用途(用于广播)，因此，实际上每组数字可以真正使用的范围为1～254。例如，某公司主机的IP地址可表示为：212.7.13.168。相对于二进制形式，这种表示要直观得多，便于阅读和理解。

8.4.2 域名系统

由于数字形式的IP地址难以记忆和理解，为此，Internet引入了一种字符型的主机命名机制——域名系统，用来表示主机的地址。DNS包括3个组成部分：域名空间、域名服务器、解析程序。

TCP/IP采用分层次结构方法命名域名。这种命名方法的优点是将结构加入到名字的命名中间。将名字分成若干层次，每个层次只管理自己的内容。此外，每一层又分成若干层次，这样一层一层分开，使整个域名空间成为一个倒立的分层树型结构。

域名的结构由若干个分量组成，各分量之间用点“.”隔开，即——三级域名.二级域名.顶级域名。各分量分别代表不同级别的域名。每一级域名都由英文字母和数字组成(不超过63个字符，且不区分字母大小写)，级别最低的域名写在最左边，级别最高的顶级域名则写在最右边。域名只是逻辑概念，并不反映主机所在的物理地点。如图8－21所示是Internet域名空间的结构，它是一个倒过来的树，树根在最上面而没有名称。树根下面一级的节点就是最高一级的顶级域节点，在顶级域节点的下面是二级域节点，最下面的叶子节点是主机名称。

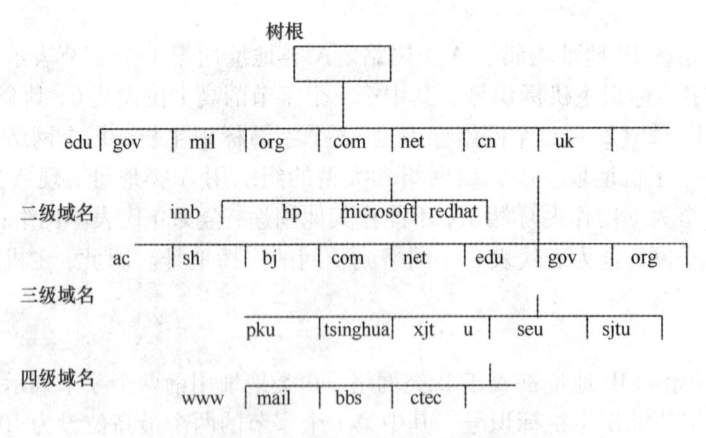

图8－21 Internet的域名空间

根据Internet国际特别委员会IAHC的最新报告，将顶级域定义为两类：机构域和地理域。以com、edu等结尾的域名为机构性域名，大多数的域名都为美国、北美或与美国有关的机构。在地理性域名中，则根据地理位置来命名主机所在的区域，常用的国家/地区顶级地理域名见表 8－1。

表 8－1　常用的国家/地区顶级地理域名

国家或地区	代码	国家或地区	代码
中国	cn	德国	ge
中国香港地区	hk	意大利	it
日本	jp	英国	uk
韩国	kr	加拿大	ca
印度	in	澳大利亚	au
新加坡	sg	法国	fr

中国互联网络的二级域名也分为地理性域名和机构性域名两大类。地理性域名使用 4 个直辖市和各省、自治区的名称缩写表示，如 bj(北京)。机构性域名表示各单位的机构共 6 个见表 8－2。

表 8－2　机构性域名

二级域名	表示机构
ac	科研院及科技管理部门
gov	国家政府部门
org	各社会团体及民间非盈利组织
net	互联网络、接入网络的信息和运行中心
com	工、商和金融等企业
edu	教育单位

8.5　Internet 接入

Internet 接入是指用户采用什么设备、采用什么通信网络或者线路接入 Internet。下面介绍几种常用的接入方式。

8.5.1　使用调制解调器入网

家庭用户上网最常用的接入方式是通过使用调制解调器(Modem)，经过电话线与 Internet 服务提供商(ISP)相连接，如图 8－22 所示。现在常用的 Modem 的最大传输速率为 56 kB/s，但是在实际使用中由于受线路的影响，实际传输速率为 40 kB/s 左右。

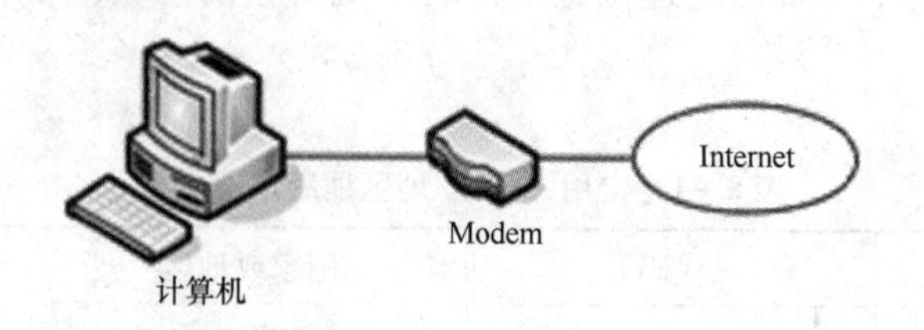

图 8-22　调制解调器入网方式

8.5.2　通过 ISDN 或 ADSL 专线入网

ISDN(integrated service digital network，综合业务数字网)是通过对电话网进行数字化改造，可将电话、传真、数字通信等业务全部通过数字化的方式传输的网络。ISDN 具有连接速率较高、通信费用低(与电话通信费用差不多)、同时支持多种业务(如上网的同时还可以打电话)等优点，国外采用这种方式接入 Internet 非常广泛。通过 ISDN 接入 Internet 的速率可达 128 kB/s。

ADSL(asymmetric digital subscriber line，非对称数字用户线)是 20 世纪末开始出现的宽带接入技术，目前已经获得广泛应用。ADSL 在概念上类似于拨号接入，也是运行在现存的双绞线电话线上，但是采用了一种新的调制解调技术，使得下行速率可以达到 8 MB/s(从 ISP 到用户)，其上行速率接近 1 MB/s。此外，和 ISDN 一样，它允许用户一边打电话，一边上网。

8.5.3　以局域网方式入网

用路由器将本地计算机局域网作为一个子网连接到 Internet 上，使得局域网中的所有计算机都能够访问 Internet。这种连接的本地传输速率可达 10～100 MB/s，但访问 Internet 的速率要受到局域网出口(路由器)的速率和同时访问 Internet 的用户数量的影响。这种入网方式适用于用户数较多并且较为集中的情况。

8.5.4　以 DDN、帧中继 FR 专线方式入网

许多种类的公共通信线路如 DDN、帧中继(FR)也支持 Internet 的接入，这些接入方式比较复杂，成本较昂贵，适用于公司、机构单位。使用这些接入方式时，需要在用户及 ISP 两端各加装支持 TCP/IP 的路由器，为局域网上的每一台计算机申请一个静态 IP 地址，并向电信部门申请相应的数字专线，由用户独自使用。专线方式连接的最大优点是访问速率高、可靠性高。

8.5.5　以无线方式入网

无线接入方式是使用无线电波将移动端系统(笔记本式计算机、PDA、手机等)和 ISP 的基站(base station)连接起来，基站又通过有线方式连入 Internet。

8.6　Internet 基本服务功能

8.6.1　WWW 服务与信息检索

1. 概述

万维网 WWW 是 world wide web 的简称，也称为 Web、3W 等。WWW 使用超文本(hypertext)组织、查找和表示信息，利用链接从一个站点跳到另一个站点，这样就彻底摆脱了以前查询工具只能按特定路径一步步地查找信息的限制。另外，它还具有连接已有信息系统(如 Gopher、FTP、News)的能力。由于万维网的出现，Internet 从仅由少数计算机专家使用变为普通百姓也能利用的信息资源，它是 Internet 发展过程中的一个里程碑。

超文本文件由超文本置标语言(hypertext markup language，HTML)格式写成，这种语言是 WWW 描述性语言。WWW 文本不仅含有文本和图像，还含有超链接。这些超链接通过颜色和字体的改变与普通文本区别开来，它含有指向其他 Internet 信息的 URL 地址。单击超链接，Web 就根据超链接所指向的 URL 地址跳到不同站点、不同文件。超链接同样可以指向声音、电影等多媒体，超文本与多媒体一起形成超媒体(hypermedia)，因而万维网是一个分布式的超媒体系统。

WWW 由 3 部分组成，即浏览器(browser)、Web 服务器(web server)和超文本传送协议(HTTP)。浏览器向 Web 服务器发出请求，Web 服务器向浏览器返回其所要的万维网文档，然后浏览器解释该文档，并按照一定的格式将其显示在屏幕上。浏览器与 Web 服务器使用 HTTP 进行互相通信。为了指定用户所要求的万维网文档，浏览器发出的请求采用 URL 形式描述。

2. 统一资源定位符 URL

统一资源定位符 URL(uniform resource locator)是 WWW 中用来寻找资源地址的办法。URL 的思想是为了使所有的信息资源都能得到有效利用，从而将分散的孤立信息点连接起来，实现资源的统一寻址。这里的“资源”是指在 Internet 上可以被访问的任何对象，包括文档、图像、声音、视频等。URL 大致由 3 部分组成：协议、主机名和端口、路径。其中对于常用服务端口可以省略，格式如下：

<协议>://<主机>:<端口>/<路径>

例如，邵阳学院主页的超文本传送协议的 URL 为 http://www.hnsyu.net。

3. 超文本传送协议 HTTP

HTTP 定义了浏览器如何向 Web 服务器发出请求，以及 Web 服务器如何将 Web 页面返回给浏览器，它基于下层的 TCP 传输层协议进行通信。当用户请求一个 Web 页面时，浏览器发送一个 HTTP 请求消息给 Web 服务器，该 HTTP 请求消息包含了所需的页面信息。Web 服务器收到请求后，将请求的页面包含在一个 HTTP 响应消息中，并向浏览器返回该响应消息。

假设一个用户访问大连民族学院主页 http://www.dlnu.edu.cn/index.html，下面的步骤说明了发生的一系列操作：

①浏览器分析 URL，向 DNS 请求解析主机 www.dlnu.edu.cn 的 IP 地址。

②浏览器与 Web 服务器建立 TCP 连接，使用的是默认端口 80。

③浏览器通过 TCP 连接向 Web 服务器发送 HTTP 请求消息，请求消息包含了主页路径名/index. html。

④Web 服务器收到请求消息后，从本地读取/index. html，并且将该对象封装到一个 HTTP 响应消息中，将消息通过 TCP 连接发送给浏览器，浏览器接收到响应消息，TCP 连接释放。浏览器从响应消息中解析出 index. html 文件，并且显示在屏幕上。

必须注意，HTTP 是一个无状态的协议。无状态是指 Web 服务器并不存储任何发出请求的客户端的状态信息。例如，一个用户在 1 s 的间隔内连续请求某个相同的超文本对象，Web 服务器并不会告诉用户这个对象在 1 s 前已经被发送，而是重新发送这个对象。

4. 超文本置标语言

超文本置标语言(HTML)是一种制作万维网页面的标准语言。HTML 的特点是标记代码简单明了，功能强大，可以定义显示格式、标题、字形、表格、窗口等，可以和 WWW 上任一信息资源建立超文本链接，可以辅助应用程序连入图像、视频等多媒体信息。

HTML 的代码文件是一个纯文本文件(即 ASCII 码文件)，通常以. HTML 或. HTM 为文件扩展名。

HTML 标记符的明显特征是代码用尖括号“< >”括起来，且起始标记符 <标记> 和结束标记符 </标记>必须成对出现(有个别例外)。常用的 HTML 标记见表 8－3。

表 8－3 常用的 HTML 标记

类型	标记
文档标题	<Hn> </Hn>，其中 n 的取值从 1～6
字符格式标志	<B>黑体</B>
	<I>斜体</I>
	<U>下画线</U>
	<Font >文字内容</Font>
超链接标志	<A Href =“链接对象”>超链接说明文字</A>

下面是一个简单的 HTML 文件：

```
<HTML>
<HEAD>
<TITLE>这是一个例子</TITLE>
</HEAD>
<BODY>
<Hl>这是主题部分</Hl>
<A HREF =“www. dlnu. edu. cn”>这是一个指向大连民族学院主页的超链接</A>
</BODY>
</HTML>
```

5. 信息检索

信息检索是指将杂乱无序的信息有序化形成信息集合，并根据需要从信息集合中查找出特定信息的过程，全称是信息存储与检索(information storage and retrieval)。如何在上百万个网站中快速有效地找到所需的信息是一个非常突出的问题，搜索引擎正是为了解决用户的查询问题而产生的。通过搜索引擎来查找自己所需信息或网址是最快捷的方法，也是最佳途径。

(1)搜索引擎基础

搜索引擎(search engine)是某些站点提供的用于网上查询的程序，是一种专门用于定位和访问 Web 信息，获取自己希望得到的资源的导航工具。搜索引擎通过分类查询方式或主题查询方式获取特定的信息。常用的搜索引擎有 Google(http://www.google.com)、百度(http://www.baidu.com)等。

(2)搜索引擎的产生与定义

WWW 上蕴藏着非常丰富的信息资源，吸引着大量的用户。但是，如何充分利用这些信息资源，帮助用户全面、准确、快速、经济地从网络上获取所需要的信息，摆脱信息查询大海捞针般的困境，成为 WWW 进一步发展急需解决的关键问题。正是在这样的信息环境与信息需求的驱动下，网络上出现了最早的一批搜索引擎系统。

所谓搜索引擎，是指 WWW 中能够主动搜索信息、组织信息并能提供查询服务的一种信息服务系统。搜索引擎主要通过网络搜索软件或网站登录方式，将 WWW 上大量网站的页面信息收集到本地，经过加工处理后建成数据库，从而能够对用户提出的各种查询请求作出响应，提供用户所需要的信息地址。

(3)搜索引擎的使用

现在的搜索引擎都已经实现了智能搜索、模糊搜索，只要在搜索栏输入要搜索的关键词或者关键词组合(各个关键词之间用空格隔开)，然后点击搜索，就可以根据跟关键词的相似度列出的搜索结果。

8.6.2　电子邮件

电子邮件(E-mail)是 Internet 上最基本、使用最多的服务。据统计，Internet 上 30% 以上的业务量是电子邮件。每一个使用过 Internet 的用户或多或少都使用过电子邮件。电子邮件不仅使用方便，而且还具有传递迅速和费用低廉的优点。现在的电子邮件不仅可以传送文字信息，而且可以传输声音、图像、视频等内容。

一个电子邮件系统主要由 3 部分组成：用户代理、邮件服务器和电子邮件使用的协议，如图 8-23 所示。

用户代理(user agent)是用户和电子邮件系统的接口，它使用户通过一个友好的接口(如图形窗口界面)来发送和接收邮件。这类软件有很多，在 Windows、UNIX、Macintosh 系统平台上都有相应的软件。如 Windows 平台上的 Outlook、Foxmail 等。

用户代理应具有至少以下 3 个功能：

①给用户提供方便编辑邮件的环境。

②能很方便地在计算机屏幕上显示来信及其附件中的文件。

③发送和接收邮件，以及能根据情况按照不同方式对来信进行处理，如删除、存盘、打印、转发、过滤等。

邮件服务器是电子邮件系统的核心构件，其功能是发送和接收邮件，同时还要向发信人

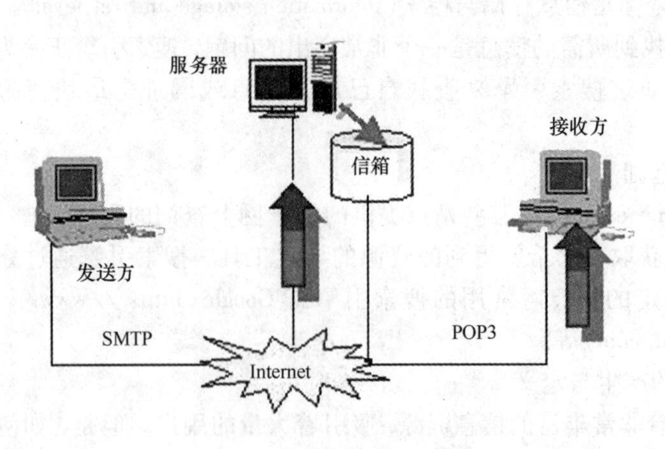

图 8-23 电子邮件系统

报告邮件传送的情况。邮件服务器需要使用两个不同的协议：SMTP 用于发送邮件；POP3 (post office protocol)用于接收邮件。

SMTP(简单邮件传送协议)是电子邮件系统中邮件传输的标准协议。当两台使用 SMTP 的计算机通过 Internet 实现了连接，它们之间便可以进行邮件交换。SMTP 要借助于 TCP/IP 进行信息传输处理。

POP3 主要用于帮助电子邮件客户从邮件服务器中取回等待的邮件。在 Internet 上运行 POP3、用于存储和投递 Internet 电子邮件的主机称为 POP 服务器。一般 POP 服务器和邮件服务器都装在同一台主机上。

一封电子邮件发送和接收的过程如下：

①发信人使用用户代理编辑信件，然后用户代理向发信人的邮件服务器发出 TCP 连接请求。

②当 TCP 连接建立后，用户代理使用 SMTP 将邮件传送给发信人的邮件服务器，TCP 连接关闭。

③发信人的邮件服务器将邮件放入它的发送队列中，等待发送。

④发信人的邮件服务器有一个专门负责发送邮件的进程，当它发现发送队列中有邮件时，就向邮件的接收者的邮件服务器发出 TCP 连接请求。

⑤当 TCP 连接建立后，发信人的邮件服务器的发送邮件进程使用 SMTP 将邮件传送给接收者的邮件服务器，然后关闭 TCP 连接。

⑥接收者的邮件服务器将接收到的邮件放入接收者的用户邮箱中(实际是一个用户目录)，等待接收者方便时读取。

⑦接收者在打算收信时，运行用户代理，用户代理向接收者的邮件服务器发出 TCP 连接请求。

⑧当 TCP 连接建立后，用户代理使用 POP3 将该用户的邮件从接收者的邮件服务器的用户邮箱中取回，然后关闭 TCP 连接。

邮件的结构是一种标准格式，它的内容由两部分组成，即邮件头(header)和邮件体(body)，二者被一空白行隔开。邮件体是实际被传送的原始信息，而邮件头有意义的内容主要是邮件的发件人、收件人、日期和邮件主题，电子邮件一般都包含这几项。

电子邮件地址格式为：用户名@用户邮箱所在主机的域名。

例如，一个新浪网的电子邮件地址为 abc@ sina. com. cn，abc 就是用户名，sina. com. cn 就是 ISP 的域名。用户名（用户账号）是用户向 ISP 申请 Internet 账户时指定的名字，域名一般就是 ISP 的域名（当用户申请账户时，ISP 会告诉用户这个域名）。

由于一个主机的域名在 Internet 中是唯一的，而每一个邮箱名（用户名）在该主机中也是唯一的，因此，在 Internet 上每个人的电子邮件地址都是唯一的。

8.6.3　文件传输

文件传送协议（file transfer protocol，FTP）是一个用于简化 IP 网络上主机之间文件传送的协议，采用 FTP 可使 Internet 用户高效地从网上的 FTP 服务器下载（download）大信息量的数据文件，将远程主机上的文件复制到自己的计算机上，也可以将本机上的文件上传（upload）到远程主机上，达到资源共享的目的。FTP 是 Internet 上使用非常广泛的一种通信协议。

FTP 服务器包括匿名 FTP 服务器和非匿名 FTP 服务器两类。匿名 FTP 服务器是任何用户都可以自由访问的 FTP 服务器，当用户登录时，使用 Anonymous（匿名）用户名和一个任意的口令即可访问。对于非匿名 FTP 服务器，用户必须首先获得该服务器系统管理员分配的用户名和口令，才能登录和访问。

FTP 采用传输层的 TCP，FTP 客户程序首先和 FTP 服务器建立 TCP 连接，然后向服务器发出各种命令，服务器接收并执行客户程序发过来的命令。FTP 与其他 Internet 应用的不同之处在于：FTP 传输文件时，客户机与服务器之间要建立两次 TCP 连接，如图 8 - 24 所示。

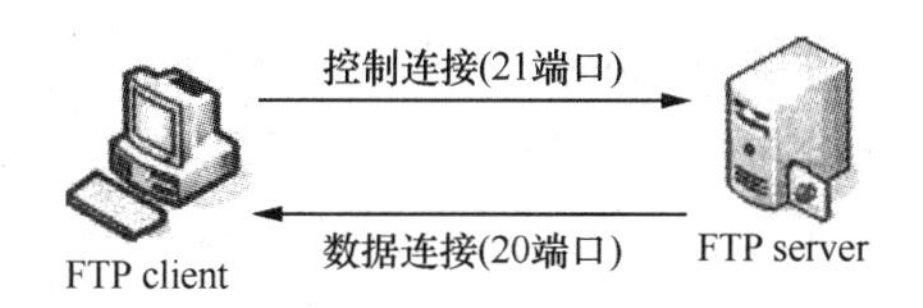

图 8 - 24　FTP 文件传输

①控制连接（control connection）：客户程序主动与 FTP 服务器（在 21 端口）连接，并在整个会话过程中维持连接。

②数据连接（data connection）：两个主机之间，每传输一个文件建立一个连接（在服务器的 20 端口），该连接既可以由 FTP 服务器主动与客户机建立（称为 Port 模式），也可以由客户机主动与服务器建立（称为 Passive 模式）。

FTP 的主要功能包括：

①客户机与服务器之间交换一个或多个文件，文件是复制不是移动。

②能够传输多种类型、多种结构、多种格式的文件，包括 ASCII、Binary 两类（无须变换文件的原始格式）。

③提供对本地和远程系统的目录操作功能，如改变目录、建立目录等。

④具有对文件改名、显示内容、改变属性、删除的功能以及其他一些操作功能。

8.7 电子商务基础

8.7.1 电子商务的基本概念

1. 电子商务的定义

电子商务是一种新的商务活动形式，它采用现代信息技术手段，以通信网络和计算机装置替代交易过程中纸介质信息载体的存储、传递、统计、发布等环节，从而实现商品和服务交易管理等活动全过程的无纸化和在线交易，它是通过电子方式进行的商务活动。简单地讲，电子商务是指利用电子网络进行的商务活动。

电子商务可以基于 Internet 等通信网络来进行，内容包括商品的查询、采购、展示、订货以及电子支付等一系列的交易行为，以及资金的电子转拨、股票的电子交易、网上拍卖、协同设计、远程联机服务等服务贸易活动。

2. 电子商务的产生

电子商务起源于 EDI(电子数据交换)，EDI 最初的想法来自美国运输业。电子商务这一名词的出现是近几年的事，尤其是 1995—1996 年 Internet 的快速发展，出现了一些成功的案例，例如 Amazon 网上书店、安全第一网络银行等，于是电子商务很快被媒体和 IT 界力捧起来。一些 IT 厂商乘机大做文章，高举电子商务大旗，并包装了类似电子管理(E - Management)、电子世界(E - World)、电子服务(E - Service)等衍生的词汇，用新的概念推销他们的产品或服务，以往的种种产品均被冠以电子商务的前缀。

3. 电子商务的发展历程

(1)基于 EDI(electronic data interchange，电子数据交换)的电子商务阶段

EDI 是将业务文件按一个公认的标准从一台计算机传输到另一台计算机上去的电子传输方法。由于 EDI 大大减少了纸张票据，因此，人们也形象地称之为“无纸贸易”或“无纸交易”。从技术上讲，EDI 包括硬件与软件两大部分，硬件主要是计算机网络，软件包括计算机软件和 EDI 标准。从硬件方面讲，20 世纪 90 年代之前的大多数 EDI 都不通过 Internet，而是通过租用的电脑线在专用网络上实现，这类专用的网络被称为 VAN(value - added network，增值网)，这样做主要是考虑安全问题。从软件方面看，EDI 所需要的软件主要是将用户数据库系统中的信息，翻译成 EDI 的标准格式以供传输交换。由于不同行业的企业首先是根据自己的业务特点来规定数据库的信息格式的，因此，当需要发送 EDI 文件时，从企业专有数据库中提取的信息，必须把它翻译成 EDI 的标准格式才能进行传输。EDI 即是电子商务的初级阶段。

(2)基于 Internet 的电子商务阶段

20 世纪 90 年代中期，Internet 迅速普及，逐步地从大学、科研机构走向企业和寻常百姓家庭，其功能也从信息共享演变为一种大众化的信息传播工具。Internet 作为一个费用更低、覆盖面更广、服务更好的系统，克服了 EDI 的不足，满足了中小企业对于电子数据交换的需要。从 1991 年起，一直被排斥在 Internet 之外的商业贸易活动正式进入这个王国，使电子商务成为 Internet 应用的最大热点。

(3)E 概念电子商务阶段

自 2000 年初以来，人们对于电子商务的认识逐渐由电子商务扩展到 E 概念的高度。人们认识到电子商务实际上就是电子信息技术同商务应用的结合。而电子信息技术不但可以和商务活动结合，还可以和医疗、教育、卫生、军事、政府等有关的应用领域结合，从而形成有关领域的 E 概念。电子信息技术同教育结合，孵化出电子教务——远程教育；电子信息技术和医疗结合，产生出远程医疗；电子信息技术与企业组织形式结合形成虚拟企业，等等。对应于不同的 E 概念，产生了不同的电子商务模式，有 E－B、E－C、E－G、E－H，等等。随着电子信息技术的发展和社会需要的不断提出，人们会不断地为电子信息技术找到新的应用，会产生越来越多的 E 概念，我们必将进入 E 时代。

8.7.2 电子商务的基本结构

1. 电子商务顶层结构

电子商务顶层结构是指多个电子商务实体利用电子商务应用系统提供的技术手段进行商业、贸易等商务活动，实现商务处理过程电子化所遵循的概念结构，是实际运作的电子商务体系结构的抽象。最基本的电子商务应用集中在企业对企业（B2B）、企业对消费者（B2C）、企业对政府机构（B2G）和消费者对政府机构（C2G）这四大领域，它们构成了现有电子商务应用进一步拓展的基础，体现了电子商务体系结构的基本规律，它们具有类似的运营结构，从而构成了电子商务的顶层结构。

2. B2B 模式和 B2C 模式的电子商务

（1）企业对企业（B2B）

B2B 电子商务是指商业机构（或企业、公司）使用 Internet 或各种商务网络向供应商（企业或公司）订货和付款的电子商务运营模式。

（2）企业对消费者（B2C）

B2C 电子商务结构是指以 Internet 为主要服务提供工具，实现公众消费和提供服务，并保证与其相关的付款方式的电子化的电子商务运营模式。B2C 模式是伴随着 WWW 的出现而迅速发展的，可以理解成为一种电子化的零售。目前，Internet 上已遍布各种类型的商业中心，提供各种商品和服务，主要有鲜花、书籍、计算机、汽车等商品和服务。

8.7.3 电子商务的安全

1. 电子商务的安全控制要求

电子商务发展的核心和关键问题是交易的安全性。由于 Internet 本身的开放性，网上交易面临了种种危险，也由此提出了相应的安全控制要求。

（1）信息保密性

交易中的商务信息均有保密的要求。如信用卡的账号和用户名被人知悉，就可能被盗用；订货和付款的信息被竞争对手获悉，就可能丧失商机。因此，在电子商务的信息传播中一般均有加密的要求。

（2）交易者身份的确定性

网上交易的双方很可能素昧平生，相隔千里。要使交易成功，首先要能确认对方的身份，商家要考虑客户端是不是骗子，而客户也会担心网上的商店是不是一个玩弄欺诈的黑店。因此，能方便而可靠地确认对方身份是交易的前提。

(3)不可否认性

由于商情的千变万化，交易一旦达成是不能被否认的，否则必然会损害一方的利益。例如订购黄金，订货时金价较低，但收到订单后，金价上涨了，如收单方能否认收到订单的实际时间，甚至否认收到订单的事实，则定贷方就会蒙受损失。因此，电子交易通信过程的各个环节都必须是不可否认的。

(4)不可修改性

交易的文件是不可被修改的，如上例所举的订购黄金，供货单位在收到订单后，发现金价大幅上涨了，如其能改动文件内容，将订购数1吨改为1克，则可大幅受益，那么定货单位可能就会因此而蒙受损失。因此，电子交易文件也要能做到不可修改，以保障交易的严肃和公正。

2. 电子商务的主要安全技术

电子商务目前采用的加密算法有：对称加密和非对称加密两种方法。基于以上两种加密方法，派生出许多用于电子商务安全的专用技术和机构，分别介绍如下。

(1)数字签名

数字签名并非用“手写签名”类型的图形标志，它采用了双重加密的方法来实现防伪、防赖。其原理如下：

①被发送文件用SHA编码加密产生128 bit的数字摘要。

②发送方用自己的私用密钥对摘要再加密，这就形成了数字签名。

③将原文和加密的摘要同时传给对方。

④对方用发送方的公共密钥对摘要解密，同时对收到的文件用SHA编码加密产生又一摘要。

⑤将解密后的摘要和收到的文件在接收方重新加密产生的摘要互对比，如两者一致，则说明传送过程中信息没有被破坏或篡改过，否则不然。

(2)数字时间戳(digital time－stamp，DTS)

数字时间戳服务(DTS)是网上安全服务项目，由专门的机构提供。时间戳(time－stamp)是一个经加密后形成的凭证文档，它包括三个部分：①需加时间戳的文件的摘要(digest)；②DTS收到文件的日期和时间；③DTS的数字签名。

(3)数字证书(digital certificate，digital ID)

数字证书是用电子手段来证实一个用户的身份和对网络资源访问的权限。在网上的电子交易中，如双方出示了各自的数字证书，并用它来进行交易操作，那么双方都可不必为对方身份的真伪担心。

(4)认证中心(certification authority，CA)

在电子交易中，无论是数字时间戳服务还是数字证书的发放，都不是靠交易的双方自己能完成的，而需要有一个具有权威性和公正性的第三方来完成。认证中心就是承担网上安全电子交易认证服务、能签发数字证书、并能确认用户身份的服务机构。认证中心通常是企业性的服务机构，主要任务是受理数字证书的申请、签发及对数字证书的管理。认证中心依据认证操作规定(certification practice statement，CPS)来实现服务操作。

(5)支付网关

支付网关(payment gateway)是连接银行专用网络与Internet的一组服务器，其主要作用是完成两者之间的通信、协议转换和进行数据加、解密，以保护银行内部网络的安全。支付网关的功能主要有：将 Internet 传来的数据包解密，并按照银行系统内部的通信协议将数据重新打包；接收银行系统内部反馈的响应消息，将数据转换为 Internet 传送的数据格式，并对其进行加密。

(6)SSL 技术

SSL(secure socket layer，安全套接层)协议是由网景(Netscape)公司推出的一种安全通信协议，它能够对信用卡和个人信息提供较强的保护。SSL 是对计算机之间整个会话进行加密的协议。在 SSL 中，采用了公开密钥和私有密钥两种加密方法。

(7)SET 技术

SET(secure electronic transaction，安全电子交易)协议是由 VISA 和 Master Card 两大信用卡公司于 1997 年 5 月联合推出的规范。SET 主要是为了解决用户、商家和银行之间通过信用卡支付的交易而设计的，以保证支付信息的机密、支付过程的完整、商户及持卡人的合法身份以及可操作性。SET 中的核心技术主要有公开密钥加密、电子数字签名、电子信封、电子安全证书等。

电子商务给那些接纳它的人们带来了巨大的回报，同时，它也给那些未能谨慎地使用它的人们带来了相当大的风险。安全问题是电子商务用户特别关注的主题。安全漏洞的存在，将直接影响电子商务网站的信誉度，影响电子商务的顺利发展。实现安全的电子商务需要的不仅仅是由技术所构成的应用，它还需要依靠技术、企业及法律基础设施的互相依赖，只有实现了它们之间的互相依赖，才能使技术在一个广阔的范围内得以很好地使用。

8.7.4　电子商务的应用

电子商务的应用非常广泛，如网上银行、网上炒股、网上购物、网上订票、网上租赁、工资发放、费用缴纳等。

1. 网上购物

随着电子商务技术的发展和应用，网络购物将越来越普及，并日渐成为一种新的生活时尚。网络购物利用先进的通信技术和计算机网络的三维技术，把现实的商业街搬到网上。用户无需担心出门时的天气变化，足不出户便能方便、省时、省力地选购商品，而且订货不受时间限制，商家会送货上门。目前在网上已开通了书店、花市、电脑城、超级市场以及订票、订报、网上直销等服务。

2. 网上拍卖

网上拍卖是另一种流行的电子商务形式，它把传统的拍卖活动移植到了 Internet 上。

3. 网络广告

WWW 提供的多媒体平台，使得通信费用降低。对于机构或公司而言,利用其进行产品宣传，非常具有诱惑力。

4. 网上银行

为了适应业务日益发展的需要，以及为客户提供更好、更有效率的服务，银行金融业正积极地转向电子商务，开办各种网上金融服务。

5. 网上证券交易

可能是由于证券公司比较多的原因，网上证券交易比网上银行开展得更加广泛。网上证券交易系统的最大好处是下单比电话委托快，可以在家中上网交易，方便、快捷、及时。网上证券交易是一种极有前途的事业。

6. 网上旅游服务

旅游业是我国开展电子商务比较成功的一个行业，很多旅游服务，例如订票、订酒店等都可以通过 Internet 进行，而且内容不断地增加，所涉及的范围不断扩大。

8.8 电子政务基础

8.8.1 电子政务的基本概念

所谓电子政务，就是政府机构应用现代信息和通信技术，将管理和服务通过网络技术进行集成，在互联网上实现政府组织结构和工作流程的优化重组，超越时间和空间及部门之间的分隔限制，向社会提供优质和全方位的、规范而透明的、符合国际水准的管理和服务。

这个定义包含 3 个方面的信息：第一，电子政务必须借助于电子信息和数字网络技术，离不开信息基础设施和相关软件技术的发展；第二，电子政务处理的是与政权有关的公开事务，除了包括政府机关的行政事务以外，还包括立法、司法部门以及其他一些公共组织的管理事务，如检务、审务、社区事务等；第三，电子政务并不是简单的将传统的政府管理事务原封不动地搬到互联网上，而是要对其进行组织结构的重组和业务流程的再造，电子政府不是现实政府的一一对应。因此，电子政府与传统政府之间有着显著的区别。

8.8.2 电子政务的内容与范围

电子政务服务系统所包含的内容极为广泛，几乎可以包括传统政务活动的各个方面。根据近年来国际电子政务的发展和我国电子政务的实践，从服务对象来看，电子政务主要包括这样几个方面：政府间的电子政务(government to government, G to G)，政府对企业的电子政务(government to business, G to B)，政府对公民的电子政务(government to citizen, G to C)，政府对公务员的电子政务(government to employee, G to E)共 4 种模式。

1. 政府对公务员的电子政务(G to E)

G to E 电子政务是指政府与政府公务员之间的电子政务。G to E 电子政务是政府机构通过网络技术实现内部电子化管理的重要形式，也是 G to G、G to B 和 G to C 电子政务模式的基础。G to E 电子政务主要是利用内部网络建立起有效的行政办公和员工管理体系，提高政府工作效率和公务员管理水平服务，这也正是实施政务内网的目的所在。具体的应用主要有以下两种：

(1)公务员日常管理

利用电子化手段实现政府公务员的日常管理对降低管理成本、提高管理效率具有重要意义。如利用网络进行日常考勤、出差审批、差旅费异地报销等，既可以为公务员带来很多便利，又可节省领导的时间和精力，还可有效降低行政成本。

(2)电子人事管理

政府公务员的人事管理是政府机构自身管理的重要内容。应用网络技术实现电子化人事管理已成为一种新的形式和趋势，已在不少企业和政府机构实践。电子化人事管理包括电子化的招聘、电子化的学习、电子化的沟通等内容。

2. 政府间的电子政务(G to G)

政府间的电子政务是上下级政府、不同地方政府、不同政府部门之间的电子政务。主要包括以下内容。

(1)电子法规政策系统

颁布和实施各项政策法规是各级政府部门的一项重要工作。由于政策法规的牵涉面广、信息量大、时效性强，因此，制定、发布、执行各种政策法规历来是政府活动的重要内容。通过电子化方式传递不同政府部门的各项法律、法规、规章、行政命令和政策规范，使所有政府机关和工作人员真正做到有法可依，有法必依，具有十分明显的速度和管理成本优势，既可做到政务公开，又可实现政府公务人员和老百姓之间“信息对称”。

(2)电子公文系统

基于Web的电子公文系统能根据用户提出的行文流程，在系统环境上自动实现收文、发文、办理、统计查询等公文处理活动，能对整个工作流程实时跟踪和对修改审核信息进行记录，并能按照有关规定，自动地报告公文在处理过程中的状态；能完成单位外来公文的登记、批阅、办理、归档、查询等收文处理工作；能完成单位内部和对外公文的起草、审批、签发、发布、存档、查询等发文处理工作。

(3)电子司法档案系统

通过电子化的手段，在政府司法机关之间共享司法信息，如公安机关的刑事犯罪记录、审判机关的审判案例、检察机关检察案例等，会大大促进司法工作的开展，在改善司法工作效率的同时，对提高司法工作人员的能力和水平也将大有裨益。

(4)电子财政管理系统

传统的财务管理系统因为财务信息的封闭和独立给政府的财务管理带来了一定的难度，也为滋生腐败提供了条件。建立在网络基础上的电子财务管理系统可以向政府主管部门、审计部门和相关机构提供分级、分部门、分时段的政府财政预算及其执行情况报告，包括从明细到汇总的财政收入、开支、拨付款数据以及相关的文字说明和图表，便于有关领导和部门及时掌握和监控财政状况，将使政府的财务管理工作的水平跃上一个新台阶。

(5)电子办公系统

电子办公系统通过电子网络完成机关工作人员的许多事务型的工作，这样可以节约时间和费用，提高工作效率，如工作人员通过网络申请出差、请假、文件复制、使用办公设施和设备、下载政府机关经常使用的各种表格、报销出差费用等。

(6)电子培训系统

对政府工作人员提供各种综合性和专业性的网络教育课程，特别是适应信息时代对政府的要求，加强对员工与信息技术有关的专业培训、员工可以通过网络随时随地注册参加培训课程、接受培训、参加考试等。

(7)业绩评价系统

网络业绩考评系统可按照设定的任务目标、工作标准和完成情况对政府各部门以及每一员工的业绩进行科学的测量和公正的评估，以达到良好的激励与约束的效果。

(8)城市网络管理系统

G to G电子政务还包括城市网络管理系统，主要的应用有以下几个方面：对城市供水、供电、供气、供暖等城市要害部门实行网络化控制与监管；对城市交通、公安、消防、环保等部门实行网络统一化调度与监管，提高管理的效率与水平；对各种突发事件和灾难实施网络一体化管理与跟踪，提高城市的应变能力。

从以上几个方面可以看出，传统的政府与政府间的大部分政务活动都可以应用网络技术高速度、高效率、低成本地实现。

3. 政府对企业的电子政务(G to B)

政府对企业的电子政务是指政府通过电子网络系统进行电子采购与招标，精简管理业务流程，快捷迅速地为企业提供各种信息服务。主要包括以下几种。

(1)电子采购与招标

通过网络公布政府采购与招标信息，为企业特别是中小企业参与政府采购提供必要的帮助，向它们提供政府采购的有关政策和程序。大大增强了政府采购工作的透明度，减少徇私舞弊和暗箱操作，降低企业的交易成本，节约政府采购支出。

(2)电子税务

企业通过政府税务网络系统，在家里或企业办公室就能完成税务登记、税务申报、税款划拨、查收税收公报、了解税收政策等业务，既方便了企业，也减少了政府的开支。

(3)电子证照办理

让企业通过 Internet 申请办理各种证件和执照，缩短办证周期，减轻企业负担，如企业营业执照的申请、受理、审核、发放、年检、登记项目变更、核销，统计证、土地和房产证、建筑许可证、环境评估报告等证件、执照和审批事项的办理。

(4)信息咨询服务

政府将拥有的各种数据库信息对企业开放，方便企业利用，如法律法规规章政策数据库、政府经济白皮书、国际贸易统计资料等信息。

(5)中小企业电子服务

政府利用宏观管理优势和集合优势，为提高中小企业国际竞争力和知名度提供各种帮助。包括为中小企业提供统一政府网站入口，帮助中小企业同电子商务供应商争取有利的能够负担的电子商务应用解决方案。

4. 政府对公民的电子政务(G to C)

G to C 电子政务是政府通过电子网络系统为公民提供各种服务。它所包含的内容十分广泛，主要的应用包括以下方面。

(1)教育培训服务

政府出资建立全国性的教育平台，开发高水平的教育资源向社会开放，利用网络手段为广大老百姓提供灵活、方便、低成本的教育培训服务，不仅是增强我国公民素质的有效途径，也是改善政府服务的重要内容。

(2)电子社会保障服务

电子社会保障服务主要是通过网络建立起覆盖本地区乃至全国的社会保障网络，使公民能够通过网络及时、全面地了解自己的养老、失业、工伤、医疗等社会保险账户的明细情况，政府也能通过网络把各种社会福利运用电子资料交换、磁卡、智能卡等技术，直接支付给受益人。

(3)就业服务

提供就业服务是政府的基本职能之一，也是维护社会稳定和促进经济增长的重要条件。政府可充分利用网络这一手段为求职者和用人单位之间架起一座服务的桥梁，使传统的、在特定时间和特定地点举行的人才和劳动力的交流突破时间和空间的限制，做到随时随地都可使用人单位发布用人信息、调用相关资料，应聘者可以通过网络发送个人资料，接收用人单位的相关信息，并可直接通过网络办妥相关手续。

(4)电子民主管理

公民可以通过网络发表对政府有关部门和相关工作的看法，参与相关政策、法规的制订，还可直接向政府有关部门的领导发送电子邮件，对某一具体问题提出意见和建议。与此同时，电子民主管理可以提高选举工作的透明度和效率，政府可以把候选人的背景资料在网上公布，方便选举人查阅，选举人可以直接在网上投票，既可大大提高选举工作的效率，又可有效保证选举工作的公平和公正。

此外，交通管理、公民电子税务、电子医疗、社会保险网络、电子证件等服务也是常见的 G to C 电子政务形式。

8.8.3　电子政务的安全保障

随着电子政务的日益普及，政府机关对信息系统的依赖越来越强。但 Internet 是一个开放的体系，对于信息的保密和系统的安全考虑得并不完备，所以信息系统的网络安全问题已引起许多国家、尤其是发达国家的高度重视，不惜投入大量的人力、物力和财力来提高电子政务系统的安全性。

要提高电子政务系统的安全性，首先应建立一个统一管理平台之上的网络安全体系，对这个网络进行有效的监视和控制，同时对安全系统要做到在每一个层面上、每一个角度上进行防护，在这个系统中所涉及的管理和安全技术要能够互联互通，做到牵一发而动全身，成为一个有机的响应体系，这也是实施 PKI 的目的。

具体来说，首先电子政务系统的安全体系应该是多层次的。在安全管理的时候，要考虑多层次的问题。因为安全问题是在多层次体现的，包括管理层面和技术层面。同时，一个黑客破坏和入侵某个系统时，往往有很多种方法，包括搭线窃听、IP 伪装、利用网络协议和应用的漏洞等，这些地方都需要得到良好的保护，而一个安全方法和安全技术是无法全部防护的，所以，需要全面考虑，层层设防。

其次，在策划和实施一个电子政务安全及管理系统的时候，需要站在一个全面的、长远的角度去考虑。要使这个网络安全及管理系统跟随目前安全与管理发展的潮流，解决目前和将来可能会出现的安全与管理问题。

最后，在电子政务的安全建设中，管理的作用至关重要。网络提供多种便捷的应用，帮助人们提高工作效率，而同时因为许多管理上的原因，使网络变得不安全、不稳定，特别是在电子政务建设过程中网络的安全问题方面，由于政府工作人员对信息网络安全方面警惕性不高而导致效率低下，浪费投资，严重时还可能会引起泄密事件。

第9章

程序设计基础

程序设计是给出解决特定问题程序的过程，是软件构造活动中的重要组成部分，英国著名诗人拜伦的女儿爱达·勒芙蕾丝曾设计了巴贝奇分析机上计算伯努利数的一个程序，还创建了循环和子程序的概念。由于她在程序设计上的开创性工作，爱达·勒芙蕾丝被称为世界上第一位程序员。

本章讲述了程序设计风格、结构化程序设计、面向对象程序设计；讲述了算法的基本概念、算法的复杂度；讲述了数据结构的基本概念、线性表(linear list)、栈(stack)、队列(queue)、树与二叉树、查找、排序，最后讲述了软件工程的基本概念、结构化分析方法、结构化设计方法、软件测试及调试。

通过本章的学习，掌握结构化程序设计、算法、数据结构基本概念和基本理论，了解软件开发基本思想，掌握软件开发基础和过程。

9.1 程序设计概述

通过前几章对计算机软硬件基础知识和网络基础知识的学习，我们已具备使用计算机及网络处理日常事物的基本能力。为了更好地胜任将来的专业技术工作，我们还要具备应用现代计算环境，设计、开发计算机应用系统解决专业问题的能力，为此，有必要进一步学习数据分析与信息处理以及信息系统开发的基本方法。

例如，开发一个简单的职工信息管理系统，对单位职工的基本信息、部门信息、工资信息等进行管理，通过该系统，可以做到信息的规范管理、科学统计和快速查询，从而提高管理效率。

开发一个这样的系统，就像盖一座大楼一样是一项工程，这就是软件工程研究的内容；职工的各种信息要存储在计算机中，现在普遍采用的是数据库技术；存储在计算机中的职工信息不能是杂乱无章的，必须按照一定的原则来组织和存储，以便于使用，这就是算法和数据结构研究的内容；计算机实现职工管理信息系统的各种功能，是通过执行程序来完成的，这就是程序设计要解决的问题。

本章主要内容包括：程序设计基础、算法及其描述、数据结构基础、软件工程基础。这里的每一部分都是计算机专业的一门专业课程，软件开发能力的提高需进一步学习相关课程，限于篇幅，本章只简要介绍每部分的基本概念。

9.1.1　程序设计的风格

应用系统开发的程序设计，除了具备好的程序设计方法和技术外，程序设计风格也是很重要的。程序设计风格会深刻地影响软件的质量和可维护性，良好的程序设计风格可以使程序结构清晰合理，使程序代码便于维护，因此，程序设计风格对保证程序的质量是很重要的。

1. 程序设计风格

程序设计风格是指编写程序时所表现出的特点、习惯和逻辑思路。程序是由人来编写的，为了测试和维护程序，往往还需要阅读和跟踪程序，因此，程序设计的风格总体而言应该强调简单和清晰，程序必须是可以理解的，著名的“清晰第一，效率第二”的论点已成为当今主导的程序设计风格。

2. 良好程序设计风格的形成

要形成良好的程序设计风格，主要应注重和考虑以下一些因素：

(1)源程序文档化

不能仅仅把程序看作是若干命令代码的集合，还要考虑其可读性，要将源程序当成一个文档来进行处理。在程序代码的编写中，我们要注意以下三点。

①符号名的命名：符号名的命名应做到见名知意，名字不宜太长，不要使用相似的名字，不要使用关键字做标识符，同一个名字不要有多个含义，以便于对程序功能的理解。

②程序注释：正确的注释能够帮助读者理解程序，注释一般分为序言性注释和功能性注释。序言性注释通常位于每个程序的开头部分，它给出程序的整体说明，主要描述内容包括：程序标题、程序功能说明、主要算法、接口说明、程序位置、开发简历、程序设计者、复审者、复审日期、修改日期等。功能性注释一般嵌在源程序体之中，主要描述其后的语句或程序做什么。

③视觉组织：为了使程序的结构一目了然，可以在程序中利用空格、空行、缩进等技巧使程序层次清晰。

(2)数据说明的方法

在编写程序时，需要注意数据说明的风格，以便使程序中的数据说明更易于理解和维护。一般应注意如下四点。

①数据说明的次序规范化：数据说明次序固定，便于程序理解、阅读和维护，可以使数据的属性容易查找，也有利于测试、排错和维护。

②说明语句中变量安排有序化：当一个说明语句说明多个变量时，变量按照字母顺序排序为好。

③使用注释来说明复杂数据的结构。

④显式地说明一切变量。

(3)语句的结构

在编写程序时，程序应该简单易懂，语句构造应该简单直接，不应该为提高效率而把语句复杂化。一般应注意如下七点。

①在一行内只写一条语句。

②程序编写应优先考虑清晰性，除非对效率有特殊要求，即清晰第一，效率第二。

③首先要保证程序正确，然后才要求提高速度。

④避免使用临时变量而使程序的可读性下降。

⑤避免采用复杂的条件语句和不必要的转移，尽量使用库函数。

⑥数据结构要有利于程序的简化，程序要模块化，且要尽量使模块功能单一化，利用信息隐蔽，确保每一个模块的独立性。

⑦尽量只采用顺序结构、选择结构和循环结构这3种基本控制结构来编写程序。

(4)输入和输出

输入和输出信息是用户直接关心的，输入和输出方式和格式应尽可能方便用户的使用，因为系统能否被用户接受，往往取决于输入和输出的风格。在设计和编写程序时一般应注意如下六点。

①对所有的输入数据都要检验数据的合法性以及检查输入项的各种重要组合的合理性。

②输入格式要简单，以使输入的步骤和操作尽可能简单。

③输入数据时，应允许使用自由格式和缺省值。

④输入一批数据时，最好使用输入结束标志。

⑤以交互式方式输入、输出数据时，要在屏幕上有明确的提示符，数据输入结束时，应在屏幕上给出状态信息。

⑥当程序设计语言对输入格式有严格要求时，应保持输入格式与输入语句的一致性；给所有的输出加注释，并设计良好的输出报表格式。

9.1.2 结构化程序设计

由于软件危机的出现，人们开始研究程序设计方法，其中最受关注的是结构化程序设计方法。20世纪70年代提出了“结构化程序”的思想和方法。结构化程序设计方法引入了工程思想和结构化思想，使大型软件的开发和编程得到了极大的改善。

1. 结构化程序设计的原则

结构化程序设计方法的主要原则可以概括为自顶向下、逐步求精、模块化、限制使用goto语句。

(1)自顶向下

程序设计时，应先考虑总体，后考虑细节；先考虑全局目标，后考虑局部目标。不要一开始就过多追求细节，先从最上层总目标开始设计，逐步使问题具体化。

(2)逐步求精

对复杂问题，应设计一些子目标作为过渡，逐步细化。

(3)模块化

一个复杂问题是由若干个简单的问题构成的。模块化是把程序要解决的总目标分解为分目标，再进一步分解为具体的小目标，把每个小目标称为一个模块。

(4)限制使用goto语句

使用goto语句有时会使程序执行效率较高，但也容易造成程序混乱，程序不易理解、不易排错、不易维护，而结构化程序设计是以提高程序清晰性为目标，因而要尽量限制使用goto语句。

2. 结构化程序的基本结构与特点

结构化程序设计方法是程序设计的先进方法和工具，采用结构化程序设计方法编写程序，可以使程序结构良好、易读、易理解、易维护，结构化程序设计方法是仅仅使用顺序、选择和循环3种基本控制结构就足以表达出各种其他形式结构的程序设计方法。

(1)顺序结构

顺序结构是一种简单的程序设计，它是最基本、最常用的结构，如图9-1所示。顺序结构是顺序执行结构，所谓顺序执行，就是按照程序语句行的自然顺序，一条语句一条语句(A→B→C)地执行程序。

(2)选择结构

选择结构又称为分支结构，它包括简单选择和多分支选择结构，这种结构可以根据设定的条件，判断应该选择哪一条分支来执行相应的语句序列。图9-2列出了包含2个分支的简单选择结构。

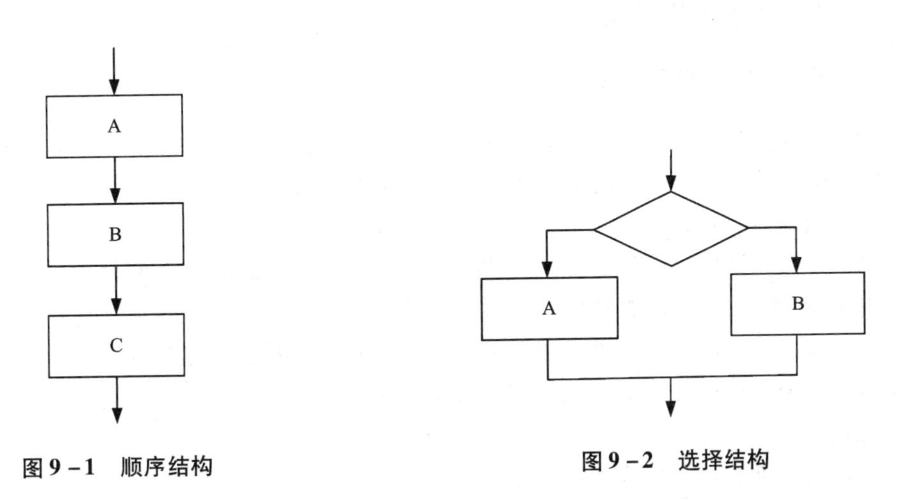

图9-1　顺序结构　　**图9-2　选择结构**

(3)重复结构

重复结构又称为循环结构，它根据给定的条件，判断是否需要重复执行某一相同的或类似的程序段，利用重复结构可简化大量的程序行。在程序设计语言中，重复结构对应两类循环语句，对先判断后执行循环体的称为当型循环结构，如图9-3所示；对先执行循环体后判断的称为直到型循环结构，如图9-4所示。

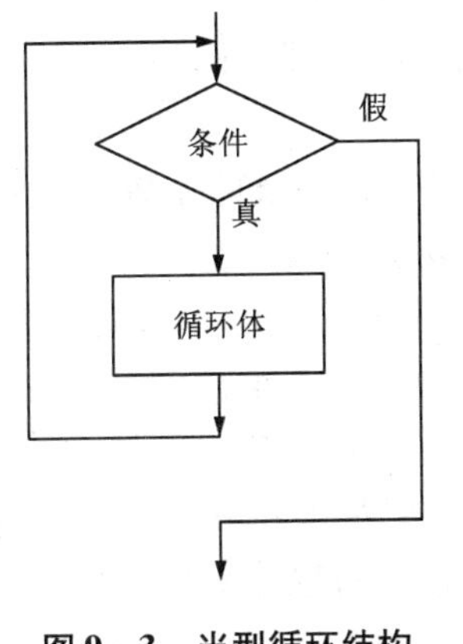

图9-3　当型循环结构

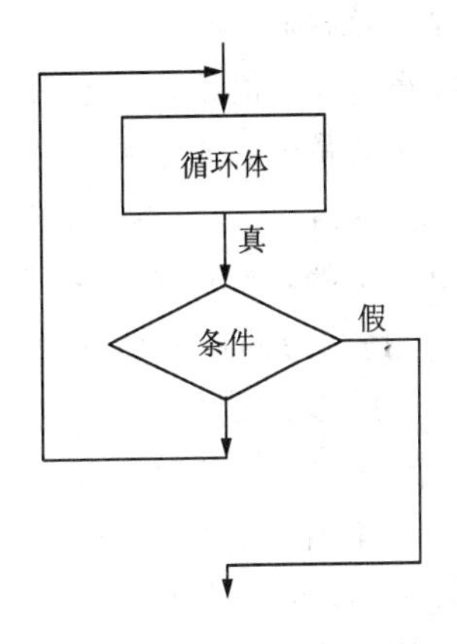

图9-4　直到型循环结构

总之，遵循结构化程序的设计原则。按结构化程序设计方法设计出的程序具有明显的优点：其一，程序易于理解、使用和维护；其二，提高了编程工作的效率，降低了软件开发成本。

3. 结构化程序设计原则和方法的应用

基于对结构化程序设计原则、方法，以及结构化程序基本构成结构的了解和掌握，在结构化程序设计的具体实施中，要注意把握以下要素。

①使用程序设计语言中的顺序、选择、循环等有限的控制结构表示程序的控制逻辑。

②选用的控制结构只准许有一个入口和一个出口。

③复杂结构应用嵌套的基本控制结构进行组合嵌套来实现，语言中所没有的控制结构，应该采用前后一致的方法来模拟。

④严格控制 goto 语句的使用。

9.1.3 面向对象程序设计

面向对象程序设计方法是一种非常实用的软件开发方法，它一出现就受到软件技术人员的青睐，现在已经成为计算机科学研究的一个重要领域，并逐渐成为一种主要的软件开发方法。面向对象程序设计方法以客观世界中的对象为中心，采用符合人们思维方式的分析和设计思想，分析和设计的结果与客观世界的实际比较接近，容易被人们接受。在面向对象程序设计方法中，分析和设计的界线并不明显，它们采用相同的符号表示，能方便地从分析阶段平滑地过渡到设计阶段。此外，在现实生活中，用户的需求经常会发生变化，但客观世界的对象以及对象间的关系相对比较稳定，因此，用面向对象程序设计分析和设计的结果也相对比较稳定。

1. 面向对象程序设计方法的产生

传统的结构化程序设计方法，虽然经过 30 多年的使用和改进证明是成功的，但是它并不总是有效的，在系统需求多变的情况下，甚至难以实行。事实上，系统的需求总是处于不断变化之中，因此，需要设计对变化有弹性的系统。

传统的结构化程序设计方法主要是面向过程的，也就是在分析设计时更多地从过程处理的角度进行，系统框架结构，系统模块的划分、设计都是基于系统所实现的功能，而功能是系统中最易变的部分，这样，如果系统需求发生一些变化（如系统某些功能的改进或扩充新功能），系统的结构就会受到破坏。

在实际系统中，最稳定的部分是系统对象，它直接描述问题域。例如，对一个航空控制系统，无论它是简单的或是复杂的，人们都是用同样的一些基本对象来进行分析，如“飞机”“航线”“交通控制”等，只不过对象的属性或功能不同而已。较复杂的系统将为每个对象类定义一些更复杂的功能（如“飞机”对象类中增加自动跟踪功能）或者增加一些新的对象类（如“雷达”），但是系统的核心部分（问题域中的对象）即使在系统功能范围发生变化的情况下，仍保持不变。所以，面向对象的系统能够有效提高系统结构的稳定性。

此外，传统的结构化分析和设计方法中存在迥然不同的表示方法。例如，在分析阶段采用 DFD 表示，而在设计阶段采用结构图的表示方法。多年来专业人员在分析和设计过程中一直受到基本表示法变换的困扰。而面向对象方法中，从面向对象分析（OOA）、面向对象设计（OOD）到面向对象编程（OOP）采用的都是同样的表示方法。

2. 面向对象程序设计方法的优点

与传统的结构化程序设计方法相比，面向对象程序设计方法有比较明显的优点，表现在以下方面。

(1) 可重用性

继承是面向对象方法的一个重要机制，用面向对象方法设计的系统的基本对象类可以被其他新系统重用，通常这是通过一个包含类和子类层次结构的类库来实现的，面向对象方法通过从一个项目向另一个项目提供一些重用类而能显著提高生产率。

(2) 可维护性

通过面向对象方法构造的系统由于建立在系统对象类的基础上，结构比较稳定，当系统的功能要求扩充或改善时，可以在保持系统结构不变的情况下进行维护，因此，系统的可维护性比传统方法开发的系统要好。

(3) 表示方法的一致性

面向对象方法在系统的整个开发过程中，从OOA到OOD，直到OOP，采用一致的表示方法，从而加强了分析、设计和编程之间的内在一致性，并且改善了用户、分析员、设计员以及程序员之间的信息交流。此外，这种一致的表示方法，使得分析、设计的结果很容易向编程转换，对计算机辅助软件工程的发展具有重要影响。

3. 面向对象方法的基本概念

关于面向对象方法，对其概念有许多不同的看法和定义，但是都涵盖对象及对象属性与方法、类、继承、多态性几个基本要素。下面分别介绍面向对象方法中这几个重要的基本概念，这些概念是理解和使用面向对象方法的基础和关键。

(1) 对象

在面向对象的系统中，对象是基本的运行时的实体，它既包括数据(属性)，也包括作用于数据的操作(行为)，一个对象把属性和行为封装为一个整体。封装是一种信息隐蔽技术，其目的是使对象的使用者和生产者分离，使对象的定义和实现分开。从程序设计者的角度看，对象是一个程序模块；从用户的角度看，对象为他们提供了所希望的行为。在对象内的操作通常叫做方法。一个对象通常可由对象名、属性和操作三部分组成。

在现实世界中，每个实体都是对象，如学生、工人、汽车、电视机、空调等都是现实世界中的对象。每个对象都有它的属性和操作，如电视机有颜色、音量、亮度、灰度、频道等属性，可以有切换频道、增大音量等操作。电视机的属性值表示了电视机所处的状态，而这些属性只能通过其提供的操作来改变。电视机的各组成部分，如显像管、电路板、开关等都封装在电视机机箱中，人们不知道也不必关心电视机内部是如何实现这些操作的。

(2) 消息

对象之间进行通信的一种构成叫做消息。当一个消息发送给某个对象时，包含要求接收对象去执行某些活动的信息。接收到信息的对象经过解释，然后予以响应。这种通信机制叫做消息传递。发送消息的对象不需要知道接收消息的对象如何响应该请求。

(3) 类

一个类定义了一组大体上相似的对象，一个类所包含的方法和数据描述了一组对象的共同行为和属性。把一组对象的共同特征加以抽象并存储在一个类中，是面向对象技术最重要的一点，是否建立了一个丰富的类库，是衡量一个面向对象程序设计语言成熟与否的重要标志。

类是在对象之上的抽象，对象是类的具体化，是类的实例。在分析和设计时，通常把注意力集中在类上，而不是具体的对象。当然，也不必为每个对象逐个定义，只需对类做出定义，而对类的属性的不同赋值即可得到该类的对象实例。

有些类之间存在一般和特殊关系，即一些类是某个类的特殊情况，某个类是一些类的一般情况。这是一种“is a”关系，即特殊类是一种一般类，例如“汽车”类、“轮船”类、“飞机”类都是一种“交通工具”类，特殊类是一般类的子类，一般类是特殊类的父类，同样“汽车”类还可以有更特殊的类，如“轿车”类、“货车”类等。在这种关系下形成一种层次的关联，通常把一个类和这个类的所有对象称为“类及对象”或对象类。

(4)继承

继承是父类和子类之间共享数据和方法的机制，这是类之间的一种关系，在定义和实现一个类的时候，可以在一个已经存在的类的基础上来进行，把这个已经存在的类所定义的内容作为自己的内容，并加入若干新的内容。

一个父类可以有多个子类，这些子类都是父类的特例，父类描述了这些子类的公共属性和操作，一个子类可以继承它的父类中的属性和操作，如果子类只从一个父类得到继承，叫做“单重继承”，如果一个子类有两个或多个父类，则称为“多重继承”。

(5)多态性

对象根据所接受的消息而作出动作，同样的消息被不同的对象接受时可导致完全不同的行动，该现象称为多态性。在使用多态性的时候，用户可以发送一个通用的消息，而实现的细节则由接收对象自行决定，这样，同一消息就可以调用不同的方法。

多态性也指子类对象可以像父类对象那样使用，同样的消息既可以发送给父类对象也可以发送给子类对象。

多态性机制不仅增加了面向对象软件系统的灵活性，进一步减少了信息冗余，而且显著地提高了软件的可重用性和可扩充性。利用多态性，用户能够发送一般形式的消息，而将所有的实现细节都留给接受消息的对象。

9.2 算法概述

算法可以理解为有基本运算及规定的运算顺序所构成的完整的解题步骤。或者看成按照要求设计好的有限的确切的计算序列，并且这样的步骤和序列可以解决一类问题。

9.2.1 算法的基本概念

1.算法的基本概念

算法(algorithm)是指解题方案的准确而完整的描述，是一系列解决问题的清晰指令，算法代表着用系统的方法描述解决问题的策略机制。也就是说，能够对一定规范的输入，在有限时间内获得所要求的输出。如果一个算法有缺陷，或不适合于某个问题，执行这个算法将不会解决这个问题。不同的算法可能用不同的时间、空间或效率来完成同样的任务。

对于一个问题，如果可以通过一个计算机程序，在有限的存储空间内运行有限长的时间而得到正确的结果，则称这个问题是算法可解的。但算法不等于程序，也不等于计算方法。

通常，程序的编制不可能优于算法的设计。算法具有下列特性。

①有穷性：一个算法必须在执行有穷步骤之后结束，且每一步都可以在有穷时间内完成。

②确定性：算法的每一步必须是确切定义的，不能有二义性。

③可行性：算法应该是可行的，这意味着算法中所有要进行的运算都能够由相应的计算装置所理解和实现，并可通过有穷次运算完成。

④输入：一个算法有零个或多个输入，它们是算法所需要的初始量或被加工的对象的表示。

⑤输出：一个算法有一个或多个输出，它们是与输入有特定关系的量。

常用的算法设计方法有列举法、归纳法、递推、递归、减半递推技术(二分法)和回溯法。

2. 算法的基本要素

一个算法通常由两种基本要素组成：一是对数据对象的运算和操作，二是算法的控制结构。

(1)算法中对数据的运算和操作

通常，计算机可以执行的基本操作是以指令的形式描述的，因此，每个算法实际上是按解题要求从环境能进行的所有操作中选择合适的操作所组成的一组指令序列。在一般的计算机系统中，基本的运算和操作有以下四类。

①算术运算：主要包括加法、减法、乘法、除法等运算。

②逻辑运算：主要包括“与”“或”“非”等运算。

③关系运算；主要包括“大于”“小于”“等于”“不等于”等运算。

④数据传输：主要包括赋值、输入、输出等操作。

(2)算法的控制结构

一个算法的功能不仅取决于所选用的操作，而且还与各操作之间的执行顺序有关，算法中各操作之间的执行顺序称为算法的控制结构。

算法的控制结构给出了算法的基本框架，它不仅决定了算法中各操作的执行，而且也直接反映了算法的设计是否符合结构化原则。描述算法的工具通常有传统流程图、N－S结构化流程图、算法描述语言等。一个算法一般都可以用顺序、选择、循环三种基本控制结构组合而成。

3. 算法设计的要求

设计一个算法应该满足以下要求。

①正确性：也称为有效性，是指算法能满足具体问题的要求。即对任何合法的输入，算法都能得到正确的结果。

②可读性：指算法被理解的难易程度。人们常把算法的可读性放在比较重要的位置，因为晦涩难懂的算法不易交流和推广使用，也难以修改和扩展。因此，设计的算法应尽可能简单易懂。

③健壮性：也称为鲁棒性，即对非法输入的抵抗能力。对于非法的输入数据，算法应能加以识别和处理，而不会产生误动作或陷入瘫痪。

④效率：粗略地讲，就是算法运行时花费的时间和使用的空间。对算法的理想要求是运行时间短、占用空间小。

9.2.2 算法的复杂度

评价一个算法优劣的主要标准是算法的执行效率和存储需求。算法的执行效率指的是时间复杂度(time complexity)，存储需求指的是空间复杂度(space complexity)。

1. 算法的时间复杂度

所谓算法的时间复杂度是指执行算法所需要的计算工作量。因为基本运算反映了算法运算的主要特征，因而可以用算法在执行过程中所需基本运算的执行次数来度量算法的工作量。

算法所执行的基本运算次数还与问题的规模有关，当算法的工作量用算法所执行的基本运算次数来度量时，算法所执行的基本运算次数又是问题规模的函数，即

$$\text{算法的工作量} = f(n)$$

其中：n 是问题的规模。例如，两个 n 阶矩阵相乘所需的基本运算(即两个实数的乘法)次数为 n^3，即计算工作量为 n^3，也就是时间复杂度为 n^3。

在具体分析一个算法的工作量时，还会存在这样的问题：对于一个固定的规模，算法所执行的基本运算次数还可能与特定的输入有关，而实际上又不可能将所有可能情况下算法所执行的基本运算次数都列举出来。例如，在长度为 n 的一维数组中查找值为 x 的元素，若采用顺序搜索法，即从数组的第一个元素开始，逐个与被查值 x 进行比较，显然，如果第一个元素恰为 x，则只需要比较1次；但如果 x 为数组的最后一个元素，则需要比较 n 次才能得到结果。因此，在这个问题的算法中，其基本运算次数与具体的被查找值 x 有关。

在同一个问题规模下，如果算法执行所需的基本运算次数取决于某一特定输入时，可以用平均性态(average behavior)和最坏情况复杂性(worst - case complexity)方法来分析算法的工作量。

(1)平均性态

平均性态分析是指用各种特定输入下的基本运算次数的加权平均值来度量算法的工作量。

设 x 是所有可能输入中的某个特定输入，$p(x)$ 是 x 出现的概率，$t(x)$ 是算法在输入为 x 时所执行的基本运算次数，则算法的平均性态定义为：

$$A(n) = \sum_{x \in D_n} p(x)t(x)$$

用顺序搜索法在长度为 n 的一维数组中查找值为 x 的元素，$p(x) = 1/n$，$t(x) = i$，则平均性态 $A(n) = \sum_{1 \leqslant i \leqslant n} i/n = (n+1)/2$，平均情况下需查找一半的元素。

(2)最坏情况复杂性

最坏情况分析是指在规模为 n 时，算法所执行的基本运算的最大次数。它定义为：

$$W(n) = \max_{x \in D_n} \{t(x)\}$$

用顺序搜索法在长度为 n 的一维数组中查找值为 x 的元素，最坏情况需查找 n 次。

2. 算法的空间复杂度

一个算法的空间复杂度一般是指执行这个算法所需要的内存空间。

一个算法所占用的存储空间包括算法程序所占的空间、输入的初始数据所占的存储空间

以及算法执行过程中所需要的额外空间。其中额外空间包括算法程序执行过程中的工作单元以及某种数据结构所需要的附加存储空间。如果额外空间量相对于问题规模来说是常数，则称该算法是原地(in place)的。

9.3　数据结构基础

研究数据结构是软件设计的基础，主要目的是提高数据处理的效率，一是提高数据处理的速度，二是尽量节省在数据处理过程中所占用的计算机存储空间。

9.3.1　数据结构的基本概念

数据结构(data structure)是指数据以及数据之间的关系。数据结构包括3个方面：数据的逻辑结构、数据的存储结构以及对数据的操作(运算)。

1. 数据

数据(data)是信息的载体，它可以用计算机表示并加工，如数、字符、符号等的集合。

2. 数据元素

数据元素(data element)是数据集合中的一个个体，是数据的基本单位。数据元素不一定是单个的数字或字符，它本身也可能是若干数据项的组合。如表9-1所示的学生成绩登记表，其中每一个学生的全部信息组成一个数据元素，它由学号、姓名、班级、成绩4个数据项组成。

表9-1　学生成绩登记表

学号	姓名	班级	成绩
034100001	张山	计本1班	77
034100002	李明	计本1班	88
034200003	王小倩	计本1班	67
034200004	王芳	计本1班	90
……	……	……	……

数据元素有时也称为节点(node)或记录(record)。

3. 数据对象

具有相同性质的数据元素的集合称为数据对象(data object)。

4. 数据结构

数据结构是指同一数据对象中各数据元素间存在的关系。用集合论方法定义数据结构为$S=(D, R)$，数据结构S是一个二元组，其中D是一个数据元素的非空有限集合，R是定义在D上的关系的非空有限集合，在数据处理领域中，通常把数据元素之间固有的关系简单地用前后件关系(或直接前驱与直接后继关系)来描述。这种抽象的定义可以用来描述广泛的数据结构问题。例如，一个n维向量$X=(x_1, x_2, \cdots, x_n)$它的数据元素集合为$D=\{x_1, x_2, \cdots, x_n\}$，$D$上的关系$R=\{(x_1, x_2), (x_2, x_3), \cdots, (x_{n-1}, x_n)\}$，这种关系在数据结构中称为线性表。

如果在一个数据结构中一个数据元素都没有，则称该数据结构为空的数据结构。

5. 逻辑结构与物理结构

(1)逻辑结构

数据的逻辑结构研究数据元素及其关系的数学特性，它只抽象地反映数据元素的结构，而不管其存储方式。根据数据元素之间关系的不同特性，通常有以下4类基本结构。

①集合：结构中的数据元素之间除了同属于一个集合的关系外，别无其他关系。

②线性结构：结构中的数据元素之间存在一个对一个的关系。

③树型结构：结构中的数据元素之间存在一个对多个的关系。

④图状或网状结构：结构中的数据元素之间存在多个对多个的关系。

(2)物理结构

数据的逻辑结构在计算机存储空间中的存放形式称为数据的物理结构，也称为存储结构，它通常有两种不同存储结构图：顺序存储结构和链式存储结构。

①顺序存储结构：它主要用于线性的数据结构，它把逻辑上相邻的数据元素存储在物理上也相邻的存储单元中，顺序存储结构只存储节点的值，不存储节点之间的关系，节点之间的关系由存储单元的邻接关系来体现。

②链式存储结构：它不仅存储节点的值，而且存储节点之间的关系。它利用节点附加的指针域，存储其后继节点的地址。它的节点由两部分组成，一部分存储节点本身的值，称为数据域，另一部分存储该节点的后继节点的存储单元地址，称为指针域。

链式存储结构图的主要特点是：节点中除了自身信息外，还有表示链接信息的指针域，因此比顺序存储结构的存储密度小，存储空间利用率低；逻辑上相邻的节点物理上不必相邻；插入、删除操作灵活，不必移动节点，只要改变节点中的指针即可。

6. 数据的运算

为处理数据需在数据上进行各种运算，数据的运算是定义在数据的逻辑结构上的，但运算的具体实现要在存储结构上进行。常用的运算有如下几种。

①检索：在数据结构里查找满足一定条件的节点。

②插入：往数据结构里增加新的节点。

③删除：把指定的节点从数据结构里去掉。

④更新：改变指定节点的一个或多个域的值。

⑤排序：使节点中的某个域的值按由小到大对节点进行排列。

7. 线性结构与非线性结构

根据数据结构中各数据元素之间前后件关系的复杂程度，一般将数据结构分为两大类型：线性结构与非线性结构。

如果一个非空的数据结构满足下列两个条件：

①有且只有一个根节点；

②每一个节点最多有一个前件，也最多有一个后件。

则称该数据结构为线性结构，又称线性表。在一个线性结构中插入或删除任何一个节点后还应是线性结构。如果一个数据结构不是线性结构，则称为非线性结构。线性结构与非线性结构都可以是空的数据结构。

9.3.2　线性表(linear list)

在数据处理中，大量数据均以表格形式出现，称为线性表，它是一种最简单也是最常见的数据结构。线性表有两种存储结构：顺序存储和链式存储。主要运算有插入、删除、查找和排序。

1. 线性表的定义和运算

(1)线性表定义

线性表是由 $n(n>0)$ 个数据元素 a_1，a_2，a_3，…，a_n组成的一个有限序列。如：

①一年由 4 个季节(春、夏、秋、冬)构成，每一季节为一个数据元素。

②一个 n 维向量 $x=(x_1, x_2, \cdots, x_n)$，其中每一个分量为一个数据元素。

线性表的一般表示形式为：

$$L=(a_1, a_2, a_3, \cdots, a_n)$$

其中 L 为线性表，$a_i(i=1, 2, \cdots, n)$ 是属于某数据对象的元素，$n(n\geqslant 0)$ 为元素个数称为表的长度，$n=0$ 为空表。

线性表的结构特点是：数据元素之间是线性关系，即在线性表中必存在唯一的一个“第一个”元素；必存在唯一的一个“最后一个”元素；除第一个元素外，每个元素有且只有一个前件；除最后一个元素外，每个元素有且只有一个后件。

(2)线性表的基本运算

线性表的基本运算有如下四种：

①插入：在两个确定元素之间插入一个新元素。

②删除：删除线性表中某个元素。

③查找：按某种要求查找线性表中的一个元素。

④排序：按给定要求对表中元素重新排序。

2. 顺序存储线性表

(1)顺序存储结构

用一组地址连续的存储单元存放线性表的数据元素，称为线性表的顺序存储结构，也称顺序表。在高级语言中用一维数组类型表示。线性表的顺序存储结构具有以下两个基本特点：

①线性表中所有元素所占的存储空间是连续的。

②线性表中各数据元素在存储空间中是按逻辑顺序依次存放的。

如果线性表中每个元素占 l 个单元，且线性表在内存中的首地址为：$\mathrm{addr}(a_1)=b$，则线性表中第 i 个元素的内存地址为：

$$\mathrm{addr}(a_i)=\mathrm{addr}(a_1)+(i-1)l$$

在顺序存储结构中，线性表中每一数据元素在计算机存储空间中的存储地址由该元素在线性表中的位置序号唯一确定。

(2)顺序存储结构的插入、删除运算

①插入：设长度为 n 的线性表，若要在线性表的第 $i-1$ 个元素与第 i 个元素之间插入一个新元素，则必须将第 n 个元素至第 i 个元素依次向后移动一个元素，然后进行插入，插入后得到长度为 $n+1$ 的线性表。

②若要在长度为 n 的线性表中删除第 i 个元素，相当于将表中的第 i 个元素移去，而将第 i 个元素以后的元素依次向前移动一个位置。

(3)运算的时间分析

从上述的插入、删除运算中可以看出，在顺序存储的线性表中，插入和删除元素的运算时间主要消耗在移动元素上，在线性表中插入一个元素，平均需要移动表中的一半元素，这在表长为 n 较大时是相当可观的，因此，顺序存储结构仅适用于不常进行插入、删除运算，表中元素相对稳定的场合。

3. 线性链表

(1)链式存储结构

由于顺序存储线性表在进行插入、删除操作时要移动大量的元素，且顺序存储线性表要求一组连续的存储单元来存储数据元素，当线性表的长度可变时，必须按其最大的长度预先分配存储空间，这会造成浪费；如果估计不足使长度超出预分配的存储空间则造成溢出。线性链表能有效地克服上述缺点。

链式存储结构不需要一组连续的存储单元，它的数据元素可以分散存放在存储空间中。为保持线性表的逻辑上连续，必须在每个元素中存放其后继元素的地址。由 n 个节点组成的序列便构成一个链表，称为线性表的链式存储结构。

节点中用于存放数据元素信息的称为数据域，用于存放其后继节点地址的称为指针域。节点组成如图 9－5 所示。

数据域	指针域

图 9－5　链式存储结构

在线性链表中，用头指针 HEAD 指向线性链表中第一个数据元素的节点，最后一个节点的指针域为空(用 NULL 或 0 表示)，表示链表终止，当 HEAD = NULL(或 0)时称为空表。

(2)线性链表的基本运算

①线性链表的插入：为了在线性链表中插入一个新元素，首先要给该元素分配一个新节点，以便用于存储该元素的值，新节点可以从可利用栈中取得，然后将存放新元素值的节点链接到线性链表中指定的位置。

②线性链表的删除：指在线性链表中删除包含指定元素的节点，首先要在线性链表中找到该节点，然后将要删除的节点放回可利用栈。

在线性链表的插入删除操作中，不需移动元素，只需改变相应节点的指针域即可。

(3)循环链表

所谓循环链表是指链表的最后一个节点的指针值指向第一个节点，整个链表形成一个环。对于循环链表而言，只要给定表中任何一个节点的地址，通过它就可以访问表中所有的其他节点，而不像单向链表那样一定要指出第一个节点的地址，才能访问其后的节点。循环链表如图 9－6 所示。

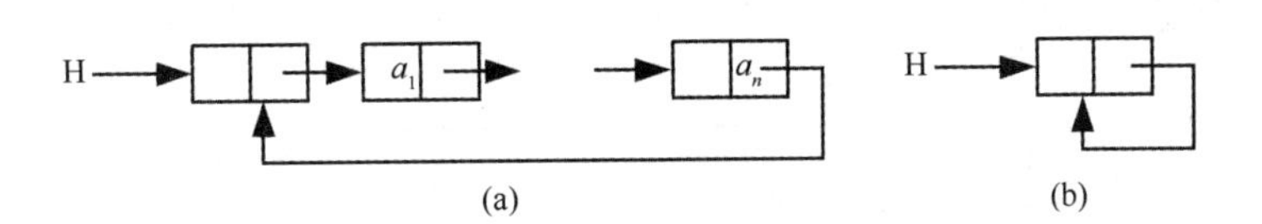

图9-6 循环链表的逻辑状态

(a)非空表；(b)空表

9.3.3 栈(stack)

1. 栈的定义

栈实际上也是线性表，只不过是一种特殊的线性表。在这种特殊的线性表中，其插入与删除都只在线性表的一端进行，且插入与删除也不需要移动表中的其他元素，这种线性表称为栈。

在栈中，允许插入与删除的一端称为栈顶，而不允许插入与删除的一端称为栈底。栈顶元素总是最后插入的元素，从而也是最先能被删除的元素，即栈是按照“先进后出”(FILO，first in last out)或“后进先出”(LIFO，last in first out)的原则组织数据的，通常用指针 top 来指向栈顶的位置，用指针 bottom 指向栈底。

与一般的线性表一样，在程序设计语言中，用一维数组作为栈的顺序存储空间。

2. 栈的基本运算

栈的基本运算有入栈、退栈、读栈顶元素3种。

(1)入栈运算

入栈运算是指在栈顶位置插入一个新元素，这个运算有两个基本操作，首先将栈顶指针进一(即 top 加1)，然后将新元素插入到指针指向的位置。当栈顶指针已经指向存储空间的最后一个位置时，说明栈空间已满，不可能再进行入栈操作，这种情况称为“上溢”。

(2)退栈运算

退栈运算是取出栈顶元素，这个运算有两个基本操作：首先将栈顶元素赋给一个指定的变量，然后将栈顶指针退一(即 top 减1)。当栈顶指针与栈底指针重合时，不可能进行退栈操作，这种情况称为“下溢”。

(3)读栈顶元素

读栈顶元素是指将栈顶元素赋给一个指定的变量，但这个运算不删除栈顶元素，栈顶指针也不会动。

9.3.4 队列(queue)

1. 队列的定义

队列也是一种特殊的线性表，队列是一种“先进先出”(FIFO，first in first out)的线性表，它只允许在表的一端插入元素，而在表的另一端删除元素。在队列中，允许插入的一端称为队尾，通常用一个称为尾指针(rear)的指针指向队尾元素，允许删除的一端称为队头，通常用一个头指针(front)指向队头元素的前一个位置。

如图9-7所示是一个有5个元素的队列。入队的顺序依次为a_1、a_2、a_3、a_4、a_5，出队时

的顺序将依然是 a_1、a_2、a_3、a_4、a_5。

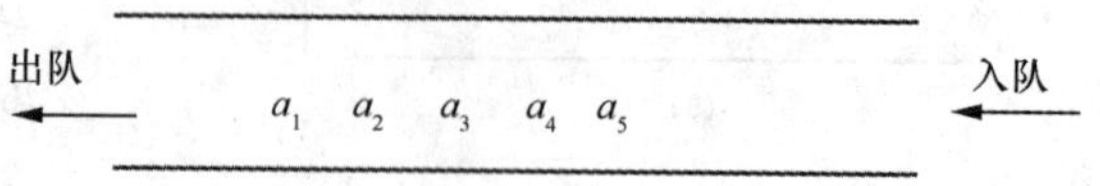

图 9-7 具有 5 个元素的队列示意图

与栈类似，在程序设计语言中，用一维数组作为队列的顺序存储空间。

2. 队列的基本运算

队列的基本运算有入队与退队。

(1) 队列的入队运算

每进行一次入队运算，队尾指针进一，然后将新元素插入到队尾指针所指的位置。如不能入队，说明队列已满，称为“上溢”。

(2) 队列的退队运算

每次退队时，首先将队头指针进一，然后在队头位置退出一个元素并赋给一个指定的变量。如不能进行退队运算，则称为“下溢”。

3. 循环队列

队列的顺序存储结构一般采用循环队列的形式，循环队列就是将队列存储空间的最后一个位置绕第一个位置，形成逻辑上的环状，供队列循环使用。

9.3.5 树与二叉树

1. 树的基本概念

树(tree)是一种简单的非线性结构，在这种数据结构中，所有数据元素之间的关系具有明显的层次特性。如图 9-8 所示为一棵一般的树，从图中可以看出，在用图形表示树这种数据结构时，很像自然界中的树，只不过是一棵倒长的树，因此，这种数据结构就用“树”来命名。

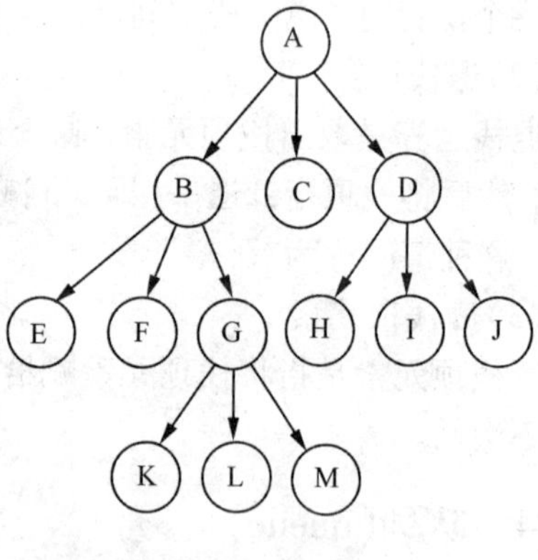

图 9-8 树

在树的图形表示中，总是认为在用直线连起来的两端节点中，上端节点是前件，下端节点是后件，这样，表示前后件关系的箭头就可以省略。

在树结构中，每个节点只有一个前件，称为父节点，没有前件的节点只有一个，称为树的根节点，简称为树的根。如图 9-8 中的 A 节点为根节点。

在树结构中，一个节点可以有多个后件，它们都称为该节点的子节点。如图 9-8 中的 B、C、D 节点为节点 A 的子节点。

在树结构中，一个节点所拥有的后件个数(即子节点个数)称为该节点的度。在树中所有节点中的最大的度称为树的度。如图 9-8 中的 A 节点的子节点个数为 3，则 A 节点的度为

3，C节点的子节点个数为0，则C节点的度为0，整个树的度为所有节点中最大的度，在本例中，树的度为3。

在树结构中，一般按如下原则分层：根节点在第一层，同一层上所有节点的子节点都在下一层。树的最大层次称为树的深度。如图9－8中A节点在第一层，B、C、D节点在第二层，E、F、G、H、I、J节点在第三层，K、L、M节点在第四层，树的深度为4。

在树结构中，以某个节点的一个子节点为根构成的树称为该节点的一棵子树。

在树结构中，没有后件的节点称为叶子节点，叶子节点没有子树。如图9－8中E、F、K、L、M、C、H、I、J节点为叶子节点。

2. 二叉树及其基本性质

(1)二叉树的定义

二叉树是一种很有用的非线性结构，它不同于前面介绍的树结构，但它与树结构很相似，树结构的所有术语都可以用到二叉树这种数据结构上。

二叉树具有以下两个特点。

①非空二叉树只有一个根节点；

②每个节点最多有两棵子树，分别称为该节点的左子树与右子树。

(2)二叉树的基本性质

性质1：在二叉树的第k层上，最多有$2^{k-1}(k\geqslant 1)$个节点。

性质2：深度为m的二叉树最多有2^m-1个节点。

性质3：在任意一棵二叉树中，度为0的节点(即叶子节点)总比度为2的节点多一个。

性质4：具有n个节点的二叉树，其深度至少为$[\log_2 n]+1$，其中$[\log_2 n]$表示取$\log_2 n$的整数部分。

性质5：具有n个节点的完全二叉树的深度为$[\log_2 n]+1$。

3. 二叉树的存储结构

在计算机中，二叉树通常采用链式存储结构，用于存储二叉树中各元素的存储节点由两部分组成：数据域与指针域。因二叉树中每个元素可以有两个子节点，因此，用于存储二叉树的存储节点的指针域有两个：一个指向该节点的左子节点的存储地址，叫左指针域；另一个指向该节点的右子节点的存储地址，叫右指针域，节点形式如图9－9所示。二叉树的链式存储结构也称为二叉链表。

图9－9　二叉树的存储点的结构

4. 二叉树的遍历

二叉树的遍历是指不重复地访问二叉树中的所有节点。在遍历二叉树的过程中，一般是先遍历左子树，然后再遍历右子树，在先左后右的原则下，根据访问根节点的次序，二叉树的遍历可以分为3种：前序遍历、中序遍历、后序遍历。

(1)前序遍历(DLR)

前序遍历是指在访问根节点、遍历左子树与遍历右子树这三者中，首选访问根节点，然后遍历左子树，最后遍历右子树。在遍历左、右子树时也是这个过程，因此，前序遍历二叉树的过程是一个递归的过程。

图 9－10 的二叉树的前序遍历(DLR)为：A B D G C E F。

(2)中序遍历(LDR)

中序遍历是指在访问根节点、遍历左子树与遍历右子树这三者中，首选访问遍历左子树，然后访问根节点，最后遍历右子树。在遍历左、右子树时也是这个过程，因此，中序遍历二叉树的过程是一个递归的过程。

图 9－10 的二叉树的中序遍历(LDR)为：D G B A E C F。

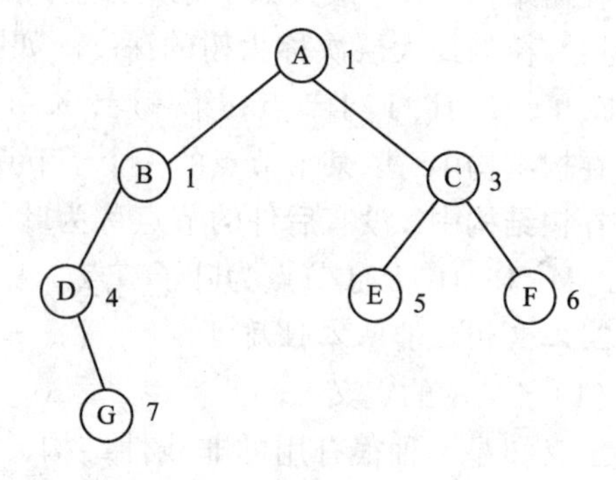

图 9－10　二叉树例

(3)后序遍历(LRD)

后序遍历是指在访问根节点、遍历左子树与遍历右子树这三者中，首选遍历左子树，然后遍历右子树，最后访问根节点。在遍历左、右子树时也是这个过程，因此，后序遍历二叉树的过程是一个递归的过程。

图 9－10 的二叉树的后序遍历(LRD)为：G D B E F C A。

9.3.6　查找

查找是数据处理领域中的一个重要内容，查找的效率将直接影响数据处理的效率。查找是指在一个给定的数据结构中查找某个指定的元素。通常，应根据不同的数据结构采用不同的查找方法。

1. 顺序查找

顺序查找又称顺序搜索。顺序查找一般是指在线性表中查找指定的元素，其基本方法如下：用待查找的关键码值与线性表中各元素的关键码值逐个比较，若找出相等的则查找成功，否则查找失败。

顺序查找的优点：对线性表的元素逻辑次序无要求(即不必按关键码值排序)，对线性表的存储结构无要求(即顺序存储，链式存储皆可)。

顺序查找的缺点：平均检索长度大，大约要与线性表中一半的元素进行比较。

对于线性表为无序表和有序线性表采用链式存储结构，则只能用顺序查找。

2. 二分查找

二分查找是一种效率较高的线性表查找方法，它只适合用于顺序存储的有序表，即线性表中的元素必须按值排好顺序，且以顺序存储方式存储。

二分查找的方法是：首先用要查找的关键码值与线性表中间位置的元素的关键码值比较，比较相等则查找结束，不等则根据比较的结果确定下一步是在线性表的前部，还是后部；按前述方法进行，如此进行下去，直到找到为止，否则在线性表中找不到该关键码值。

【例 6－1】设被检索的线性表关键码序列为 016、087、154、170、275、426、503、509、512、612、677、703、765、897、908。现在要检索关键码为 612 的节点，用“[　　]”括住本次检索的子表，用“____”指向该子表的中间节点，即本次参加比较的关键码，检索过程如图

9－11 所示，经过 3 次比较找到了该节点。

[061 087 154 170 275 426 503 509 512 612 677 703 765 897 908]
061 087 154 170 275 426 503 509 [512 612 677 703 765 897 908]
061 087 154 170 275 426 503 509 [512 612 677] 703 765 897 908

图 9－11 二分查找

二分查找的优点是：平均检索长度小，为 $\log_2 n$。

二分查找的缺点是：排序线性表花费时间，顺序方式存储插入、删除不便。

9.3.7 排序

排序是数据处理的重要内容，所谓排序是指将一个无序序列整理成按值非递减顺序排列的有序表，排序可以在各种不同的存储结构上实现。

1. 交换类排序法

交换类排序法是指借助数据元素之间的互相交换进行排序的一种方法。常用的有冒泡排序法和快速排序法。

(1)冒泡排序法

冒泡排序是基于交换思想的一种简单的排序方法，其基本方法是：将待排序的元素顺序两两比较，若为逆序，则进行交换。将序列照此方法从头至尾处理一遍称作一趟冒泡，一趟冒泡的效果是将元素关键值最大的元素交换到最后的位置，即该元素的排序最终位置。若某一趟冒泡过程中没有任何交换发生，则排序过程结束。对 n 个元素进行排序最多需要 $n-1$ 趟冒泡。

【例 6－2】设待排序序列的关键码为：38、19、67、15、99、45、94、2、76，执行冒泡排序的过程如图 9－12 所示。

第1趟：19 38 15 67 45 94 2 76 99
第2趟：19 15 38 45 67 2 76 94 99
第3趟：15 19 38 45 2 67 76 94 99
第4趟：15 19 38 2 45 67 76 94 99
第5趟：15 19 2 38 45 67 76 94 99
第6趟：15 2 19 38 45 67 76 94 99
第7趟：2 15 19 38 45 67 76 94 99

图 9－12 冒泡排序过程例

(2)快速排序法

快速排序又称为分区交换排序，是对冒泡排序的一种改进。其基本方法是：在待排序序列中任取一个元素，以它为基准值，用交换的方法将所有元素分成两部分，比它小的在一个部分，比它大的在另一个部分，再分别对两个部分实施上述过程，一直重复到排序完成。

2. 插入类排序法

常用的插入类排序法有：简单插入排序法和希尔排序法。

(1)简单插入排序法

简单插入排序法是最简单直观的排序方法，其基本方法是：每步将一个待排序元素按其关键码值的大小插入到前面已排序文件中的适当位置上，直到全部插入为止。

简单插入排序法的效率较低，对 n 个元素进行简单插入排序，需要执行 $n(n-1)$ 次比较。

(2)希尔排序法

希尔排序法属于插入类排序，但它对简单插入排序做了较大的改进。

希尔排序法的基本方法是：将整个无序序列分割成若干小的子序列分别进行插入排序。子序列的分割方法是：将相隔某个增量 h 元素构成一个子序列。在排序过程中，逐次减小这个增量，最后当 h 减到 1 时，进行一次插入排序，排序完成。

3. 选择类排序法

常用的选择类排序法有：简单选择排序法和堆排序法。

(1)简单选择排序法

简单选择排序的基本方法是：扫描整个线性表，从中选出最小的元素，将它交换到表的最前面(这是它应有的位置)；然后对剩下的子表采用同样的方法，直到子表为空为止。

(2)堆排序法

堆排序法中，要求堆顶元素必为最大项，堆排序的基本方法是：在调整建堆过程中，总是将根节点值与左、右子树的根节点值进行比较，若不满足堆的条件，则将左、右子树根节点值中的大者与根节点进行交换，这个过程一直做到所有子树均为堆为止。

9.4 软件工程基础

要设计开发一个大型系统并管理它，需要解决一系列问题：怎样确定完成这个项目的时间、经费、人力等资源上的开支？怎样将一个大的工程分解成几个可管理的小部分？怎样保证每部分工作不互相排斥？怎样进行工作交流？怎样衡量工程的进度？等等。这就必须采用科学的方法，以降低复杂度，以工程的方法管理和控制软件开发的各个阶段，以保证大型软件系统的开发具有正确性、易维护性、可读性和可重用性，这就是本节将要简要介绍的软件工程的基础知识。

9.4.1 软件工程的基本概念

1. 软件的定义和特点

计算机软件是计算机系统中与硬件相互依存的另一部分，是包括程序、数据和相关文档的集合。其中，程序是软件开发人员根据用户需求开发的、用程序设计语言描述的、适合计算机执行的指令(语句)序列。数据是使程序正常操纵信息的数据结构。文档是与程序开发、维护和使用有关的图文资料。

软件在开发、生产、维护和使用等方面与计算机硬件相比存在明显的差异，因而理解软件的定义需要了解软件的如下特点。

①表现形式不同：软件是逻辑产品，具有很高的抽象性，缺乏可见性；硬件是物理部件，看得见、摸得着。

②生产方式不同：软件的生产与硬件不同，它没有明显的制作过程，一旦研制成功可以

大量复制。

③维护不同：软件在运行、使用期间不存在磨损、老化问题。

④要求不同：硬件产品允许有误差，而软件产品却不允许有误差。

⑤成本不同：软件复杂性高，成本昂贵。

另外软件开发还涉及诸多的社会因素。

2. 软件危机和软件工程

软件工程概念的出现源自软件危机。20 世纪 60 年代末以后，“软件危机”这个词频繁出现，所谓软件危机是泛指在计算机软件的开发和维护过程中所遇到的一系列严重问题。实际上，几乎所有的软件都不同程度地存在这些问题。具体地说，软件危机主要表现在以下几个方面：

①软件需求的增长得不到满足。

②软件开发成本和进度无法控制。

③软件质量难以保证。

④软件不可维护或维护程度非常低。

⑤软件开发生产率的提高赶不上硬件的发展和应用需求的增长。

在软件开发和维护过程中，之所以存在这些问题，一方面与软件本身的特点有关，另外，软件的显著特点是规模庞大，复杂度超线性增长；另一方面与软件开发和维护方法不正确有关，这是主要原因。而软件工程就是试图用工程、科学和数据的原理与方法研制、维护计算机软件的有关技术及管理方法。

软件工程是应用于计算机软件的定义、开发和维护的一整套方法、工具、文档、实践标准和工序。它的主要思想是强调在软件开发过程中需要应用工程化原则。软件工程的核心思想是把软件产品看作是一个工程产品来处理，即把工程化的概念引入软件生产当中。代表的有结构化的方法和面向对象方法。

软件工程包括 3 个要素，即方法、工具和过程。方法是完成软件工程项目的技术手段；工具支持软件的开发、管理、文档生成；过程支持软件开发的各个环节的控制、管理。

3. 软件工程过程与软件生命周期

(1)软件工程过程

软件工程过程是把输入转化为输出的一组彼此相关的资源和活动。它有两方面的内涵。

其一，软件工程过程是指为获得软件产品，在软件工具支持下由软件工程师完成的一系列软件工程活动。它通常包含 4 种基本活动：

①P(plan)：软件规格说明。

②D(do)：软件开发。

③C(check)：软件确认。

④(action)：软件演进。

其二，从软件开发的观点看，它是使用适当的资源为开发软件进行的一组开发活动。

所以软件工程过程是将软件工程的方法和工具综合起来，以达到合理、及时地进行计算机软件开发的目的。

(2)软件生命周期

通常，将软件产品从提出、实现、使用维护到停止使用退役的过程称为软件生命周期。

一般包括可行性研究与需求分析、设计、实现、测试、交付使用以及维护等活动，这些活动可以有重复，执行时也可以有迭代。还可以将软件生命周期分为软件定义、软件开发和软件运行维护三大阶段。

① 可行性研究与计划制定：确定待开发软件系统的开发目标和总的要求。

② 需求分析：对待开发软件提出的需求进行分析并给出详细定义。编写软件规格说明书及初步的用户手册，提交评审。

③ 软件设计：在理解软件需求的基础上，给出软件的结构、模块的划分、功能的分配以及处理流程。编写概要设计说明书、详细设计说明书和测试计划初稿，提交评审。

④ 软件实现：把软件设计转换成计算机可以接受的程序代码。

⑤ 软件测试：设计测试用例，编写测试分析报告。

⑥ 运行和维护：将已交付的软件投入运行，并在运行、维护中不断地扩充和删改。

4. 软件工程的目标与原则

软件工程的目标可概括为在给定成本、进度的前提下，开发出具有有效性、可靠性、可理解性、可维护性、可重用性、可适应性、可移植性和可互操作性并满足用户需要的产品。基于上述目标，软件工程理论和技术性研究的内容主要包括软件开发技术和软件工程管理技术。

为了达到软件工程的目标，在软件开发过程中必须遵循软件工程的基本原则：抽象、信息隐蔽、模块化、局部化、确定性、一致性、完备性和可验证性，这些原则适用于所有的软件项目。

5. 软件开发工具与软件开发环境

软件开发工具是为支持软件人员开发和维护活动而使用的软件。它可以帮助开发人员完成一些烦琐的程序编制和调试问题，使软件开发人员将更多的精力和时间投入到最重要的软件需求和设计上，提高软件开发的速度和质量。

软件开发环境是全面支持软件开发全过程的软件工具集合，这些软件工具按照一定的方法和模式组合起来，共同支持软件生命周期内各阶段和各项任务的完成。

9.4.2 结构化分析方法

结构化方法经过30多年的发展，已经成为系统、成熟的软件开发方法之一。结构化方法包括已经形成了配套的结构化分析方法、结构化设计方法和结构化编程方法，其核心和基础是结构化程序设计理论。

1. 需求分析与需求分析方法

(1)需求分析

软件需求是指用户对目标软件系统在功能、行为、性能、设计约束等方面的期望。需求分析的任务是发现需求、求精、建模和定义需求的过程。它包括以下两个要素。

① 需求分析的定义。

② 需求分析阶段的工作：需求获取、需求分析、编写需求规格说明书和需求评审。

(2)需求分析方法

常见的需求分析方法有以下几种。

① 结构化分析方法，主要包括：面向数据流的结构化分析方法(SA)，面向数据结构的

Jackson 方法(JSD)，面向数据结构的结构化数据系统开发方法(DSSD)。

② 面向对象的分析方法(OOA)。

2. 结构化分析方法

(1)结构化方法

结构化分析方法是结构化程序设计理论在软件需求分析阶段的运用，它是20世纪70年代中期倡导的基于功能分解的分析方法，其目的是帮助弄清用户对软件的需求。

结构化分析就是使用数据流图(DFD)、数据字典(DD)、结构化英语、判定表和判定树等工具，建立一种新的、称为结构化规格说明的目标文档。

结构化分析方法的实质是着眼于数据流，自顶向下，逐层分解，建立系统的处理流程，以数据流图和数据字典为主要工具，建立系统的逻辑模型。

(2)结构化分析的常用工具

① 数据流图：是描述数据处理过程的工具，是需求理解的逻辑模型的图形表示，它直接支持系统的功能建模，从数据传递和加工的角度，来刻画数据流从输入到输出的移动变换过程。数据流图中的主要图形元素与说明如下：

○：加工

→：数据流

：存储文件(数据源)

□：源，潭

②数据字典：是结构化分析方法的核心。它是对所有与系统相关的数据元素的一个有组织的列表，以及精确的、严格的定义，使得用户和系统分析员对于输入、输出、存储成分和中间计算结果有共同的理解。

③ 判定树：使用判定树进行描述时，应从问题定义的文字描述中分清哪些是判定的条件，哪些是判定的结论，根据描述材料中的连接词找出判定条件之间的从属关系、并列关系、选择关系，根据它们构造判定树。

④判定表：判定表与判定树相似，当数据流图的加工要依赖于多个逻辑条件的取值时，即完成该加工的一组动作是由于某一组条件取值的组合而引发，使用判定表描述比较适宜。

3. 软件需求规格说明书

软件需求规格说明书(SRS)是需求分析阶段的最后成果，是软件开发中的重要文档之一。

(1)软件需求规格说明书的作用

① 便于用户、开发人员进行理解和交流。

② 反映出用户问题的结构，可以作为软件开发的基础和依据。

③ 作为确认测试和验收的依据。

(2)软件需求规格说明书的内容

软件需求规格说明书是作为需求分析的一部分而制订的可交付文档，该说明把在软件计划中确定的软件范围加以展开，制订出完整的信息描述、详细的功能说明、恰当的检验标准以及其他与要求有关的数据。

软件需求规格说明书所包括的内容和书写框架如下：

一、概述

二、数据描述

数据流图

数据字典

系统接口

内部接口

三、功能描述

功能

处理说明

设计的限制

四、性能描述

性能参数

测试种类

预期的软件响应

应考虑的特殊问题

五、参考文献目录

六、附录

软件需求规格说明书是一份在软件生命周期中至关重要的文件，它在开发早期就为尚未诞生的系统建立了一个可见的逻辑模型。

9.4.3 结构化设计方法

需求分析阶段得到了软件的需求规格说明书，它明确地描述了用户要求软件系统“做什么”的问题，即定义了系统的主要逻辑功能、数据以及数据间的联系，现在是决定“怎么做”的时候了，即建立一个符合用户需求的软件系统。软件开发进入软件设计阶段。

1. 软件设计的基本概念

(1)软件设计的基础

软件设计是软件工程的重要阶段，是一个把软件需求转换为软件表示的过程。软件设计的基本目标是用比较抽象概括的方式确定目标系统如何完成预定的任务，即软件设计是确定系统的物理模型。

从工程管理角度来看，软件设计分两步完成：概要设计和详细设计。概要设计(又称结构设计)将软件需求转化为软件体系结构、确定系统级接口、全局数据结构或数据库模式；详细设计确立每个模块的实现算法和局部数据结构，用适当方法表示算法和数据结构的细节。

(2)软件设计的基本原则

①抽象：是一种思维工具，就是把事物本质的共同特性提取出来而不考虑其他细节。

②模块化：是指把一个待开发的软件分解成若干小的简单的部分。

③信息隐蔽：是指在一个模块内包含的信息，对于不需要这些信息的其他模块来说是不能访问的。

④模块独立性：是指每个模块只写成系统要求的独立的子功能，并且与其他模块的联系最少且接口简单。模块的独立程度是评价设计好坏的重要度量标准。衡量软件的模块独立性使用耦合性和内聚性两个定性的度量标准。一个优秀的软件设计应尽量做到高内聚、低

耦合。

2. 概要设计

(1)概要设计的任务

①设计软件系统结构：在需求分析阶段，已经把系统分解成层次结构，而在概要设计阶段，需要进一步分解，划分为模块以及模块的层次结构。

②数据结构及数据库设计：数据设计是实现需求定义和规格说明过程中提出的数据对象的逻辑表示。

③编写概要设计文档：需要编写的文档有概要设计说明书、数据库设计说明书、集成测试计划等。

④概要设计文档评审。

(2)概要设计的图形工具

常用的软件结构设计工具是结构图(SC)，也称程序结构图，它描述了软件系统的层次和分块结构关系。

模块用一个矩形表示，矩形内注明模块的功能和名字；箭头表示模块间的调用关系。用带实心圆的箭头表示传递的是控制信息，用带空心圆的箭头表示传递的是数据。

结构图的有关术语如下。

①深度：表示控制的层数。

②上级模块、下级模块：调用模块是上级模块，被调用模块是下级模块。

③宽度：整体控制跨度(最大模块数的层)的表示。

④扇入：调用一个给定模块的模块个数。

⑤扇出：一个模块直接调用的其他模块数。

⑥原子模块：树中位于叶子节点的模块。

(3)面向数据流的设计方法

典型的数据流类型有两种：变换型和事务型。

①变换型：是指信息沿输入通道进入系统，同时由外部形式变换成内部形式，进入系统的信息通过变换中心，经加工处理以后再沿输出通路变换成外部形式离开软件系统。

②事务型：在很多软件应用中，存在某种作业数据流，它可以引发一个或多个处理，这些处理能够完成该作业要求的功能，这种数据流就叫做事务。

(4)设计的准则

①提高模块独立性。

②模块规模适中。

③深度、宽度、扇出和扇入适当。

④使模块的作用域在该模块的控制域内。

⑤应减少模块的接口和界面的复杂性。

⑥设计成单入口、单出口的模块。

⑦设计功能可预测的模块。

3. 详细设计

详细设计的任务是为软件结构图中的每个模块确定实现算法和局部数据结构，用某种选定的表达工具表示算法和数据结构的细节。

常用的过程图形设计工具如下。

(1)程序流程图

程序流程图是一种传统的、应用广泛的软件过程设计表示工具，通常称为程序框图。程序流程图表达直观、清晰，易于学习掌握，且独立于任何一种程序设计语言。

构成程序流程图的最基本图符及含义如下所示。

→ 或 ↓：控制流

□ ：加工步骤

◇ ：逻辑条件

(2)N－S图

为了避免程序图在描述程序逻辑时的随意性与灵活性，提出了用方框图来代替传统的程序流程图，通常把这种图称为N－S图。

N－S图的基本图符及表示的5种控制结构如图9－13所示。

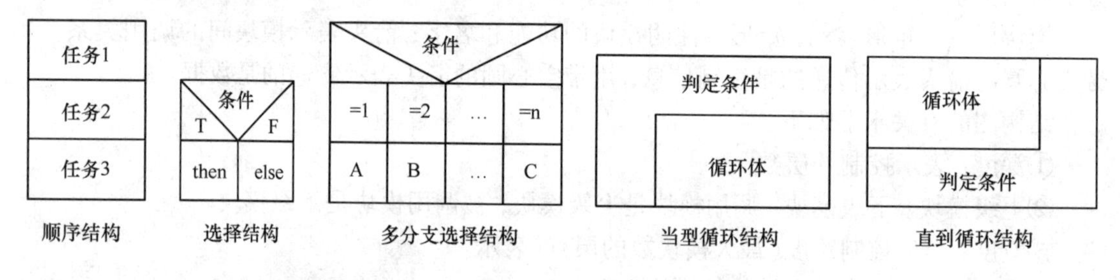

图9－13 N－S图图符与构成的5种控制结构

(3)PAD图

PAD图是问题分析图(problem analysis diagram)的英文缩写，它是继程序流程图和方框图之后，提出的又一种主要用于描述软件详细设计的图形表示工具。

PAD图的基本图符及表示的控制结构如图9－14所示。

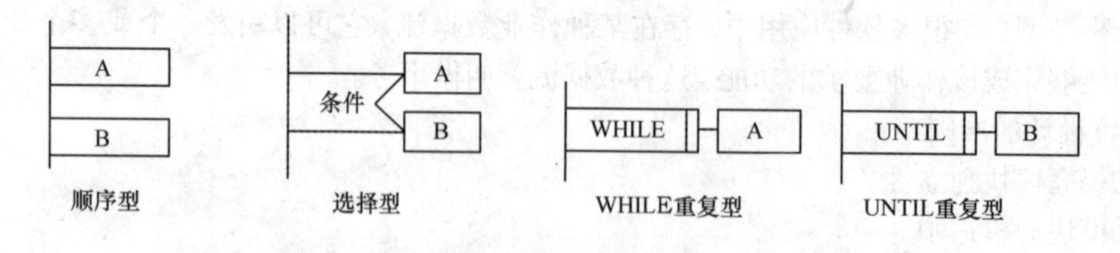

图9－14 PAD图图符与构成的5种控制结构

除了以上3种工具外，还有判定表、判定树和结构化自然语言PDL等描述工具。

9.4.4 软件测试及调试

无论采用哪一种开发模型所开发出来的大型软件系统，由于客观系统的复杂性，人为的错误，每个阶段技术复审的遗漏，加上编码阶段引入的错误，交付使用前都必须经过严格的软件测试，通过测试尽可能找出软件计划、总体设计、详细设计、软件编码中的错误，并加以纠正，才能保证高质量的软件。软件测试不仅是软件设计的最后复审，也是保证软件质量的关键。软件测试工作占开发总量的40% ~50%。

1. 软件测试的目的与任务

软件测试的目的是确保软件的质量，尽量找出软件错误并加以纠正，而不是证明软件没有错。因此，软件测试的任务可以规定两点。

①测试任务：通过采用一定的测试策略，找出软件中的错误。

②调试任务：如果测试发现错误，则定位软件中的错误，并加以纠正。

找错的活动称为测试，纠错的活动称为调试。

2. 软件测试的准则

①所有测试都应追溯到需求。

②严格执行测试计划，排除测试的随意性。

③充分注意测试中的群集现象。

④程序员应避免检查自己的程序。

⑤穷举测试不可能。

⑥妥善保存测试计划、测试用例、出错统计和最终分析报告，为维护提供方便。

3. 软件测试技术与方法

软件测试的方法和技术是多种多样的，对于软件测试方法和技术，可以从不同的角度加以分类。

若从是否需要执行被测软件的角度，可以分为静态测试和动态测试方法。若按照功能划分可以分为白盒测试和黑盒测试。

(1)静态测试与动态测试

静态测试包括代码检查、静态结构分析、代码质量度量等，可以由人工完成，也可以借助软件工具。

动态测试是基于计算机的测试，是为了发现错误而执行程序的过程。合理的测试用例是测试的关键，测试用例是为测试设计的数据。

(2)白盒测试方法与测试用例

白盒测试方法也称结构测试或逻辑驱动测试，它是根据软件产品的内部工作过程，检查内部成分，以确认每种内部操作符合设计规格要求。白盒测试把测试对象看成是一个打开的盒子。白盒测试是在程序内部进行，主要用于完成软件内部操作的验证。

白盒测试的主要方法有逻辑覆盖、基本路径测试等。

逻辑覆盖测试是指一系列以程序的内部逻辑结构为基础的测试用例设计技术。

①语句覆盖：执行足够的测试用例，使得程序中每个语句至少都能被执行一次。

②路径覆盖：执行足够的测试用例，使程序中所有可能的路径都至少经历一次。

③判定覆盖：使设计的测试用例保证程序中每个取值分支至少经历一次。

④条件覆盖：设计的测试用例保证程序中每个判断的每个条件的可能取值至少执行一次。

⑤判断-条件覆盖：设计足够的测试用例，保证程序中判断的每个条件的所有可能取值至少执行一次，同时每个判断的所有可能取值分支至少执行一次。

基本路径测试是根据软件过程性描述中的控制流程确定程序的环路复杂性度量，用此度量定义基本路径集合，并由此导出一组测试用例对每一条独立执行路径进行测试。

(3)黑盒测试方法与测试用例

黑盒测试方法也称为功能测试或数据驱动测试，它是对软件已经实现的功能是否满足需求进行测试和验证。黑盒测试完全不考虑程序内部的逻辑结构和内部特性，只依据程序的需求和功能规格说明，检查程序的功能是否符合它的功能说明。黑盒测试是在软件接口进行，完成功能验证。

黑盒测试方法主要有等价类划分法、边界值分析法、错误推测法、因果图法等。

其中，等价类划分法是将程序的所有可能的输入数据划分成若干部分，然后从每个等价类中选取数据作为测试用例。

4. 软件测试实施

软件测试过程一般按 4 个步骤进行，即单元测试、集成测试、验收测试(确认测试)和系统测试。

(1)单元测试

单元测试集中对软件设计的最小单位——模块进行测试，主要是为了发现模块内部可能存在的各种错误和不足。

进行单元测试时，根据程序的内部结构设计测试用例，主要使用白盒测试法。由于各模块相对独立，因而对多个模块的测试可以同时进行，以提高测试效率。单元测试主要针对 5 个基本特性进行测试：模块接口、局部数据结构、重要的执行路径、出错处理和边界条件。

(2)集成测试

集成测试是测试和组装软件的过程。主要目的是发现与接口有关的错误，集成测试的依据是概要设计说明书，测试的内容主要是：软件单元的接口测试、全局数据结构测试、边界条件和非法输入的测试等。

集成测试时将模块组装成程序，通常采用两种方式：非增量方式组装和增量方式组装。

(3)确认测试

确认测试的任务是验证软件的功能和性能及其他特性是否满足了需求规格说明中确定的各种需求，以及软件配置是否完全、正确。

确认测试的实施首先运用黑盒测试方法。

(4)系统测试

系统测试是把通过确认测试的软件作为基于计算机系统的一个元素，与整个系统的其他元素结合起来，在实际运行环境下，对计算机系统进行一系列的集成测试和确认测试。

5. 软件调试实施

在对程序进行了成功的测试之后将进入程序调试，程序调试的任务是诊断和改正程序中的错误。软件测试贯穿整个软件生命周期，调试主要在开发阶段。

程序调试活动由两部分组成：其一是错误的定位，其二是修改错误。

常用的程序调试方法有：强行排错法、回溯法和原因排错法。

第 10 章

数据库设计基础

在计算机应用三大领域(科学计算、数据处理和过程控制)中，数据处理约占 70%，而数据库技术就是作为一门数据处理技术发展起来的。本章首先介绍数据库系统的基础知识，然后对基本数据模型进行讨论，特别是其中的 E－R 模型和关系模型；之后再介绍关系代数及其在关系数据库中的应用，并对关系的规范化理论作了简单说明；最后，讨论了数据库的设计过程。

通过本章学习，掌握数据库系统的基础概念、E－R 模型和关系模型，了解关系代数及其在关系数据库中的应用，了解数据库设计过程。

10.1　数据库系统的基本概念

10.1.1　数据、数据库、数据库管理系统

1. 数据(data)

数据实际上就是描述事物的符号表示。软件中的数据是有一定结构的，即有型(type)和值(value)之分，数据的型给出了数据表示的类型，如整型、实型、字符型等，包括了将多种相关数据以一定结构方式组合构成特定的数据框架，即数据结构(data structure)，数据库中在特定条件下称之为数据模式(data schema)。而数据的值给出了符合给定型的值，如整型值 19。

2. 数据库(database，DB)

数据库是长期存储在计算机内、有组织、可共享的数据的集合。数据库中的数据按一定的数据模式组织、描述和存储，具有较大的集成度和较小的冗余度、较高的数据独立性和易扩展性，并可为各种用户所共享。例如，人们经常使用通讯录来记录信息。通讯录就是一个数据集合，它包含了每个人的姓名、电话、单位、地址等。将通讯录的信息按照一定的结构存储到计算机中便形成了一个数据库。

3. 数据管理系统(database management system，DBMS)

数据库管理系统是数据库系统的核心软件，它是一种系统软件，在操作系统的支持下工作，负责数据库中的数据模式定义、数据存取的物理构建、数据操纵、数据的完整性安全性定义与检查、数据库的并发控制与故障恢复、数据服务，并提供相应的数据语言(data language)。

①数据定义语言(data definition language，DDL)：负责数据的模式定义与数据的物理存取

构建等。

②数据操纵语言(data manipulation language, DML):负责实现对数据库的基本操作,即查询、插入、删除和修改等。

③数据控制语言(data control language, DCL):负责数据完整性、安全性的定义与检查以及并发控制、故障恢复等功能,包括系统初启程序、文件读写与维护程序、存取路径管理程序、缓冲区管理程序、安全性控制程序、完整性检查程序、并发控制程序、事务管理程序、运行日志管理程序、数据库恢复程序等。

上述数据语言按其使用方式具有两种结构形式:

①交互式命令语言:又称为自含型或自主型语言,语言简单,能在终端上即时操作。

②宿主型语言:一般可嵌入某些宿主语言(host language)中,如嵌入C,C++等高级过程性语言中。

此外,数据库管理系统还有为用户提供服务的服务性(utility)程序,包括数据初始装入程序、数据转存程序、性能监测程序、数据库再组织程序、数据转换程序、通信程序等。

目前流行的DBMS均为关系数据库系统,比如ORACLE、Sybase的PowerBuilder及IBM的DB2、微软的SQL Server等,另外有一些小型的数据库,如微软的Visual FoxPro和Access等,它们只具备数据库管理系统的一些简单功能。

4. 数据库系统(data base system, DBS)

数据库系统通常是指带有数据库的计算机系统。它由数据库(数据)、数据库管理系统(软件)、数据库管理员(人员)、硬件平台(硬件)、软件平台(软件)五部分组成。

硬件平台是数据库赖以存在的物理设备,包括计算机和网络。软件平台包括操作系统、数据库系统开发工具和接口软件。数据管理员(database system, DBS)主要负责数据库设计、数据库维护、改善系统性能,提高系统效率。

5. 数据库应用系统(database application system, DBAS)

数据库应用系统由数据库系统加上应用软件及应用界面三者组成。具体包括数据库、数据库管理系统、数据库管理员、硬件平台、软件平台、应用软件、应用界面。其中应用软件是由数据库系统所提供的数据库管理系统(软件)及数据库系统开发工具书写而成,而应用界面大多由相关的可视化工具开发而成。

10.1.2 数据管理技术的产生和发展

数据管理技术的发展与计算机硬件和软件技术的发展有密切的关系。

1. 人工管理阶段(20世纪50年代中期以前)

这一时期,计算机主要用于科学计算,数据量不大,硬件方面,外存只有卡片、纸带及磁带,没有磁盘等直接存储的设备;软件方面只有汇编语言,没有操作系统和高级语言,也没有专门的数据管理软件。这些决定了当时的数据处理只能依靠人工来进行。

2. 文件系统阶段(20世纪50年代后期到60年代中期)

这一时期,外存已经有了磁盘等直接存储设备;在软件方面有了操作系统。这时的计算机已不仅用于科学计算,还大量用于数据处理。

操作系统提供了文件系统的管理功能。在文件系统中,数据以文件的形式组织和保存,文件是一组具有相同结构的记录的集合,记录是由某些相关数据项组成的。

文件系统是数据库系统发展的初级阶段，它提供了简单的数据共享与数据管理能力，但是它无法提供完整的、统一的、管理和数据共享能力。

3. 数据库系统阶段(20 世纪 60 年代后期)

20 世纪 60 年代后期开始，存储技术取得了很大发展，有了大容量磁盘。计算机管理的规模更加庞大，数据量急剧增长，为了提高效率，人们着手开发和研制更加完美的数据管理模式，提出了数据库的概念，出现了数据库这种数据管理技术。美国 IBM 公司于 1968 年研制成功的数据库管理系统 IMS(information management system)标志着数据管理技术进入了数据库系统阶段。

关于数据管理三个阶段中的软硬件背景及处理特点，简单概括在表 10 - 1 中。

表 10 - 1　数据管理三个阶段的比较

		人工管理	文件系统	数据库系统
背景	应用背景	科学计算	科学计算、管理	大规模管理
	硬件背景	无直接存取设备	磁盘、磁鼓	大容量磁盘
	软件背景	没有操作系统	有文件系统	有数据库管理系统
	处理方式	批处理	联机实时处理 批处理	联机实时处理 分布处理 批处理
特点	数据库管理者	人	文件系统	数据库管理系统
	数据面向对象	某个应用程序	某个应用程序	现实世界
	数据共享程序	无共享 冗余度大	共享性差 冗余度大	共享性大 冗余度小
	数据独立性	不独立，完全 依赖于程序	独立性差	具有高度的物理独立性 和一定的逻辑独立性
	数据结构化	无结构	记录内有结构 整体无结构	整体结构化，用数据模型描述
	数据控制能力	应用程序自己控制	应用程序自己控制	由 DBMS 提供数据安全性、 完整性、并发控制和恢复

10.1.3　数据库系统结构

可以从多种不同的层次或不同的角度考察数据库系统的结构。

从数据库管理系统角度看，数据库系统通常采用三级模式结构。这是数据库管理系统内部的系统结构。

从数据库最终用户角度看，数据库系统的结构分为集中式结构、分布式结构、客户/服务器结构和并行结构。这是数据库系统外部的体系结构。

1. 数据库系统模式的概念

在数据模型中有“型”和“值”的概念。型是指对某一类数据的结构和属性的说明，值是型的一个具体赋值。

模式是数据库中全体数据的逻辑结构和特征的描述，它仅仅涉及型的描述，不涉及具体的值。模式的一个具体值称为模式的一个实例。

2. 数据库系统的三级模式结构

数据系统的三级模式结构由外模式、模式和内模式组成，如图 10－1 所示。

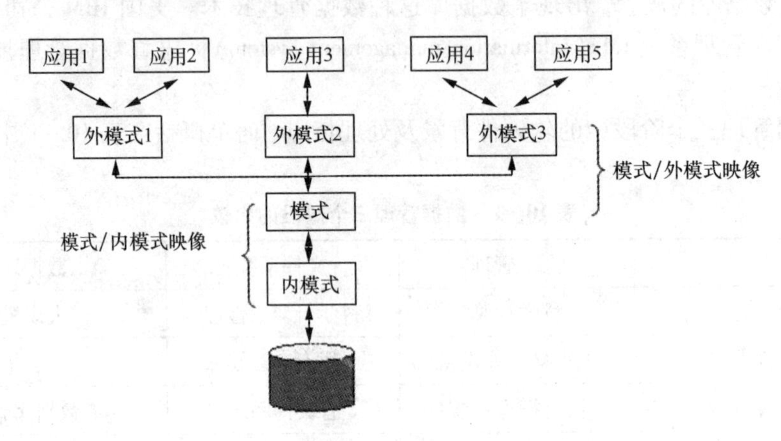

图 10－1　数据库系统的三级模式

(1)模式(schema)

模式也称概念模式，是数据库中全体数据的逻辑结构和特征的描述，是所有用户的公共数据视图。此种描述是一种抽象的描述，它不涉及具体的硬件环境与平台，也与具体的软件环境无关。

模式实际上是数据库数据在逻辑结构上的视图。一个数据库只有一个模式。定义模式时不仅要定义数据的逻辑结构，而且要定义数据之间的联系，定义与数据有关的安全性、完整性要求，一般数据库系统都提供模式描述语言(模式 DDL)来严格表示这些内容。

(2)外模式(external schema)

外模式也称子模式或用户模式，它是数据库用户能够看见和使用的局部数据的逻辑结构和特征的描述，是数据库用户的数据视图，是与某一应用有关的数据的逻辑表示。外模式通常是概念模式的子集。一个数据库可以有多个外模式。

应用程序都是和外模式打交道。外模式是保证数据库安全性的一个有力措施。每个用户只能看见和访问所对应的外模式中的数据，数据库中的其余数据是不可见的。

数据库系统提供外模式描述语言(外模式 DDL)描述用户的数据视图。

(3)内模式(internal schema)

内模式也称物理模式，用以定义数据存储方式和物理结构，说明数据在数据库系统中的内部表示，是低层的描述，一个数据库只有一个内模式。它是数据物理结构和存储方式的描述，是数据在数据库内部的表示方式。例如，记录的存储方式是顺序结构存储、树结构存储等；索引按什么方式组织；数据是否压缩，是否加密；数据的存储记录结构有何规定等。

在数据库系统中，也为内模式提供了内模式描述语言(内模式 DDL)来定义和描述内模式。

(4)三级模式间的映像

数据库系统的三级模式是对数据的三个抽象级别。它把数据库的具体组织留给了 DBMS 去完成，用户只需要抽象地、逻辑地使用数据，不需要关心这些数据在计算机中是如何表示和存储的，大大减轻了用户使用时的负担。为了实现三个抽象级别的联系和转换，数据库系统在三级模式中提供了两个层次的映像，即“模式与内模式映像”和“外模式与模式映像”。

①模式与内模式映像：模式与内模式映像定义了数据的逻辑结构和存储结构的对应关系。当数据库的存储结构发生变化时，模式与内模式映像也做了相应的修改使模式不变，从而使数据库系统中的数据具有较高的物理独立性。

②外模式与模式映像：外模式与模式映像定义了某一个外模式与模式之间的对应关系。这些映像的定义通常包含在外模式当中。当模式改变时，外模式与模式映像也要做相应地改变，以便保证外模式不变，访问数据库的应用不变，从而保证数据库系统中的数据具有较高的逻辑独立性。

10.2　数据模型

模型是现实世界特征的模拟和抽象。计算机不可能直接处理现实世界中的具体事物，所以人们必须把具体事物转换成计算机能够处理的数据。在数据中用数据模型这个工具来抽象、表示和处理现实世界中的数据和信息。无论处理何种数据，都要先对此数据建立模型，然后在此基础上进行处理。

10.2.1　数据模型的基本概念

1. 数据模型的定义

数据模型是以数据结构的方法对客观事物进行描述或模拟，是在信息模型的基础上数据化的结果。数据化也是一种抽象，不过这种抽象是凭借数学方法实现的。数据模型按不同的应用层次分成三种类型，它们是概念数据模型(conceptual data model)、逻辑数据模型(logic data model)和物理数据模型(physical data model)。

(1)概念数据模型

概念数据模型简称概念模型，它是整个数据模型的基础，是一种面向客观世界、面向用户的模型，着重于对客观世界复杂事物的结构描述及它们之间的内在联系的刻画，它与具体的数据库管理无关，与具体的计算机平台无关。目前较为有名的概念模型有 E－R 模型、扩充的 E－R 模型、面向对象模型及谓词模型等。

(2)逻辑数据模型

逻辑数据模型又称数据模型，它是一种面向数据库系统的模型，着重于在数据库系统一级的实现，只有在转换成数据模型后才能在数据库中得以表示。目前，逻辑数据模型主要有层次模型、网状模型、关系模型和面向对象模型等。

(3)物理数据模型

物理数据模型又称物理模型，它是一种面向计算机物理表示的模型，此模型给出了数据模型在计算机上物理结构的表示。

2. 数据模型的组成要素

数据模型通常由数据结构、数据操作和数据的约束条件三部分组成。

(1)数据结构

数据模型中的数据结构主要描述数据的类型、内容、性质以及数据间的联系等。数据结构是数据模型的基础，数据操作与约束均建立在数据结构上。

在数据库系统中通常按照数据结构的类型来命名数据模型，如层次结构、网状结构和关系结构的模型分别命名为层次模型、网状模型和关系模型。

(2)数据操作

数据操作是指对数据库中各种数据对象实例(即值)所允许执行的操作的集合，包括操作和操作规则。数据库中操作主要划分为两大类：检索和更新(插入、删除和修改)。数据模型必须定义这些操作的确切含义、操作符号、操作规则(比如优先级别)以及实现操作的语言。

数据结构是对系统静态特性的描述，数据操作是对系统动态特性的描述。

(3)数据的约束条件

数据的约束条件是一组完整性规则的集合。完整性规则是给定的数据模型中数据及其联系所具有的制约和依存规则，用以限定符合数据模型的数据库状态以及状态的变化，以保证数据的正确、有效、相容。

10.2.2 E－R 模型

E－R 模型也称 E－R 图，于 1976 年由 Peter Chen 首先提出，是描述概念世界、建立概念模型的实用工具。该模型将现实世界的要求转化成实体、联系、属性等几个基本概念，以及它们间的两种基本连接关系，并且用图非常直观地表示出来。

1. E－R 模型的基本概念

(1)实体

客观存在并可互相区别的事物称为实体。实体是概念世界中的基本单位，凡是有共性的实体可组成一个集合称为实体集(entity set)。例如，每个学生都是实体，所有学生组成一个实体集。

(2)属性

实体所具有的某一特性称为属性。一个实体可以由若干个属性来描述。例如，学生实体可以由学号、姓名、性别、出生年份、系和入学时间等属性组成，一个属性的取值范围称为该属性的值域(value domain)或值集(value set)。

(3)联系

在现实世界中事物间的关联称为联系，这些联系在信息世界中反映为实体集内部的联系和实体集之间的联系，两个实体集间的联系最为常见，可以分为 3 类。

①一对一联系(1∶1)：如果对于实体集 A 中的每个实体，实体集 B 中至多有一个实体与之联系，反之亦然，则称实体集 A 与实体集 B 具有一对一联系，记为 1∶1。

例如，规定一个学校只有一个校长，而一个校长只在一个学校任职，则校长与学校之间具有一对一联系。

②一对多联系(1∶N)：如果对于实体集 A 中的每一个实体，实体集 B 中有 N 个实体($N \geqslant 0$)与之联系，反之，对于实体集 B 中的每一个实体，实体集 A 中至多只有一个实体与之

联系，则称实体集 A 与实体集 B 具有一对多联系，记为 1∶*N*。

例如，一个学校有多名学生就读，而一名学生只能在一个学校就读，则学校与学生之间具有一对多联系。

③多对多联系(*M*∶*N*)：如果对于实体集 A 中的每一个实体，实体集 B 中有 *N* 个实体(*N*≥0)与之联系，反之，对于实体集 B 中每一个实体，实体集 A 中也有 *M* 个实体(*M*≥0)与之联系，则称实体集 A 与实体集 B 具有多对多联系，记为 *M*∶*N*。

例如，一个工厂聘用多名工程师，而一个工程师在多个工厂中兼职，则工厂与工程师之间具有多对多联系。

实体集之间的这种一对一、一对多和多对多联系不仅存在于两个实体集之间，也存在于两个以上的实体集之间。

2. *E－R 模型的图示法*

E－R 模型可以用一种非常直观的图的形式表示，这种图称为 E－R 图(entity－relationship)。E－R 图包括以下三个要素。

①实体(型)：用矩形框表示，框内标注实体名称。

②属性：用椭圆形表示，框内标注属性名称，并用连线与实体连接起来。

③实体之间的联系：用菱形框表示，框内标注联系名称，并用连线将菱形框分别与有关实体相连，并在连线上注明联系类型。

10.2.3　逻辑数据模型

数据库中的逻辑数据模型主要有 3 种：层次模型、网状模型和关系模型。

层次模型和网状模型称为非关系模型，由此构成的数据库产品目前已很少使用。关系模型构成关系数据库，是当前数据库的主流产品。

1. *层次模型(Hierarchical model)*

数据的层次模型用树形结构描述实体之间的联系。这种数据结构就像一棵倒置的树，它有如下特点：

①有且仅有一个节点无双亲，该节点称为根节点。

②其他节点有且仅有一个双亲。

凡满足上面两个条件的“基本层次联系”集合就称为层次模型，如图 10－2 所示。

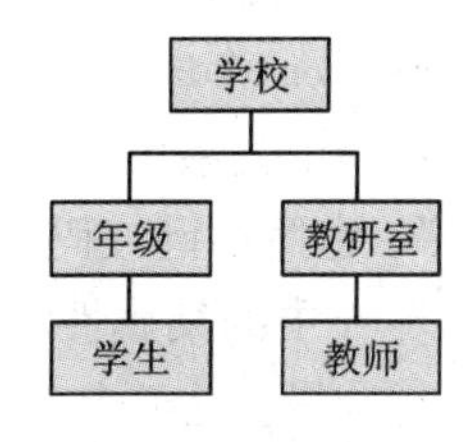

图 10－2　层次模型

层次模型的优点如下：

①层次数据模型本身比较简单。

②对于实体间联系是固定的，且预先定义好的应用系统，采用层次模型来实现，其性能优于关系模型，不低于网状模型。

③层次数据模型提供了良好的完整性支持。

层次模型的缺点如下：

①现实世界中很多联系是非层次的，如多对多联系、一个节点具有多个双亲等。层次模型表示这类联系的方法很笨拙，只能通过引入冗余数据(易产生不一致性)或创建非自然的数据组织(引入虚拟节点)来解决。

②对插入和删除操作的限制比较多。

③查询子女节点必须通过双亲节点。

④由于结构严密，层次命令趋于程序化。

2. 网状模型(Network model)

网状模型用无向图来描述实体之间的关系。

网状模型的特点如下：

①可以有一个以上的节点无双亲。

②至少有一个节点有多于一个的双亲。

可见，网状模型是层次模型的一般形式。反过来讲，就是层次模型是网状模型的特殊形式，如图 10 – 3 所示。

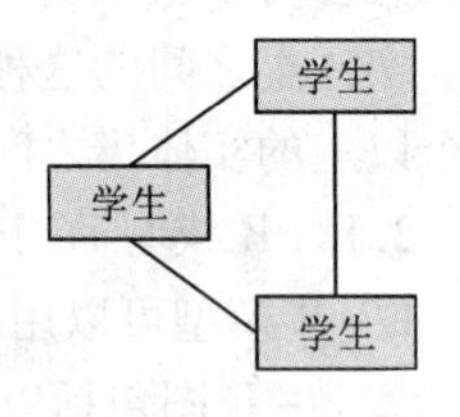

图 10 – 3　网状模型

网状数据模型的优点如下：

①能够更为直接地描述现实世界，如一个节点可以有多个双亲。

②具有良好的性能，存取效率高。

网状数据模型的缺点如下：

①结构比较复杂，而且随着应用环境的扩大，数据库的结构变得越来越复杂，不利于最终用户掌握。

②数据库描述和管理语言(DDL、DML)复杂，用户不容易使用。

3. 关系模型(Relational model)

(1)关系的数据结构

关系模型以二维表格来表示，简称表。二维表由表框架(frame)及表的元组(tuple)组成。关系模型中的基本概念如下：

①关系：一个关系对应一个二维表。一个表由若干行和列组成。

②属性：表中的一列称为一个“属性”(又称字段)。

③域：属性中的数据取值范围称为“域”。

④元组：表中的一行称为一个“元组”(又称为记录)。每个表由多个同类元组组成。

⑤码：又称关键字。二维表中凡能唯一标志元组的最小属性集称为该表的“候选码”或“候选键(candidate key)”。

若一个关系中有多个候选码，则选其中一个作为操作的根据称为“主码”或“主键(Primary key)”，也简称键或码。

表 A 中的某属性集是某表 B 的主键，则称该属性集为 A 的外键(foreign key)或外码。

⑥分量：元组中一个属性的值称为“分量”。分量是表示不可再分的最小数据单位。在关系元组的分量中允许出现空值(NULL)以表示信息的空缺，空值用于表示未知的值或不可能出现的值。

⑦关系模式：关系模式是对关系的描述。关系模式包括关系名和组成该关系的属性名。通常记为：关系名(属性名 1，属性名 2，…，属性名 N)。属性名域的映象直接说明了属性的类型和长度。

关系模型的例子见表 10 – 2。关系名为“学生情况表”，表中的每一行是一个学生的记录，是关系中的一个元组；表中的学号、姓名、性别、系名及班级均为属性名，其中只有学号能唯一地标志一个元组，因此称为“主码”。其关系模式可以记为：学生情况表(学号，姓名，性别，系名，班级）。

表 10－2　学生情况表

学号	姓名	性别	系名	班级
20070144001	贺清	男	计算机系	20050144
20070145001	张红	女	经济管理系	20050145
……	……	……	……	……

关系的性质如下：

①元组个数有限性：关系中元组的个数是有限的。

②唯一性：关系中不允许出现相同的元组（即没有重复元组），关系中不允许出现相同的属性（即没有重复属性）。

③次序无关性：元组间、属性间的顺序分别无关紧要。

④元组分量的原子性：关系中每一个属性值都是不可分解的。

⑤分量值域的同一性：关系属性的分量具有与该属性相同的值域。

关系数据库与其他数据库相比的优点如下：

①使用简便，处理数据效率高。

②数据独立性高，有较好的一致性和良好的保密性。

③数据库的存取不必依赖于索引，可以优化。

④数据结构简单明了，便于用户了解和维护。

⑤可以配备多种高级接口。

关系数据模型的缺点主要是由于存取路径对用户透明，查询效率往往不如非关系数据模型。因此，为了提高性能，必须对用户的查询请求进行优化，这增加了开发数据库管理系统的难度。

（2）关系操纵

关系模型的数据操纵是建立在关系上的数据操纵，包括：

①选择运算：针对元组，从指定关系中选择出符合条件的元组（记录）组成一个新的关系。

②投影运算：针对属性，从指定关系的属性（字段）集合中选取部分属性组成同类的一个新关系。由于属性减少而出现的重复元组被自动删除。

③自然联结：对于两个有公共属性的关系，把其中公共属性值相同的元组挑选出来，构成一个新的关系，称之为自然联结。

（3）关系中的数据约束

关系模型允许定义三类数据约束。

①实体完整性规则，如规定关系中的关键字值不能为空值。

②参照完整性规则，如关系中每个非空的外关键字值必须与另一关系中的关键字值相匹配。

③用户根据数据模型提供的完整性约束条件定义自己的完整性规则，它反映了某一具体

应用所涉及的数据应满足的语义要求。

前两类完整性约束条件是数据模型必须遵守的基本的完整性规则，在任何一个关系数据库管理系统中均由系统自动支持。

10.3 关系代数

关系数据库系统建立在数学理论的基础之上，其中最为具名的是关系代数(relational algebra)与关系演算(relational calculus)，数学上已经证明两者在功能上是等价的。下面介绍关系代数。

10.3.1 关系的形式化定义

1. 笛卡尔积

定义 10-1 设 D_1, D_2, D_3, …, D_n为任意集合，定义 D_l, D_2, D_3, …, D_n的笛卡尔积：

$D_1 \times D_2 \times D_3 \times \cdots \times D_n = \{ (d_1, d_2, d_3, \cdots, d_n) \mid d_i \in D_i, i = 1, 2, 3, \cdots, n \}$

每一个元素$(d_l, d_2, d_3, \cdots, d_n)$叫做一个 n 元组(n - tuple)或简称为元组(tuple)，每一个值 d_i叫做一个分量(component)，若 D_i($i = 1, 2, \cdots, n$)为有限集，其基数 (cardinal number)即元素个数为 m_i($i = 1, 2, 3, \cdots, n$)，则 $D_1 \times D_2 \times D_3 \times \cdots \times D_n$的基数 M 为

$$M = \prod_{i=1}^{n} m_i$$

笛卡尔积可以用二维表来表示。

【例】 $D_1 = \{0, 1\}$, $D_2 = \{a, b, c\}$

则：$D_1 \times D_2 = \{(0, a), (0, b), (0, c), (1, a), (1, b), (1, c)\}$，用二维表来表示如图 10-4 所示。

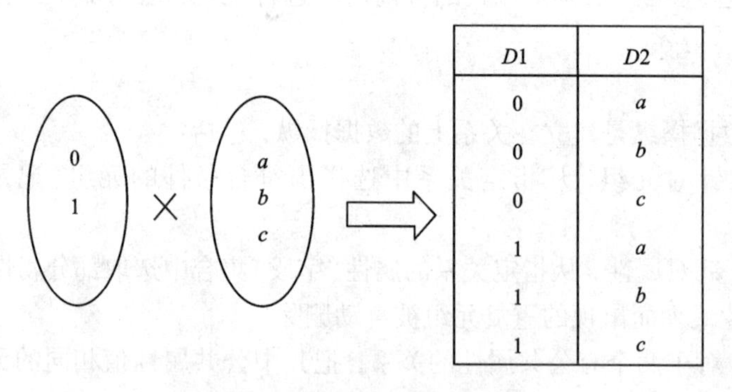

图 10-4 笛卡尔积的二维表表示

2. 关系的形式化定义

定义 10-2 称 $D_1 \times D_2 \times D_3 \times \cdots \times D_n$的子集为域 D_1, D_2, D_3, …, D_n上的关系，用 $R(D_1, D_2, D_3, \cdots, D_n)$表示，称关系 R 为 n 元关系。

10.3.2　关系代数运算

关系运算符有四类：集合运算符，专门的关系运算符，比较运算符和逻辑运算符，见表 10－3。

表 10－3　关系运算符

运算符		含义	运算符		含义
集合运算符	∪ — ∩	并 差 交	比较运算符	> ≥ < ≤ = ≠	大于 大于等于 小于 小于等于 等(不等)于
专门的关系运算符	× σ π ⋈ ÷	笛卡尔积 选择 投影 连接 除	逻辑运算符	¬ ∧ ∨	非 与 或

根据运算符的不同，关系代数运算可分为传统的集合运算和专门的关系运算。

以下结合关系 R 和 S 加以讨论，其中

R =

A	B	C
a	b	c
b	a	d
c	d	e
d	f	g

S =

A	B	C
b	a	d
d	f	g
f	h	k

1. 传统的集合运算

传统的集合运算是从关系的水平方向进行的，主要包括：并、交、差及广义笛卡尔积。

(1) 并(union)

关系 R 与 S 的并记作：$R \cup S = \{t \in R \vee t \in S\}$

实例：

$R \cup S$ =

A	B	C
a	b	c
b	a	d
c	d	e
d	f	g
f	h	k

(2)差(difference)

关系 R 与 S 的差记作：$R—S=\{t\in R \wedge t\notin S\}$

实例：

$R—S=$

A	B	C
a	b	c
c	d	e

(3)交(intersection)

关系 R 与 S 的交记作：$R\cap S=\{t\in R \wedge t\in S\}$

实例：

$R\cap S=$

A	B	C
b	a	d
d	f	g

(4)广义笛卡尔积(extended cartesian product)

两个分别为 m 目和 n 目的关系 R 和 S 的广义笛卡儿积是一个$(n+m)$列的元组的集合。元组的前 m 列是关系 R 的一个元组，后 n 列是关系 S 的一个元组。若 R 有 k_1个元组，S 有 k_2个元组。则 R 和 S 的广义笛卡儿积有 $k_1\times k_2$个元组。记作：

$$R\times S=\{t_r t_s | t_r\in R \wedge t_s\in S\}$$

其中$\widehat{t_r t_s}$称为元组的连接或元组的串接，它是一个 $m+n$ 的元组，前 m 个分量为 R 中的一个 m 元组，后 n 个分量为 S 中的一个 n 元组。

实例：

$R\times S=$

R.A	R.B	R.C	S.A	S.B	S.C
a	b	c	b	a	d
a	b	c	d	f	g
a	b	c	f	h	k
b	a	d	b	a	d
b	a	d	d	f	g
b	a	d	f	h	k
c	d	e	b	a	d
c	d	e	d	f	g
c	d	e	f	h	k
d	f	g	b	a	d
d	f	g	d	f	g
d	f	g	f	h	k

2. 专门的关系运算

专门的关系运算既可以从关系的水平方向进行运算，又可以从关系的垂直方向运算。

(1)选择(selection)

选择运算从关系的水平方向进行，是从关系 R 中选择满足给定条件 F 的元组，记作：

$$\sigma_F(R)=\{t[A]\mid t\in R\wedge F(t)=\text{‘真’}\}$$

其中：A 为属性列或属性组，$t[A]$表示元组 t 在属性列 A 上诸分量的集合。

实例：

$\sigma_{A>B}(R)=$

A	B	C
b	a	d

(2)投影(projection)

投影运算从关系的垂直方向进行，在关系 R 中选择出若干属性列组成新的关系，记作：

$$\pi_A(R)=\{\ t[A]\mid t\in R\ \}$$

实例：

$\pi_{A,\ C}(R)=$

A	B
a	c
b	d

(3)连接(join)

连接分为：θ 连接、等值连接和自然连接三种。

①θ 连接：从两个关系的笛卡尔积中选取属性间满足一定条件的元组。记作：

$$R\underset{A\theta B}{\bowtie}S=\{\widehat{t_rt_s}\mid t_r\in R\wedge t_s\in S\wedge t_r[A]\theta t_s[B]\}$$

其中：θ 是比较运算符，A 和 B 分别为 R 和 S 上度数相等，且可比的属性组。

实例：

$R\underset{R.A>S.B}{\bowtie}S=$

$R.A$	$R.B$	$R.C$	$S.A$	$S.B$	$S.C$
b	a	d	b	a	d
c	d	e	b	a	d
d	f	g	b	a	d

其中：连接条件 F 为 $R.A>S.B$，意为将 R 关系中属性 A 的值大于 S 关系中属性 B 的值的元组取出来作为结果集的元组。

②等值连接：当 θ 为“=”时，称之为等值连接，记为：

$$R\underset{A=B}{\bowtie}S=\{t_rt_s\mid t_r\in R\wedge t_s\in S\wedge t_r[A]=t_s[B]\}$$

实例：

$R\underset{R.B\theta S.A}{\bowtie}S=$

$R.A$	$R.B$	$R.C$	$S.A$	$S.B$	$S.C$
a	b	c	b	a	d
c	d	e	d	f	g
d	f	g	f	h	k

其中连接条件 F 为 $R.B=S.A$，意为将 R 关系中属性 B 的值等于 S 关系中属性 A 的值的元组取出来作为结果集的元组。

③自然连接：是一种特殊的等值连接，它要求两个关系中进行比较的分量必须是相同的属性组，并且在结果中将重复属性列去掉。若 R 和 S 具有相同的属性组 B，则自然连接可以记为：

$$R \bowtie S=\{\widehat{t_r t_s} \mid t_r \in R \wedge t_s \in S \wedge t_r[B]=t_s[B]\}$$

实例：设有关系 M，N

$M=$

A	B	C	D
a	b	c	d
a	b	e	f
a	b	h	k
b	d	e	f
b	d	d	l
c	k	c	d
c	k	e	f

$N=$

A	B	C
c	d	h
e	f	k

则

$M \bowtie N=$

A	B	C	D	E
a	b	c	d	h
a	b	e	f	k
b	d	e	f	k
c	k	c	d	h
c	k	e	f	k

本题 M 与 N 关系中相同的属性组为 CD，因此，结果中的属性列应为：$ABCDE$。

(4)除(division)

除运算同时从关系的水平方向和垂直方向进行运算。给定关系 $R(X, Y)$ 和 $S(Y, Z)$，X，Y，Z 为属性组。$R \div S$ 应当满足每一元组在 X 上的分量值 x 的像集 Y_x 包含 S 在 Y 上投影的集合。记作：

$$R \div S=\{t_r[X] \mid t_r \in R \wedge \pi_y[S] \subseteq Y_x\}$$

其中：$R \div S$ 结果集的属性组为 X，Y_x 为 x 在 R 中的像集，$x=t_r[X]$。

实例：

$M \div N=$

A	B
a	b
c	k

根据除法定义，X 有属性 AB，Y 有属性 CD，那么，$M \div N$ 应当满足元组在 X 上的分量值

x 的像集 Yx 包含 N 在 Y 上投影的集合。而结果集的属性为 AB。

在关系 M 中，属性组 X(即 AB)可以取 3 个值$\{(a, b), (b, d), (c, k)\}$，其中：

(a, b)的像集为：$\{(c, d), (e, f), (h, k)\}$

(b, d)的像集为：$\{(e, f), (d, 1)\}$

(c, k)的像集为：$\{(c, d), (e, f)\}$

N 在 Y(即 CD)的投影为$\{(c, d), (e, f)\}$

只有(a, b)，(c, k)的像集包含了 N 在 Y(即 CD)的投影，所以，$M \div N = \{(a, b), (c, k)\}$。

3. 需要注意的四个问题

①关系代数的五个基本操作为：并、差、笛卡尔积、投影和选择。其他的操作都可以由这 5 个基本的操作导出，因此它们构成了关系代数完备的操作集。

例如，两个关系 R 与 S 的交运算等价于：

$R \cap S = R—(R—S)$ 或 $R \cap S = S—(S—R)$

所以交运算不是一个独立的运算。

②关系代数在使用的过程中对于只涉及选择、投影、连接的查询可用表达式，如：

$$\pi A_1, \cdots, A_K(\sigma_F(S \bowtie R)) \text{或} \pi A_1, \cdots, A_K(\sigma_F(S \times R))$$

③对于否定操作，一般要用差操作表示，例如，不学“操作系统”课的学生姓名，通常采用如下形式：

$$\pi \text{Sname} - \pi \text{Sname}(\sigma \text{Cname} = \text{‘操作系统’})(S \bowtie SC \bowtie C)$$

而不要用如下的形式表示：

$$\pi \text{Sname}(\sigma \text{Cname} \neq \text{‘操作系统’})(S \bowtie SC \bowtie C)$$

(4)对于检索具有全部特征的操作，一般要用除法操作表示。

例如查询选修全部课程的学生学号。通常采用如下形式：

$$\pi \text{Sno}, \text{Cno}(SC) \div \pi \text{Cno}(C)$$

实例：设有学生课程数据库包含三个关系：学生关系 S、课程关系 C、学生选课关系 SC，请用关系代数表达式查询如下问题：

$S =$

Sno	Sname	Sex	SD	Age
3001	王平	女	计算机	18
3002	张勇	男	计算机	19
4003	黎明	女	机械	18
4004	刘明远	男	机械	19
1041	赵国庆	男	通信	20
1042	樊建玺	男	通信	20

$C=$

Cno	Cname	Pcno	Credit
1	数据库	3	3
2	数学		4
3	操作系统	4	4
4	数据结构	7	3
5	数字通信	6	3
6	信息系统	1	4
7	程序设计	2	2

$SC=$

Sno	Cno	Grade
3001	1	93
3001	2	84
3001	3	84
3002	2	83
3002	3	93
1042	1	84
1042	2	82

则检索选修课程名为“数学”的学生号和学生姓名关系代数表达式为：

πSno, Sname(σCname = ‘数学’($S \bowtie SC \bowtie C$))或 π1, 2(σ8 = ‘数学’($S \bowtie SC \bowtie C$))

其中($S \bowtie SC \cup C$) =

Sno	Sname	Sex	SD	Age	Cno	Grade	Cname	Pcno	Credit
3001	王平	女	计算机	18	1	93	数据库		3
3001	王平	女	计算机	18	2	84	数学	3	4
3001	王平	女	计算机	18	3	84	操作系统		4
3002	张勇	男	计算机	19	2	83	数学	4	4
3002	张勇	男	计算机	19	3	93	操作系统		4
1042	樊建玺	男	通信	20	1	84	数据库	4	3
1042	樊建玺	男	通信	20	2	82	数学	3	4

则 πSno, Sname(σCname = ‘数学’($S \bowtie SC \bowtie C$))

Sno	Sname
3001	王平
3002	张勇
1042	樊建玺

10.4　数据库设计与管理

10.4.1　数据库设计概述

数据库设计的基本任务是根据用户对象的信息需求、处理需求和数据库的支持环境(包括硬件、操作系统与DBMS)设计出数据模式。数据库设计即是在一定平台制约下，根据信息需求与处理需求设计出性能良好的数据模式。

在数据库设计中有两种方法，一种是以信息需求为主，兼顾处理需求，称为面向数据的方法(data - oriented approach)；另一种方法是以处理需求为主，兼顾信息需求，称为面向过程的方法(process - oriented approach)。由于在系统中稳定性高，数据已成为系统的核心，因此面向数据的设计方法已成为主流方法。

数据库设计目前一般采用生命周期(life cycle)法，即将整个数据库应用系统的开发分解成目标独立的若干阶段。它们是：需求分析阶段、概念设计阶段、逻辑设计阶段、物理设计阶段、编码阶段、测试阶段、运行阶段、进一步修改阶段。在数据库设计中采用上面几个阶段中的前四个阶段，并且重点以数据结构与模型的设计为主线，如图10－5所示。

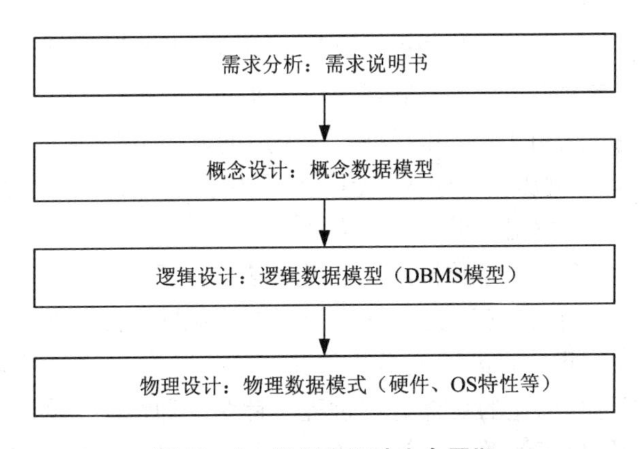

图10－5　数据库设计生命周期

10.4.2　数据库设计的需求分析

1. 需求分析的任务

设计一个性能良好的数据库系统，明确应用环境对系统的要求是首要的和基本的。因此，应该把对用户需求的收集和分析作为数据库设计的第一步。

需求分析的主要任务是通过详细调查要处理的对象，包括某个组织、某个部门、某个企业的业务管理等，充分了解原手工或原计算机系统的工作概况及工作流程，明确用户的各种需求，产生数据流图和数据字典，然后在此基础上确定新系统的功能，并产生需求说明书。值得注意的是，新系统必须充分考虑今后可能的扩充和改变，不能仅仅按当前应用需求来设计数据库。

2. 需求分析的步骤

需求分析可以按以下三步进行：

①用户需求的收集。

②用户需求的分析。

③撰写需求说明书。

3. 需求分析的方法

需求分析的重点是调查、收集和分析用户数据管理中的信息需求、处理需求、安全性与完整性要求。信息需求是指用户需要从数据库中获得的信息的内容和性质。由用户的信息需求可以导出数据需求，即在数据库中应该存储哪些数据。处理需求是指用户要求完成什么处理功能，对某种处理要求的响应时间，处理方式是联机处理还是批处理等。明确用户的处理需求，将有利于后期应用程序模块的设计。调查、收集用户要求的具体做法是：

①了解组织机构的情况，调查这个组织由哪些部门组成，各部门的职责是什么，为分析信息流程做准备。

②了解各部门的业务活动情况，调查各部门输入和使用什么数据，如何加工处理这些数据。输出什么信息，输出到什么部门，输出的格式等。在调查活动的同时，要注意对各种资料的收集，如票证、单据、报表、档案、计划、合同等，要特别注意了解这些报表之间的关系，各数据项的含义等。

③确定新系统的边界。确定哪些功能由计算机完成或将来准备让计算机完成，哪些活动由人工完成。由计算机完成的功能就是新系统应该实现的功能。

在调查过程中，根据不同的问题和条件，可采用的调查方法很多，如跟班作业、咨询业务权威、设计调查问卷、查阅历史记录等。但无论采用哪种方法，都必须有用户的积极参与和配合。强调用户的参与是数据库设计的一大特点。

收集用户需求的过程实质上是数据库设计者对各类管理活动进行调查研究的过程。设计人员与各类管理人员通过相互交流，逐步取得对系统功能的一致认识。但是，由于用户还缺少软件设计方面的专业知识，而设计人员往往又不熟悉业务知识，要准确地确定需求很困难，特别是某些很难表达和描述的具体处理过程。针对这种情况，设计人员在自身熟悉业务知识的同时，应该帮助用户了解数据库设计的基本概念。对于那些因缺少现成的模式、很难设想新的系统、不知应有哪些需求的用户，还可应用原型化方法来帮助用户确定他们的需求。就是说，先给用户一个比较简单的、易调整的真实系统，让用户在熟悉使用它的过程中不断发现自己的需求，而设计人员则根据用户的反馈调整原型，反复验证最终协助用户发现和确定他们的真实需求。

4. 结构化分析方法(SA)和数据流图、数据字典

调查了解用户的需求后，还需要进一步分析和抽象用户的需求，使之转换为后续各设计阶段可用的形式。在众多分析和表达用户需求的方法中，结构化分析(structured analysis，SA)是一个简单实用的方法。SA方法采用自顶向下，逐层分解的方式分析系统，用数据流图(data flow diagram，DFD)和数据字典(data dictionary，DD)描述系统。

(1)数据流图(DFD)

数据流图是软件工程中专门描绘信息在系统中流动和处理过程的图形化工具。因为数据流图是逻辑系统的图形表示，即使不是专业的计算机技术人员也容易理解，所以是极好的交

流工具。图 10 –6 给出了数据流图中所使用的符号及其含义。

符号	名称	说明
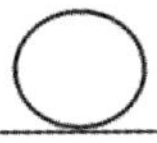	加工	在圆中注明加工的名字与编号
	数据流	在箭头边给出数据流的名称与编号，注意不是控制流
	数据存储文件	文件名称为名词或名词性短语
	数据源点或汇点	在方框中注明数据源或汇点的名称

图 10 –6　数据流图各符号含义

数据流图是有层次之分的，越高层次的数据流图表现的业务逻辑越抽象，越低层次的数据流图表现的业务逻辑则越具体。在 SA 方法中，我们可以把任何一个系统都抽象为如图 10 –7所示的形式。它是最高层次抽象的系统概貌，要反映更详细的内容，可将处理功能分解为若干子功能，每个子功能还可继续分解，直到把系统工作过程表示清楚为止。在处理功能逐步分解的同时，它们所用的数据也逐级分解，形成若干层次的数据流图，如图 10 –8 所示。

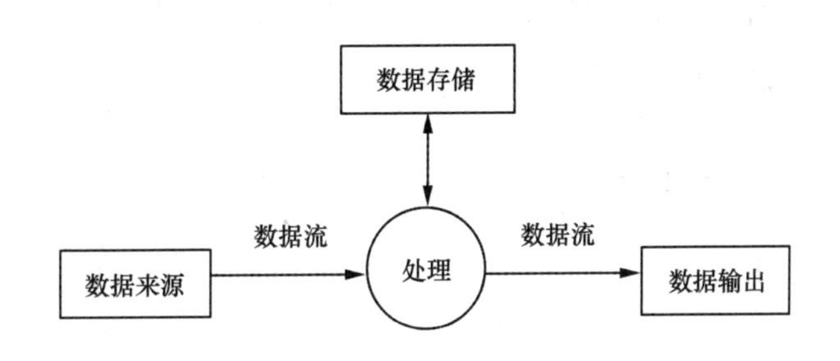

图 10 –7　系统高层抽象图

(2)数据字典(DD)

数据字典是系统中各类数据描述的文档，它以特定的格式记录系统中的各种数据、数据元素以及它们的名字、性质、意义及各类约束条件，以及系统中用到的常量、变量、数组和其他数据单位。数据字典通常包括数据项、数据结构、数据流、数据存储和处理过程五个部分。

①数据项。

数据项是不可再分的数据单位。其描述格式通常为：

{数据项名，数据项含义说明，别名，数据类型，长度，取值范围，取值含义，与其他数据项的逻辑关系，数据项之间的联系}

其中，“取值范围”和“与其他数据项的逻辑关系”(如该数据项与其他数据项的大小、相等关系，或等于其他几个数据项之和、之差等关系)定义了数据的完整性约束条件。

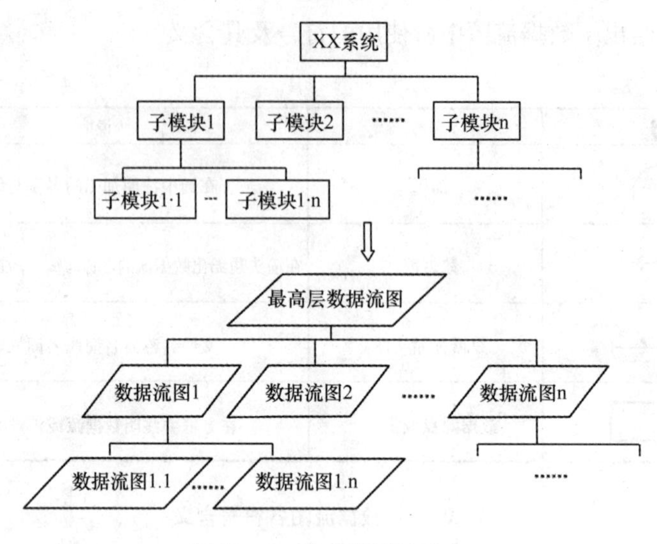

图 10－8 数据流图的建立

②数据结构。

数据结构反映了数据之间的组合关系。一个数据结构可以由若干个数据项，或由若干个数据结构，或由若干个数据项和数据结构组成。其描述格式通常为：

{数据结构名，含义说明，组成：{数据项或数据结构}}

③数据流。

数据流是数据结构在系统内的传输路径。其描述格式通常为：

{数据流名，说明，数据流来源，数据流去向，组成：{数据结构}，平均流量，高峰期流量}

其中“数据流来源”指该数据流来自哪个过程，“数据流去向”指该数据流将到哪个过程去，“平均流量”是指在单位时间(每天、每周、每月等)内的传输次数，“高峰期流量”是指在高峰时期的数据流量。

④数据存储。

数据存储是数据结构停留或保存的地方，也是数据流的来源和去向之一。它可以是手工文档和凭证，也可以是计算机文档。其描述格式通常为：

{数据存储名，说明，编号，输入的数据流，输出的数据流，组成：{数据结构}，数据量，存取频度，存取方式}

其中“存取频度”指每小时或每天或每周存取几次、每次存取多少数据等信息，“存取方式”包括批处理还是联机处理、检索还是更新、顺序检索还是随机检索等，“输入的数据流”要指出数据来源，“输出数据流”要指出数据去向。

⑤处理过程。

处理过程说明数据处理的逻辑关系，即输入与输出之间的逻辑关系。同时，也要说明数据处理的触发条件、错误处理等问题。其描述格式通常为：

{处理过程名，说明，输入：{数据流}，输出：{数据流}，处理：{简要说明}}

其中“简要说明”主要说明该处理过程的功能及处理要求，功能是指该处理过程用来做什么，处理要求处理频度（单位时间内处理多少数据量、多少事务等）要求，响应时间要求等。

10.4.3 数据库概念设计

将需求分析得到的用户需求抽象为信息结构的过程就是概念结构设计。

1. 概念结构设计的目的

概念结构设计阶段的目标是通过对用户需求进行综合、归纳与抽象，形成一个独立于具体 DBMS 的概念模型。概念结构的设计方法有两种：

(1) 集中式模式设计法

这种方法是根据需求由一个统一机构或人员设计一个综合的全局模式。这种方法简单方便，适用于小型或不复杂的系统设计，由于该方法很难描述复杂的语义关联，而不适于大型的或复杂的系统设计。

(2) 视图集成设计法

这种方法是将一个系统分解成若干个子系统，首先对每一个子系统进行模式设计，建立各个局部视图，然后将这些局部视图进行集成，最终形成整个系统的全局模式。

2. 概念结构设计的过程

数据库概念设计是使用 E－R 模型和视图集成设计法进行设计的。它的设计过程是：首先设计局部应用，再进行局部视图（局部 E－R 图）设计，然后进行视图集成得到概念模型（全局 E－R 图）。

视图设计一般有三种方法：

(1) 自顶向下

这种方法是从总体概念结构开始逐层细化。如教师这个视图可以从一般教师开始，分解成高级教师、普通教师等。进一步再由高级教师细化为青年高级教师与中年高级教师等。

(2) 自底向上

这种方法是从具体的对象逐层抽象，最后形成总体概念结构。

(3) 由内向外

这种方法是从核心的对象着手，然后向四周逐步扩充，直到最终形成总体概念结构。如教师视图可从教师开始扩展至教师所担任的课程，上课的教室与学生等。

视图集成的实质是将所有的局部视图合并，形成一个完整的数据概念结构。在这一过程中最重要的任务是解决各个 E－R 图设计中的冲突。

常见的冲突有以下几类：

①命名冲突。命名冲突有同名异义和同义异名两种。如教师属性何时参加工作与参加工作时间属于同义异名。

②概念冲突。同一概念在一处为实体而在另一处为属性或联系。

③域冲突。相同属性在不同视图中有不同的域。

④约束冲突。不同的视图可能有不同的约束。

视图经过合并形成初步 E－R 图，再进行修改和重构，才能生成最后基本 E－R 图，作为进一步设计数据库的依据。

10.4.4 数据库的逻辑设计

数据库的逻辑结构设计就是把概念结构设计阶段设计好的基本 E－R 图转换为与选用的

DBMS 产品所支持的数据模型相符合的逻辑结构。

逻辑结构是独立于任何一种数据模型的，在实际应用中，一般所用的数据库环境已经给定(如 SQL Server、Oracle、MySql 等)。由于目前使用的数据库基本上都是关系数据库，因此首先需要将 E-R 图转换为关系模型，然后根据具体 DBMS 的特点和限制转换为特定的 DBMS 支持下的数据模型，最后进行优化。

如图 10-9 所示，数据库的逻辑设计基本步骤如下：

①将概念结构转换为一般的关系、网状、层次模型；

②将转换来的关系、网状、层次模型向特定 DBMS 支持下的数据模型转换；

③对数据模型进行优化。

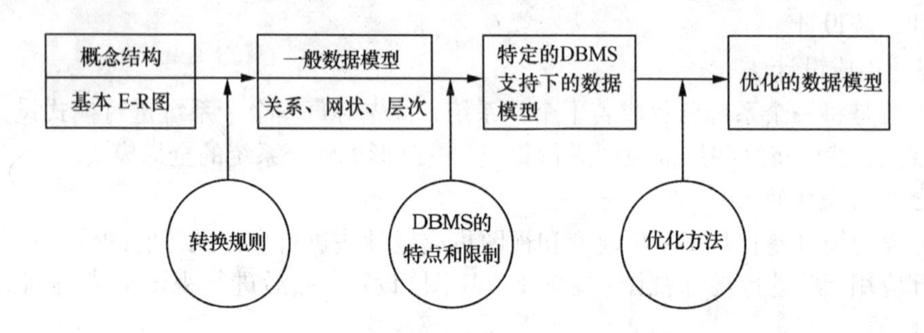

图 10-9 数据库逻辑设计

10.4.5 数据库的物理设计

数据库的物理设计的主要任务是设计数据库的物理结构，根据数据库的逻辑结构来选定关系数据库管理系统 RDBMS(如 Oracle、Sybase 等)，并设计和实施数据库的存储结构、存取方式等。

数据库物理设计是数据库设计的最后一个阶段。将一个给定逻辑结构实施到具体的环境中时，逻辑数据模型要选取一个具体的工作环境，这个工作环境提供了数据存储结构与存取方法，这个过程就是数据库的物理设计。

物理结构依赖于给定的 DBMS 和硬件系统，因此设计人员必须充分了解所用 RDBMS 的内部特征、存储结构、存取方法。数据库的物理设计通常分为两步：第一，确定数据库的物理结构；第二，评价实施空间效率和时间效率。

确定数据库的物理结构包含下面四方面的内容：

①确定数据的存储结构。

②设计数据的存取路径。

③确定数据的存放位置。

④确定系统配置。

数据库物理设计过程中需要对时间效率、空间效率、维护代价和各种用户要求进行权衡，选择一个优化方案作为数据库物理结构。在数据库物理设计中，最有效的方式是集中地存储和检索对象。

参考文献

[1] 谢兵，刘远军. 大学计算机基础与应用教程. 长沙：湖南大学出版社，2012
[2] 谢兵，刘远军. 大学计算机基础与应用实践教程. 长沙：湖南大学出版社，2012
[3] 李勇帆，谢兵. 大学计算机应用教程. 北京：中国铁道出版社，2007
[4] 谢兵，李勇帆. 大学计算机应用教程上机指导与测试. 北京：中国铁道出版社，2007
[5] 刘红军，牛莉，夏太武. 计算机等级考试辅导教程. 长沙：湖南大学出版社，2013
[6] 教育部考试中心. 全国计算机等级考试一级 MS Office 教程(2015 年版). 北京：高等教育出版社，2014

《桃花源文化丛书》后记

作为一件纯粹的文学作品,《桃花源记》的影响巨大，实属罕见。我国历史上，因陶渊明的《桃花源记》而命名为“桃源县”的情况就有三次：第一次是五代闽国龙启元年(933)，在今福建泉州市设置桃源县，此“桃源县”存在10年后改名为永春县；第二次在北宋乾德元年(963)，宋代朝廷从武陵县划出乌头、延口等村设置桃源县。《大明一统志》称：“以其地有桃花源，故名。”第三次是元代至元十四年(1277)，划分江苏宿迁县设置“桃源县”。此处本叫桃园县，明洪武初将“桃园”改名为“桃源”，于是便出现了南北两个“桃源县”。一直到民国三年(1914)，才改宿迁“桃源县”为泗阳县，今属宿迁市。如此，南北两个“桃源县”并存的现象，便有550多年的历史。

按理，要改掉一个沿用了550多年又具有丰厚文化内涵的地名，谈何容易！而民国初处理此事又为何如此顺利呢？这是因为，在古代，稍通文墨的人，都知道陶渊明《桃花源记》的原型地是在江南武陵。泗阳地处华东，位于江苏中北部，为南北交通要道。自古来往此地的文人骚客，自然也会记起陶渊明及其《桃花源记》，而发思古之幽情，然而冷静一想，这里原本就是个冒名顶替的名字，于是写诗著文之时，人们又不忘将它善意地“冷嘲热讽”一通。如明洪武十八年升任文渊阁大学士的朱善(1340—1413)，在行经宿迁桃源时，写《甲戌过桃源驿》称：“迥与武陵异，偶然名字同。只知迎驿使，岂识问渔翁。”清乾隆三十六年(1771)担任提督安徽学政的朱筠，在《入桃源县》诗的题注中特意说明：“县本宿迁县之桃园镇，金兴定初置淮流县，属泗州，寻废，元复置桃园县。后讹‘园’为‘源’也。”诗开篇便称：“武陵桃花源，昔贤叹莫从。良田记秋熟，此地名偶同。”如此等等，千百年来形成的共识，改之顺理成章，绝无异议。

桃花源景区的形成，历史悠久，代有记载。这里有始建于晋的桃川宫，唐代更名桃花观，宋政和间宋徽宗赐额“桃川万寿宫”，为中国古代四大道教胜地之一。有始建于唐初的靖节祠，祠内立有陶渊明石像；明末清初，以奉祀王维、孟浩然、李白、刘禹锡、韩愈、王安石、苏轼、黄庭坚等到过此地或留下过桃花源题材作品的唐宋诸先贤而更名集贤祠。有唐刘禹锡题，明赵贤书，清余良栋立的“桃源佳致”碑。有建于明万历二十三年(1595)的“桃川八方亭”即方竹亭；有始建于明，重修于清的水源亭；有建于清光绪十八年的御碑亭，亭内石碑上刊刻着清乾隆皇帝题写的桃花源御制诗二首，等等。

历史的车轮驶入二十一世纪，中共常德市委、市政府顺应文化旅游产业发展的时代趋势，划定143平方公里范围，设置桃花源管理区，成立市属中Ⅰ型国有企业——常德市文化旅游投资开发集团，确定把桃花源打造成国内外知名文化旅游度假目的地和文化旅游产业集聚区的战略目标。围绕这个目标，部署了桃花源景区内的“6+1”重点项目，即秦溪、秦谷、桃花山、桃源山、五柳湖、桃花源古镇，以及一台大型山水实景剧。2014年以来，以“三年磨一剑，不负桃花源”的精神，从文化、建设、运营三个方面，按照“三位一体，三线作战”的工作要求，引进海内外一大批顶尖文化旅游专业团队，力争为世人打造一个共同的灵魂栖息地。到2017年7月，经过三年“闭关修炼”的桃花源景区终于破茧成蝶，向世人更加充分地展示一个融田园牧歌、山水自然、文化灵魂于一体的圆“梦”圣地。

桃花源自《桃花源记》问世，儒道隐逸，农耕社会，山水田园，诗词碑刻，桃源工艺等，形成了独特的桃花源文化，承载着深厚的文化底蕴和人文情怀，集中体现了中华文化的精髓。为此，我们桃花源文化研究会围绕“桃花源”文学意象及其景区的生成、演变与传承，“桃花源”文学意象本身的文化内涵及其表达元素，桃花源文化的现代价值及其为建设“美丽中国”、实现“中国梦”而发挥正能量的利用途径等方面进行了深入探讨。今后将不断推出新的研究成果，并及时促进成果的转化。尊重“桃花源”这份举世认可的不可多得的文化遗产，精心建设桃花源景区，致力传播桃花源文化，广泛推介桃花源生活。在追寻“中国梦”、建设新常德的同时，将桃花源打造成国际文化旅游度假区，让追寻和谐理想的人们，在这里寻找到一片灵魂的栖息地，在风光旖旎的桃花源，也在字字珠玑的诗文里！

特别提示：编纂本丛书时，我们根据需要选用了部分现当代作品，多数我们会主动联系作者。少数无法联系的，请在本书出版之日起一年内主动联系我们。我们将按规定发放稿酬，并赠样书一册。联系方式：271122602@QQ.com

常德市桃花源文化研究会

2017年7月1日

图书在版编目(CIP)数据

大学计算机基础教程/谢兵，刘远军，牛莉主编.
--长沙：中南大学出版社，2015.8
ISBN 978-7-5487-1875-8

Ⅰ.大… Ⅱ.①谢…②刘…③牛… Ⅲ.电子计算机—高等学校—教材 Ⅳ.TP3

中国版本图书馆CIP数据核字(2015)第183793号

大学计算机基础教程

谢 兵 刘远军 牛 莉 主编

□责任编辑 刘 灿
□责任印制 易红卫
□出版发行 中南大学出版社
社址：长沙市麓山南路 邮编：410083
发行科电话：0731-88876770 传真：0731-88710482
□印 装 长沙鸿和印刷有限公司

□开 本 787×1092 1/16 □印张 21.5 □字数 533千字
□版 次 2015年9月第1版 □印次 2017年7月第3次印刷
□书 号 ISBN 978-7-5487-1875-8
□定 价 46.00元